“碳中和多能融合发展”丛书编委会

“十四五”国家重点出版物出版规划项目

碳中和多能融合发展丛书

刘中民　主编

煤基润滑油基础油

李久盛　王从新　田志坚　著

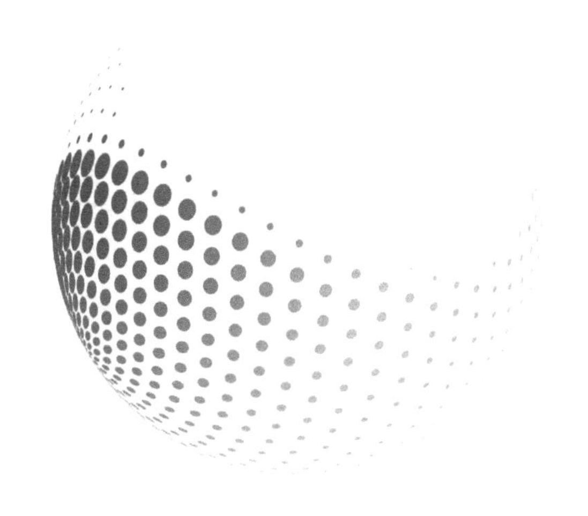

科学出版社
龍門書局
北　京

内 容 简 介

本书对煤基润滑油基础油进行系统介绍。第 1 章概述典型的煤制化学品工艺，包括煤直接液化、煤间接液化、煤干馏以及合成甲醇与煤制烯烃等技术，并介绍上述工艺生产的产品在润滑油基础油生产中的应用。第 2 章介绍润滑油基础油类型及其应用，帮助读者了解润滑油基础油的基本概念。第 3 章介绍以费托合成蜡为原料通过催化加氢异构制备Ⅲ+类基础油的技术。第 4 章介绍以煤制 α-烯烃为原料通过催化聚合制备Ⅳ类基础油聚 α-烯烃(PAO)的技术。第 5 章在总结现状的基础上，对煤基润滑油 CTL、PAO 的工业化推广应用及其他煤基润滑油衍生技术进行展望。

本书适合从事基础油及润滑剂开发和摩擦学研究的高等院校师生、科研人员参考，也适合煤化工行业和相关企业工程技术人员和经营管理人员使用。

图书在版编目(CIP)数据

煤基润滑油基础油 / 李久盛, 王从新, 田志坚著. -- 北京 : 龙门书局, 2024. 12. --(碳中和多能融合发展丛书 / 刘中民主编). -- ISBN 978-7-5088-6498-3

Ⅰ. TE626.9

中国国家版本馆CIP数据核字第2024E1M728号

责任编辑：吴凡洁　罗　娟 / 责任校对：王萌萌
责任印制：师艳茹 / 封面设计：有道文化

科学出版社
龍門書局 出版
北京东黄城根北街 16 号
邮政编码：100717
http://www.sciencep.com
北京中科印刷有限公司印刷
科学出版社发行　各地新华书店经销
*
2024 年 12 月第　一　版　开本：787×1092　1/16
2024 年 12 月第一次印刷　印张：18 3/4
字数：443 000

定价：168.00 元

(如有印装质量问题，我社负责调换)

丛书序

2020年9月22日，习近平主席在第七十五届联合国大会一般性辩论上发表重要讲话，提出“中国将提高国家自主贡献力度，采取更加有力的政策和措施，二氧化碳排放力争于2030年前达到峰值，努力争取2060年前实现碳中和”。“双碳”目标既是中国秉持人类命运共同体理念的体现，也符合全球可持续发展的时代潮流，更是我国推动高质量发展、建设美丽中国的内在需求，事关国家发展的全局和长远。

要实现“双碳”目标，能源无疑是主战场。党的二十大报告提出，立足我国能源资源禀赋，坚持先立后破，有计划分步骤实施碳达峰行动。我国现有的煤炭、石油、天然气、可再生能源及核能五大能源类型，在发展过程中形成了相对完善且独立的能源分系统，但系统间的不协调问题也逐渐显现，难以跨系统优化耦合，导致整体效率并不高。此外，新型能源体系的构建是传统化石能源与新型清洁能源此消彼长、互补融合的过程，是一项动态的复杂系统工程，而多能融合关键核心技术的突破是解决上述问题的必然路径。因此，在“双碳”目标愿景下，实现我国能源的融合发展意义重大。

中国科学院作为国家战略科技力量主力军，深入贯彻落实党中央、国务院关于碳达峰碳中和的重大决策部署，强化顶层设计，充分发挥多学科建制化优势，启动了“中国科学院科技支撑碳达峰碳中和战略行动计划”（以下简称行动计划）。行动计划以解决关键核心科技问题为抓手，在化石能源和可再生能源关键技术、先进核能系统、全球气候变化、污染防控与综合治理等方面取得了一批原创性重大成果。同时，中国科学院前瞻性地布局实施“变革性洁净能源关键技术与示范”战略性先导科技专项（以下简称专项），部署了合成气下游及耦合转化利用、甲醇下游及耦合转化利用、高效清洁燃烧、可再生能源多能互补示范、大规模高效储能、核能非电综合利用、可再生能源制氢/甲醇，以及我国能源战略研究等八个方面研究内容。专项提出的“化石能源清洁高效开发利用”、“可再生能源规模应用”、“低碳与零碳工业流程再造”、“低碳化、智能化多能融合”四主线“多能融合”科技路径，为实现“双碳”目标和推动能源革命提供科学、可行的技术路径。

“碳中和多能融合发展”丛书面向国家重大需求，响应中国科学院“双碳”战略行动计划号召，集中体现了国内，尤其是中国科学院在“双碳”背景下在能源领域取得的关键性技术突破和系列成果，主要涵盖化石能源、可再生能源、大规模储能、能源战略研究等方向。丛书不但充分展示了各领域的最新成果，而且整理和分析了各成果的国内国际发展情况、产业化情况、未来发展趋势等，具有很高的学习和参考价值。希望这套丛书可以为能源领域相关的学者、从业者提供指导和帮助，进一步推动我国“双碳”目标的实现。

李静海

中国科学院院士

2024年5月

前言

润滑油被誉为“现代工业的血液”，是现代机械装备正常运行必不可少的支撑和保障，也是节约能源和保护机械最重要的技术途径之一。国内高端装备的发展对润滑油品提出了更高的技术需求，基于合成型基础油发展的高端润滑油品逐渐成为高技术与高端装备的关键支撑材料。

润滑油由基础油和添加剂两部分组成，合成型基础油是调制高端润滑油品的关键基础材料。传统的润滑油基础油生产基本上依赖于石化产业，而我国“富煤、贫油、少气”的资源特性决定了煤炭将长期在一次能源生产和消费中占据主导地位。

随着国内煤化工行业的兴起和发展，许多煤制化学品开始代替传统的石化产品成为生产润滑油基础油的原材料，例如：煤直接液化的蜡油产品可用于生产环烷基基础油；煤间接液化的下游产品费托蜡和线性α-烯烃中的C_9～C_{11}馏分段则是制备Ⅲ+类基础油和PAO基础油的优质原材料，以煤化工产品为原料加工生产的基础油统称为煤基润滑油基础油。

近年来，国内许多科研团队在煤基润滑油基础油的关键技术攻关中已经取得了一系列的突破，例如：煤制费托蜡经催化加氢异构制备Ⅲ+类基础油、煤制 α-烯烃经茂金属催化聚合制备 mPAO 基础油等均实现了工业示范应用。这一方面为国内合成型润滑油基础油从原料到生产实现完全国产化提供了解决方案，另一方面也为煤化工产品的高值化利用提供了技术途径。

煤基润滑油基础油对于润滑行业来说是一项重要的基础油技术变革，受到了越来越广泛的关注。本书以促进相关行业的工作者以及有关专业科研人员和师生更好地了解煤基润滑油基础油为目的，对煤基润滑油基础油的原料来源、生产工艺、研究进展以及未来的应用展望尽可能地进行了系统的介绍。全书共五章，分别为煤制化学品及润滑油过程概述、润滑油基础油类型及其应用、费托合成蜡加氢异构制备Ⅲ+类基础油、煤制α-烯烃制备Ⅳ类基础油聚α-烯烃、总结与展望。

本书由中国科学院上海高等研究院的李久盛、大连化学物理研究所的王从新和田志坚三位研究员撰写。其中，第 1 章和第 3 章由王从新和田志坚执笔，第 4 章由李久盛执笔，第 2 章和第 5 章由李久盛、王从新和田志坚执笔。撰写过程中还得到两家研究机构多位老师的支持和帮助，汇聚了中国科学院 A 类先导专项课题“高档润滑油基础油关键制备技术及应用示范”（XDA21021200）的研究成果，谨此对各位专家和有关单位深表感谢。

由于煤化工和润滑油涉及的范围广泛，加之作者水平和能力有限，因此在取材和论述方面难免存在不妥和不足之处，敬请广大读者批评指正。

作　者

2024 年 5 月

目录

丛书序
前言
第1章　煤制化学品及润滑油过程概述……1
1.1　引言……1
1.2　直接液化及其生产润滑油……2
1.2.1　发展历史……2
1.2.2　工艺原理……3
1.2.3　工艺过程……4
1.2.4　国外典型工艺技术……4
1.2.5　国内技术发展与工业实践……6
1.2.6　工艺特点……7
1.2.7　面向润滑油基础油生产的煤直接液化产品利用……8
1.3　间接液化及其生产润滑油……9
1.3.1　发展历史……10
1.3.2　工艺原理……10
1.3.3　工艺过程……11
1.3.4　国内技术发展……12
1.3.5　工艺特点……13
1.3.6　煤间接液化产品分布特点……13
1.3.7　面向润滑油基础油生产的煤间接液化产品利用……18
1.4　煤干馏及其生产润滑油……19
1.4.1　煤干馏过程概述……19
1.4.2　典型工艺过程……21
1.4.3　面向润滑油基础油生产的煤干馏产品利用……22
1.5　合成甲醇与煤制烯烃及其生产润滑油……24
1.5.1　合成甲醇……24
1.5.2　甲醇制烯烃……28
1.5.3　面向润滑油基础油生产的煤制烯烃产品利用……32
参考文献……32

第 2 章 润滑油基础油类型及其应用 …… 35

2.1 引言 …… 35

2.2 润滑油基础油介绍 …… 35

2.2.1 润滑油组成 …… 35

2.2.2 润滑油主要性能 …… 37

2.2.3 润滑油基础油分类及化学组成 …… 41

2.3 润滑油产品及其对基础油的要求 …… 46

2.3.1 白油 …… 46

2.3.2 发动机油 …… 54

2.3.3 液压油 …… 62

2.3.4 汽轮机油 …… 70

2.3.5 压缩机油 …… 73

2.3.6 橡胶油 …… 79

2.3.7 变压器油 …… 84

2.3.8 导热油 …… 92

2.3.9 金属加工液 …… 98

2.3.10 各类润滑油适用的煤基基础油 …… 104

参考文献 …… 107

第 3 章 费托合成蜡加氢异构制备Ⅲ+类基础油 …… 109

3.1 引言 …… 109

3.2 国内外Ⅲ/Ⅲ+类基础油供需及发展趋势 …… 109

3.3 费托合成蜡原料来源及主要转化工艺 …… 111

3.4 高含蜡原料加氢异构制备Ⅲ类基础油工艺 …… 120

3.4.1 概述 …… 120

3.4.2 国内外技术 …… 120

3.4.3 DICP 高含蜡原料加氢异构制备Ⅲ类基础油技术 …… 128

3.5 长链烷烃加氢异构催化反应 …… 137

3.5.1 加氢异构反应热力学 …… 138

3.5.2 加氢异构催化剂 …… 139

3.5.3 双功能催化剂作用机理 …… 139

3.5.4 烷烃异构择形催化机理 …… 141

3.5.5 双功能催化剂加氢异构性能的影响因素 …… 144

3.6 DICP 费托合成蜡加氢异构制备Ⅲ+类基础油新技术 …… 151

3.6.1 双功能催化剂设计理念 …… 152

3.6.2 双功能催化剂性能评价方法 …… 154

3.6.3 一维孔道分子筛合成 …… 155

3.6.4 双功能催化剂研制 …… 184

3.6.5 催化剂工业放大 …… 205

3.6.6 级配技术及工艺流程 …… 211

3.6.7 中试试验……213
3.7 小结……225
参考文献……226
第 4 章 煤制 α-烯烃制备Ⅳ类基础油聚 α-烯烃……235
4.1 引言……235
4.2 PAO 基础油的结构特点及其应用……235
4.2.1 PAO 基础油的结构特点……236
4.2.2 PAO 基础油的应用……236
4.3 国内外 PAO 制备工艺及生产现状……237
4.3.1 PAO 的制备工艺概述……238
4.3.2 PAO 制备原料 α-烯烃的商业化生产方法……240
4.3.3 工业化制备 PAO 的催化体系……242
4.4 煤制 α-烯烃制备 PAO 基础油关键技术……248
4.4.1 煤制 α-烯烃原料选择……248
4.4.2 煤制 α-烯烃中含氧化合物脱除工艺……249
4.4.3 煤制 α-烯烃聚合工艺……250
4.4.4 煤制 α-烯烃聚合产物分离……254
4.4.5 二聚体再聚合工艺……255
4.5 低黏度茂金属 PAO 基础油的制备研究进展……257
4.5.1 茂金属催化剂结构及合成……257
4.5.2 助催化剂结构及合成……257
4.5.3 煤制 α-烯烃聚合度的调控……257
4.5.4 聚合后处理工艺……258
4.5.5 原料对基础油性能的影响……259
4.5.6 工艺中试进展……261
4.6 中高黏度茂金属 PAO 基础油的制备研究进展……261
4.6.1 茂金属催化体系筛选及优化……262
4.6.2 中高黏度 PAO 基础油聚合工艺……266
4.6.3 中高黏度 mPAO 基础油产品特点……268
4.7 茂金属 PAO 基础油的应用研究进展……270
4.7.1 mPAO 基础油在内燃机油中的应用研究……270
4.7.2 mPAO 基础油在齿轮传动系统润滑油中的应用研究……272
4.7.3 mPAO 基础油在航空液压油中的应用研究……274
4.8 小结……277
参考文献……278
第 5 章 总结与展望……280
5.1 技术研究现状……280
5.1.1 费托合成蜡加氢异构制高档润滑油基础油……280

5.1.2 茂金属催化煤制 α-烯烃制备低黏度 mPAO 基础油 …… 281
5.2 未来展望 …… 282
5.2.1 煤基Ⅲ+类基础油的工业化生产及推广应用 …… 282
5.2.2 煤基 mPAO 基础油的工业化生产及推广应用 …… 283
5.2.3 煤基基础油应用推广面临的挑战 …… 284
5.2.4 煤制 α-烯烃制备Ⅴ类基础油的技术展望 …… 285
5.2.5 煤基化学品制备润滑油添加剂的技术展望 …… 287

第1章

煤制化学品及润滑油过程概述

1.1 引　言

国家主席习近平在第七十五届联合国大会一般性辩论上发表重要讲话，提出了我国应对气候变化新的国家自主贡献目标和长期愿景：中国将提高国家自主贡献力度，采取更加有力的政策和措施，二氧化碳排放力争于2030年前达到峰值，努力争取2060年前实现碳中和。

现代煤化工产业作为近年来发展起来的新型化工产业，对保障国家能源安全具有重要作用，是煤炭清洁高效利用的途径之一，但其碳排放强度高，单个项目碳排放量大，探寻现代煤化工产业低碳化发展迫在眉睫。我国是“富煤、贫油、少气”的国家，这一特点决定了煤炭将在一次能源生产和消费中占据主导地位且长期不会改变[1]。2023年，我国煤炭可供利用的储量约占世界煤炭储量的13%，位居世界第三。2020年原油对外依存度73.5%，天然气对外依存度42%，以油气为原料的下游乙烯、丙烯、乙二醇等化工产品也严重依赖进口原油和相关进口产品。现代煤化工是以煤为主要原料生产多种清洁燃料和基础化工原料的煤炭加工转化产业，目前主要发展了煤制油、煤制天然气、煤制烯烃、煤制乙二醇等四大类产业，此外，在煤制乙醇、低阶煤热解、煤制可降解塑料等方面也有突飞猛进的发展[2]。经过近20年的发展，我国现代煤化工行业牢固立足于中国能源结构国情，准确把握我国经济社会发展趋势，除引进消化国外技术之外，还奋力践行自主创新，突破了一系列技术瓶颈，实现了从无到有、从有到强的跨越，创造了多个业内世界第一和世界唯一，在煤制烯烃、煤直接/间接液化等多个领域都引领世界技术潮流，真正做到了规模最大、技术最强，现代煤化工的发展对保障国家能源安全、推动产业结构调整和地方经济发展具有极为重要的作用。

在国家碳达峰碳中和目标下，2021年发布的《现代煤化工“十四五”发展指南》(后简称《指南》)指出：今后5年现代煤化工产业应科学规划、优化布局，合理控制产业规模，积极开展产业升级示范，推动产业集约、清洁、低碳、高质量发展和可持续发展。根据《指南》，今后5年，现代煤化工行业发展的基本原则是：坚持科学布局，促进集约发展，要统筹考虑资源条件、环境容量、生态安全、交通运输、产品市场等因素，推进大型化、园区化、基地化可持续发展模式；坚持创新引领，促进高端发展，要加大科技投入，加强共性技术研发和成果转化，加快核心技术产业化进程，完善技术装备、标准体系，提升产业自主发展和创新发展能力；坚持安全环保，促进绿色发展，要坚持严格环保标准，做到工艺废水“零排放”或达标排放，力促二氧化碳减排。

在“十三五”现代煤化工产业规模的基础上，“十四五”的发展目标是形成 3000 万 t/a 煤制油、150 亿 m^3/a 煤制气、1000 万 t/a 煤制乙二醇、100 万 t/a 煤制芳烃、2000 万 t/a 煤(甲醇)制烯烃的产业规模。在节能减排上则要实现单位工业增加值水耗降低 10%、能效水平提高 5%、二氧化碳排放强度降低 5%的目标。能效、煤耗、水耗和排放等指标全部达到或超过单位产品能源消耗限额的基准值。

《指南》提出示范项目发展的重点是煤制油、煤制天然气、煤制化学品及低阶煤分质利用。其中，煤制油领域应重点发展煤制清洁油品和特种油品等；煤制天然气领域应继续开展具有自主知识产权的甲烷化技术及催化剂开发等；煤制化学品领域应开发差异化、高端化聚烯烃牌号，加强对 C_4 资源综合利用；低阶煤分质利用应形成百万吨级低阶煤大型热解多联产清洁高效分级分质利用关键技术等。“发展煤制特种油品”“开发高端化聚烯烃牌号”“形成低阶煤大型热解多联产清洁高效分级利用关键技术”作为“任务”得到重点关注。

润滑油被誉为“现代工业的血液”，对现代工业特别是汽车工业的发展起着非常重要的作用。在国家碳达峰碳中和目标下，充分利用我国现代煤化工的现有资源和产业优势，利用煤制油、煤制烯烃、低阶煤热解等过程生产的油品，将其转化为高品质的Ⅲ+类润滑油基础油、聚 α-烯烃(poly alpha olefin, PAO)润滑油基础油、环烷基润滑油基础油等高附加值产品，可实现煤化工企业的进一步降本增效。同时，将燃料型产品转化为大宗化学品的过程还将大幅降低二氧化碳排放强度，促进我国碳达峰碳中和目标的实现。

本章将结合高品质润滑油基础油生产涉及的原料来源需求，概述现代煤化工产业中的“直接液化”、“间接液化”、“煤干馏”以及“合成甲醇与煤制烯烃”过程。

1.2 直接液化及其生产润滑油

煤炭液化是把固体煤炭通过化学加工过程，使其转化成为液体燃料、化工原料和产品的先进洁净煤技术[3]。根据不同的加工路线，煤炭液化可分为直接液化和间接液化两大类。

直接液化是在高温(400℃以上)、高压(10MPa 以上)下，在催化剂和溶剂作用下使煤的分子进行裂解加氢，直接转化成液体燃料，再进一步加工精制成汽油、柴油等燃料油以及化学品，又称加氢液化[4]。直接液化的蜡油产品中含有大量的芳烃及烷烃组分，是生产环烷基润滑油的优质原料。

1.2.1 发展历史

煤直接液化技术由德国人于 1913 年发明，并于第二次世界大战期间在德国实现了工业化生产。德国先后有 12 套煤直接液化装置建成投产，到 1944 年，德国煤直接液化工厂的油品生产能力已达到 423 万 t/a。第二次世界大战后，随着中东地区大量廉价石油的开发，煤直接液化工厂失去竞争力并关闭[5]。

20 世纪 70 年代初期，由于世界范围内的石油危机，煤炭液化技术又开始活跃起来。日本、德国、美国等工业发达国家，在原有基础上相继研究开发出一批煤直接液化新工艺，其中大部分研究工作重点是降低反应条件的苛刻度，从而达到降低煤液化油生产成本的目的。目前，世界上有代表性的煤直接液化工艺是日本的 NEDOL 工艺[6]、德国的 IGOR 工艺[7]和美国的 HTI 工艺[8]。这些煤直接液化工艺的共同特点是，反应条件与老液化工艺相比大大缓和，压力由 40MPa 降低至 17～30MPa，产油率和油品质量都有较大幅度提高，降低了生产成本。到目前为止，上述国家均已完成新工艺技术处理煤 100t/d 级以上大型中试试验，具备了建设大规模液化厂的技术能力。煤直接液化作为曾经工业化的生产技术，在技术上是可行的。目前国外没有工业化生产厂的主要原因是，在发达国家由于原料煤价格、设备造价和人工费用偏高等，生产成本偏高，难以与石油竞争。

我国从 20 世纪 70 年代末开始进行煤直接液化技术的研究。煤炭科学研究总院北京煤化学研究所及神华煤直接液化研发部门经历多年研究，相继完成了小试及中试试验，并于 2012 年 3 月 30 日建成了世界首套百万吨级煤直接液化示范工程并投入运行，实现了世界首次大规模煤直接液化项目的工业化生产。

1.2.2　工艺原理

煤的分子结构很复杂，一些学者提出了煤的复合结构模型，认为煤的有机质可以设想由以下四个部分复合而成[9,10]。

第一部分，是以化学共价键结合为主的三维交联的大分子，形成不溶性的刚性网络结构，它的主要前身物来自维管植物中以芳族结构为基础的木质素。

第二部分，包括相对分子质量一千至数千，相当于沥青质和前沥青质的大型和中型分子，这些分子中包含较多的极性官能团，它们以各种物理力为主，或相互缔合，或与第一部分大分子中的极性基团相缔合，成为三维网络结构的一部分。

第三部分，包括相对分子质量数百至一千，相对于非烃部分，具有较强极性的中小型分子，它们可以分子的形式处于大分子网络结构的空隙中，也可以物理力与第一部分和第二部分的分子相互缔合而存在。

第四部分，主要为相对分子质量小于数百的非极性分子，包括各种饱和烃和芳烃，它们多呈游离态而被包络、吸附或固溶于由以上三部分构成的网络中。

煤复合结构中上述四个部分的相对含量视煤的类型、煤化程度、显微组成的不同而异。

上述复杂的煤化学结构，是具有不规则构造的空间聚合体，可以认为它的基本结构单元是以缩合芳环为主体的带有侧链和多种官能团的大分子，结构单元之间通过桥键相连，作为煤的结构单元的缩合芳环的环数有多有少，有的芳环上还有氧、氮、硫等杂原子，结构单元之间的桥键也有不同形态，有碳碳键、碳氧键、碳硫键、氧氧键等。

从煤的元素组成来看，煤和石油的差异主要是氢碳原子比不同。煤的氢碳原子比约为 1，而石油的氢碳原子比约为 2，煤中氢元素比石油中少得多。

煤在一定温度和压力下的加氢液化过程基本分为三大步骤[11]。

(1) 当温度升至 300℃以上时，煤受热分解，即煤的大分子结构中较弱的桥键开始断裂，打碎了煤的分子结构，从而产生大量的以结构单元为基体的自由基碎片，自由基的相对分子质量在数百范围。

(2) 在具有供氢能力的溶剂环境和较高氢气压力的条件下，自由基被加氢而得到稳定，成为沥青烯及液化油分子。能与自由基结合的氢并非分子氢(H_2)，而是氢自由基，即氢原子，或者是活化氢分子，氢原子或活化氢分子的来源有：①煤分子中碳氢键断裂产生的氢自由基；②供氢溶剂碳氢键断裂产生氢自由基；③氢气中的氢分子被催化剂活化；④化学反应放出氢。当外界提供的活性氢不足时，自由基碎片可发生缩聚反应和高温下的脱氢反应，最后生成固体半焦或焦炭。

(3) 沥青烯及液化油分子被继续加氢裂化生成更小的分子。

1.2.3 工艺过程

直接液化典型的工艺过程主要包括煤的破碎与干燥、煤浆制备、加氢液化、固液分离、气体净化、液体产品分馏和精制，以及液化残渣气化制取氢气等部分[12]。氢气制备是加氢液化的重要环节，大规模制氢通常采用煤气化及天然气转化。液化过程中，将煤、催化剂和循环油制成的煤浆，与制得的氢气混合送入反应器。在液化反应器内，煤首先发生热解反应，生成自由基“碎片”，不稳定的自由基“碎片”再与氢在催化剂存在的条件下结合，形成分子量比煤低得多的初级加氢产物。出反应器的产物构成十分复杂，包括气、液、固三相。气相的主要成分是氢气，分离后循环返回反应器重新参与反应；固相为未反应的煤、矿物质及催化剂；液相则为轻油(粗汽油)、中油等馏分油及重油。液相馏分油经提质加工(如加氢精制、加氢裂化和重整)得到合格的汽油、柴油和航空煤油等产品。重质的液固淤浆经进一步分离得到重油和残渣，重油作为循环溶剂配煤浆使用。

煤直接液化粗油中石脑油馏分占 15%～30%，且芳烃含量较高，加氢后的石脑油馏分经过较缓和的重整即可得到高辛烷值汽油和丰富的芳烃原料，汽油产品的辛烷值、芳烃含量等主要指标均符合相关标准(GB 17930—2016《车用汽油》)，且硫含量大大低于标准值(≤10mg/kg)，是合格的优质洁净燃料。中油占全部直接液化油的 50%～60%，芳烃含量高达 70%以上，经深度加氢后可获得合格柴油。重油馏分一般占液化粗油的 10%～20%，有的工艺该馏分很少，由于杂原子、沥青烯含量较高，加工较困难，可以作为燃料油使用。煤液化中油和重油混合经加氢裂化可以制取汽油，并在加氢裂化前进行深度加氢以除去其中的杂原子及金属盐，也可以经过进一步加氢精制后，作为生产环烷基白油和润滑油基础油的原料。

1.2.4 国外典型工艺技术

自从 1913 年德国发明了煤直接液化技术之后，美国、日本、英国、苏联也都独自研发出了拥有自主知识产权的液化技术。以下简单介绍几种典型的煤直接液化工艺。

1. 德国 IGOR 工艺[7]

该煤直接液化工艺以炼铝赤泥为催化剂，催化剂加入量为 4%，不进行催化剂回收。该工艺的主要特点是：反应条件较苛刻，反应温度为 470℃，反应压力为 30MPa；催化剂使用炼铝工业的废渣(赤泥)；液化反应和液化油加氢精制在一个高压系统内进行，可一次得到杂原子含量极低的液化精制油。该液化油经过蒸馏就可以得到低辛烷值汽油，汽油馏分再经重整即可得到高辛烷值汽油；配煤浆用的循环溶剂是加氢油，供氢性能好，煤液化转化率高。其工艺流程见图 1-1。

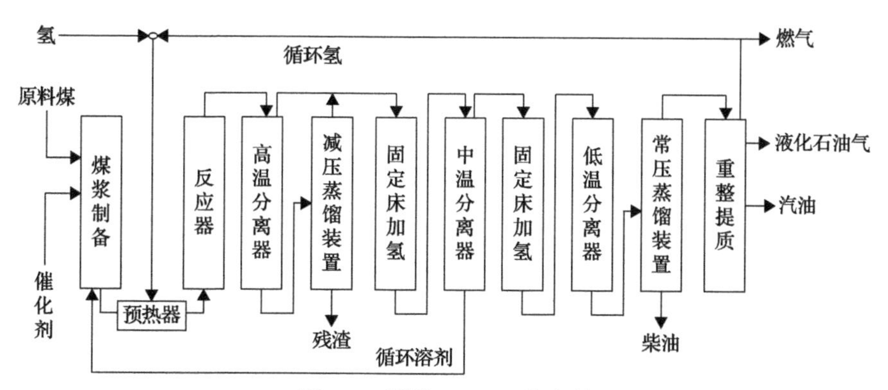

图 1-1　德国 IGOR 工艺流程

与老工艺相比，新工艺主要有以下改进：①固液分离不用离心过滤，而用闪蒸塔，生产能力强、效率高。②循环油不仅不含固体，还基本上排除了沥青烯。③闪蒸塔底流出的淤浆有流动性，可以用泵输送到德士古气化炉，制氢或燃烧。④煤加氢和油精制一体化，油收率高，质量提高。

2. 日本 NEDOL 工艺

该煤直接液化工艺是日本解决能源问题的阳光计划的核心项目之一。它以天然黄铁矿为催化剂，催化剂加入量为 4%，也不进行催化剂回收。反应压力为 19MPa，反应温度为 460℃。其主要特点是循环溶剂全部在一个单独的固定床反应器中，用高活性催化剂预先加氢，使之变为供氢溶剂。液化粗油经过冷却后再进行提质加工。液化残渣连同其中所含的重质油既可进一步进行油品回收，也可直接用作气化制氢的原料，完成了原料煤用量分别为 0.01 万 t/a、0.1 万 t/a、1 万 t/a 以及 150 万 t/a 规模的试验研究[6]。它集聚了“直接加氢法”、“溶剂萃取法”和“溶剂分解法”这三种烟煤液化法的优点，适用于从次烟煤至煤化度低的烟煤等广泛煤种。日本该项煤直接液化技术已达到世界先进水平，其工艺流程见图 1-2。

NEDOL 工艺特点：①反应压力较低，为 17～19MPa，反应温度为 455～465℃；②催化剂采用合成硫化铁或天然硫铁矿；③固液分离采用减压蒸馏的方法；④配煤浆用的循环溶剂单独加氢，可以提高溶剂的供氢能力；⑤液化油含有较多的杂原子，必须加氢提质才能获得合格产品。

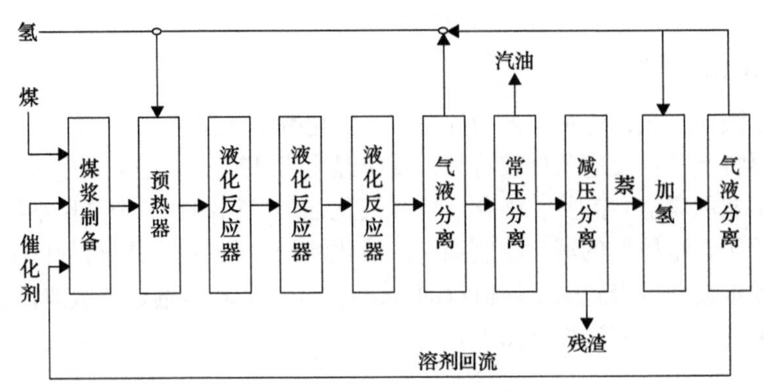

图 1-2　日本 NEDOL 工艺流程

3. 美国 HTI 工艺[8]

该煤直接液化工艺使用人工合成的高分散催化剂，加入量为 0.5%(质量分数)，不进行催化剂回收。反应压力为 17MPa，反应温度为 450℃。HTI 工艺是在 H-Coal 工艺的基础上发展起来的，主要特点：①采用悬浮床反应器和 HTI 拥有专利的铁基催化剂；②反应条件比较温和，反应温度为 440～450℃，反应压力为 17MPa；③固液分离采用临界溶剂萃取的方法，从液化残渣中最大限度地回收重质油，从而大幅度提高液化油收率；④在高温分离器后面串联有在线加氢固定床反应器，对液化油进行加氢精制。其工艺流程见图 1-3。

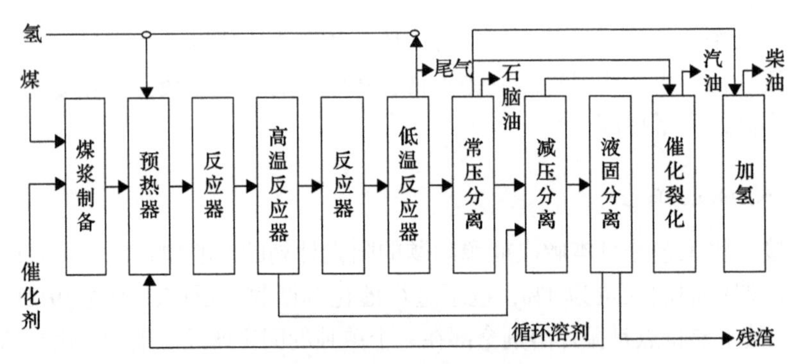

图 1-3　美国 HTI 工艺流程

HTI 工艺的主要特点是：反应条件比较温和，反应温度为 440～450℃，压力为 17MPa，采用悬浮床反应器，达到全返混反应模式；催化剂采用 HTI 专利技术制备的铁系胶状催化剂，催化活性高，用量少；在高温分离器后面串联在线加氢固定床反应器，起到对液化油加氢精制的作用；固液分离器采用临界溶剂萃取法，从液化残渣中最大限度地回收重质油，大幅度提高了液化油收率；液化油含 350～450℃馏分，可用作加氢裂化原料，其中少量用作燃料油。

1.2.5　国内技术发展与工业实践

我国从 20 世纪 70 年代末开始进行煤直接液化技术研究。煤炭科学研究总院北京煤化学研究所对近30个煤种在吨/日装置上进行了50多次运转试验，开发了高活性的煤液化催化剂，进行了煤液化油的提质加工研究，完成了将煤的液化粗油加工成合格的汽油、柴油和航空煤油的试验[13]。“九五”期间分别同德国、日本、美国有关部门和公司合作完成了神华、黑龙江依兰、云南先锋建设煤直接液化厂的预可行性研究。

在开发形成“神华煤直接液化新工艺”的基础上，中国神华能源股份有限公司建成了投煤量6t/d的工艺试验装置，于2004年10月开始进行溶剂加氢、热油连续运转，并于2004年12月16日投煤，进行了23h投料试运转，打通了液化工艺流程，取得开发成果。

经过近一年的时间进行装置的改造,装置于2005年10月29日开始第二次投煤试验，经过近18天(412h)的连续平稳运转，完成了预定的试验计划，于11月15日顺利停车，试验取得了成功。经统计，试验期间共配制煤浆206t，共消耗原煤105t(其中干燥无灰基煤85t)；共制备催化剂油浆44t。

神华位于鄂尔多斯的使用自己技术的直接液化项目的先期工程于2004年8月25日正式开工建设。工程总建设规模为年生产油品500万t。神华煤直接液化项目是世界第一个煤直接液化项目。2012年3月30日世界首套百万吨级煤直接液化示范工程成功建成并投入运行[14]。

工艺流程为将预先制备的精煤粉、铁基催化剂、重油溶剂及液硫首先混合制备成油煤浆，油煤浆再与氢气在高温、高压及纳米级催化剂作用下，通过化学加氢反应生成高质量的烃类液化轻油(石脑油、柴油和重质馏分油)，液化轻油组分经高压、中压、常压及减压多级分离得到液化粗油，再经后续加氢稳定、加氢改质及分馏提纯得到柴油、石脑油、液化石油气(liquefied petroleum gas, LPG)等产品。未反应的煤及重质油和废铁基催化物等形成的280～300℃的高温煤直接液化油渣，从减压分离装置底部出来后，经管道送至油渣成型装置经水冷固化形成3～5mm厚的片状固体油渣，再破碎为不规则的片状小碎块，由汽车转运至油渣库堆存用于综合利用。其工艺流程见图1-4。

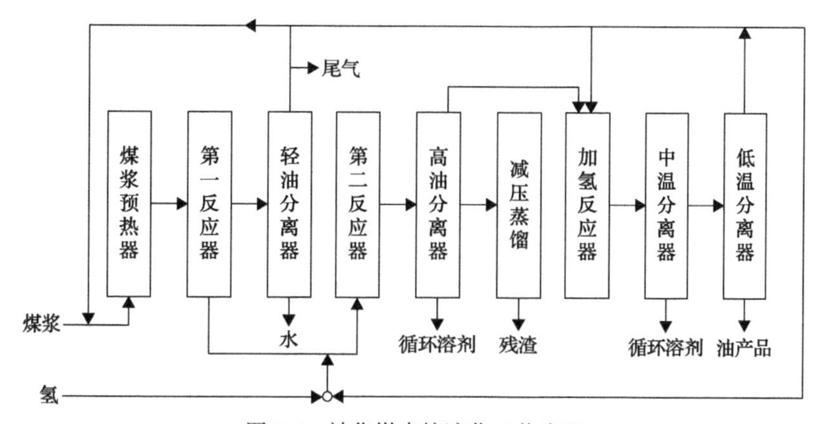

图1-4 神华煤直接液化工艺流程

1.2.6 工艺特点

(1)液化油收率高。例如，采用HTI工艺，神华煤的油收率可高达63%～68%。

(2)煤消耗量小，一般情况下，1t无水无灰煤能转化成0.5t以上的液化油，加上制氢用煤，3～4t 原料煤产 1t 液化油。

(3) 馏分油以汽、柴油为主，目标产品的选择性相对较高。

(4) 油煤浆进料，设备体积小，投资低，运行费用低。

(5) 反应条件相对较苛刻，如德国老工艺液化压力甚至高达 70MPa，现代工艺如 IGOR、HTI、NEDOL 等液化压力也达到 17～30MPa，液化温度 430～470℃。

(6) 液化反应器出来的产物组成较复杂，液、固两相混合物由于黏度较高，分离相对困难。

(7) 氢耗量大，一般为 6%～10%，工艺过程中不仅要补充大量新氢，还需要循环油作为供氢溶剂，使装置的生产能力降低。

1.2.7 面向润滑油基础油生产的煤直接液化产品利用

煤直接液化粗油的杂原子含量非常高。氮含量为 1.0%～2.0%，是石油氮含量的数倍至数十倍，杂原子氮可能以咔唑、喹啉、氮杂菲、氮蒽、氮杂芘和氮杂荧蒽的形式存在，随着沸点的提高，氮含量呈增加趋势；硫含量为 0.1%～2.5%，大部分以苯并噻吩和二苯并噻吩衍生物的形态存在。硫含量在液化石油中的分布规律与氮含量的分布规律相似，随着沸点的提高，硫含量也呈增加趋势。氧含量为 1.5%～7.0%，氧含量在液化油 170～260℃馏分中的分布较大，说明氧元素以苯酚或萘酚及其衍生物的形式存在。

煤液化粗油中的烃类化合物的组成广泛，含有 60%～70%的芳香族化合物，不饱和烃约占 10%，沥青烯的含量(相对分子质量在 300～1000)可达 25%。

在对液化粗油的加氢提质中，石油化工中普遍采用的加氢和催化裂化工艺几乎可以直接应用于煤制油的提质加工，包括在石油化工中成熟的反应设备和催化剂技术。所需调整的是煤液化油加氢工艺前需要增加灰分、颗粒物的分离处理，在高温加氢脱除杂原子时，操作强度远比石油的加氢强度大。

液化粗油加氢工艺也是借鉴石油馏分加氢工艺并改进发展而来的。加氢改质反应是在高压、有氢存在的条件下，在催化剂床层上发生的反应。主要目的是除去油品中的硫、氧、氮和使烯烃饱和，从而改变油品的稳定性、颜色、气味、燃烧性能等，以达到改变油品性质、提高使用价值的目的。图 1-5 为煤焦油加氢工艺的简单流程。

液化粗油进一步加氢所产油品中既包括成品油(柴油)，也包括加氢稳定油(中间过程油)。与石油基柴油相比，煤直接液化柴油具有良好的低温性能，这是由煤直接液化产品的组成决定的，其主要是环烷烃组成，链状烃类相对密度很小，同时链长较短，因此具有很好的低温流动性能。同时，煤直接液化柴油加氢深度较高，因此几乎不含硫氮化合物。而煤直接液化装置的中间油产品(加氢稳定油)组成中环烷烃和芳烃含量也较高。其中，中温溶剂中环烷烃含量高于 30%(质量分数，下同)、芳烃含量高于 50%，高温溶剂中环烷烃和芳烃总含量高于 90%。由此可见，煤直接液化产品油是很好的环烷烃油原料，因而有必要对煤直接液化油品进行深入的研究，开发出更多高附加值的产品油，充分利用其产品的特殊性能拓宽其利用领域。最具应用前景的便是开发环烷基润滑油基础油产品，包括环烷基变压器油、环烷基橡胶油和环烷基冷冻机油。

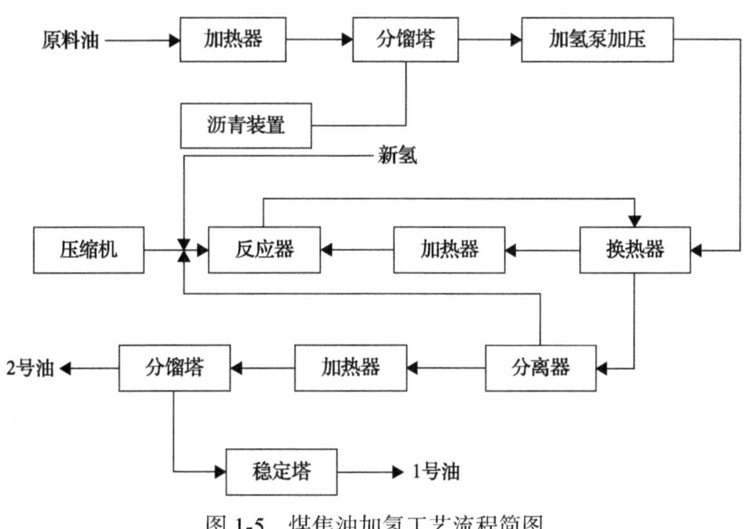

图 1-5　煤焦油加氢工艺流程简图

(1)作为环烷基变压器油原料。环烷基变压器油的黏度指数较低，具有散热性能优异、溶解能力强和电气性能优越的特点。根据国家电网规划，发电机组容量逐年递增，市场对变压器油的需求在不断增长，国外高端环烷基变压器油占据相当高的国内市场份额。根据 GB 2536—2011《电工流体　变压器和开关用的未使用过的矿物绝缘油》，变压器油按凝点分为 10#、25#和 45#三个牌号，其中 25#变压器油适用地区广泛，45#变压器油适用于寒区。环烷基橡胶填充油具有安全环保、多环芳烃(polycyclic aromatic hydrocarbons, PAHs)少的特点。

(2)作为环烷基橡胶油原料。环烷基橡胶油兼具石蜡基、芳香基特征，适应的橡胶品种较多。目前市场上 K 系列环烷基橡胶油采用辽河或新疆低凝环烷基原油为原料制得，其中 K6H 和 K10H 为采用加氢工艺生产的基础油调和而成，其他产品为采用加氢精制工艺生产的基础油调和，按 100℃运动黏度及凝点的差异划分为 10 个牌号，产品质量标准为企业标准 Q/SYRH2077-2003。KN 系列环烷基橡胶油系三段高压加氢后的产品，规定芳烃含量为≤2%。

(3)作为环烷基冷冻机油原料。环烷基冷冻机油具有润滑性能好、与制冷剂不起反应以及低温流动性能优异等特点。目前，环烷基冷冻机油主要生产企业和环烷基橡胶油一样为克拉玛依石化公司，采用减二线馏分油生产昆仑 DRC 系列环烷基冷冻机油，在氢分压 15.0MPa、反应温度(加氢精制/加氢降凝)350～370℃/260～270℃、空速(加氢精制/加氢降凝)$1.0h^{-1}/1.0h^{-1}$、氢油比(加氢精制/加氢降凝)800∶1/800∶1(体积比)的条件下，生成油经切割分馏，所得的冷冻机油完全可以达到德国 DIN51503VG46 标准要求。

1.3　间接液化及其生产润滑油

煤的间接液化技术是先将煤全部气化成合成气，然后以煤基合成气(一氧化碳和氢气)为原料，在一定温度和压力下，将其催化合成烃类燃料油及化工原料和产品的工艺，包括煤炭气化制取合成气、气体净化与交换、催化合成烃类产品以及产品分离和改制加工等过程[15]。

1.3.1 发展历史

1923 年，德国化学家首先开发出了煤间接液化技术。20 世纪 40 年代初，为了满足战争的需要，德国曾建成 9 个间接液化厂。第二次世界大战以后，同样由于廉价石油和天然气的开发，上述工厂相继关闭和改作他用。之后，随着铁系化合物类催化剂的研制成功、新型反应器的开发和应用，煤间接液化技术不断进步，但由于煤间接液化工艺复杂，初期投资大，成本高，除南非之外，其他国家对煤间接液化技术的兴趣相对于直接液化来说逐渐减弱[16]。

目前，国外实现工业化的煤间接液化工艺有南非 Sasol 公司的费托合成(Fisher-Tropsch sythesis, F-T 合成)技术、荷兰壳牌(Shell)石油公司的 SDMS(shell middle distillate synthesis)工艺以及美国埃克森美孚(ExxonMobil)公司开发的甲醇制汽油(methanol to gasoline, MTG)甲醇生产汽油合成技术[17]。近年来，国外相关公司也开发了许多煤间接液化工艺，如丹麦 Topsoe 公司的 TIGAS(topsoe improved gasoline synthesis)工艺、美国 ExxonMobil 公司开发的 AGC-21(advanced gas conversion for the 21st century)工艺以及 ExxonMobil 公司开发的 STG(syngas to gasoline)技术等[18]，虽然这些工艺技术先进，但都未实现商业化应用。

南非 Sasol 公司成立于 20 世纪 50 年代初，1955 年公司建成第一座由煤生产燃料油的 Sasol-1 厂。70 年代石油危机后，1980 年和 1982 年又相继建成 Sasol-2 厂和 Sasol-3 厂。3 个煤间接液化厂年加工原煤约 4600 万 t，产品总量达 768 万 t，主要生产汽油、柴油、蜡、氨、乙烯、丙烯、醇、醛等 113 种产品，其中油品占 60%，化工产品占 40%。该公司生产的汽油和柴油可满足南非 28%的需求量，其煤间接液化技术处于世界领先地位[19-21]。

我国于 20 世纪 50 年代开始对费托合成进行初步研究，但由于大庆油田等的发现，费托合成研究中断了 30 年。20 世纪 80 年代，经济快速发展使油品需求量增大，国内相关科研单位和企业重新开始对费托合成进行研究[22]。中国科学院山西煤炭化学研究所开发了铁基、钴基催化剂和超细粒子铁、锰催化剂以及浆态床反应器，形成了多种煤间接液化工艺，并实现了百万吨级产业化。兖矿集团开发出新型催化剂、固定床和流化床反应器，形成了成套的高低温费托合成工艺技术，并实现了百万吨级产业化。中国科学院大连化学物理研究所(Dalian Institute of Chemical Physics, DICP)则开发了钴基浆态床、固定床工艺，分别完成了十万吨级工业示范。

1.3.2 工艺原理

费托合成是指一氧化碳在固体催化剂作用下非均相加氢生成不同链长的烃类(C_1～C_{100})和含氧化合物的反应。该反应于 1923 年由 Fischer 和 Tropsch 首次发现，费托合成因此而得名，后经 Fischer 等完善，并于 1936 年在鲁尔化学公司实现工业化。

费托合成反应化学计量式因催化剂的不同和操作条件的差异而导致较大差别，但可用以下两个基本反应式描述。

(1)烃类生成反应。

$$CO+2H_2 \longrightarrow (-CH_2-)+H_2O$$

(2)水气变换反应。

$$CO+H_2O \longrightarrow H_2+CO_2$$

由以上两式可得合成反应的通用式:

$$2CO+H_2 \longrightarrow (-CH_2-)+CO_2$$

由以上两式可以推出烷烃和烯烃生成的通用计量式如下。

(1)烷烃生成反应。

$$nCO+(2n+1)H_2 \longrightarrow C_nH_{2n+2}+nH_2O$$

$$2nCO+(n+1)H_2 \longrightarrow C_nH_{2n+2}+nCO_2$$

$$3nCO+(n+1)H_2O \longrightarrow C_nH_{2n+2}+(2n+1)CO_2$$

$$nCO_2+(3n+1)H_2 \longrightarrow C_nH_{2n+2}+2nH_2O$$

(2)烯烃生成反应。

$$nCO+2nH_2 \longrightarrow C_nH_{2n}+nH_2O$$

$$2nCO+nH_2 \longrightarrow C_nH_{2n}+nCO_2$$

$$3nCO+nH_2O \longrightarrow C_nH_{2n}+2nCO_2$$

$$nCO_2+3nH_2 \longrightarrow C_nH_{2n}+2nH_2O$$

间接液化的主要反应就是上面的反应，由于反应条件的不同，还有甲烷生成反应、醇类生成反应(生产甲醇就需要此反应)、醛类生成反应等。

1.3.3 工艺过程

煤间接液化可分为高温合成与低温合成两类工艺。高温合成得到的主要产品有石脑油、丙烯、α-烯烃和 C_{14}～C_{18} 烷烃等，这些产品可以用作生产石化替代产品的原料，如石脑油馏分制取乙烯、α-烯烃制取高级洗涤剂等，也可以加工成汽油、柴油等优质发动机燃料。低温合成的主要产品是柴油、航空煤油、蜡和 LPG 等。煤间接液化制得的柴油十六烷值可高达 70，是优质的柴油调兑产品。

煤间接液化制油工艺主要有 Sasol 工艺、壳牌(Shell)公司的 SMDS 工艺、Syntroleum 技术、ExxonMobil 的 AGC-21 技术、Rentech 技术。已工业化的有南非的 Sasol 浆态床、流化床、固定床工艺和 Shell 的固定床工艺。典型煤基费托合成工艺包括煤的气化及煤气净化、变换和脱碳，费托合成反应，油品加工等 3 个纯“串联”步骤。气化装置产出的粗煤气经除尘、冷却得到净煤气，净煤气经 CO 宽温耐硫变换和酸性气体(包括 H_2 和 CO_2 等)脱除，得到成分合格的合成气。合成气进入合成反应器，在一定温度、压力及催化剂作用下，H_2S 和 CO 转化为直链烃类、水以及少量的含氧有机化合物。生成物经三相分离，水相提取醇、酮、醛等化学品；油相采用常规石油炼制手段(如常、减压蒸馏)，根据需要切割出产品馏分，经进一步加工(如加氢精制、临氢降凝、催化重整、加氢裂化等工艺)得到合格的油品或中间产品；气相经冷冻分离及烯烃转化处理得到 LPG、聚合级丙烯、聚合级乙烯及中热值燃料气。

1.3.4 国内技术发展

我国从 20 世纪 50 年代初就开始进行煤间接液化技术的研究，曾在锦州进行过 4500t/a 的煤间接液化试验，后因发现大庆油田而中止。由于 70 年代的两次石油危机，以及“富煤、贫油、少气”的能源结构带来的一系列问题，我国自 80 年代初又恢复对煤间接液化合成汽油技术的研究，由中国科学院山西煤炭化学研究所组织实施。

“七五”期间，中国科学院山西煤炭化学研究所开发的煤基合成汽油技术被列为国家重点科技攻关项目。1989 年在代县化肥厂完成了小型试验。“八五”期间，国家和山西省政府投资 2000 多万元，在晋城化肥厂建立了年产 2000t 汽油的工业试验装置，生产出了 90 号汽油。在此基础上，提出了年产 10 万 t 合成汽油装置的技术方案。2001 年，国家 863 计划和中国科学院联合启动了“煤变油”重大科技项目。中国科学院山西煤炭化学研究所承担了这一项目的研究，科技部投入资金 6000 万，省政府投入 1000 万，并在本地企业的支持下，经过一年多攻关，千吨级浆态床中试平台在 2002 年 9 月实现了第一次试运转，并合成出第一批粗油品，低温浆态合成油可以获得约 70%的柴油，十六烷值达到 70 以上，其他产品有 LPG(5%～10%)、含氧化合物等。其核心技术费托合成的催化剂、反应器和工艺工程也取得重大突破。

2006 年，中国科学院山西煤炭化学研究所和内蒙古伊泰等企业联合成立了中科合成油技术股份有限公司。2008 年，中科合成油技术股份有限公司研制出高温浆态床费托合成铁基催化剂，并进行了中试装置试验验证和工艺条件优化，形成了成熟的高温浆态床合成油工艺技术。2009 年，利用高温浆态床费托合成工艺，分别为山西潞安化工集团有限公司(潞安集团)、内蒙古伊泰集团有限公司(内蒙古伊泰)、中国神华能源股份有限公司建成了 3 套 16 万～18 万 t/a 的工业示范装置。2016 年，国家能源集团宁夏煤业有限责任公司(神华宁煤)400 万 t/a、内蒙古伊泰 120 万 t/a、潞安集团 100 万 t/a 的煤间接液化工业示范装置建成投产，实现了高温浆态床费托合成工艺的百万吨级工业化应用，达到国际领先水平。

兖矿能源集团股份有限公司(兖矿集团)从 1998 年开始进行煤间接液化技术的基础研究和工艺开发，研发重点为低温铁基浆态床技术和高温铁基固定流化床技术。2002 年，兖矿集团组建了上海兖矿能源科技研发有限公司(简称兖矿能源公司)，从事煤间接液化技术的开发及工程化。兖矿能源公司研制了低温费托合成铁基催化剂，研发了煤间接液化制油全过程模拟软件和三相浆态床反应器[23]。在此基础上，建成了百吨级催化剂中试装置和千吨级费托合成中试装置，获得了优化的工艺操作条件和工程设计基础数据，形成了低温浆态床煤间接液化工艺。该工艺采用铁基催化剂和三相浆态床反应器，工艺流程主要包括催化剂前处理、费托合成及产品分离三部分。2015 年，兖矿集团榆林 100 万 t/a 的煤间接液化工业示范项目建成投产，采用兖矿能源公司研发的低温浆态床间接液化成套工艺，该项目至今运转情况良好。

中国科学院大连化学物理研究所从 20 世纪 80 年代开始进行煤间接液化的催化剂和工艺研究，1980～1999 年开展高分散度负载型钌、铁催化剂用于费托合成的探索研究，研制出高选择性的合成汽油、柴油的新型催化剂。1999～2008 年丁云杰研究员团队在合成液体燃料技术几十年研究经验和技术积累的基础上，分别开发了在浆态床中使用的活性炭负载的 Co 基催化剂和固定床中使用的硅胶负载的 Co 基催化剂。2005 年承担了中国石油化工集团有限公司(中国石化)的科技攻关项目“3000t/a 级合成液体燃料中试放大试验”。在中国石化镇海炼化分公司的合作下，工业示范装置于 2007 年 3 月转入正式的催化剂性能标定试验。催化剂经过 5000h 的成功连续运转，标志着我国费托合成技术取得了重大突破性创新。开发的以活性炭负载的钴基催化剂完全克服了活性较低和甲烷选择性过高的缺点，通过费托合成出的产物主要为碳数为 1～21 的汽油和柴油组分，重质蜡含量少，可以实现一段法由合成气直接合成汽油和柴油，将省去如今工业中将重质蜡加氢或裂化获得汽油和柴油的烦琐过程和装置投资，可使基建投资节省 10%～15%，运行成本降低 5%左右。2012 年，中国科学院大连化学物理研究所和陕西延长石油(集团)有限责任公司进行合作立项开展“合成气制合成油 15 万 t/a 工业示范技术”的研究，2020 年 15 万 t/a 工业示范装置实现满负荷运行，达产达效。同时，针对资源量小的天然气藏、海上油田伴生气和煤层气资源情况，丁云杰研究员课题组还研发了合成气制高碳伯醇联产优质柴油的新型 Co 基催化剂，直接由合成气制得直链高碳伯醇，工艺流程短。10 万 t/a 合成气醇-油联产的工业示范装置进行了负荷 30%的工业性试验，合成气总转化率大于 84%，甲烷选择性低于 6%，醇/醛总选择性高于 42%。

1.3.5 工艺特点

(1) 合成条件较温和，无论是固定床、流化床还是浆态床，反应温度均低于 350℃，反应压力为 2.0～3.0MPa。

(2) 转化率高，如 Sasol 公司 SASOL 工艺采用熔铁催化剂，合成气的一次通过转化率达到 60%以上，循环比为 2.0 时，总转化率即达 90%左右。Shell 公司的 SMDS 工艺采用 Co 基催化剂，转化率甚至更高。

(3) 受合成过程链增长转化机理的限制，目标产品的选择性相对较低，合成副产物较多，正构链烃的范围可从 C_1 至 C_{100}；随合成温度的降低，重烃类(如蜡油)产量增大，轻烃类(如 CH_4、C_2H_4、C_2H_6 等)产量减少。

(4) 有效产物—CH_2—的理论收率低，仅为 43.75%，工艺废水的理论产量却高达 56.25%。

(5) 煤消耗量大，一般情况下，5～7t 原煤产 1t 成品油。

(6) 反应物均为气相，设备体积庞大，投资高，运行费用高。

(7) 煤间接液化全部依赖于煤的气化，没有大规模气化便没有煤间接液化。

1.3.6 煤间接液化产品分布特点

煤间接液化(费托合成)技术的优点是通过对催化剂和合成条件的调控，可以适应多种要求，产品从清洁优质油品（如航空煤油、柴油等）到高品质的化学品（如高碳 α-烯烃和轻烯等），且具有低硫、低氮、低芳烃、低排放的优点，满足未来环保法规对燃料油和大宗化学品标准的要求。

费托合成技术路线可分为低温费托合成（low-temperature Fischer-Tropsch synthesis, LTFT：220～250℃）和高温费托合成（high-temperature Fischer-Tropsch synthesis, HTFT：300～350℃）[24,25]。低温费托合成技术一般采用 Fe 基或 Co 基催化剂，主要产品是柴油、煤油和蜡；高温费托合成采用熔铁催化剂，主要产品是汽油和轻烯烃。由于合成产品不同，费托合成产品加工路线和目标产品也存在差异。图 1-6 和图 1-7 分别为低温费托合成和高温费托合成工艺流程。

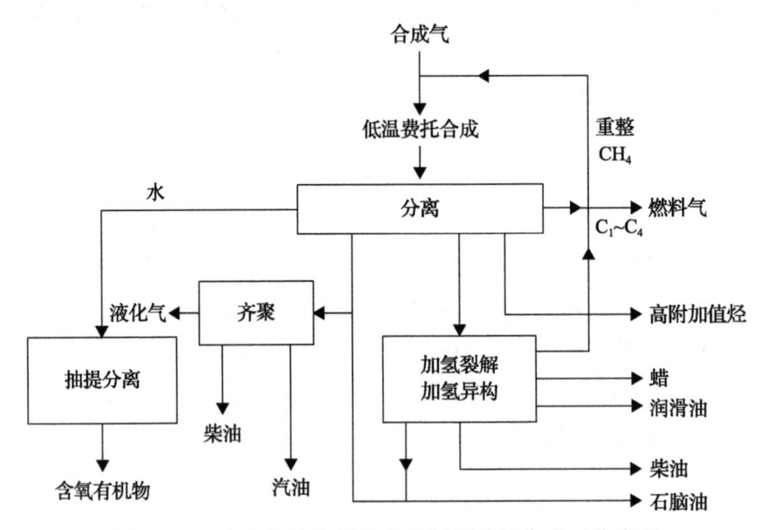

图 1-6　以生产柴油和蜡为主的低温费托合成工艺流程

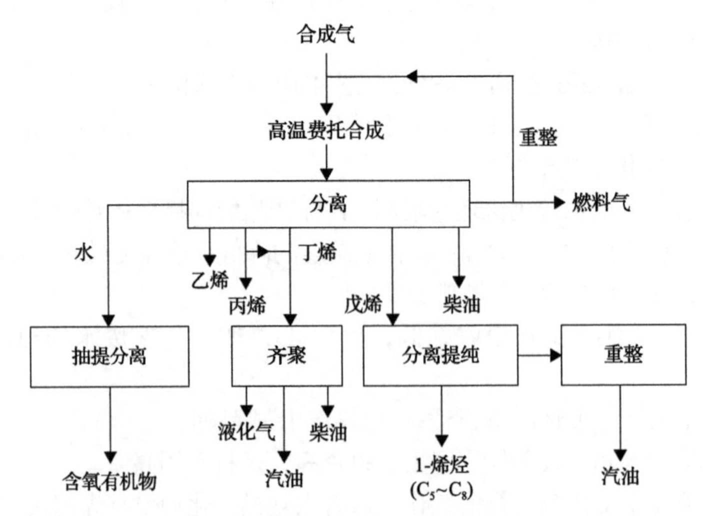

图 1-7　以生产汽油和化学品为主的高温费托合成工艺流程图

低温费托合成主要产物包括蜡、高温冷凝物（重质油）、低温冷凝物（轻质油）、含氧化合物、反应水及费托合成尾气。其中，蜡碳数分布主要集中在 C_{20}～C_{54}，碳数分布在

C_1～C_{100}，甚至更高，烷烃含量为 90%～95%(质量分数，下同)；低温冷凝物碳数分布主要集中在 C_5～C_{19}，烷烃含量为 40%～50%，烯烃含量为 30%～33%；高温冷凝物碳数分布主要集中在 C_{16}～C_{33}，烷烃含量为 80%～87%。另外，产品中还含有一定量的含氧有机化合物，如醇、醛、酸等，而且随着产品沸点的升高，含氧有机化合物的相对含量呈下降趋势。费托合成产品中含有大量的烯烃和有机含氧化合物，因此合成液体产物具有不稳定性和腐蚀性，不适于直接应用，需要进一步分离改质。表 1-1 是典型的 Fe 基催化剂和 Co 基催化剂低温费托合成产物选择性分布结果[26]。一般而言，采用 Fe 基催化剂生成大量烯烃和醇类，酮类和酸类也有少量生成；而采用 Co 基催化剂仅产生少量烯烃和醇类，无芳烃生成。图 1-8 为典型的低温费托合成产物的加工方案。

与低温费托合成产品相比，高温费托合成产品中除碳数分布范围较窄外，支链烃的相对含量也比较高，同时还生产数量可观的乙烯、丙烯等低碳烯烃。表 1-2～表 1-4 是南非 Sasol 公司在 Secunda 的高温 SAS 工艺合成产品选择性分布[27]。从产物分布可以看出，高温费托合成产品 α-烯烃的选择性非常高，C_3、C_5～C_{10} 和 C_{11}～C_{14} 馏分中的烯烃选择性分别可达到 85%、70%和 60%。另外，合成产品中的芳烃含量比较高。

表 1-1　典型低温费托合成产物选择性分布

组分		选择性/%	
		Fe 基催化剂(235℃)	Co 基催化剂(220℃)
CH_4		3	4
C_2～C_4		8.5	8
C_5～C_6		7	8
C_7	～160℃	9	11
	160～350℃	17.5	22
	＞350℃	51	46
含氧有机物		4	1
$(C_3^{=}+C_4^{=})^*/(C_3+C_4)$		50	30
C_5～C_{12} 组分	饱和烃	29	59
	烯烃	64	40
	芳烃	0	1
	含氧有机物	7	0
C_{13}～C_{18} 组分	饱和烃	44	＜94
	烯烃	50	5
	芳烃	6	＜1
	含氧有机物	0	0

* 上角标“=”表示烯烃。

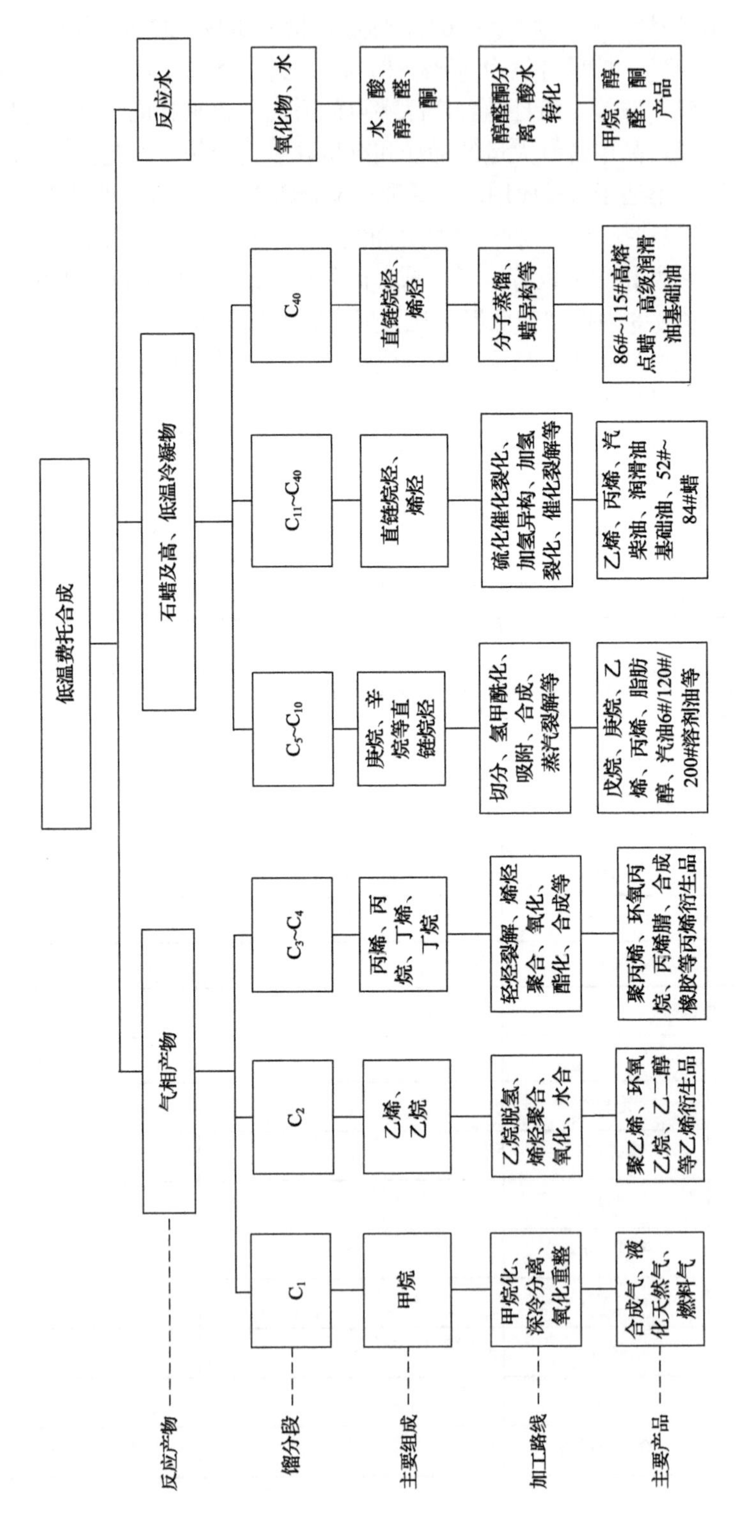

图1-8 低温费托合成产物加工方案示意图

表 1-2 典型高温 SAS 工艺合成产品选择性分布

产品	摩尔分数/%
甲烷	7
C_2～C_4烯烃	24
C_2～C_4饱和烃	6
汽油	36
柴油	12
蜡	9
含氧有机物	6
合计	100

表 1-3 高温 SAS 工艺合成不同馏分段产品选择性分布

产品	选择性/%	
	C_5～C_{10}馏分	C_{11}～C_{14}馏分
饱和烃	13	15
烯烃	70	60
芳烃	5	15
含氧有机物	12	10

表 1-4 高温 SAS 工艺合成含氧有机化合物组成

产品		质量分数/%
主要非酸产品	醛	3
	酮	10
	醇	55
	甲基酮	3
	异丙醇	3
	正丙醇	13
	异丁醇	3
	正丁醇	4
	合计	100
酸	乙酸	70
	丙酸	16
	丁酸	9
	C_{5+}酸	5
	合计	100

与低温费托合成产物不同，高温费托合成产物存在轻组分含量高、碳数分布较窄、烯烃含量高，特别是高附加值的 α-烯烃含量高，重组分少，且不含蜡组分。碳数分布主要集中在 C_1～C_{15}，C_1～C_{21}烃选择性为 99.5%，C_{22+}高碳烃选择性小于 1%。高温费托合成产物中 C_2～C_4烯烃选择性达到 22%～25%；总烯烃选择性达到 53%～56%；C_4以上 α-烯烃选择性约为 30%；气相产物中正构烷烃含量为 35%～38%，C_2～C_4烯烃占 46%～50%；含氧有机物含量(质量分数，下同)一般为 7%～10%，而含氧有机物中醇占 60%～70%，醛占 8%～15%，酮占 10%～20%。酸占 5%～8%，酯小于 0.5%。低温冷凝物(轻质油)的烃类碳数最高到 C_{21}～C_{23}，碳数主要集中在 C_5～C_{15}；主要组成为烯烃，含量 50%～70%，其中 α-烯烃的含量为 30%～45%；烷烃含量为 10%～20%，环烃含量约 5%，芳烃含量为 8%～10%，烯烷比为 3～4；高温冷凝物(重质油)碳数最高到 C_{47}，碳数集中分布在 C_{16}～C_{40}，占比 86.9%左右，C_{40}以上占比较小，为 2%左右。高温费托合成在生成油品的同时，采用先进的分离和深加工技术，可以生产大量的高附加值烯烃和含氧有机化合物，且产物中 α-烯烃含量高、碳数分布较窄的特点有利于高温费托合成项目以精细化工品为主，柴油、汽油等清洁油品为辅的“油化结合”产品加工方案。图 1-9 为高温费托合成产物的加工方案。

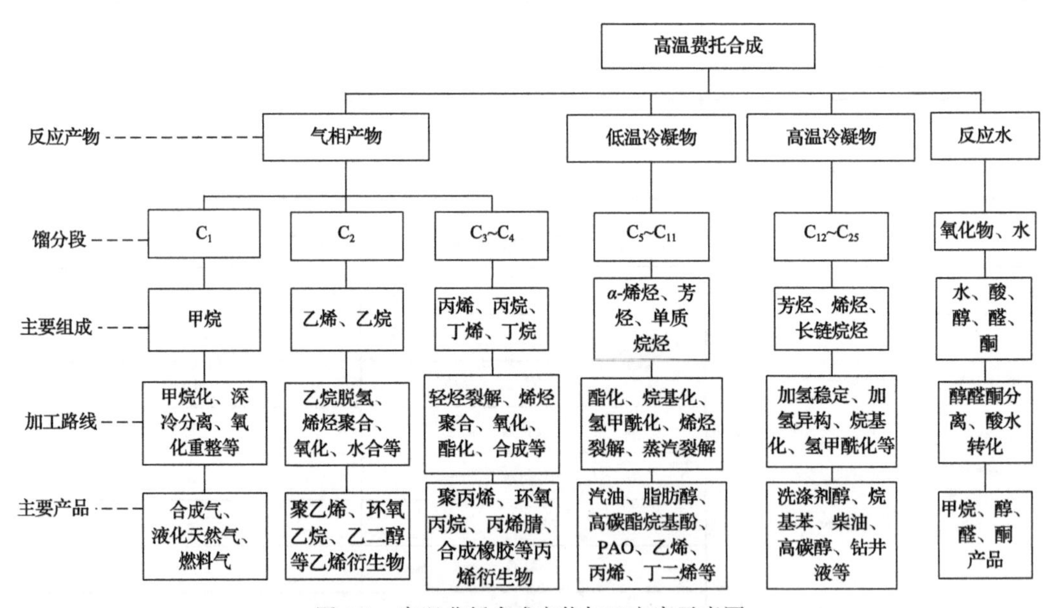

图 1-9 高温费托合成产物加工方案示意图

1.3.7 面向润滑油基础油生产的煤间接液化产品利用

煤间接液化产品种类繁多，其中烷烃、α-烯烃和高碳醇(脱水生成 α-烯烃)均可进一步用于生产高档润滑油基础油产品。

烷烃组分，即费托合成蜡杂质含量少，不含芳烃、硫和氮，黏度指数高，是生产基础油的理想原料，唯一的不足是倾点较高。费托蜡经过加氢异构脱蜡以后，可以得到黏度指数高达 140 的基础油，甚至可以生产黏度指数达到 160 的基础油。这类油的饱和烃含量非常高，通常为 100%的异构烃，性能非常接近 PAO，但生产成本却比 PAO 低 87%，大约是超高黏度指数(UHVI)基础油的 60%。因此，合成基础油将作为一种高价值的特殊产品对高性能产品如 PAO 和美国石油协会(American Petroleum Institute, API)基础油Ⅲ类和Ⅱ+类产品构成竞争。考虑到 PAO 的价格不会走低，费托合成基础油将以低于 PAO 的价格抢占其在润滑油领域的市场份额。另外，费托合成基础油将可能与现有的润滑油基础油构成竞争，甚至包括液压油和循环油。另外，根据 Syntroleum 等公司的试验报告[28]，用 GTL 基础油(Ⅲ+类基础油)通过调制可以得到多种类似 PAO 的高性能成品润滑油。

PAO 是 α-烯烃(主要是 C_8～C_{14})在催化剂的作用下通过齐聚或共齐聚反应并加氢饱和得到的聚合物。由直链 α-烯烃聚合后加氢饱和所制得的 PAO 基础油对添加剂的感受性好，具有良好的氧化安定性[29]。国外公司采用 C_8～C_{12} 的直链 α-烯烃齐聚、经加氢饱和得到的 PAO 产品约占 94%的市场份额，其余极少量国产 PAO 为中国石油天然气集团有限公司(中国石油)下属兰州石化公司、抚顺石化公司采用落后工艺和低品质蜡裂解 α-烯烃原料所生产[30]。

由典型低温费托合成产物选择性分布可以看出，费托合成产品中有大量的 α-烯烃，以常规石脑油和柴油为主要产品时，需要对烯烃进行加氢处理，使用适当方法将需要的 α-烯烃组分分离出来生产 PAO，将大幅提高产品经济效益。

南非 Sasol 公司有着丰富的费托合成反应和费托合成产品中 α-烯烃分离的经验[31]。其中，1-辛烯的分离方法是将费托冷阱油先用碳酸钾洗去酸组分，不含酸的石脑油馏分再经切分得到 C_8 馏分，得到的馏分原料在溶剂 *N*-甲基吡咯烷酮(*N*-methylpyrrolidone, NMP)的作用下经萃取精馏除去有机含氧化合物杂质，得到只含烷烃和烯烃的物流，这个技术已经在 Sasol 公司得到工业化应用。Sasol 公司还提出了一种一次性脱除酸和含氧化合物的方法，将费托合成粗油经窄馏分切割后得到 C_8 馏分，该馏分在乙醇和水的作用下共沸精馏，同时除去其中的酸和含氧物，得到只含烷烃和烯烃的烃类物料。Sasol 公司已建成一套从费托合成产品(富含 α-烯烃)中分离 1-戊烯、1-己烯的生产装置并成功投产，通过装置调整，1-己烯的产量超过 10 万 t/a。另有三套总产能可达 19.6 万 t/a 的 1-辛烯装置，成为全球最大的 1-辛烯生产商[32]。该工艺最大优点是以煤为原料，把 α-戊烯作为副产物回收，工业化生产成本低[33]。

1.4 煤干馏及其生产润滑油

1.4.1 煤干馏过程概述

煤干馏是煤化工的重要过程之一，指煤在隔绝空气的条件下加热、分解，生成焦炭(或半焦)、煤焦油、粗苯、煤气等产物的过程。煤的干馏属于化学变化，按加热终温的不同可分为三种：900～1100℃为高温干馏，即焦化；700～900℃为中温干馏；500～700℃为低温干馏[34]。

当煤料的温度高于100℃时，煤中的水分蒸发出；温度升高到200℃以上时，煤中结晶水释出；高达350℃以上时，黏结性煤开始软化，并进一步形成黏稠的胶质体(泥煤、褐煤等不发生此现象)；至400～500℃大部分煤气和焦油析出，称为一次热解产物；在450～550℃，热解继续进行，残留物逐渐变稠并固化形成半焦；高于550℃，半焦继续分解，析出余下的挥发物(主要成分是氢气)，半焦失重同时进行收缩，形成裂纹；温度高于800℃，半焦体积缩小变硬形成多孔焦炭。当干馏在室式干馏炉内进行时，一次热解产物与赤热焦炭及高温炉壁相接触，发生二次热解，形成二次热解产物(焦炉煤气和其他炼焦化学产品)[35]。

煤干馏的产物是焦炭、煤焦油和煤气。煤干馏产物的产率和组成取决于原料煤质、炉结构和加工条件(主要是温度和时间)。随着干馏终温的不同，煤干馏产品也不同。低温干馏固体产物为结构疏松的黑色半焦，煤气产率低，焦油产率高；高温干馏固体产物则为结构致密的银灰色焦炭，煤气产率高而焦油产率低。中温干馏产物的产率，则介于低温干馏和高温干馏之间。煤干馏过程中生成的煤气主要成分为氢气和甲烷，可作为燃料或化工原料。高温干馏主要用于生产冶金焦炭，所得的焦油为芳烃和杂环化合物的混合物，是工业上获得芳烃的重要来源；低温干馏煤焦油比高温焦油含有较多烷烃，是人造石油重要来源之一[36]。表1-5为三种煤干馏过程(低温、中温、高温)的产品分布。

表1-5　三种煤干馏过程的产品分布

产品分布与性状			干馏温度		
			600℃(低温)	800℃(中温)	1000℃(高温)
产品产率		焦炭含量(质量分数)/%	80～82	75～77	70～72
		焦油含量(质量分数)/%	9～10	6～7	3.5
		煤气/(Nm^3/t干煤)	120	200	320
产品性状	焦炭	着火点/℃	450(半焦)	490(中温焦)	700(高温焦)
		机械强度	低	中	高
		挥发分(质量分数)/%	10	约5	<2
	焦油	比重	<1	1	>1
		中性油含量(质量分数)/%	60	50.5	35～40
		酚类含量(质量分数)/%	25	15～20	1.5
		焦油盐基含量(质量分数)/%	1～2	1～2	～2
		沥青含量(质量分数)/%	12	30	57
		游离碳含量(质量分数)/%	1～3	～5	4～10
		中性油成分	脂肪烃、芳烃	脂肪烃、芳烃	芳烃
	煤气	氢含量(质量分数)/%	31	45	55
		甲烷含量(质量分数)/%	55	38	25

续表

<table>
<tr><th colspan="3" rowspan="2">产品分布与性状</th><th colspan="3">干馏温度</th></tr>
<tr><th>600℃(低温)</th><th>800℃(中温)</th><th>1000℃(高温)</th></tr>
<tr><td rowspan="4">产品性状</td><td rowspan="4">煤气</td><td>发热量/(MJ/m³)</td><td>31</td><td>25</td><td>19</td></tr>
<tr><td>煤气中回收的轻油</td><td>气体汽油</td><td>粗苯-汽油</td><td>粗苯</td></tr>
<tr><td>产率/%</td><td>1.0</td><td>1.0</td><td>1～1.5</td></tr>
<tr><td>组成</td><td>脂肪烃为主</td><td>芳烃占 50%</td><td>芳烃占 90%</td></tr>
</table>

1.4.2　典型工艺过程

煤干馏技术始于 20 世纪初，最初主要是为了制取石蜡油和固体无烟燃料；50 年代因石油、天然气的开发该技术有所停滞；70 年代开始，新工艺逐渐被开发，用来制取液体产品和芳烃化合物。20 世纪 60 年代之前，我国为了获取石油替代品，也曾开发煤热解工艺用来干馏油页岩和长焰煤。近年来，为制取发热值较高的固体半焦产品，国内研发了多种煤热解工艺，有的已经达到工业应用或工业示范水平。

国内外典型的煤热解工艺包括鲁奇(Lurgi)三段内热式炉、美国的 TOSCOAL 工艺、德国的 LR 工艺、澳大利亚的流化床快速热解工艺，以及国内的 DG 热解技术和 LCC 热解技术等工艺，以下将对上述煤热解技术进行介绍。

(1)鲁奇三段内热式炉热解工艺。

鲁奇三段内热式炉始建于 1925 年，第二次世界大战期间德国利用该工艺使用褐煤生产液态烃，使用烟煤生产焦油和焦炭[37]。1950 年之后，因能源结构变化，该工艺使用较少。该工艺炉子分为干燥、干馏、焦炭冷却等三段。该工艺特点是：原煤粒度为 20～80mm；热气对块煤加热，加热速度快且均匀，生产效率高；热解炉传热效果好，热效率高；热解炉技术成熟，操作简便，投资相对较低，但产品品质受限。

(2)TOSCOAL 工艺。

TOSCOAL 工艺是基于油页岩开发的低温干馏方法[38]。该工艺始于 20 世纪 70 年代，用瓷球作为热载体，属于内热式固体热载体干馏工艺。该工艺主要是对烟煤等进行提质，增加热值，制取半焦产物和煤气产品。该工艺硫排放量降低、半焦产品实用性广、粗焦油产品经加氢可获得轻质合成原油，但存在设备复杂、投资较大、维修量大等缺点。

(3)LR 工艺。

LR 工艺始于 20 世纪 60 年代中期，是 Lurgi 公司和 Ruhrgas 公司联合开发的内热式固体热解工艺[39]，主要用于褐煤、油页岩(及油砂)生产高热值煤气，以及裂解生产烯烃。所产半焦用作炼焦炉的混掺原料，该工艺既可以处理非黏结性煤，也可以处理黏结性煤。该工艺生产效率高、能耗低、设备简单，但存在排料系统易堵塞、产品含尘量大等缺点。

(4)流化床快速热解工艺。

流化床快速热解工艺始于 20 世纪 70 年代，由澳大利亚联邦科学与工业研究组织(Common-wealth Scientific and Industrial Research Organisation, CSIRO)研究开发[40]，主要

是用澳大利亚煤生产液体燃料，为低温或中温热解。试验用煤全部在 200 目以下，装置较小，属于实验室规模。该工艺特点：褐煤的焦油生产率可达 23%(580℃时最高)，褐煤半焦是优质和多孔的，剩余挥发分有利于其稳定燃烧。但缺乏中试或工业试验。

(5) DG 热解技术。

DG 热解技术由大连理工大学开发，采用固体热载体工艺，以自产半焦作为热载体[41]。工艺流程大致分为磨煤、煤干燥、煤热解、流化燃烧、半焦冷却煤气冷却和净化等部分。原煤粉碎(小于 6mm)后在热烟气(约 550℃)作用下进行气流干燥预热，与热焦粉槽的粉焦混合，完成快速热解反应(550～650℃)，析出热解气，分离出重焦油和轻焦油，剩余煤气经脱硫后送出装置。该工艺特点：适用于粉煤，固体热载体技术适用于粒径小于 6mm 的粉煤；煤焦油产率较高，以神府煤为例，焦油产率可达 10%以上；热解煤气有效成分高、热值高，热解煤气有效成分高达 63.97%，热值高达 4200kcal①/Nm^3 以上；水耗低，生产过程采用干法熄焦，具有节水降耗环保优势；以粉煤作为原料，原料来源广，焦油收率高，工艺技术国内领先。

(6) LCC 热解技术。

LCC 热解技术是一种内热式气体热载体工艺，由大唐集团有限公司和五环工程有限公司联合开发。该工艺主要分为三步：干燥、轻度热解和精制。煤被热气流脱除水分，加热发生轻度热解反应，析出热解气，经水冷终止热解，固体输送至精制塔，发生氧化、水合反应得到固体半焦。热解气冷凝下来的焦油大部分返回激冷塔，剩余部分为焦油产品。该工艺特点：LCC 热解技术采用热惰性烟气对煤炭直接加热，可保证煤炭在较短时间内达到干燥或热解的目的；在炉内用犁式机械导流均布器把已干燥的煤铺成薄层，使设备在有较大生产能力的同时保证有高的热交换效率；模块化设计，工艺参数动态可调，操作简便成熟；该技术在国内处于示范运行阶段，商业化运行还需进一步验证，目前主要针对低阶煤热解，对于其他煤种热解效果还需进一步验证；该技术所产焦炉气热值较低，而且基本全部自己利用，整体副产焦炉气较少。

1.4.3 面向润滑油基础油生产的煤干馏产品利用

煤焦油是一种煤干馏过程的副产品，我国年产量约 1000 万 t[34]。目前，我国并没有出台煤焦油加工利用规范，加上加工技术的差异，导致只有部分煤焦油经简单蒸馏、延迟焦化等工艺获得的轻馏分油用于生产汽油和柴油的调和组分，剩余的大部分煤焦油未经处理直接当作重质燃料加以利用，既造成资源浪费，又加大了环境污染[35]。中低温煤焦油的干馏温度为 450～800℃，中低温煤焦油在性质和组成上不同于高温煤焦油[36]，没有经过二次热解和芳构化，轻组分相对较多，可通过开发加氢等适宜的加工工艺从煤焦油中获得清洁油品[42-44]，既可弥补石油资源的不足，又可提高煤炭资源利用率，解决我国焦化行业资源综合利用低、环境污染严重等问题。

煤焦油首先经过加氢精制，主要使得有机硫、有机氧、有机氮、重金属脱除及烯烃饱和。精制尾油芳烃、烯烃含量低，饱和烃含量极高，硫、氮等杂质很少，黏温性能好，

① 1kcal=1000cal=4186.8J。

是生产润滑油基础油的优质原料。但是加氢精制尾油含有部分芳烃，所得到的润滑油基础油颜色较差，需要白土补充精制。此外，凝点很高（高于 40℃），作为润滑油基础油必须进行脱蜡降凝处理。

下面以新疆焦炭厂所生产的中低温煤焦油为例介绍原料组成及可能的转化利用途径。由表 1-6 可知，煤焦油密度大（20℃密度为 1.1056g/cm^3），水分含量高（5.20%），S 含量为 1986μg/g，O 含量高达 6.81%（质量分数），重金属、胶质含量高，属低硫高氮原料油。根据该煤焦油的特性及试验情况，该煤焦油含氧化合物可制取工业酚，轻馏分经加工后用作石脑油、低凝点柴油和润滑油基础油原料，重馏分用于煤沥青的生产。

表 1-6　煤焦油的主要性质

项目		数值
密度（20℃）/（g/cm^3）		1.1056
馏程/℃	IBP（初馏点）/10%/30%/50% 70%/80%/85%/FBP（终馏点）	155/247/304/373 423/475/538/750
S 含量/（μg/g）		1986
N 含量/（μg/g）		7896
O 含量（质量分数）/%		6.81
残炭含量（质量分数）/%		8.99
水分含量（质量分数）/%		5.20
重金属含量/（μg/g）		60.31
组成（质量分数）/%	链烷烃	10.2
	环烷烃	5.9
	芳烃	48.8
	胶质	35.1

由表 1-6 可知，煤焦油胶质为 35.1%，芳烃含量达到 48.8%，加氢精制较难脱除开环。与石油类原油相比，煤焦油密度、氧含量和芳烃含量远远高于天然石油，原料的不饱和程度高，金属、杂质及残炭含量高，增大了加工处理难度。

由表 1-7 可以看出，＜300℃馏分 O 含量为 6.22%，远高于 300～450℃馏分，说明含氧化合物主要分布在煤焦油轻组分中，＜300℃馏分密度依然很高，由于其芳烃和胶质两者的总含量超过 70%，重金属含量为 0.28μg/g，可作为加氢精制的进料。300～450℃馏分密度达到 1.0512g/cm^3，残炭含量明显高于＜300℃的馏分，重金属含量也明显增加，芳烃和胶质两者的总含量达到 78.7%，馏分偏重，单独的加氢精制不能达到要求，须经加氢精制和加氢改质两个处理后才能降低馏分的芳烃和胶质含量，达到轻质化的目的。

新疆产中低温煤焦油属低硫环烷基类原料油，与天然石油相似，水含量高，须采用化学破乳法脱水。该煤焦油密度大，残炭含量高，重金属含量高，加工前需通过蒸馏切除重组分，轻组分经过预处理装置脱除杂质后加氢精制脱硫和氮，芳烃饱和，生成油脱

表 1-7　煤焦油窄馏分性质

项目		＜300℃馏分	300～450℃馏分
密度(20℃)/(g/cm^3)		0.9786	1.0512
S 含量/(μg/g)		1288	1602
N 含量/(μg/g)		5436	9433
O 含量(质量分数)/%		6.22	1.06
残炭含量(质量分数)/%		0.02	4.66
重金属含量/(μg/g)		0.28	4.01
凝点/℃		–22	31
组成(质量分数)/%	链烷烃	16.5	12.5
	环烷烃	13.1	8.8
	芳烃	44.2	44.5
	胶质	26.2	34.2

除水后再进行加氢改质反应，芳烃深度裂化开环，所得窄馏分可满足轻质燃料油的使用指标。为高效加工处理煤焦油资源，＜300℃馏分脱除酚后掺炼到 300～450℃馏分中。300～450℃馏分加氢精制不能达到要求，须经加氢改质达到芳烃开环，降凝点，改质后直接作为汽油、柴油的优质组分和润滑油基础油原料。450～550℃的蜡油组分可经过加氢精制(脱除硫氮、芳烃饱和、芳烃开环)、加氢异构和补充精制后生产环烷基润滑油基础油。

国内陕煤集团神木富油能源科技有限公司已成功实现煤焦油生产润滑油基础油的工业应用。2021 年，经过两年多时间建成的全球首套 50 万 t/a 煤焦油全馏分加氢制环烷基油项目一次投料开车成功，2 月煤焦油全馏分加氢装置投料产出合格油品；3 月下旬产出合格环已烷系列化工产品；4 月下旬产出合格环烷基润滑油、变压器油、冷冻机油、橡胶填充油等系列产品；5 月上旬产出合格轻质白油系列产品。

1.5　合成甲醇与煤制烯烃及其生产润滑油

1.5.1　合成甲醇

甲醇是最简单的一元醇，不但在化工行业中有重要的作用，而且在许多领域中都有重要的作用。甲醇的应用领域主要有：①作为基本有机原料之一，主要用于制造甲醛、乙酸、氯甲烷、甲胺等多种有机产品；②作为重要的化工原料之一，近年来，随着碳一(C_1)化工的发展，甲醇已经成为制造乙烯和丙烯的重要原料；③用作涂料、清漆、虫胶、油墨、胶黏剂、染料、乙酸纤维素、硝酸纤维素、乙基纤维素、聚乙烯醇缩丁醛等的溶剂；④用作制造农药、医药、塑料、合成纤维及有机化工产品(如甲醛、甲胺、氯甲烷等)的原料。此外，还用作汽车防冻液、金属表面清洗剂和乙醇变性剂等。

近年来，随着国内外甲醇制烯烃(methanol to olefins, MTO)和甲醇制丙烯(methanol to propylene, MTP)技术的逐步成熟，特别是国能包头煤化工有限责任公司(神华包头)、中煤陕西能源化工集团有限公司(中煤榆林)、陕煤集团蒲城清洁能源化工有限责任公司(陕煤蒲城)、中天合创能源有限责任公司(中天合创)等 60 万 t/a MTO 项目和神华宁煤 50 万 t/a MTP 项目等的成功运营，甲醇制烯烃项目成为煤化工行业的新热点。据统计，截至 2017 年底国内投产运行的甲醇制烯烃项目已达 21 个，总产能达到 1200 万 t/a；规划和在建项目 23 个，产能 1300 万 t/a。甲醇制烯烃产能的快速增长造成对原料甲醇的巨大需求，甲醇供应逐渐成为甲醇制烯烃项目能否成功的关键。目前主流的大型甲醇制烯烃项目规模为 60 万 t/a，需要配套 180 万 t/a 的甲醇合成装置。但国内年产能超过百万吨级的大型甲醇合成工艺及装置不占主流。据统计，我国 2016 年甲醇产能达 7000 万 t/a，百万吨级以上的大型甲醇装置(主要是煤制甲醇)产能合计仅占总产能的三成左右[45]，另外七成产能是规模较小、能耗较高、技术水平较低的中小甲醇装置。

2020 年上半年我国甲醇总产能达到 9033 万 t，共计 186 家生产企业。其中，合计年产能在 100 万 t 及以上甲醇企业，仅有 25 家，而 60 万～100 万 t 企业为 25 家，30 万～60 万 t 企业为 50 家，30 万 t 以下企业有 86 家之多，可见国内甲醇企业仍以中小企业为主。而这 186 家企业中仅有 51 家企业有配套下游装置，其他企业多以生产甲醇单一品种为主。

国内煤制甲醇年产几万吨到几十万吨的煤制甲醇工艺技术基本实现了国产化，但百万吨级以上的甲醇装置主要工艺技术仍需引进。已投产的神华包头、大唐国际发电股份有限公司(大唐国际)和神华宁煤 MTP 3 个煤制烯烃项目，煤制甲醇的规模分别为 180 万 t/a、167 万 t/a 和 167 万 t/a，除一氧化碳变换和甲醇精馏技术之外，空分、气化、气体净化和甲醇合成等主要工艺技术均由国外引进。因此，我国目前的煤制甲醇技术还是以百万吨以内的生产线为主。

煤制甲醇工艺包括以下几个主要步骤：空分、气化、变换、净化、压缩、甲醇合成和精馏，如图 1-10 所示。合成工艺的核心包括甲醇合成催化剂和甲醇合成塔。世界上主要的大型甲醇合成工艺如 Johnson Matthey(原 Davy)、Lurgi(现属于 Air Liquide)、Topsoe，其工艺采用的反应条件、工艺流程、合成塔结构型式和催化剂大相径庭，技术上也有所区别。

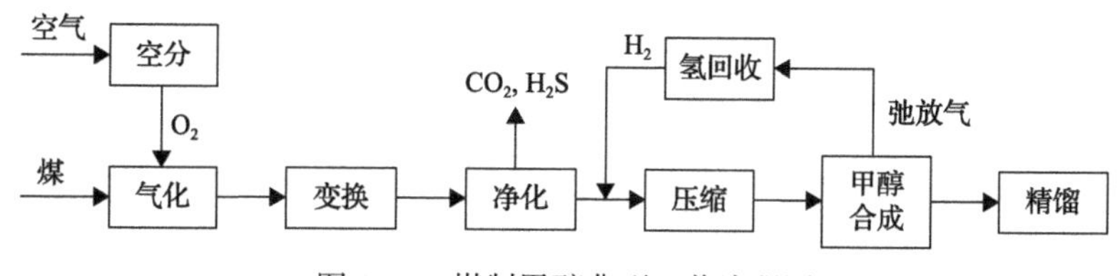

图 1-10 煤制甲醇典型工艺流程图

甲醇合成塔，即甲醇合成反应器，是整个合成工艺的核心设备。目前，国内外甲醇合成塔主要有 Johnson Matthey、Lurgi(Air Liquide)、Casale、华东理工大学、杭州林达化工技术工程有限公司、南京国昌化工科技有限公司等的工艺。合成塔按合成气流动的形式分类，Lurgi 甲醇合成塔是典型的轴向型反应器，Johnson Matthey 合成塔属于径向型反应器。

甲醇合成催化剂的起源是德国 BASF 公司在 1923 年首先成功开发的锌铬催化剂(ZnO/Cr_2O_3)。该催化剂活性较低，反应压力高达 30MPa 左右。1966 年，英国 ICI 公司和德国 Lurgi 公司相继研制成功了铜基催化剂。铜基催化剂的操作温度为 220～260℃，压力为 5～10MPa，且活性较高。由于上述这些优势，自 1966 年后国内外的研究开发基本都转向铜基甲醇合成催化剂。通过不断研究改进，一系列性能较好的甲醇合成催化剂陆续被开发出来，其中有国外的 Katalco、MK、Megamax 系列，国内的 XNC-98、C307 等，这些催化剂广泛用于全球各地的甲醇合成装置。较有代表性的铜基甲醇合成催化剂型号及其操作条件见表 1-8。由于铜基催化剂的活性中心是 Cu^+，铜的含量间接反映了催化剂活性成分的高低。目前，国内外主流催化剂厂家的型号中铜含量集中在 55%～65%，其中以 Topsoe 的 MK-151 含量最高。理化性能方面，主流的催化剂型号比表面积在 $100m^2/g$ 左右，平均孔径为 5.2～7.5nm，其中以 Megamax 700 和 Katalco 51-9 在孔结构和比表面积性能方面表现更佳。选择性方面，主流的催化剂型号在甲醇含量指标上能达到 93%～97%，其中以 Katalco 51-9 和 Megamax 700 表现更佳。总体来看，甲醇合成催化剂综合性能可排在第一阵容的主要是以 Topsoe、Clariant、Johnson Matthey 为代表的国外厂家催化剂，以中国石化南京化工研究院有限公司、西南化工研究设计院有限公司为代表的国产催化剂与国外催化剂活性成分的基本相同，但在理化性能、催化活性等方面还有一定差距。

表 1-8　主流甲醇合成催化剂

专利商	型号	操作条件		
		压力/MPa	温度/℃	空速/h^{-1}
Topsoe	MK-151	5～15	190～310	10000
Clariant	Megamax 700	5～10	200～280	10000
Johnson Matthey	Katalco 51-9	5～10	210～280	10000
三菱瓦斯化学株式会社	M-5	5～15	230～285	—
中国石化南京化工研究院有限公司	C307	3～15	210～290	8000
西南化工研究设计院有限公司	XNC-98	5	200～300	8000

Lurgi 公司于 1997 年率先提出了 MegaMethanol 百万吨级大甲醇概念，至 2014 年已签订合同转让 11 套百万吨级以上甲醇工艺装置，装置规模由 1997 年在特立尼达和多巴哥的 TITAN 2500t/d 甲醇合成装置，逐渐发展到 2005 年中国大唐内蒙古多伦煤化工有限责任公司(大唐多伦)烯烃 5000t/d 甲醇合成装置，再到 2011 年的中天合创煤制烯烃项目 2×5400t/d 甲醇装置。2016 年 8 月，中天合创煤制烯烃项目 2×5400t/d 甲醇装置实现投产运行，标志着 Lurgi 大型甲醇合成工艺迈入年产 180 万 t 的超大甲醇工艺行列。Lurgi 最新的 5400t/d 甲醇工艺采用一台气冷反应器和两台并联的水冷反应器的组合装置，甲醇合成催化剂采用 Clariant(南方化学)的 Megamax 700 催化剂。其合成原料气进气的氢碳比(物质的量之比)为 2.05，水冷塔操作压力为 5～9MPa，操作温度为 225～270℃，

系统循环比只有1.6[46]。其工艺流程示意图见图1-11。

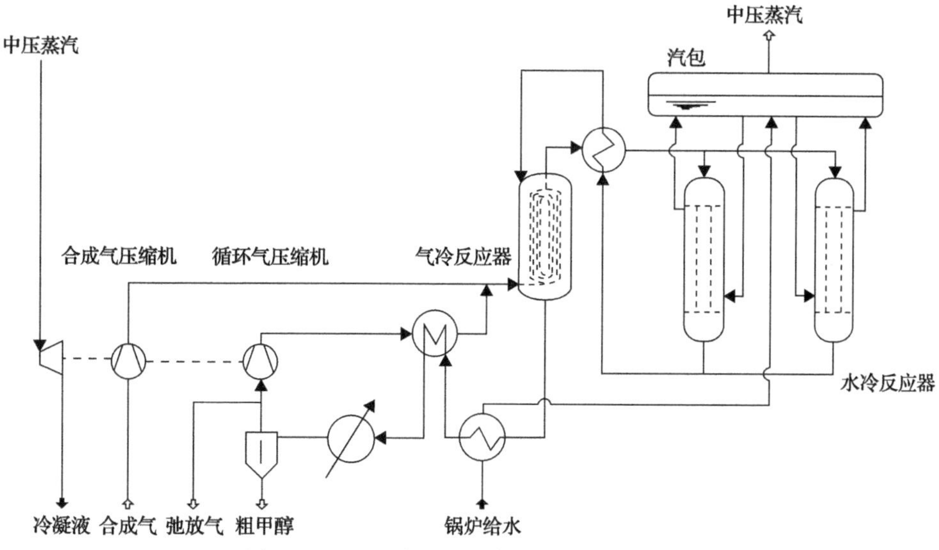

图1-11 Lurgi大型甲醇合成工艺流程示意图

Johnson Matthey大型甲醇合成工艺来自英国ICI公司。于2005年在特立尼达和多巴哥建设了一套5400t/d的大型甲醇装置[47]，2011年神华包头投产了5500t/d的超大型甲醇合成装置，2014年投产的中煤榆林煤制烯烃项目也采用了其5500t/d甲醇合成工艺。该工艺采用两台轴向副产蒸汽塔(steam-raising converter, SRC)反应器串联和并联耦合方式，新鲜气主要进入Ⅰ塔，其余部分与Ⅰ塔出口气汇合进入Ⅱ塔，从而双塔实现串联和并联耦合，有效降低了系统的动力能耗。甲醇合成催化剂采用Johnson Matthey的Katalco 51-9型低压铜基催化剂，原料气进气氢碳比(物质的量之比)为2.05，合成塔操作压力为5～10MPa，操作温度为210～280℃，系统循环比为5.0[48]。其工艺流程示意图见图1-12。

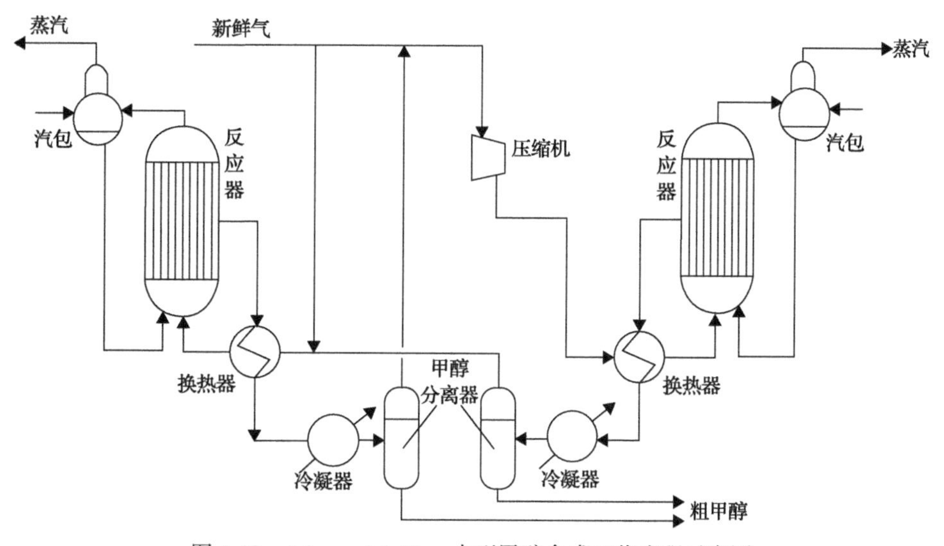

图1-12 Johnson Matthey大型甲醇合成工艺流程示意图

1.5.2 甲醇制烯烃

煤制烯烃是目前我国生产烯烃的重要工艺技术之一，其以煤为原料通过气化、变换、净化、合成等过程首先生产甲醇，再用甲醇生产烯烃(乙烯+丙烯)，进而生产聚烯烃(聚乙烯、聚丙烯)等下游产品，其中煤制甲醇、烯烃聚合制聚烯烃均为传统的成熟技术，而甲醇制烯烃则是近年来开发成功的新技术，也是煤制烯烃的核心技术环节[49]。

甲醇制烯烃的基本反应过程是甲醇首先脱水为二甲醚(dimethyl ether, DME)，二甲醚再脱水生成低碳烯烃(乙烯、丙烯、丁烯)，少量低碳烯烃以缩聚、环化、烷基化、氢转移等反应生成饱和烃、芳烃及高级烯烃等。目前，甲醇制烯烃主要有 MTO 技术和 MTP 技术两种。MTO 技术是将甲醇转化为乙烯和丙烯混合物的工艺，除了生成乙烯、丙烯外，还有丁烯等副产物；MTP 技术是将甲醇主要转化成丙烯的工艺，除了生成丙烯外，还有乙烯、LPG、石脑油等产物。在这两种技术中，具备煤炭资源的企业可以煤为原料经过合成气生产甲醇，然后再用甲醇生产烯烃；不具备煤炭资源的企业(如沿海地区企业)，可采用外购甲醇(如进口甲醇)直接生产烯烃。

目前代表性的甲醇制烯烃技术主要包括：中国科学院大连化学物理研究所甲醇制烯烃(DICP methanol to olefins, DMTO)工艺，UOP(美国公司)和 Hydro(挪威公司)共同开发的 UOP/Hydro MTO 工艺，德国 Lurgi 公司的 MTP 工艺，中国石化(上海)石油化工研究院有限公司甲醇制烯烃(SINOPEC methanol to olefins, SMTO)工艺，神华集团甲醇制烯烃(Shenhua methanol to olefins, SHMTO)工艺，清华大学等的循环流化床甲醇制丙烯(fluidization methanol to propylene, FMTP)工艺等。

1. 中国科学院大连化学物理研究所 DMTO 工艺

中国科学院大连化学物理研究所(DICP)在 20 世纪 80 年代开始进行 MTO 研究工作，90 年代初在国际上首创“合成气经二甲醚制取低碳烯烃新工艺方法(SDTO)”。该工艺由两段反应构成：第一段反应是合成气在以金属-沸石双功能催化剂上高选择性地转化为二甲醚，第二段反应是二甲醚在 SAPO-34 分子筛催化剂上高选择性地转化为乙烯、丙烯等低碳烯烃，之后通过技术攻关简化为合成气经甲醇直接制取烯烃，采用 SAPO-34 分子筛催化剂，在密相床循环流化床反应器上实现甲醇到烯烃的催化转化，其催化剂牌号包括 DO123 系列(主产乙烯)和 DO300 系列(主产丙烯)。2004 年，DICP、陕西新兴煤化工科技发展有限公司和中国石化集团洛阳石油化工工程公司合作，进行了 DMTO 成套工业技术的开发，建成万吨级甲醇制烯烃工业试验装置，于 2006 年完成工业试验，甲醇转化率接近 100%，C_2～C_4 烯烃选择性达 90%以上[50]。2010 年 8 月，采用 DMTO 工艺的全球首套百万吨级工业化装置——神华集团内蒙古包头煤制烯烃项目建成投运。该项目包括 180 万 t/a 煤基甲醇装置、60 万 t/a 聚烯烃(聚乙烯、聚丙烯)联合石化装置，甲醇转化率达到 99.9%以上，乙烯+丙烯选择性达到 80%以上，产品符合聚合级烯烃产品规格要求。

在 DMTO 工艺基础上，DICP 进一步开发了 DMTO-Ⅱ工艺。该工艺增加了 C_4 以上重组分裂解单元——使烯烃分离单元产出的 C_4 及 C_4 以上组分进入裂解反应器，裂解反应器采用流化床反应器，催化裂解单元使用催化剂与甲醇转化所用催化剂相同，在流化床反应器内，实现 C_{4+}组分的催化裂解，生成以乙烯、丙烯为主的混合烃产品。所得混合烃与甲醇转化产品气混合，进入分离系统进行分离。通过增加裂解单元，可将乙烯、丙烯收率由 80%提高到 85%左右，使 1t 轻质烯烃的甲醇单耗由 3t 降低到 2.97t，双烯收率较 DMTO 工艺提高 10%[51]。该工艺 C_{4+} 转化反应和甲醇转化反应使用同一催化剂，甲醇转化和 C_{4+}转化系统均采用流化床工艺，实现了甲醇转化和 C_{4+}转化系统相互耦合。2014 年 12 月，DMTO-Ⅱ工业示范装置在陕西蒲城清洁能源化工有限责任公司开车成功，生产出聚合级丙烯和乙烯[52]。此外，甘肃平凉华泓汇金煤化工有限公司也将在其 70 万 t/a 烯烃项目中采用 DMTO-Ⅱ技术。近年来，DMTO 技术已在国内二十多套装置上得到工业应用和技术许可，合计烯烃产能超过 1000 万 t/a。

在 DMTO-Ⅱ技术基础上，DICP 对该技术进行持续创新，在对甲醇制烯烃反应机理和烯烃选择性控制原理进一步深入认识的基础上，研制了新一代甲醇制烯烃催化剂，开发了新型高效流化床反应器，完成了中试放大试验，研发了 DMTO-Ⅲ技术。新一代催化剂的工业化和 DMTO-Ⅲ技术的成功开发使我国在甲醇制烯烃技术领域保持了持续的国际领先地位。

在催化剂方面，DICP 团队通过创新分子筛合成方法，实现对硅磷酸铝（SAPO）分子筛晶相、酸性和形貌的协同调控，同时结合催化剂制备工艺的创新，开发出了烯烃收率高、焦炭产率低、操作窗口宽、微量杂质少的新一代甲醇制烯烃催化剂。目前已建成 5000t/a 规模的催化剂生产线并成功实现工业化生产。新一代甲醇制烯烃催化剂兼顾已有工业装置和新技术开发需求，已在多套 DMTO 工业装置中实现应用。

在 DMTO-Ⅲ技术开发方面，DICP 团队对甲醇制烯烃多尺度过程进行了深入研究，建立了从分子筛反应扩散到反应器内催化剂积碳分布的理论方法，发展了通过催化剂积碳调控烯烃选择性的技术路线。在此基础上，基于新一代甲醇制烯烃催化剂，开发了甲醇处理量大、副反应少、可灵活实现催化剂运行窗口优化的高效流化床反应器，完成了千吨级中试试验[53]。2020 年 9 月 26 日，中国石油和化学工业联合会组织专家对中试装置进行了 72h 现场连续运行考核，结果为甲醇转化率 99.06%，乙烯和丙烯的选择性为 85.90%（质量分数），吨烯烃（乙烯+丙烯）甲醇单耗为 2.66t。

DMTO 和 DMTO-Ⅱ技术的单套工业装置甲醇处理能力都为 180 万 t/a。DMTO 技术吨烯烃（乙烯+丙烯）甲醇原料消耗为 2.97t，DMTO-Ⅱ技术是在 DMTO 技术基础上增加副产的 C_{4+} 组分裂解单元，其原料消耗较 DMTO 技术有所降低。DMTO-Ⅲ技术采用新一代催化剂，通过对反应器和工艺过程的创新，不需要设单独的副产的 C_{4+} 组分裂解单元，可实现单套工业装置甲醇处理量达 300 万 t/a 以上。流程模拟结果显示，工业装置吨烯烃（乙烯+丙烯）甲醇消耗可降到 2.62～2.66t。

与当时已经工业化的技术相比，DMTO-Ⅲ技术的经济性有显著提高，主要体现在两个方面：一是单套装置甲醇处理能力大幅度提高，即在流化床反应器尺寸基本不变的情况下，采用 DMTO 和 DMTO-Ⅱ技术的工业装置甲醇处理量为 180 万 t/a，而 DMTO-Ⅲ技术则可提高到 300 万 t/a，烯烃产量从 60 万 t/a 增加到 115 万 t/a。据测算，DMTO-Ⅲ技术工业装置的单位烯烃成本较现有的 DMTO 装置下降 10%左右；二是 DMTO-Ⅲ技术由于不设 C_{4+} 组分催化裂解反应器，且其甲醇原料单耗与 DMTO-Ⅱ基本相同，单位烯烃产能的能耗可明显下降。

2020 年 10 月，DICP 与宁夏宝丰能源集团股份有限公司一次性签订了 5 套 100 万 t/a 烯烃产能的 DMTO-Ⅲ工业装置技术许可合同，总投资 810 亿元人民币，投产后可实现年产值约 500 亿元人民币。截至 2025 年 1 月，DMTO 系列技术已累计技术许可 36 套工业装置(投产 18 套)，对应烯烃产能 2400 万 t/a，拉动投资超 4500 亿元人民币，全部投产后可实现年产值超 2300 亿元人民币。

2. UOP/Hydro MTO 工艺

该工艺以粗甲醇或产品级甲醇为原料生产聚合级乙烯/丙烯，反应采用流化床反应器，反应温度为 400～500℃，压力为 0.1～0.3MPa，乙烯+丙烯选择性可达 80%，乙烯和丙烯的物质的量之比可为(0.75～1.50)∶1；其催化剂型号为 MTO-100，主要成分是 SAPO-34(硅、铝、磷)。为提高产品气中乙烯和丙烯的收率，UOP 公司开发了将甲醇制烯烃工艺与 C_4、C_5 烯烃催化裂解工艺(olefins cracking process，OCP)进行耦合的技术，其双烯(乙烯+丙烯)选择性可高达 85%～90%，并可在较大范围内调节乙烯/丙烯比(物质的量之比)。2008 年，UOP 公司与 Total 公司合作，在比利时费鲁建立了 MTO 工艺和 OCP 工艺联用的甲醇制烯烃一体化示范工程项目，项目甲醇处理量为 10t/d，验证了其一体化工艺流程和放大到百万吨级工业化规模的可靠性[54]。2011 年，惠生(南京)清洁能源股份有限公司取得 UOP 公司授权，建设产能 29.5 万 t/a 烯烃的甲醇制烯烃工业化装置，于 2013 年 9 月首次成功开车，并产出合格产品。继之，UOP 公司相继授权建设山东阳煤恒通化工股份有限公司(30 万 t/a)、山东久泰化工科技有限责任公司(60 万 t/a)和江苏斯尔邦石化有限公司(82 万 t/a)、吉林康乃尔化学工业股份有限公司(60 万 t/a)4 个甲醇制烯烃项目，前两个项目分别于 2015 年 6 月和 2019 年 1 月建成投产，后两个项目也于 2016 年 12 月和 2020 年 4 月成功投产。2018 年 1 月，UOP 公司在江苏省张家港市的 MTO 催化剂生产厂建成投产，将进一步满足中国市场煤制烯烃装置对 MTO 催化剂的需求。

3. Lurgi MTP 工艺

德国 Lurgi 公司从 1996 年开始研发 MTP 工艺，使用德国南方化学(Sudchemie)公司的沸石基改性 ZSM-5 催化剂，该催化剂具有较高的低碳烯烃选择性；2004 年 5 月，其甲醇处理能力为 360kg/d 的工业示范试验取得成功。该工艺由 3 台固定床反应器组成(2 台运行、1 台备用)，每台反应器有 6 个催化剂床层，但实质上其反应器有两种形式可供选择，即固定床反应器(只生产丙烯)和流化床反应器(可联产乙烯/丙烯)。通常生产过程中，Lurgi MTP 工艺的目的产品是丙烯，首先甲醇脱水转化为二甲醚，然后二甲醚、甲醇和水进入第一台 MTP 反应器，反应在 400～450℃、0.13～0.16MPa 下进行，甲醇和二甲醚的转化率为 98.99%以上，丙烯为主要产品，也副产部分乙烯、LPG 和汽油产品；同时，设置第 2 台和第 3 台 MTP 反应器，以获得更高的丙烯收率(达到 71%)[55]。

2010 年 12 月，采用 Lurgi MTP 技术的神华宁煤 50 万 t/a 煤基聚丙烯项目打通全流程，并于 2011 年 4 月产出合格聚丙烯产品，首次实现 MTP 技术在我国推广应用。2011 年 9 月，采用 Lurgi MTP 技术的我国大唐多伦 46 万 t/a 煤基甲醇制丙烯项目建成投产，2012 年 3 月首批优级聚丙烯产品成功下线。2014 年 8 月，采用 Lurgi MTP 技术的神华宁煤 50 万 t/a MTP 二期项目打通全流程。神华宁煤在全球享有 Lurgi MTP 技术 15%的专利许可权益，通过技术自主创新实现了 MTP 催化剂的国产化开发与工业应用，现已开发出 MTP 工艺第二代低成本高性能多级孔道 ZSM-5 分子筛催化剂。

4. 中国石化 SMTO 工艺

中国石化(上海)石油化工研究院有限公司(上海石油化工研究院)于 2000 年开始 MTO 技术研发。2007 年，该院与中国石化工程建设有限公司合作开发出 SMTO 成套技术，并在中国石化燕山石油化工有限公司(中国石化燕山石化)建成 100t/d 的 SMTO 工业试验装置。该技术采用自主研发的 SMTO-1 催化剂，甲醇转化率大于 99.5%，乙烯+丙烯的选择性大于 81%，乙烯+丙烯+丁烯的选择性大于 91%[56]。2008 年上海石油化工研究院完成了甲醇年进料 180 万 t 的 SMTO 工艺包开发。2011 年 10 月，采用 SMTO 工艺的中国石化中原石油化工有限责任公司甲醇制烯烃示范项目一次开车成功，装置规模为年加工 60 万 t 甲醇，生产 10 万 t 聚乙烯、10 万 t 聚丙烯。2011 年 10 月，中天合创煤制烯烃煤炭深加工示范项目打通全流程，产出合格聚乙烯、聚丙烯，该项目位于内蒙古鄂尔多斯，采用 GE(General Electric，通用电气)水煤浆气化技术及 SMTO 技术，主要包括 360 万 t/a 甲醇、2×180 万 t/a 甲醇制烯烃、67 万 t/a 聚乙烯、70 万 t/a 聚丙烯，是当时世界最大的煤制烯烃项目。2017 年 1 月，位于安徽淮南的中安联合煤化有限责任公司煤化一体化项目复工，该项目采用中国石化单喷嘴干粉煤气化炉(SE 炉)及 SMTO 技术，分两期进行，一期工程建设 170 万 t/a 煤制甲醇及转化烯烃和衍生产品。此外，采用 SMTO 工艺的还有河南煤业化工集团在河南鹤壁的 60 万 t/a、中国石化长城能源化工有限公司在贵州织金的 60 万 t/a 煤制烯烃等项目。SMTO 技术的工业化应用结果表明，其乙烯选择性为 42.10%，丙烯选择性为 37.93%，C_2～C_4 选择性为 89.87%，甲醇转化率为 99.91%，甲醇单耗为 2.92t/t，生焦率为 1.74%。

5. 神华集团 SHMTO 工艺

2010 年，世界首套大型工业化甲醇制烯烃装置(采用 DMTO 技术)在神华包头一次投料试车成功后，神华利用在该示范装置的工业化运营过程中积累的丰富经验，进行了大量新工艺与技术的开发，包括 MTO 新型催化剂(SMC-1)的开发、MTO 新工艺的开发，于 2012 年成功研发了新型甲醇制烯烃催化剂 SMC-1，并将其用于包头 MTO 装置。同年，神华申请了甲醇转化为低碳烯烃的装置及方法的专利，并完成了 180 万 t/a 新型甲醇制烯烃(SHMTO)工艺包的开发[51]。2012 年 9 月，采用 SHMTO 工艺的神华新疆甘泉堡 180 万 t/a 甲醇制 68 万 t/a 烯烃项目投料试车成功，该装置工业化运行效果表明，其乙烯选择性为 40.98%，丙烯选择性为 39.38%，C_2～C_4 选择性为 90.58%，甲醇转化率为

99.70%，生焦率为 2.15%。

6. 清华大学 FMTP 工艺

由清华大学、中国化学工程集团有限公司、安徽淮化集团有限公司联合开发的流化床甲醇制丙烯（fluidized-bed methanol to propylene, FMTP）工艺，2009 年 10 月在安徽淮化集团有限公司完成工业试验，采用 SAPO-18/34 分子筛催化剂和流化床反应器，其甲醇进料量 4250kg/h，甲醇转化率为 99.9%，产物中丙烯/乙烯物质的量之比为 1.18∶1，乙烯+丙烯选择性达到 70.6%[57]。FMTP 工艺总体而言是对 MTP 工艺的改进，可将丙烯/乙烯比例从 1.2∶1 调节到 1∶0（全丙烯产出）。利用该技术生产以丙烯为主的烯烃产品，双烯（乙烯+丙烯）总收率可达 88%，每生产 1t 双烯，原料甲醇消耗为 2.62t。采用 FMTP 技术，甘肃平凉华亭煤业集团有限责任公司正在建设我国第一套流化床甲醇制丙烯装置，该项目年消耗甲醇 60 万 t，年产聚丙烯 16 万 t、液化气 1.9 万 t、丙烷 2.1 万 t、汽油 1.4 万 t、燃料气 0.8 万 t、甲基叔丁基醚（methyl tert-butyl ether, MTBE）2.8 万 t，已于 2021 年建成投产。

1.5.3 面向润滑油基础油生产的煤制烯烃产品利用

在前面煤间接液化产品的利用中已提到，线性 α-烯烃可以作为生产Ⅳ类基础油 PAO 的原料。煤制烯烃的主要产品乙烯则可通过齐聚生产低聚线性 α-烯烃（linear alpha olefin, LAO），进而可作为后续生产聚 α-烯烃的原料。乙烯齐聚法所得全是偶碳数的线性 α-烯烃，产品纯度高，而且生产不同碳数馏分的灵活性大，目前已在线性 α-烯烃生产方法中占据主导地位。乙烯齐聚法生产线性 α-烯烃的生产方法以烷基铝或过渡金属（铬、镍、钴、锆、钛等）作为催化剂，催化乙烯齐聚生产偶数碳的线性 α-烯烃。乙烯齐聚法在国外已大规模投产，而国内才刚刚起步。主要的乙烯齐聚法制线性 α-烯烃工艺包括齐格勒一步法（Gulf 法）、齐格勒两步法（Ethyl 法）、壳牌高碳烯烃工艺（Shell higher olefins process, SHOP）、Phillips 工艺以及 UOP 的 Linear-LTM 工艺等[58-61]。

除用于制备线性 α-烯烃之外，乙烯还可以作为原料直接合成低聚线性烯烃（low poly ethylene, LPE）基础油。中国科学院上海有机化学研究所团队开发出了专用聚合催化剂和聚合工艺，初步实现了乙烯直接低聚选择性制取 LPE40 等多种黏度的基础油产品。LPE 的高支化度结构赋予了其良好的复合剂感受性。铜片腐蚀试验亦表明，基于 LPE40 复配的润滑油相比市售 PAO40 具有更优的抗腐蚀性能。针对重负荷工业齿轮油 L-CKD 的性能指标，基于 LPE40 成功研制了 LPE40 工齿润滑油 320，与进口产品 Mobil SHC 632 进行对比，该研制油的多项关键指标均与进口产品相当或更优。

参 考 文 献

[1] 应卫勇. 煤基合成化学品. 北京: 化学工业出版社, 2010.

[2] 谢克昌, 赵炜. 煤化工概论. 北京: 化学工业出版社, 2012.

[3] 任相坤, 房鼎业, 金嘉璐, 等. 煤直接液化技术开发新进展. 化工进展, 2010, 29(2): 198-204.

[4] 张哲民, 门卓武. 煤直接和间接液化生产燃料油技术. 炼油技术与工程, 2003, 33(7): 58-61.

[5] 张伟, 金俊杰, 俞虹, 等. 煤的直接加氢液化工艺. 洁净煤技术, 2001, 7(3): 31-33.
[6] Hirano K. Outline of NEDOL coal liquefaction process development (pilot plant program). Fuel Processing Technology, 2000, 62(2-3): 109-118.
[7] 李克健, 史士东, 李文博. 德国 IGOR 煤液化工艺及云南先锋褐煤液化. 煤炭转化, 2001, 24(2): 13-16.
[8] 范传宏. 煤直接液化工艺技术及工程应用. 石油炼制与化工, 2003, 34(7): 20-24.
[9] Gagarin S G, Krichko A A. The petrographic approach to coal liquefaction. Fuel, 1992, 71(7): 785-791.
[10] 郭树才. 煤化工工艺学. 北京: 化学工业出版社, 1992.
[11] 朱晓苏. 中国煤炭直接液化优选煤种的油收率极限. 煤炭转化, 2002, 25(4): 54-59.
[12] 张玉卓. 神华集团大型煤炭直接液化项目的进展. 中国煤炭, 2002, 5: 8-10.
[13] 李克健, 程时富, 蔺华林, 等. 神华煤直接液化技术研发进展. 洁净煤技术, 2015, 21(1): 50-55.
[14] 胡发亭, 王学云, 毛学锋, 等. 煤直接液化制油技术研究现状及展望. 洁净煤技术, 2020, 26(1): 99-109.
[15] 相宏伟, 杨勇, 李永旺. 煤间接液化: 从基础到工业化. 中国科学(化学), 2014, 44(12): 1876-1892.
[16] 孙启文, 吴建民, 张宗森. 费托合成技术及其研究进展. 煤炭加工与综合利用, 2020, 2: 35-42.
[17] 张德祥. 煤制油技术基础与应用研究. 上海: 上海科学技术出版社, 2013.
[18] 李江兵. 提高费托合成低碳烯烃含量的研究. 上海: 华东理工大学, 2014.
[19] Steynberg A P, Dry M E. Fischer-Tropsch Technology. Amsterdam: Elsevier Science & Technology Books, 2004.
[20] Espinoza R L, Steynberg A P, Jager B. Low temperature Fischer-Tropsch synthesis from a Sasol perspective. Applied Catalysis A: General, 1999, 186(1-2): 13-26.
[21] Sie S T. Process development and scale up Ⅳ: Case history of the development of a Fischer-Tropsch synthesis process. Reviews in Chemical Engineering, 1998, 14(21): 109-157.
[22] 赵海坤. 年产 100 万吨煤间接液化合成油过程模拟及分析. 太原: 太原理工大学, 2012.
[23] 孙启文, 吴建民, 张宗森, 等. 煤间接液化技术及其研究进展. 化工进展, 2013, 32(1): 1-12.
[24] Davis B H, Occelli M L. Advances in Fischer-Tropsch Synthesis, Catalysts and Catalysis. New York, Boca Raton: Taylor & Francis Group, 2009.
[25] Dry M E. The Fischer-Tropsch process: 1950-2000. Catalysis Today, 2002, 71(3-4): 227-241.
[26] Dry M E. High quality diesel via the Fischer-Tropsch process: A review. Journal of Chemical Technology Biotechnology, 2002, 77(1): 43-50.
[27] Steynberg A P, Espinoza R L, Jager B, et al. High temperature Fischer-Tropsch synthesis in commercial practice. Applied Catalysis A: General, 1999, 186: 41-54.
[28] Fleisch T H, Puri R, Sills R A, et al. Market led GTL: The oxygenate strategy. Studies in Surface Science and Catalysis, 2001, 136: 423-428.
[29] 韩雪梅, 高宇新, 曹婷婷, 等. 聚 α-烯烃润滑油的工艺技术进展. 炼油与化工, 2011, 22(3): 1-3.
[30] 张君涛, 候晓英, 李坤武, 等. Ⅳ类基础油 PAO 的使用现状及其生产工艺简析. 西安石油大学学报(自然科学版), 2007, 22(5): 52-58.
[31] Diamond D, Hahn T, Becker H, et al. Improving the understanding of a novel complex azeotropic distillation process using a simplified graphical model and simulation. Chemical Engineering and Processing: Process Intensification, 2004, 43(3): 483-493.
[32] 董立华. 从费托合成油品中分离线性 α-烯烃的基础研究和模拟计算. 太原: 中国科学院山西煤炭化学研究所, 2009.
[33] 李影辉, 曾群英, 肖海成, 等. α-烯烃合成工艺技术进展. 天然气化工: C1 化学与化工, 2005, (2): 55-58.
[34] 白建明, 李冬, 李稳宏, 等. 煤焦油深加工技术. 北京: 化学工业出版社, 2016.
[35] 孙会青, 曲思建, 王利斌. 低温煤焦油生产加工利用的现状. 洁净煤技术, 2008, 14(5): 34-38.
[36] 张军民, 刘弓. 低温煤焦油的综合利用. 煤炭转化, 2010, 33(3): 92-96.
[37] 刘明锐. 鲁奇加压气化用型煤技术探讨. 煤质技术, 2017, 5: 69-72.
[38] Cortez D H, 赵振本. 用多思科煤(Toscoal)工艺联产合成原油及电力. 煤炭转化, 1983, 4: 1-17.

[39] 师新玉. Lurgi-Ruhrgas 工艺用于油页岩及煤的干馏. 煤炭转化, 1985, 2: 40-48.
[40] 王汝成, 黄勇, 张月明, 等. 流化床粉煤快速热解煤焦油的组分分析. 煤炭技术, 2019, 38(1): 164-166.
[41] 邓靖. 固体热载体法褐煤热解及产物特性的研究. 太原: 太原理工大学, 2013: 17-24.
[42] 李冬, 李稳宏, 高新, 等. 中低温煤焦油加氢改质工艺研究. 煤炭转化, 2009, 32(4): 81-84.
[43] 许杰, 方向晨, 陈松. 非沥青重质煤焦油临氢轻质化研究. 煤炭转化, 2007, 30(4): 63-66.
[44] 路正攀, 张会成, 程仲芊, 等. 煤焦油组成的 GC/MS 分析. 当代化工, 2011, 40(12): 1302-1304.
[45] 薛金召, 杨荣, 肖雪洋, 等. 中国甲醇产业链现状分析及发展趋势. 现代化工, 2016, 36(9): 1-7.
[46] 杨振江. 大型甲醇装置 Lurgi 与 Davy 合成技术对比. 中氮肥, 2017, 3: 1-3.
[47] 汪寿建. 大型甲醇合成工艺及甲醇下游产业链综述. 煤化工, 2016, 44(5): 23-28.
[48] 冯再南, 姚泽龙, 楼韧, 等. 百万吨级大型甲醇合成塔技术发展探讨. 煤炭加工与综合利用, 2015, 10: 54-57.
[49] 刘中民, 等. 甲醇制烯烃. 北京: 科学出版社, 2015.
[50] 刘中民, 齐越. 甲醇制取低碳烯烃(DMTO)技术的研究开发及工业性试验. 中国科学院院刊, 2006, 21(5): 406-408.
[51] 张世杰, 吴秀章, 刘勇, 等. 甲醇制烯烃工艺及工业化最新进展. 现代化工, 2017, 37(8): 1-6.
[52] 钱伯章. 世界首套 DMTO-Ⅱ示范装置在陕西蒲城清洁能源化工公司投产. 炼油技术与工程, 2015, 2: 53.
[53] Ye M, Tian P, Liu Z M. DMTO: A sustainable methanol-to-olefins technology. Engineering, 2021, 7(1): 17-21.
[54] 南海明. 大规模 MTO 工业装置工艺优化研究. 北京: 中国石油大学(北京), 神华集团有限责任公司, 2014.
[55] 邢爱华, 岳国, 朱伟平, 等. 甲醇制烯烃典型技术最新研究进展(II): 工艺开发进展. 现代化工, 2010, 30(10): 18-25.
[56] 齐国祯, 钟思青, 杨远飞. 甲醇制烯烃工艺中提高烯烃收率的方法: 中国, CN102190548A. 2011-09-21.
[57] 王垚, 魏飞, 钱震, 等. 流化床催化裂解生产丙烯的方法及反应器: 中国, CN1962573A. 2007-05-16.
[58] 姜涛, 阎卫东, 刘立新, 等. α-烯烃的生产和应用研究进展. 化工进展, 2001, 21(3): 39-43.
[59] 白尔铮. α-烯烃的市场需求及技术发展动向. 精细石油化工进展, 2000, 1(10): 37-42.
[60] Du J L, Li L J, Li Y F. Ni(Ⅱ)complexes bearing 2-aryliminobenzimidazole: Synthesis, structure and ethylene oligomerization study. Inorganic Chemistry Communications, 2005, 18(3): 246-248.
[61] Marcell P, Wilhelm K. A new nickel complex for the oligomerization of ethylene. Organometallics, 1983, 2(5): 594-597.

第2章

润滑油基础油类型及其应用

2.1 引　言

润滑油被誉为“现代工业的血液”，用在各种类型机械上以减少摩擦、保护机械，并作为加工件的液体润滑剂，主要起润滑、冷却、防锈、清洁、密封和缓冲等作用，对现代工业特别是汽车工业的发展起着非常重要的作用，对于节能降耗、保护、保障设备长期高效运转具有重要价值[1]。据统计，全球工业能源消耗量的1/3～1/2是由摩擦造成的，而且80%的失效零件是由磨损造成的，因此高性能润滑油对于减少磨损、降低能耗以及社会的可持续性发展意义重大[2]。润滑油占全部润滑材料的85%，种类牌号繁多，目前世界年用量超过4800万t，消费量巨大[3]。

本章将主要介绍润滑油基础油分类及化学组成，并结合煤化工路线可能生产的基础油，拓展介绍主要工业及车用润滑油产品对煤基基础油性质的要求。

2.2 润滑油基础油介绍

2.2.1 润滑油组成

润滑油由基础油和添加剂两部分组成，基础油占比为70%～95%，添加剂占比为5%～30%。基础油是润滑油的主要成分，决定润滑油的基本性质，添加剂则可弥补和改善基础油性能方面的不足，赋予其某些新的性能，是润滑油的重要组成部分[2]。

1. 润滑油基础油

润滑油基础油主要分矿物基础油及合成基础油两类。

矿物基础油应用广泛，用量很大(90%以上)，矿物基础油由原油提炼而成。润滑油基础油主要生产过程有常减压蒸馏、溶剂脱沥青、溶剂精制、溶剂脱蜡、催化脱蜡、异构脱蜡、白土或加氢补充精制等[4]。

矿物基础油的化学成分包括高沸点、高分子量烃类和非烃类混合物。其组成一般为烷烃(直链、支链、多支链)、环烷烃(单环、双环、多环)、芳烃(单环芳烃、多环芳烃)、环烷基芳烃以及含氧、含氮、含硫有机化合物和胶质、沥青质等非烃类化合物[1]。

合成基础油是指由通过化学方法合成的基础油，合成基础油有很多种，常见的有合成烃、合成酯、聚醚、硅油、含氟油、磷酸酯。一般而言，合成润滑油比矿物油的热氧化安定性好，热解温度高，低温性能更好，可以保证设备部件在更苛刻的场合工作，但是成本更高。

2. 添加剂

添加剂是适用于具体场景润滑油的精髓，正确选用、合理加入，可改善其物理化学性质，对润滑油赋予新的特殊性能，或加强其原来具有的某种性能，满足更高的要求。根据润滑油要求的质量和性能，对添加剂精心选择，仔细平衡，进行合理调配，是保证润滑油质量的关键。一般常用的添加剂有黏度指数改进剂(黏指剂)、倾点下降剂、抗氧剂、清净分散剂、摩擦缓和剂、油性剂、极压添加剂、抗泡沫剂、金属钝化剂、乳化剂、防腐蚀剂、防锈剂、破乳化剂等[5]。

国家标准 GB/T 7631.1—2008《润滑剂、工业用油和有关产品(L 类)的分类 第 1 部分：总分组》根据尽可能地包括润滑剂和有关产品的应用场合这一原则，将润滑剂分为 18 个组。其组别名称和代号见表 2-1。

表 2-1　润滑剂、工业用油和相关产品分类

组别代号	组别名称
A	全损耗系统油
B	脱模油
C	齿轮油
D	压缩机油(包括冷冻机和齿轮泵)
E	内燃机油
F	主轴、轴承和离合器油
G	导轨油
H	液压油
M	金属加工油
N	电器绝缘油
P	风动工具油
Q	热导油
R	暂时保护防腐蚀油
T	汽轮机油
U	热处理油
X	润滑脂
Y	其他应用场合油
Z	蒸汽气缸油

2.2.2 润滑油主要性能

润滑油是一种技术密集型产品，是复杂的碳氢化合物的混合物，而其真正使用性能又是复杂的物理或化学变化过程的综合效应。在使用过程中，对润滑油总体要求如下[6]。

(1)减摩抗磨，降低摩擦阻力以节约能源，减少磨损以延长机械寿命，提高经济效益。

(2)冷却，要求随时将摩擦热排出机外。

(3)密封，要求防泄漏、防尘、防窜气。

(4)抗腐蚀防锈，要求保护摩擦表面不受油变质影响或外来侵蚀。

(5)清洁冲洗，要求把摩擦面积垢清洗排除。

(6)应力分散缓冲，分散负荷、缓和冲击及减震。

(7)动能传递，液压系统和遥控马达及摩擦无级变速等。

润滑油的基本性能包括一般理化性能、特殊理化性能和模拟台架试验。

1. 一般理化性能

每一类润滑油脂都有其共同的一般理化性能，以表明该产品的内在质量。对润滑油来说，这些一般理化性能如下。

(1)外观(色度)：油品的颜色，往往可以反映其精制程度和稳定性。对基础油来说，一般精制程度越高，其所含的共轭烯烃、氧化物和硫化物脱除得越干净，颜色也就越浅。但是，即使精制的条件相同，不同油源和基属的原油所生产的基础油，其颜色和透明度也可能是不相同的。对于成品润滑油，由于添加剂的使用，颜色作为判断基础油精制程度高低的指标已失去了它原来的意义。

(2)密度：密度是润滑油最简单、最常用的物理性能指标。润滑油的密度随其组成中碳、氧、硫含量的增加而增大，因而在同样黏度或同样相对分子质量的情况下，含芳烃多的、含胶质和沥青质多的润滑油密度最大，含环烷烃多的居中，含链烷烃多的最小。

(3)黏度：黏度反映油品的内摩擦力，是表示油品油性和流动性的一项指标。在未加任何功能添加剂的前提下，黏度越大，油膜强度越高，流动性越差。

(4)黏度指数：黏度指数表示油品黏度随温度变化的程度。黏度指数越高，表示油品黏度受温度的影响越小，其黏温性能越好，反之越差。

(5)闪点：闪点是表示油品蒸发性的一项指标。油品的馏分越轻，蒸发性越大，其闪点也越低。反之，油品的馏分越重，蒸发性越小，其闪点也越高。同时，闪点又是表示石油产品着火危险性的指标。油品的危险等级是根据闪点划分的，闪点在45℃以下为易燃品，45℃以上为可燃品，在油品的储运过程中严禁将油品加热到它的闪点温度。在黏度相同的情况下，闪点越高越好。因此，用户在选用润滑油时应根据使用温度和润滑油的工作条件进行选择。一般认为，闪点比使用温度高20～30℃，即可安全使用。

(6)蒸发损失：是油品在规定条件下蒸发后其损失量所占的质量分数。蒸发损失与油品的挥发度成正比。蒸发损失越大，实际应用中的油耗就越大，故对油品在一定条件下的蒸发损失的量要有限制。润滑油在使用过程中蒸发，造成润滑系统中润滑油量逐渐减少，需要补充，黏度增大，影响供油。液压液体在使用中蒸发，还会产生气穴现象和效率下降，可能给液压泵造成损害。

(7)凝点和倾点：凝点是指在规定的冷却条件下油品停止流动的最高温度。油品的凝固和纯化合物的凝固有很大的不同。油品并没有明确的凝固温度，凝固只是整体来看失去了流动性，并不是所有的组分都变成了固体。润滑油的凝点是表示润滑油低温流动性的一个重要质量指标。对于生产、运输和使用都有重要意义。凝点高的润滑油不能在低温下使用。相反，在气温较高的地区则没有必要使用凝点低的润滑油。因为润滑油的凝点越低，其生产成本越高，会造成浪费。一般说来，润滑油的凝点应比使用环境的最低温度低 5～7℃。但是特别还要提及的是，在选用低温的润滑油时，应结合油品的凝点、低温黏度及黏温特性全面考虑。因为低凝点的油品，其低温黏度和黏温特性亦有可能不符合要求。凝点和倾点都是油品低温流动性的指标，两者无原则的差别，只是测定方法稍有不同。同一油品的凝点和倾点并不完全相等，一般倾点都高于凝点 2～3℃，但也有例外。

(8)酸值、碱值和中和值：酸值是表示润滑油中含有酸性物质的指标，单位是 mgKOH/g。酸值分强酸值和弱酸值两种，两者合并即为总酸值(total acid number, TAN)。通常所说的酸值，实际上是指总酸值。碱值是表示润滑油中碱性物质含量的指标，单位是 mgKOH/g。碱值亦分强碱值和弱碱值两种，两者合并即为总碱值(total base number, TBN)。通常所说的碱值实际上是指总碱值。中和值实际上包括总酸值和总碱值。但是，除了另有注明，一般所说的“中和值”，实际上仅是指“总酸值”，其单位也是 mgKOH/g。

(9)水分：水分是指润滑油中水含量的百分数，通常是质量分数。润滑油中水分的存在，会破坏润滑油形成的油膜，使润滑效果变差，加速有机酸对金属的腐蚀作用，锈蚀设备，使油品容易产生沉渣。总之，润滑油中水分越少越好。

(10)苯胺点：油品在规定的条件下和等体积的苯胺完全混溶时的最低温度称为苯胺点，单位为℃。苯胺点越低，说明油品中芳烃含量越高。

(11)族组成：测定油品烃类组成。

(12)机械杂质：机械杂质是指存在于润滑油中不溶于汽油、乙醇和苯等溶剂的沉淀物或胶状悬浮物。这些杂质大部分是砂石和铁屑，以及由添加剂带来的一些难溶于溶剂的有机金属盐。通常，润滑油基础油的机械杂质都控制在 0.005%以下(在 0.005%以下则认为是无)。

(13)灰分和硫酸灰分：灰分是指在规定条件下，灼烧后剩下的不燃烧物质。灰分的组成一般认为是一些金属元素及其盐类。灰分对不同的油品具有不同的概念，对基础油或不加添加剂的油品来说，灰分可用于判断油品的精制深度。对于加有金属盐类添加剂的油品(新油)，灰分就成为定量控制添加剂加入量的手段。国外采用硫酸灰分代替灰分。其方法是：在油样燃烧后灼烧灰化之前加入少量浓硫酸，使添加剂的金属元素转化为硫酸盐。

(14)残炭：油品在规定的试验条件下，受热蒸发和燃烧后形成的焦黑色残留物称为残炭。残炭是润滑油基础油的重要质量指标，是为判断润滑油的性质和精制深度而规定的项目。润滑油基础油中，残炭的多少，不仅与其化学组成有关，还与油品的精制深度有关，润滑油中形成残炭的主要物质是油中的胶质、沥青质及多环芳烃。这些物质在空气不足的条件下，受强热分解、缩合而形成残炭。油品的精制深度越深，其残炭含量越少。一般来讲，空白基础油的残炭含量越少越好。现在，许多油品都含有金属、硫、磷、氮元素的添加剂，它们的残炭值很高，因此含添加剂油的残炭已失去残炭测定的本来意义。机械杂质、水分、灰分和残炭都是反映油品纯洁性的质量指标，反映了润滑油基础油精制的程度。

2. 特殊理化性能

除了上述一般理化性能之外，每一种润滑油品还应具有表征其使用特性的特殊理化性能。越是质量要求高，或是专用性越强的油品，其特殊理化性能就越突出。反映这些特殊理化性能的试验方法简要介绍如下。

(1)氧化安定性：氧化安定性用来说明润滑油的抗老化性能，一些使用寿命较长的工业润滑油都有此项指标要求，因而成为这些种类油品要求的一个特殊性能。测定油品氧化安定性的方法很多，基本上都是一定量的油品在有空气(或氧气)及金属催化剂存在时，在一定温度下氧化一定时间，然后测定油品的酸值、黏度变化及沉淀物的生成情况。一切润滑油都依其化学组成和所处外界条件的不同，而具有不同的自动氧化倾向。润滑油随使用过程而发生氧化作用，因而逐渐生成一些醛、酮、酸类和胶质、沥青质等物质，氧化安定性则是抑制上述不利于油品使用的物质生成的性能。

(2)热安定性：热安定性表示油品的耐高温能力，也就是润滑油对热解的抵抗能力，即热解温度。一些高质量的抗磨液压油、压缩机油等都提出了热安定性的要求。油品的热安定性主要取决于基础油的组成，很多分解温度较低的添加剂往往对油品安定性有不利影响；抗氧剂也不能明显改善油品的热安定性。

(3)油性和极压性：油性是润滑油中的极性物在摩擦部位金属表面上形成坚固的理化吸附膜，从而起到耐高负荷和抗摩擦磨损的作用；而极压性则是润滑油的极性物在摩擦部位金属表面上，受高温、高负荷发生摩擦化学作用分解，并和表面金属发生摩擦化学反应，形成低熔点的软质(或称具可塑性的)极压膜，从而起到耐冲击、耐高负荷高温的润滑作用。

(4)腐蚀和锈蚀：由于油品的氧化或添加剂的作用，常常会造成钢和其他有色金属的腐蚀。腐蚀试验一般是将紫铜条放入油中，在100℃下放置3h，然后观察铜的变化；而锈蚀试验则是在水和水汽作用下，钢表面会产生锈蚀，测定防锈性是将30mL蒸馏水或人工海水加入300mL试油中，再将钢棒放置其内，在54℃下搅拌24h，然后观察钢棒有无锈蚀。油品应该具有抗金属腐蚀和防锈蚀作用，在工业润滑油标准中，这两个项目通常都是必测项目。

(5)抗泡性：润滑油在运转过程中，由于有空气存在，常会产生泡沫，尤其是当油品中含有具有表面活性的添加剂时，则更容易产生泡沫，而且泡沫不易消失。润滑油使用中产生泡沫会使油膜破坏，使摩擦面发生烧结或磨损增加，并促进润滑油氧化变质，还会使润滑系统气阻，影响润滑油循环。因此，抗泡性是润滑油等的重要质量指标。

(6)水解安定性：水解安定性表征油品在水和金属(主要是铜)作用下的稳定性，当油品酸值较高，或含有遇水易分解成酸性物质的添加剂时，常会使此项指标不合格。它的测定方法是将试油加入一定量的水之后，在铜片和一定温度下混合搅拌一定时间，然后测量水层酸值和铜片的失重。

(7)抗乳化性：工业润滑油在使用中常常不可避免地要混入一些冷却水，如果润滑油的抗乳化性不好，它将与混入的水形成乳化液，使水不易从循环油箱的底部放出，从而可能造成润滑不良。因此，抗乳化性是工业润滑油的一项很重要的理化性能。一般油品是将 40mL 试油与 40mL 蒸馏水在一定温度下剧烈搅拌一定时间，然后观察油层-水层-乳化层分离成 40mL-37mL-3mL 的时间；工业齿轮油是将试油与水混合，在一定温度和 6000r/min 下搅拌 5min，放置 5h，再测油、水、乳化层的体积(mL)。

(8)空气释放值：液压油标准中有此要求，因为在液压系统中，如果溶于油品的空气不能及时释放出来，那么它将影响液压传递的精确性和灵敏性，严重时就不能满足液压系统的使用要求。测定此性能的方法与抗泡性类似，不过它是测定溶于油品内部的空气(雾沫)释放出来的时间。

(9)橡胶密封性：在液压系统中以橡胶做密封件者居多，在机械中的油品不可避免地要与一些密封件接触，橡胶密封性不好的油品可使橡胶溶胀、收缩、硬化、龟裂，影响其密封性，因此要求油品与橡胶有较好的适应性。液压油标准中所要求的橡胶密封性指数，是以一定尺寸的橡胶圈浸油一定时间后的变化来衡量的。

(10)剪切安定性：加入增黏剂的油品在使用过程中，由于机械剪切的作用，油品中的高分子聚合物被剪断，油品黏度下降，影响正常润滑。因此，剪切安定性是这类油品必测的特殊理化性能。测定剪切安定性的方法很多，有超声波剪切法、喷嘴剪切法、威克斯泵剪切法、德国慕尼黑工业大学齿轮研究中心(Forschungsstelle für Zahnräder and Getriebebau, FZG)齿轮机剪切法，这些方法最终都是通过测定油品的黏度下降率来得到剪切安定性的。

(11)溶解能力：溶解能力通常用苯胺点来表示。不同级别的油对复合添加剂的溶解极限苯胺点是不同的，低灰分油的极限值比过碱性油要大，单级油的极限值比多级油要大。

(12)挥发性：基础油的挥发性对油耗、黏度稳定性、氧化安定性产生影响。这些性质对多级油和节能油尤其重要。

(13)防锈性能：这是专指防锈油脂所应具有的特殊理化性能，它的试验方法包括潮湿试验、盐雾试验、叠片试验、水置换性试验，此外还有百叶箱试验、长期储存试验等。

(14)电气性能：电气性能是绝缘油的特有性能，主要有介质损耗角、介电常数、击穿电压、脉冲电压等。基础油的精制深度、杂质、水分等均对油品的电气性能有较大的影响。

除此之外，对于具体润滑油油品可能还有自己独特的性能。例如，淬火油要测定冷却速度；乳化油要测定乳化稳定性；液压导轨油要测定防爬系数；喷雾润滑油要测油雾弥漫性；冷冻机油要测凝絮点；低温齿轮油要测定成沟点等。这些特性都需要基础油特殊的化学组成，或者加入某些特殊的添加剂来加以保证。

3. 模拟台架试验

润滑油在评定了它们的特殊理化性能之后，一般还要进行某些模拟台架试验，包括一些发动机试验，通过之后方能投入使用。具有极压抗磨性能的油品都要评定其极压抗磨性能。常用的试验机有梯姆肯环块磨损试验机、FZG 齿轮试验机、法莱克斯试验机、滚子疲劳试验机等，它们都用于评定油品的耐极压负荷的能力或抗磨损性能。评价油品极压性能应用最为普遍的试验机是四球机，它可以评定油品的最大无卡咬负荷、烧结负荷、长期磨损及综合磨损指数。这些指标可以在一定程度上反映油品的极压抗磨性能，但是在许多情况下它与实际使用性能均无很好的关联性。只是由于此方法简单易行，才仍被广泛采用[7]。在高档的车辆齿轮油标准中，要求进行一系列齿轮台架的试验评定，包括低速高扭矩、高速低扭矩齿轮试验，带冲击负荷的齿轮试验，减速箱锈蚀试验及油品热氧化安定性的齿轮试验。

评定内燃机油有很多单缸台架试验方法，如皮特 W-1、AV-1、AV-B 和莱别克 L-38 单缸及国产 1105、1135 单缸，可以用来评定各档次内燃机油[8]。目前，API 内燃机油质量分类规格标准中，规定柴油机油用 Caterpillar、Mack、Cummins、单缸及 GM 多缸进行评定；汽油机油则进行 MS 程序ⅡD(锈蚀、抗磨损)、ⅢE(高温氧化)、ⅤE(低温油泥)等试验评定[9]。这些台架试验投资很大，每次试验费用很高，对试验条件如环境控制、燃料标准等都有严格要求，不是一般实验室都能具备评定条件，只能在全国集中设置几个评定点，来评定这些油品。总之，由于各类油品的特性不一，使用部位又千差万别，必须根据每一类油品的实际情况，制定出反映油品内在质量水平的规格标准，使生产的每一类油品都符合所要求的质量指标，这样才能满足设备实际使用要求。

2.2.3 润滑油基础油分类及化学组成

1. 润滑油基础油分类

国际化标准组织(International Organization for Standardization, ISO)尚未制定润滑油基础油标准。国际上一般采用美国石油协会(American Petroleum Institute, API)对基础油的分类标准[10]，API 于 1993 年将基础油分为五类(API-1509)，并将其并入 API 发动机油发照认证系统中。API 按照矿物基础油的饱和烃含量、硫含量和黏度指数，把基础油分为Ⅰ类、Ⅱ类、Ⅲ类；还根据基础油来源将类别拓展至Ⅳ类(PAO 合成油)和Ⅴ类(其他合成基础油，如聚醚、磷酸酯等)，见表 2-2。

表 2-2 API 对基础油的分类

类别	硫含量/%	饱和烃含量/%	黏度指数
Ⅰ	>0.03	<90	80～120
Ⅱ	≤0.03	≥90	80～120
Ⅲ	≤0.03	≥90	≥120
Ⅳ	PAO 合成油		
Ⅴ	不包括在Ⅰ～Ⅳ类的其他基础油		

Ⅰ类基础油通常由传统的“老三套”工艺生产制得，从生产工艺来看，Ⅰ类基础油的生产过程基本以物理过程为主，不改变烃类结构，生产的基础油质量取决于原料中理想组分的含量和性质。因此，该类基础油在性能上受到限制。

Ⅱ类基础油通过组合工艺（溶剂工艺和加氢工艺结合）制得，工艺主要以化学过程为主，不受原料限制，可以改变原来的烃类结构。因此，Ⅱ类基础油杂质少（芳烃含量小于10%），饱和烃含量高，热安定性和氧化安定性好，低温和烟炱分散性能均优于Ⅰ类基础油。

Ⅲ类基础油由全加氢工艺制得，与Ⅱ类基础油相比，属高黏度指数的加氢基础油，又称作非常规基础油（unconventional base oil, UCBO）。Ⅲ类基础油在性能上远远超过Ⅰ类基础油和Ⅱ类基础油，尤其是具有很高的黏度指数和很低的挥发性。某些Ⅲ类油的性能可与PAO相媲美，其价格却比PAO便宜得多。

Ⅳ类基础油特指PAO基础油。常用的生产方法有石蜡分解法和乙烯聚合法。PAO依聚合度不同可分为低聚合度、中聚合度、高聚合度，分别用来调制不同的油品。这类基础油与矿物油相比，无S、P和金属，不含蜡，所以倾点极低，通常在–40℃以下，黏度指数一般超过130。PAO边界润滑性较差，且它本身的极性小，溶解极性添加剂的能力差，对橡胶密封有一定的收缩性，但这些问题都可通过添加一定量的酯类添加剂得以解决。

除Ⅰ～Ⅳ类基础油之外的其他合成油（酯类、硅油等）、植物油、再生基础油等统称Ⅴ类基础油。

在此，需要说明的一点是，API分类标准中，Ⅰ～Ⅲ类是矿物油，按照质量等级区分，Ⅳ类特指PAO基础油，Ⅴ类是其他来源的基础油，Ⅲ类、Ⅳ类和Ⅴ类是按照基础油来源进行区分的，并不能体现质量优劣。

我国的基础油行业标准按黏度指数（VI）分为五类[10]。

（1）低黏度指数基础油（代号：LVI，VI＜40）。

（2）中黏度指数基础油（代号：MVI，VI=40～90）。

（3）高黏度指数基础油（代号：HVI，VI=90～120）。

（4）很高黏度指数基础油（代号VHVI，VI=120～140）。

（5）超高黏度指数基础油（代号UHVI，VI≥140）。

基础油还可按照黏度等级来分类。基础油黏度等级采用赛氏通用黏度（秒）划分。

中性油（Neutral）以100℉（37.8℃）赛氏通用黏度（秒）表示，如100N、150N、500N等，一般从馏分油中提取；光亮油（bright stock）以210℉（98.9℃）赛氏通用黏度（秒）表示，如150BS、120BS等，一般从减压渣油中提取。

我国于20世纪70年代起，制定出三种中性油标准，即石蜡基中性油、中间基中性油和环烷基中性油三大标准，分别以SN、ZN和DN为标志。例如，75SN、100SN、150SN、200SN、350SN、500SN、650SN等七个牌号，60ZN、75ZN、100ZN、150ZN、200ZN、300ZN、500ZN、600ZN、750ZN、900ZN等13个牌号，60DN、75DN、100DN、150DN、200DN、300DN、500DN、750DN、900DN、1200DN等11个牌号。

各种基础油赛氏通用黏度等级对应的运动黏度见表2-3和表2-4。

表 2-3　中性油赛氏通用黏度等级对应运动黏度

赛氏通用黏度等级	75N	100N	150N	200N	350N	500N	650N	900N
运动黏度(40℃)/(mm^2/s)	12.0～<16.0	19.0～<24.0	28.0～<34.0	38.0～<42.0	62.0～<74.0	90.0～<110	120～<135	160～<180

表 2-4　光亮油赛氏通用黏度等级对应运动黏度

赛氏通用黏度等级	90BS	120BS	150BS
运动黏度(100℃)/(mm^2/s)	17.0～22.0	12.0～28.0	28.0～34.0

基础油黏度等级按照 100℃运动黏度整数值分为 2、3、4、5、6、7、8、10、12、14、16、20、26、30，共计 14 个黏度等级。部分黏度等级相对应的 100℃运动黏度范围见表 2-5。

表 2-5　基础油黏度等级对应的 100℃运动黏度范围

黏度等级	2	4	5	6	8	10	12	14	16	20	26	30
运动黏度(100℃)/(mm^2/s)	1.5～<2.5	3.5～<4.5	4.5～<5.5	5.5～<6.5	7.5～<8.5	9～<11	11～<13	13～<15	15～<17	17～<22	22～<28	28～<34

2. 润滑油基础油化学组成

矿物润滑油基础油(API Ⅰ、Ⅱ、Ⅲ类基础油)由链烷烃、环烷烃、芳烃，以及含氧、含氮、含硫有机化合物和胶质、沥青质等组成[11]。主要组成及可能的组分对润滑油性能的影响见表 2-6[12-14]。

表 2-6　基础油组分对润滑油性能的影响

性质	饱和烃			芳烃			非烃		
	正构烷烃	异构烷烃	环烷烃	单环芳烃	双环芳烃	多环芳烃	硫化物	氮化物	氧化物
黏温性能	优	优	良	良	稍差	差	差	差	差
蒸发损失	低	低	较高	较高	高	高	差	差	差
低温流动性	差	优	良	良	良	差	差	差	差
氧化安定性	优	优	良	良	稍差	差	—	差	差
溶解能力	差	差	良	优	优	优	—	—	—
抗乳化性	优	优	优	良	稍差	差	差	差	差

对馏分润滑油基础油而言，其烃类碳数分布为 C_{20}～C_{40}，沸点范围为 350～535℃，平均相对分子质量为 280～550。对残渣润滑油基础油(光亮油)而言，其烃类碳数分布更高(>C_{30})，沸点更高(>450～700℃)，相对分子质量更大(>450)。

在润滑油基础油加工过程中，原料的来源和组成直接影响基础油化学组成和性能。可用原油特性因数、相对密度和硫含量来描述原料类型并据此确定加工方案[12]。

(1)特性因数 K：为了表征原油化学组成，将原油分为三大类，即石蜡基原油(K>

12.1)、中间基原油(11.5≤K≤12.1)、环烷基原油(K<11.5)。

(2)相对密度 d_4^{20}：轻质原油(d_4^{20}<0.830)，中质原油(0.830≤d_4^{20}≤0.904)，重质原油(0.904≤d_4^{20}≤0.0.966)，特重质原油(d_4^{20}>0.966)。

(3)硫含量：可分为低硫原油(<0.5%)、含硫原油(0.5%~2.0%)、高硫原油(>2.0%)。

石蜡基原油为制备基础油的首选原油。由于石蜡基原油的基础油馏分中，特性因数 K 值较高的烷烃和长侧链环烷烃含量较高，K 值较小的芳烃和非烃类含量较少，精制收率高，黏温性能好。

其次是环烷基原油。虽然 K 值较低，黏温性能不佳，但因蜡含量很少，无需脱蜡(或只需轻度脱蜡)，加工成本低，是制备某些要求倾点很低而不要求黏温性能的专用润滑油的良好原油。

中间基原油，以往人们认为不宜用来制备润滑油，或只能生产那些对黏温性能要求不高或无要求的润滑油产品。由于加氢技术的发展，中间基原油也可以用来加工加氢基础油。

加工润滑油基础油的过程，就是进行脱沥青、精制、脱蜡、补充精制等一系列加工。无论是物理加工还是化学加工过程，从根本上讲，就是调整烃类和非烃类、极性成分和非极性成分在成品基础油中应该存在的比例。

润滑油基础油加工工艺对基础油组成成分以及理化性质均会产生较大影响[14]。具体影响可见表 2-7。

表 2-7 加工工艺对润滑油基础油性能及化学组成的影响

影响项目		丙烷脱沥青	精制工艺			脱蜡工艺			补充精制工艺		
			溶剂	加氢	酸洗	溶剂	临氢降凝	尿素	加氢	酸洗	白土
物化性质	相对密度	–	–	–	–	+	+	+	N	N	N
	闪点	N	N	N	N	N	N	N	N	N	N
	黏度	–	–	–	–	+	+	+	N	N	N
	黏度指数	+	+	+	+	–	–	–	N/+	N/+	N
	倾点	+/–	+	+	+	–	–	–	N/+	N/+	N
	颜色	–	–	–	–	+	–	+	–	–	–
	热安定性	+	+	+/–	+/–	N	N	N	+/–	+/–	+
	氧化安定性	+	+	+/–	+/–	N	N	N	+/–	+/–	+
	添加剂感受性	+	+	+	+	N	+/–	N	+	+	+
组分	沥青质	–	–	–	–	+	N/–	+	N/–	–	–
	胶质	–	–	–	–	+	N/–	+	N/–	–	–
	芳烃	–	–	–	–	+	+	+	N/–	–	–
	环烷烃	+	+	+	+	+	+	+	N/+	+	+
	烷烃	+	+	+	+	–	–	–	N/+	+	+

续表

影响项目		丙烷脱沥青	精制工艺			脱蜡工艺			补充精制工艺		
			溶剂	加氢	酸洗	溶剂	临氢降凝	尿素	加氢	酸洗	白土
组分	蜡	+	+	+	+	–	–	–	N/+	+	+
	氮	–	–	–	–	+	N/–	+	–	–	–
	氧	–	–	–	–	+	–	+	–	–	–
	硫	–	–	–	–	+	N/–	N	–	–	–

注：N 表示很小、微；+表示增加、增大；– 表示减少、降低；+/– 表示取决于苛刻度。

PAO 是Ⅳ类合成基础油，从分类上被划分为合成基础油，其有别于采用物理蒸馏方法从石油中提炼出的矿物油基础油[2]。PAO 基础油是由乙烯经聚合反应制成 α-烯烃，再进一步经聚合及氢化而制成。它是最常用的合成润滑油基础油，使用范围最广泛。PAO 具有良好的黏温性能和低温流动性，是配制高档、专用润滑油较为理想的基础油。若聚合单体为 α-癸烯，则又称为聚癸烯；若聚合单体为 α-十二烯，则又称为聚十二烯。

根据黏度的不同，可以分为低黏度 PAO、中黏度 PAO 和高黏度 PAO。

低黏度 PAO：包括 PAO2、PAO2.5、PAO4、PAO5、PAO6、PAO7、PAO8、PAO9、PAO10 等。

中黏度 PAO：包括 PAO25 等。

高黏度 PAO：包括 PAO40、PAO100、PAO150、PAO300 等。

根据单体分类，则可分为聚癸烯、聚十二烯以及十和十二混合烯聚合物。

聚癸烯 PAO：PAO2、PAO4、PAO6、PAO8、PAO25。

聚十二烯 PAO：PAO2.5、PAO5、PAO7、PAO9。

十和十二混合烯聚合物 PAO：PAO40、PAO100。

Ⅴ类基础油是除Ⅰ～Ⅳ类基础油之外的其他基础油，包括化学合成的酯类基础油（双酯、多元醇酯和复酯）、聚醚、硅油、磷酸酯以及烷基萘等[14]。

酯类合成油是由有机酸与醇在催化剂作用下，酯化脱水而获得的。根据反应产物的酯基含量，酯类油可分为双酯、多元醇酯和复酯（聚酯）。双酯为以二元酸与一元醇或二元醇与一元酸反应的产物，常用的二元酸有癸二酸、壬二酸、己二酸、邻苯二甲酸、十二烷二酸、二聚油酸等，常用的一元醇有 2-乙基己醇、C_8～C_{13} 羰基合成醇，二元醇有新戊基二元醇、低聚合度聚乙二醇。一元酸为直链和带短支链的饱和脂肪酸。多元醇酯是由多元醇和直链或带短支链的饱和脂肪酸反应的产物，常用的多元醇为三羟甲基丙烷和季戊四醇。复酯是由二元酸和二元醇酯化成长链分子，其端基再由一元醇或一元酸酯化而得的高黏度基础油。

聚醚是以环氧乙烷、环氧丙烷、环氧丁烷或四氢呋喃等为原料，开环均聚或共聚制得的线型聚合物。

硅油是聚有机硅氧烷中的一部分，其分子主链是由硅原子和氧原子交替连接而形成的骨架，硅油的分子结构可以是直链，也可以带支链，由有机硅单体经水解缩合、分子重排和蒸馏等过程制得。

磷酸酯分为正磷酸酯和亚磷酸酯。亚磷酸酯由于热安定性差，高温下易腐蚀金属，在油品中作为极压添加剂、抗磨添加剂使用，适合用作合成润滑油的磷酸酯，主要是正磷酸酯。其性能主要取决于磷酸酯取代基的结构，取代基的结构不同，磷酸酯的性能有较大差异。磷酸酯类包括烷基磷酸酯、芳基磷酸酯、烷基芳基磷酸酯等。

烷基萘基础油是合成烃润滑油的一类主要品种，它与PAO基础油的不同之处是结构中含有芳环。根据烷链的多少，烷基萘可分为单烷基萘、二烷基萘和多烷基萘。作为合成润滑油基础油组分，主要是二烷基萘和三烷基萘。烷链为直链的称为直链烷基萘、烷链为支链的称为支链烷基萘。

2.3 润滑油产品及其对基础油的要求

润滑油产品种类繁多，从应用领域来看，包括发动机油、汽轮机油、压缩机油、冷冻机油、液压油等，本节将针对目前大量使用的品种进行简要介绍，具体包括白油、发动机油、液压油、汽轮机油、压缩机油、橡胶油、变压器油、导热油和金属加工油等，并结合煤化工产品的特点，简述润滑油产品对相应煤基基础油的性能要求。

2.3.1 白油

1. 主要性能及用途

白油(white oil)为无色透明油状液体，是深度精制的无色且硫含量及芳烃含量很低的油品，由石油基基础油或煤基基础油(120～550℃馏分)为原料经进一步精制而得，无色，无味，化学惰性、光稳定性好。其组成除含有极少量的芳烃类化合物外，基本上都是饱和烃，氮、氧、硫等物质含量近似于零，广泛用于工业润滑和日用化工行业。白油种类繁多，从全类别上分，可分为轻质白油、工业白油、食品级白油、化妆品级白油和医用级白油[15]。

白油的主要用途如下。

(1)日化行业。

白油作为基础化妆品中的油性物质，可在皮肤上形成油膜，除本身赋予滑爽感觉外，还由于屏障效应能阻滞皮肤水分的蒸发，能为保湿剂提供保持皮肤水分的效能。主要用于生产护肤、护发用品，如润肤油、防晒露、防晒油、雪花霜、冷霜、发乳、发蜡、头油、刮须膏、洗手液、洗浴液、婴儿擦身油、护发剂、牙膏等。白油在霜膏类产品中的用量一般为2%～12%，在防晒油、头油等产品中用量较高，可达80%左右。

(2)药品生产。

在制药工业中主要用于轻泻剂、药片、胶囊加工的黏合剂，可以用作青霉素及其他抗生素生产的防泡剂、内服润滑剂、软膏、软化剂、麻醉剂以及医用胶带生产的防潮剂等。

(3)食品加工。

用于食品包装纸，糖业生产用消泡剂，造粒食品生产用防潮剂，面包烘烤油，搅面机油等食品加工机油，水果、蔬菜、鸡蛋等涂敷保鲜剂，热食品表面涂层，食用色素，面包、糖果、通心粉、巧克力加工的脱模剂、防黏剂，葡萄干洗涤剂以及食品包装、啤酒及饮料加工机械的润滑油、瓶盖生产的冲压油等。

(4)石油化学工业。

主要用于聚乙烯、聚丙烯、聚氨酯、聚苯乙烯生产中高压压缩机内部润滑油，合成橡胶的填充剂，聚氯乙烯的增塑剂、润滑剂，染料及中间体的分散剂，化学反应釜密封油剂、稀释剂和热载体。

(5)纤维和纺织。

在化纤油剂中主要用作平滑剂。因不同纤维加工过程中对油剂的要求不同，其相应的油剂所需的平滑剂也不相同，白油在涤纶低弹丝油剂、涤纶全延伸丝油剂、锦纶油剂、人造纤维等中的用量较大，其用量占油剂量组成的30%～90%。另外，白油还应用于纺织机油、纺织纤维稀释剂、编织机和缝纫机油等。

(6)塑料和橡胶加工。

用作脱模剂、软化剂及润滑剂。与其他软化剂不同，白油具有低污染性和良好的着色性能，因此多用于浅色及较鲜艳的制品中，如浅色的塑料壳体等注射及模压制品、浅色橡皮及其他工艺制品等。

(7)皮革加工。

主要用于调制加脂剂，皮革制品需要加入油脂以改善皮革的加工性能。

(8)仪表和电力。

用作精密仪器仪表的润滑、变压器及电缆填充用油，在航空和星际航行中用作液压油和润滑油，如电子元件和计算机的润滑等。

(9)农业。

用作调剂动物饲料、兽医配方、杀虫剂的基础油或分散剂等。

2. 各种白油牌号及技术要求

以下简要介绍各种白油分类及技术要求。

NB/SH/T 0913—2015《轻质白油》标准中提供了轻质白油(Ⅰ)和轻质白油(Ⅱ)的技术要求，适用于以石油馏分、合成油馏分为原料，经加氢精制及精密分馏得到的轻质白油。所属产品适用于专用设备校验、金属加工、日用化学品等行业。轻质白油(Ⅰ)技术要求见表2-8，主要根据馏程段(120～320℃)分为14个牌号，运动黏度(40℃)为1.0～5.0mm^2/s，芳烃含量要求不大于0.2%(质量分数)，硫含量不大于2mg/kg，色度不低于+28，溴指数不大于100mgBr/100g。轻质白油(Ⅱ)的技术要求更高，其在牌号、运动黏度、倾点、铜片腐蚀等技术指标上与轻质白油(Ⅰ)一致，区别在于以下四点：①芳烃含量指标

表 2-8　轻质白油（Ⅰ）技术要求和试验方法

项目		质量指标														试验方法
		W1-TA	W1-20	W1-30	W1-40	W1-60	W1-70	W1-80	W1-90	W1-100	W1-110	W1-120	W1-130	W1-140	W1-TB	
馏程/℃	初馏点（不低于）	150	120	135	155	185	195	205	215	230	245	260	275	280	210	GB/T 6535
	终馏点（不高于）	275	160	170	200	225	235	245	245	270	285	300	315	320	320	
闪点（闭口）/℃（不低于）		38	实测	30	40	60	70	80	90	100	110	120	130	140	80	GB/T 261
运动黏度（40℃）/（mm^2/s）		1.0～2.7	—	—	—	1.2～1.5	1.3～1.7	1.6～1.9	1.8～2.3	2.1～2.7	2.3～3.0	2.7～4.3	3.3～4.5	3.5～5.0	2.0～5.0	GB/T 265
芳烃含量（质量分数）/%（不大于）		0.2						0.5								附录 A[e]
倾点[a]/℃（不高于）		—									−3					GB/T 3535
密度[b]（20℃）/（kg/m^3）		报告														GB/T 1884 GB/T 1885
赛波特颜色/号（不低于）		+28														GB/T 3555
硫含量[c]/（mg/kg）（不大于）		2														SH/T 0689
铜片腐蚀（50℃,3h）/级（不大于）		1														GB/T 5096
溴指数/（mgBr/100g）（不大于）		100														SH/T 0630
机械杂质及水分[d]		无														目测

a 也可以采用 SH/T 0771，有异议时，以 GB/T 3535 测定结果为准。
b 也可以采用 SH/T 0604，有异议时，以 GB/T 1884 测定结果为准。
c 也可以采用 NB/SH/T 0253，有异议时，以 SH/T 0689 测定结果为准。
d 将样品注入 100mL 玻璃筒中观察，应当透明，没有悬浮和沉降的机械杂质和水分。有异议时，以 GB/T 260 和 GB/T 511 结果为准。
e 紫外分光光度计法，详见标准原文。

进一步提高，轻质白油（Ⅰ）中不大于 0.2%（质量分数）的限定提高至不大于 0.01%（质量分数），轻质白油（Ⅰ）中不大于 0.5%（质量分数）的限定提高至不大于 0.05%（质量分数）；②赛波特颜色要求更高，由不低于+28 提高至不低于+30；③硫含量标准进一步提高，由不高于 2mg/kg 提升至不高于 1mg/kg；④不饱和度要求更高，溴指数由不大于 100mgBr/100g 提高至不大于 50mgBr/100g。

NB/SH/T 0914—2019《粗白油》标准中提供了粗白油的技术要求，见表 2-9，适用于石油经加氢精制工艺生产的粗白油。所属产品是白油初级产品，可以用于生产纺丝油、涂料、胶水、金属加工液，也可作为优质白油生产的原料。根据黏度的差异，共有 10 个牌号，要求无水、无机械杂质，但在色度、硫氮含量和芳烃含量上，要求较低。

NB/SH/T 0006—2017《工业白油》标准中提供了工业白油（Ⅰ）和工业白油（Ⅱ）的技术要求，适用于石油馏分经脱蜡、化学精制或加氢精制而制取的工业白油。产品适于用作化纤、铝材加工、橡胶增塑等用油，也适用于纺织机械、精密仪器的润滑用油以及压缩机密封用油。工业白油（Ⅰ）的技术要求见表 2-10，根据黏度的差异，共有 12 个牌号。与粗白油相比，没有 3 号牌号，增加了 150、220、320 三个牌号。要求无水、无机械杂质，在色度、硫氮含量和芳烃含量上，比粗白油要求更高。

工业白油（Ⅱ）所列牌号与工业白油（Ⅰ）一致（表 2-11），但在倾点、色度、硫含量和芳烃含量上要求更高，5 号白油倾点由不高于 0℃提升至不高于−3℃，其他牌号倾点由不高于−6℃提升至不高于−9℃；色度统一提升至不低于+30；硫含量由不大于 10mg/kg 提升至不大于 5mg/kg；芳烃含量技术要求提升幅度最大，由不大于 5%（质量分数）提升至不大于 0.2%（质量分数）；此外，还增加了硫酸显色和硝基萘试验要求。

GB 1886.215—2016《食品安全国家标准 食品添加剂 白油（又名液体石蜡）》标准中提供了食品添加剂白油的技术指标（表 2-12），适用于由石油的润滑油馏分经脱蜡、化学精制或加氢精制所制得的食品添加剂白油。根据黏度的差异，共有 5 个牌号，值得注意的是，食品级白油按照 100℃运动黏度归类，1～5 号白油覆盖 $2mm^2/s$ 至大于等于 $11mm^2/s$ 黏度范围。食品级对色度、稠环芳烃（PCA）、重金属含量、水溶性酸碱要求都非常高。此外，还必须通过易碳化物和固体石蜡试验。

GB/T 12494—1990《食品机械专用白油》标准中规定了食品机械专用白油的技术要求和试验方法，产品适用于与食品非直接接触的食品机械加工设备的润滑，包括粮油加工、水果蔬菜加工、乳制品加工等食品工业的加工设备润滑。按照 40℃运动黏度共有 6 个牌号，包括 10 号、15 号、22 号、32 号、46 号和 68 号，技术要求和试验方法见表 2-13。

NB/SH/T 0007—2015《化妆品级白油》中规定了以石油润滑油馏分经深度精制而成的化妆品级白油的技术要求和试验方法。产品适用于保湿剂、防晒剂、润肤油、沐浴油、护发产品以及油膏的基础油，亦可用于其他化妆品成分的中性和保护性稀释剂等，还可用于化妆品生产机械的润滑剂、包装容器的脱模剂等。按照 40℃运动黏度共有 6 个牌号，包括 10 号、15 号、26 号、36 号、50 号和 70 号。技术要求和试验方法见表 2-14。

表 2-9　粗白油的技术要求和试验方法

项目	牌号及质量指标										试验方法
	3 号	5 号	7 号	10 号	15 号	22 号	32 号	46 号	68 号	100 号	
运动黏度[a](40℃)/(mm²/s)	1～<3	3～<6	6～<8	8～<12	12～<18	18～<26	26～<38	38～<56	56～<82	82～<120	GB/T 265
运动黏度[a](100℃)/(mm²/s)	—				报告						GB/T 265
密度[b](20℃)/(kg/m³)	报告										GB/T 1884 GB/T 1885
倾点/℃(不高于)	—	3		-6							GB/T 3535
闪点(开口)/℃(不低于)	90	110	120	140	160	180	180	200	210	220	GB/T 3536
闪点(闭口)/℃(不低于)	65	—									GB/T 261
赛波特颜色/号(不低于)	+20										GB/T 3555
机械杂质(质量分数)[c]/%	无										GB/T 511
水含量(质量分数)[d]/%(不大于)	无										GB/T 260
铜片腐蚀(50℃, 3h)/级(不大于)	1		—								GB/T 5096
铜片腐蚀(100℃, 3h)/级(不大于)	—		1								GB/T 5096
硫含量[e]/(mg/kg)(不大于)	10		50								GB/T 11140
芳烃含量(质量分数)/%(不大于)	10			—							NB/SH/T 0606[f]
	—			10							SH/T 0753[g]
氮含量/(mg/kg)(不大于)	100									—	SH/T 0657
										100	NB/SH/T 0704

a 允许使用 GB/T 30515 方法测定，结果有争议时，以 GB/T 265 结果为准。

b 允许使用 SH/T 0604 方法测定，结果有争议时，以 GB/T 1884、GB/T1885 结果为准。

c 允许目测：将试样注入 100mL 玻璃量筒中，室温下观察，应没有机械杂质。结果有争议时，以 GB/T 511 结果为准。

d 允许目测：将试样注入 100mL 玻璃量筒中，室温下观察，应透明，没有悬浮和沉降的水分。结果有争议时，以 GB/T 260 结果为准。

e 允许使用 SH/T 0689、NB/SH/T 0842 方法测定，结果有争议时，以 GB/T 11140 测定结果为准。

f 允许使用 NB/SH/T 0806、符合 NB/SH/T 0966 要求的也可采用该方法测定，结果有争议时，以 NB/SH/T 0606 测定结果为准。

g 芳烃含量符合 NB/SH/T 0966 要求的也可采用该方法测定，结果有争议时，以 SH/T 0753 测定结果为准。

表 2-10 工业白油（Ⅰ）技术要求和试验方法

项目	牌号及质量指标												试验方法
	5	7	10	15	22	32	46	68	100	150	220	320	
运动黏度(40℃)/(mm^2/s)	4.14～5.06	6.12～7.48	9.00～11.0	13.5～16.5	18.0～26.0	28.8～35.2	38.0～56.0	61.2～74.8	90.0～110	报告	报告	报告	GB/T 265
运动黏度(100℃)/(mm^2/s)	—									13.0～16.5	17.0～21.0	21.5～26.5	GB/T 265
闪点(开口)/℃(不低于)	120	130	140	150	160	180	190	200	200	210	220	230	GB/T 3536
倾点/℃(不高于)	0	–6											GB/T 3535
赛波特颜色/号(不低于)	+25				+23								GB/T 3555
铜片腐蚀(50℃, 3h)/级	1	—											GB/T 5096
铜片腐蚀(100℃, 3h)/级	—	1											GB/T 5096
硫含量[a]/(mg/kg)(不大于)	10												SH/T 0689
芳烃含量(质量分数)/%(不大于)	5												NB/SH/T 0966
水含量(质量分数)[b]/%(不大于)	无												GB/T 260
机械杂质(质量分数)[c]/%	无												GB/T 511
水溶性酸或碱	无												GB/T 259
外观	无色、无异味、无荧光、透明的液体												目测[d]

a 也可采用 GB/T 11140 和 NB/SH/T 0842 进行测定，结果有异议时，以 SH/T 0689 方法为准。
b 可目测：将试样注入 100mL 玻璃量筒中，在室温下观察，应透明，没有悬浮和沉降的水分。结果有异议时，按 GB/T 260 测定。
c 可目测：将试样注入 100mL 玻璃量筒中，在室温下观察，应透明，没有悬浮和沉降的杂质。结果有争议时，按 GB/T 511 测定。
d 将试样注入 100mL 玻璃量筒中，室温下观察，无色，无异味，无荧光，无游离水。

表 2-11　工业白油（Ⅱ）技术要求和试验方法

项目	牌号及质量指标												试验方法
	5	7	10	15	22	32	46	68	100	150	220	320	
运动黏度（40℃）/（mm²/s）	4.14～5.06	6.12～7.48	9.00～11.0	13.5～16.5	18.0～26.0	28.8～35.2	38.0～56.0	61.2～74.8	90.0～110	报告	报告	报告	GB/T 265
运动黏度（100℃）/（mm²/s）	—									13.0～16.5	17.0～21.0	21.5～26.5	GB/T 265
闪点（开口）/℃（不低于）	120	130	140	150	160	180	190	200	200	210	220	230	GB/T 3536
倾点/℃（不高于）	−3	−9											GB/T 3535
赛波特颜色/号（不低于）	+30												GB/T 3555
铜片腐蚀（50℃, 3h）/级	1	—											GB/T 5096
铜片腐蚀（100℃, 3h）/级	—	1											GB/T 5096
硫含量[a]/（mg/kg）（不大于）	5												SH/T 0689
芳烃含量（质量分数）/%（不大于）	0.2												NB/SH/T 0966
水含量（质量分数）[b]/%（不大于）	无												GB/T 260
机械杂质（质量分数）[c]/%	无												GB/T 511
水溶性酸或碱	无												GB/T 259
硫酸显色	通过												附录 A[d]
硝基萘	通过												附录 B[d]
外观	无色、无异味、无荧光、透明的液体												目测[e]

a 也可采用 GB/T 11140 和 NB/SH/T 0842 进行测定，结果有异议时，以 SH/T 0689 方法为准。

b 可目测：将试样注入 100mL 玻璃量筒中，在室温下观察，应透明，没有悬浮和沉降的水分。结果有异议时，按 GB/T 260 测定。

c 可目测：将试样注入 100mL 玻璃量筒中，在室温下观察，应透明，没有悬浮和沉降的杂质。结果有争议时，按 GB/T 511 测定。

d 详见标准原文。

e 将试样注入 100mL 玻璃量筒中，室温下观察，无色，无异味，无荧光，无游离水。

表 2-12 食品添加剂白油技术指标

项目	牌号及质量指标					检验方法
	低、中黏度				高黏度	
	1号	2号	3号	4号	5号	
运动黏度(40℃)/(mm^2/s)	符合声称	符合声称	符合声称	符合声称	符合声称	GB/T 265
运动黏度(100℃)/(mm^2/s)	2.0～3.0	3.0～7.0	7.0～8.5	8.5～11	≥11	GB/T 265
初馏点/℃(大于)	230	230	230	230	350	GB/T 0558
5%(质量分数)蒸馏点碳数(不小于)	14	17	22	25	28	GB/T 0558
5%(质量分数)蒸馏点温度/℃(大于)	235	287	356	391	422	GB/T 0558
平均相对分子质量(不小于)	250	300	400	480	500	GB/T 17282
赛波特颜色/号(不低于)	+30	+30	+30	+30	+30	GB/T 3555
稠环芳烃，紫外吸光度(260～420nm)/cm(不大于)	0.1	0.1	0.1	0.1	0.1	GB/T 11081
铅含量/(mg/kg)(不大于)	1	1	1	1	1	附录 A[a]
砷含量/(mg/kg)(不大于)	1	1	1	1	1	GB 5009.76
重金属(以 Pb 计)/(mg/kg)(不大于)	10	10	10	10	10	GB 5009.74
易炭化物	通过试验	通过试验	通过试验	通过试验	通过试验	GB/T 11079
固体石蜡	通过试验	通过试验	通过试验	通过试验	通过试验	SH/T 0134
水溶性酸碱	不得检出	不得检出	不得检出	不得检出	不得检出	GB 259

a 详见标准原文。

表 2-13 食品机械专用白油技术要求和试验方法

项目		牌号及质量指标						试验方法
		10号	15号	22号	32号	46号	68号	
运动黏度(40℃)/(mm^2/s)		9.0～11.0	13.5～16.5	19.8～24.2	28.8～35.2	41.4～50.6	61.2～74.8	GB/T 265
闪点(开口)/℃(不低于)		140	150	160	180	180	200	GB/T 3536
倾点/℃(不高于)		–5						GB/T 3535
赛波特颜色/号(不低于)		+20	+20	+20	+20	+10	+10	GB/T 3555
机械杂质		无						GB/T 511
水分		无						GB/T 260
水溶性酸碱		无						GB/T 259
腐蚀试验(100℃，3h)/级		1						GB/T 5096
稠环芳烃，紫外吸光度/cm(不大于)	280～289nm	4						GB/T 11081
	290～299nm	3.3						
	300～329nm	2.3						
	330～350nm	0.8						

表 2-14 化妆品级白油技术要求和试验方法

项目	牌号及质量指标						试验方法
	10	15	26	36	50	70	
运动黏度(40℃)/(mm^2/s)	7.6～12.4	12.5～17.5	24.0～28.0	32.5～39.5	45.0～55.0	63.0～77.0	GB/T 265
闪点(开口)/℃(不低于)	150		160		200		GB/T 3536
易炭化物	通过						附录 A[a]
赛波特颜色/号(不低于)	+30						GB/T 3555
重金属含量/(mg/kg)(不大于)	10						SH/T 0128
铅含量/(mg/kg)(不大于)	1						GB/T 5009.12
砷含量/(mg/kg)(不大于)	1						GB/T 5009.11
稠环芳烃，紫外吸光度(260～420nm)/cm(不大于)	0.1						GB/T 11081
机械杂质	无						GB/T 511
固体石蜡	通过						SH/T 0134
水溶性酸碱	无						GB/T 259
性状	无色无味无荧光透明液体						注

注：将 300mL 试样倒入 500mL 的烧杯中，在室温和良好空气环境下静置数分钟后，用目测和嗅觉判定。
a 详见标准原文。

对于医药级白油，国内尚无技术标准，但从应用场景来看，其必须对人体无害，因此技术标准至少需要达到食品级。

2.3.2 发动机油

1. 主要性能及用途

发动机是汽车的心脏，发动机内有许多相互摩擦运动的金属表面，这些部件运动速度快、环境差，工作温度可达 400～600℃。发动机作为一种机械，对于润滑油的要求同一般机械相比有其共同的一面，如要求有适当的黏度，一定的抗氧、抗磨、防腐蚀与黏温性能等要求。发动机油对汽车的作用是非同小可的，它不仅减小了各机械部件之间的磨损，还大大延长了机械部件的使用寿命[16]。发动机油(简称机油)的主要作用如下。

(1)润滑减磨：活塞和气缸之间，主轴和轴瓦之间均存在快速的相对滑动，要防止零件过快磨损，则需要在两个滑动表面间建立油膜，有足够厚度的油膜将相对滑动的零件表面隔开，从而达到减少磨损的目的。

(2)冷却降温：机油能够将热量带回机油箱再散发至空气中帮助水箱冷却发动机。

(3)清洗清洁：好的机油能够将发动机零件上的碳化物、油泥、磨损金属颗粒通过循环带回机油箱，通过机油的流动，冲洗零件工作面上产生的脏物。

(4)密封防漏：机油可以在活塞环与活塞之间形成一个密封圈，减少气体的泄漏并防止外界污染物进入。

(5)防锈防蚀：机油能吸附在零件表面防止水、空气、酸性物质及有害气体与零件接触。

(6)减震缓冲：当发动机气缸口压力急剧上升时会突然加剧活塞、活塞屑、连杆和曲轴轴承上的负荷，这个负荷首先作用在机油形成的油膜上面，对零件承受的冲击力起到缓冲作用，延长零件的使用寿命。

机油选择的重要性具体体现在：发动机由静止到启动这段时间气缸和活塞已经在相互摩擦，但由于机油还没有流动到各润滑点，发动机内部零件会出现短暂的干摩擦或半干摩擦，于是导致了磨损。经测试，发动机在启动瞬间造成的磨损占发动机活塞环及轴瓦等处磨损的七成以上，这是发动机磨损的主要原因。

选择一款恰当的机油可以尽可能地降低磨损并延长发动机使用寿命。在选择使用机油时主要考虑以下两点。

(1)适当的黏度：适合的黏度是摩擦表面建立油膜的首要条件。黏度大，则流动性差，启动瞬间更易磨损，黏度低则润滑不足，发动机运转后，也会造成磨损。一般来讲，新车和刚大修后的车应使用黏度较低的机油，特别是刚大修的车辆磨合期内一定不要使用黏度过高的机油，因为这时的发动机各部分配合间隙很小，黏度高的机油流动性不好，这样就会导致发动机散热及润滑不良，使机油老化加快，发动机磨损加剧。如果是使用年限较长的汽车，长期磨损导致机油压力不足，使发动机润滑不良，就应加入黏度较高的机油，因为高黏度机油更容易建立油压，若加入高黏度机油仍然压力低，则应对发动机进行检修。黏度具体的影响如下。

机油黏度若是太高就会因为油膜太厚使机油黏滞而导致阻力增加，进而产生不良的影响。

①车子较难发动、加速迟缓。

②引擎动力输出减少，冷却效果变差。

③车子变得较吃油，使得燃料浪费。

④机油流动性差，不能快速到达气缸，使得激活时的磨损增加。

若机油的黏度太低，同样会对发动机产生不良影响。

①油膜厚度不够，油膜强度差，容易被破坏，在高温、高压的摩擦表面上不易形成足够厚的油膜，使机件得不到正常的润滑，造成发动机过度磨损。

②密封作用差，机油黏度过小，造成活塞环密封不良，直接造成燃烧室窜气和机油烧失。

③引擎的噪声变大。

(2)环境温度：应根据所在地区的气温来决定机油的黏度。一般来说，冬季应选用复式黏度的机油保证机油的低温流动性能。中国南方地区可选用 SAE 20W/50 级黏度的机油，冬季北方地区 SAE 5W/30 或 10W/30 黏度一般可以满足要求。夏季主要是考虑机油的黏度保持，因为夏季温度较高黏度太低的机油不能保持足够的机油压力，使发动机得不到润滑，夏季中国大部分地区可选用 SAE 15W/40 或 SAE 40 机油，温度过高地区可选用 SAE 20W/50 或 SAE 50 的机油。

2. 汽油机油

汽油机是以汽油为燃料，在气缸外的化油器中与空气混合形成可燃性混合气体，进入气缸压缩后通过火花塞点火燃烧膨胀做功，推动曲轴旋转的发动机。这种发动机转速高、质量小、噪声小、启动容易、制造成本低，常用在轻型汽车、小型飞机和小型农用机械上。汽油机油是用来润滑汽油发动机的缸壁与活塞、曲轴、连杆、凸轮轴与轴瓦、挺杆与摇臂等部位的润滑油[16]。汽油机油的主要性能要求如下。

(1)黏度和黏温特性。润滑油的黏度关系到发动机的启动性、机件的磨损程度、燃油和润滑油的消耗量及功率损失的大小。机油黏度过大，则流动性差、进入摩擦面所需的时间长，机件磨损增加，燃油消耗增大，清洗及冷却性差，但密封性好；机油黏度过小，则不能形成可靠的油膜，不能保持润滑，密封性差，磨损大，功率下降。因此，黏度过大或过小都不理想，应当黏度适宜。

(2)清净分散性能。汽油机油应该具有良好的分散性能和清净性能，能把附着在气缸壁及活塞上的氧化产物清洗下来并使之均匀地分散在机油中。当机油的清净性较差时，会使聚集在发动机高温部位的氧化产物继续氧化，从而产生大量的漆膜、积碳，导致活塞环黏结磨损，加剧甚至发生拉缸等事故；当机油的分散性能差时，被清洗下来的高温沉积物和油泥无法均匀地分散在机油当中，造成油路及机油滤网堵塞，导致机油压力异常、氧化加剧，甚至无法正常供油，造成燃瓦现象。为防止上述故障的发生，必须在油品配方中添加金属清净剂和无灰型分散剂以提高分散清净性能。特别是汽油机油经常处于城市中时开时停的状态，对机油的低温分散性能的要求更高。

(3)抗磨性。汽油机轴承系统要承受很大的负荷，如主轴承为5～10MPa，连杆轴承为7～14MPa，个别部件承受的负荷更高。在高负荷、高速的条件下，汽油机油必须有良好的抗磨性。

(4)氧化安定性和热安定性。在发动机工作过程中，机油在金属的催化作用下，受氧气及燃烧产物的影响，会产生氧化、聚合、缩合等反应产物。如酸性积碳的生成，使传热效果下降，散热效果不好不仅造成发动机气缸过热、活塞环密封性下降，而且使发动机的功率损失增大，特别是汽油机油的油箱容积小，单位体积润滑油的热负荷增大。所以，汽油机油要具有优异的氧化安定性和高温抗氧化性能。

(5)抗泡性。机油在发动机运转中，曲轴的高速运转起到剧烈的搅拌作用，机油很容易产生泡沫，会使油膜遭到破坏，使摩擦面摩擦加剧甚至发生烧结，并促进机油氧化变质，还会使润滑系统产生气阻，影响机油的正常循环。因此，抗泡性是机油的重要质量指标，机油需有抑制泡沫的产生及消泡的作用。

汽油机油的黏度级别是由美国汽车工程师学会(Society of Automotive Engineers, SAE)制定的一种标准。黏度等级分类按照SAE的标准分为11个等级：SAE 0W、SAE 5W、SAE 10W、SAE 15W、SAE 20W、SAE 25W、SAE 20、SAE 30、SAE 40、SAE 50、SAE 60。SAE后面的数字代表机油的黏度等级，数值越大表示黏度越高。SAE后面的数值中有W，代表winter(冬季)，表示是冬夏通用油品，如5W/30、5W/40、10W/30、10W/40、15W/40、20W/50，其特点是有较好的低温启动性能。具体参考可见表2-15。

表2-15 机油选择与适用条件

黏度级别	适用的气温范围/℃	季节	适用我国地域
30	0～30	夏季	东北西北
40	0～40	夏季	全国
50	5～50	夏季	南方
5W/30	–25～30	冬夏通用	东北西北
5W/40	–25～40	冬夏通用	东北西北
10W/30	–20～30	冬夏通用	华北、中西部
10W/40	–20～40	冬夏通用	华北、中西部
15W/40	–15～40	冬夏通用	华北、中西部
20W/50	–10～50	冬夏通用	黄河以南、长江以北

汽油机油目前主要有两个分类标准：一个是由API负责公布和审批的，以Sθ(θ代表英文字母A～N)序列罗列汽油机油的规格，S的含义是Spark(点燃)，如SA、SB、SC、SD、SE、SF、SG、SH、SJ、SL、SM和SN等，其中SA～SH已经被废除；另一个是由国际润滑油标准审核委员会(International Lubricant Standardization and Approval Committee, ILSAC)负责公布，由API代行审核，以GF-X(X表示由1开始往下排列的数字)序列罗列的规格，如GF-1、GF-2、GF-3、GF-4和GF-5等。ILSAC规格在达到API相应质量等级的基础上，对产品的节能环保提出了更为严格的要求。在标准中的台架试验以美国台架为主，同时接纳了日本和欧洲的部分台架。例如，GF-4认证要求产品在达到API SM质量级别的基础上，再通过EC节能认证。现行内燃机油分类标准可见GB/T 28772—2012《内燃机油分类》(表2-16)。

表2-16 内燃机油分类

应用范围	品种代号	特性和使用场合
汽油机油	SE	用于轿车和某些货车的汽油机以及要求使用API SE、SD[a]级油的汽油机。此种油品的氧化安定性及控制汽油机高温沉积物、锈蚀和腐蚀的性能优于SD[a]或SC[a]
	SF	用于轿车和某些货车的汽油机以及要求使用API SE、SE级油的汽油机。此种油品的氧化安定性和抗磨损性能优于SE，同时还具有控制汽油机沉积物、锈蚀和腐蚀的性能，并可代替SE
	SG	用于轿车、货车和轻型卡车的汽油机以及要求使用API SG级油的汽油机。SG质量还包括CC或CD的使用性能。此种油品改进了SF级油控制发动机沉积物、磨损和油的氧化性能，同时还具有抗锈蚀和腐蚀的性能，并可代替SF、SF/CD、SE或SE/CC
	SH、GF-1	用于轿车、货车和轻型卡车的汽油机以及要求使用API SH级油的汽油机。此种油品在控制发动机沉积物、油的氧化、磨损、锈蚀和腐蚀等方面的性能优于SG，并可代替SG GF-1与SH相比，增加了对燃料经济性的要求

续表

应用范围	品种代号	特性和使用场合
汽油机油	SJ、GF-2	用于轿车、运动型多用途汽车、货车和轻型卡车的汽油机以及要求使用API SJ级油的汽油机。此种油品在挥发性、过滤性、高温泡沫性和高温沉积物控制等方面的性能优于SH。可代替SH，并可在SH以前的S系列等级中使用 GF-2与SJ相比，增加了对燃料经济性的要求，GF-2可代替GF-1
	SL、GF-3	用于轿车、运动型多用途汽车、货车和轻型卡车的汽油机以及要求使用API SL级油的汽油机。此种油品在挥发性、过滤性、高温泡沫性和高温沉积物控制等方面的性能优于SJ。可代替SJ，并可在SJ以前的S系列等级中使用 GF-3与SL相比，增加了对燃料经济性的要求，GF-3可代替GF-2
	SM、GF-4	用于轿车、运动型多用途汽车、货车和轻型卡车的汽油机以及要求使用API SM级油的汽油机。此种油品在高温氧化和清净性能、高温磨损性能以及高温沉积物控制等方面的性能优于SL。可代替SL，并可在SL以前的S系列等级中使用 GF-4与SM相比，增加了对燃料经济性的要求，GF-4可代替GF-3
	SN、GF-5	用于轿车、运动型多用途汽车、货车和轻型卡车的汽油机以及要求使用API SN级油的汽油机。此种油品在高温氧化和清净性能、高温磨损性能以及高温沉积物控制等方面的性能优于SM。可代替SM，并可在SM以前的S系列等级中使用 对于资源节约型SN油品，除具有上述性能外，还强调燃油经济性、对排放系统和涡轮增压器的保护以及与含乙醇最高达85%的燃料的兼容性能 GF-5与资源节约型SN相比，性能基本一致，GF-5可代替GF-4
柴油机油	CC	用于中负荷及重负荷下运行的自然吸气、涡轮增压和机械增压式柴油机以及一些重负荷汽油机。对于柴油机具有控制高温沉积物和瓦轴腐蚀的性能，对于汽油机具有控制锈蚀、腐蚀和高温沉积物的性能
	CD	用于需要高效控制磨损及沉积物或使用包括高硫燃料自然吸气、涡轮增压和机械增压式柴油机以及要求使用API CD级油的柴油机。具有控制瓦轴腐蚀和高温沉积物的性能，并可代替CC
	CF	用于非道路间接喷射式柴油发动机和其他柴油发动机，也可用于需要有效控制活塞沉积物、磨损和含铜瓦轴腐蚀的自然吸气、涡轮增压和机械增压式柴油机。能够使用硫的质量分数大于0.5%的高硫柴油燃料，并可代替CD
	CF-2	用于需高效控制气缸、环表面胶合和沉积物的二冲程柴油发动机，并可代替CD-Ⅱ[a]
	CF-4	用于高速、四冲程柴油发动机以及要求使用API CF-4级油的柴油机，特别适用于高速公路行驶的重负荷卡车。此种油品在机油消耗和活塞沉积物控制等方面的性能优于CE[a]，并可代替CE[a]、CD和CC
	CG-4	用于可在高速公路和非道路使用的高速、四冲程柴油发动机。能够使用硫的质量分数小于0.05%～0.5%的柴油燃料。此种油品可有效控制高温活塞沉积物、磨损、泡沫、氧化和烟炱的积累，并可代替CF-4、CE[a]、CD和CC
	CH-4	用于高速、四冲程柴油发动机。能够使用硫的质量分数不大于0.5%的柴油燃料。即使在不利的应用场合，此种油品可凭借其在磨损控制、高温稳定性和烟炱控制方面的特性有效地保持发动机的耐久性；对于非铁金属的腐蚀、氧化和不溶物的增稠、泡沫性以及由于剪切所造成的黏度损失可提供最佳的保护。其性能优于CG-4，并可代替CG-4、CF-4、CE[a]、CD和CC
	CI-4	用于高速、四冲程柴油发动机。能够使用硫的质量分数不大于0.5%的柴油燃料。此种油品在装有废气再循环装置的系统里使用可保持发动机的耐久性。对于腐蚀性和与烟炱有关的磨损倾向、活塞沉积物以及由于烟炱累积所引起的黏温性变差、氧化增稠、机油消耗、泡沫性、密封材料的适应性降低和由于剪切所造成的黏度损失可提供最佳的保护。其性能优于CH-4，并可代替CH-4、CG-4、CF-4、CE[a]、CD和CC

续表

应用范围	品种代号	特性和使用场合
柴油机油	CJ-4	用于高速、四冲程柴油发动机。能够使用硫的质量分数不大于0.05%的柴油燃料。对于使用废气后处理系统的发动机，若使用硫质量分数大于0.0015%的燃料，可能会影响废气后处理系统的耐久性和/或机油的换油期。此种油品在装有微粒过滤器和其他后处理系统里使用可特别有效地保持排放控制系统的耐久性。对于催化剂中毒的控制、微粒过滤器的堵塞、发动机磨损、活塞沉积物、高低温稳定性、烟炱处理特性、氧化增稠、泡沫性和由于剪切所造成的黏度损失可提供最佳的保护。其性能优于CI-4，并可代替CI-4、CH-4、CG-4、CF-4、CE[a]、CD和CC
农用柴油机油	—	用于以单缸柴油机为动力的三轮汽车(原三轮农用运输车)、手扶变型运输机、小型拖拉机，还可用于其他以单缸柴油机为动力的小型农机具，如抽水机、发电机等，具有一定的抗氧、抗磨性能和清净分散性能

a SD、SC、CD-Ⅱ和CE已经废止。

近年来，乘用车涡轮增压发动机大规模普及，小排量涡轮增压发动机将成为不可逆转的发展趋势。小排量涡轮增压发动机虽然提高了动力和燃油经济性，但也带来了低速早燃和高温高压等问题，所以对机油的性能提出了更高的要求。以纯电动车和混合动力车为代表的新能源车也是近几年汽车行业的热点，它们对机油的性能要求也很高。因此在涡轮增压直喷发动机普及和国家第六阶段机动车污染物排放标准(简称国六标准，GF-6)实施的双重驱动下，配套国六标准发动机的新标准API SP就出来了，API SP代表现在的最高质量等级。

GF-6对应API SP，相比GF-5，GF-6在以下方面得到升级：燃油经济性和燃油经济性保持；发动机耐久性；怠速-停车期间的磨损保护；低速早燃最小化；降低机油通气量，机油空气卷入减少；涡轮增压器沉积物控制等。值得关注的是，GF-6新增了低速早燃测试和正时链条磨损测试，可预防小型缸内直喷发动机常见的低速早燃和正时链条磨损现象的发生。GF-6分为GF-6A与GF-6B两个规格，GF-6A可用于满足GF-5机油建议和更早的要求，GF-6A是向后兼容的，这意味着它也涵盖GF-1～GF-5标准，并为SAE等级0W-20、5W-20、5W-30和10W-30设计。GF-6B包括GF-6A的所有要求，但仅用于SAE 0W-16黏度等级。GF-6B和GF-6A润滑油必须通过相同的性能测试，但GF-6B润滑油在燃油经济性上优于GF-6A润滑油。GF-6B规格的润滑油采用了一个新的认证标识，以防止这些低黏度等级的油品在不适用的发动机中被误用。

3. 柴油机油

柴油机是一种压燃式发动机。与汽油机相比，柴油机由于压缩比较高、采用稀混合气燃烧、无进气节流损失等原因，热效率较高，油耗较低，同时二氧化碳排放量也较低。柴油机在商品车尤其是大吨位载货汽车和长途客车上得到广泛应用。先进的小型高速柴油发动机，其排放已经达到欧Ⅲ标准，成为“绿色发动机”，目前已经成为欧美许多新轿车的动力装置[16]。柴油机油是用于以柴油为燃料发动机的一类润滑油。柴油机油的主要性能要求如下。

(1)高温清净性。首先，柴油机是以柴油为燃料的压燃式发动机，一般长时间高速行驶的工况比较多，其热负荷通常都高于汽油发动机，故对润滑油的高温清净性要求较高。其次，柴油比汽油重，烟灰生成较多，是柴油在发动机内燃烧、操作的一个特点。因此，柴油机容易在活塞环区形成积碳，需要更好的高温清净性。

(2)酸中和性能。燃料中的硫含量，即使是高质量的柴油，硫含量也为汽油的 10 倍，某些渣油型柴油机燃料，其硫含量可达汽油硫含量的 100 倍以上。柴油中的高硫含量导致活塞环和缸套的腐蚀磨损。同时，硫的燃烧产物还能加速润滑油生成沉积物。因此，柴油机需要更好的酸中和性能。

(3)热氧化安定性。柴油机内的温度比汽油机高得多，活塞第一环带的温度可达 250～300℃，甚至更高。油品氧化加剧，容易产生漆膜和沉积物。因此，柴油机需要更好的热氧化安定性。

(4)抗磨性。随着柴油机规格的升级，对油品的各项要求越来越高，尤其是油品的抗磨性，这表现为油品所要求通过的抗磨性相关的发动机台架试验越来越多。例如，在 API CF-4 和 CH-4 油品规格中要求用 Mack T-9 发动机试验评价在 2%(质量分数)烟炱存在下缸套和活塞环的磨损情况。API CJ-4 油品规格中与抗磨性相关的发动机试验增加到四个，分别是 Mack T-12、RFWT、Cummins ISM 和 Cummins ISB。其中，Mack T-12 用于评价缸套和活塞环的磨损，RFWT 用于评价滚柱从动件的磨损，Cummins ISM 和 Cummins ISB 用于评价阀系的磨损。由此可见，随着重负荷柴油机油质量级别的提高，对油品的抗磨性能要求越来越苛刻。

(5)高温及高剪切安定性。汽油机转速高，要求汽油机具有良好的剪切安定性。柴油机压缩比大大高于汽油机，功率也更大，而且柴油机是靠活塞压缩高压混合气，压力和温度急剧升高，达到燃点后自燃。因此，柴油机油要承受更高的温度和剪切作用。

(6)抗腐蚀性。汽油机主轴瓦与连杆轴瓦可用材质较软、抗腐蚀性好的巴氏合金，而柴油机轴瓦采用铅青铜或铅合金等高性能材料，抗腐蚀性能较差。因此，在柴油机油中抗腐蚀剂含量高，使用中能在轴瓦表面生成一层保护膜来减轻轴瓦的腐蚀，并提高其抗磨性。

随着排放法规要求的不断苛刻，自 20 世纪 80 年代末、90 年代初以来，美国每 4～5 年推出一代新的柴油机油规格来满足更为苛刻的排放要求。同时，新的油品规格总伴随着新的油品评定台架的产生，推动油品评定技术的发展。我国参考 API 1509: 2007《发动机油认证体系》及其技术公告 1 和 SAE J183: 1991《发动机油性能及发动机使用分类》，制定了 GB/T 28772—2012《内燃机油分类》。其中，柴油机油分为 CC、CD、CF、CF-2、CG-4、CH-4 及 CJ-4 等级别(表 2-16)。C 的含义是 compression(压燃)。

与汽油机油类似，目前柴油机油也随着 CF-6 标准的出台升级至 CK-4 级别，符合低灰分、低黏度、高性能、长换油的技术特点。与 CJ-4 相比，CK-4 具有更好的剪切安定性和更强的氧化安定性，CK-4 标准产品的推出意味着客户可以选择黏度更低的润滑油(如 10W-30)，从而可同时获得更高的燃油经济性。

内燃机油的黏度等级可参考 GB/T 14906—2018《内燃机油黏度分类》，见表 2-17。

表 2-17 内燃机油黏度分类

黏度等级号	低温启动黏度 /(mPa·s) (不大于)	低温泵送黏度 (无屈服应力时) /(mPa·s) (不大于)	运动黏度 (100℃) /(mm^2/s) (不小于)	运动黏度 (100℃) /(mm^2/s) (小于)	高温高剪切黏度 (150℃) /(mPa·s) (不小于)
试验方法	GB/T 6538	NB/SH/T 0562	GB/T 265	GB/T 265	SH/T 0751[a]
0W	6200 在–35℃	60000 在–40℃	3.8	—	—
5W	6600 在–30℃	60000 在–35℃	3.8	—	—
10W	7000 在–25℃	60000 在–30℃	4.1	—	—
15W	7000 在–20℃	60000 在–25℃	5.6	—	—
20W	9500 在–15℃	60000 在–20℃	5.6	—	—
25W	13000 在–10℃	60000 在–15℃	9.3	—	—
8	—	—	4.0	6.1	1.7
12	—	—	5.0	7.1	2.0
16	—	—	6.1	8.2	2.3
20	—	—	6.9	9.3	2.6
30	—	—	9.3	12.5	2.9
40	—	—	12.5	16.3	3.5(0W-40、5W-40 和 10W-40 等级)
	—	—	12.5	16.3	3.7(15W-40、20W-40、25W-40 和 40 等级)
50	—	—	16.3	21.9	3.7
60	—	—	21.9	26.1	3.7

a 也可采用 SH/T 0618、NB/SH/T 0703 方法，有争议时，以 SH/T 0751 为准。

表 2-17 和表 2-18 列出了内燃机油黏度分类标准，对低温启动黏度、低温泵送黏度、100℃运动黏度以及高温高剪切黏度都做了限定。其中，最主要的指标是 100℃运动黏度，覆盖了 3.8～26.1mm^2/s。一般而言，高负荷、低转速的发动机应选用黏度较大的润滑油；反之，低负荷、高转速的发动机应选用低黏度的润滑油。对于四季通用、南北通用的多级油，黏温性能非常重要，它在 300℃左右需形成足够厚的流体润滑膜，而在低温甚至–40℃都应有足够的流动性，以保证顺利启动。单级油的黏度指数一般为 75～100；而多级油的黏度指数为 120～180。多级油既具有良好的低温流动性及泵送性能，又具有高温润滑能力，因此多级油逐渐成为内燃机油的主要润滑用油。

表 2-18 SE、SF 等级汽油机油和 CC、CD 等级柴油机油以及农用柴油机油黏度分类

黏度等级号	低温启动黏度 /(mPa·s) (不大于)	边界泵送温度 /℃ (不高于)	运动黏度(100℃) /(mm^2/s) (不小于)	运动黏度(100℃) /(mm^2/s) (小于)
试验方法	GB/T 6538	GB/T 9171	GB/T 265	GB/T 265
0W	3250 在–30℃	–35℃	3.8	—
5W	3500 在–25℃	–30℃	3.8	—

续表

黏度等级号	低温启动黏度 /(mPa·s)(不大于)	边界泵送温度 /℃(不高于)	运动黏度(100℃) /(mm^2/s)(不小于)	运动黏度(100℃) /(mm^2/s)(小于)
10W	3500 在–20℃	–25℃	4.1	—
15W	3500 在–15℃	–20℃	5.6	—
20W	4500 在–10℃	–15℃	5.6	—
25W	6000 在–5℃	–10℃	9.3	—
20	—	—	6.9	9.3
30	—	—	9.3	12.5
40	—	—	12.5	16.3
50	—	—	16.3	21.9
60	—	—	21.9	26.1

2.3.3 液压油

1. 主要性能及用途

液压油是借助处在密闭容积内的液体压力能来传递能量或动力的工作介质，广泛应用于各种油压机械。液压油的作用一方面是实现能量传递、转换和控制的工作介质，另一方面还同时起着润滑、防锈、冷却、减震等作用[17-20]。油液分布在机械设备的制动系统和动力转向系统中。它们用于汽车的自动变速箱，或叉车、拖拉机、推土机、工业机械和飞机的制动系统及动力转向系统。液压油在工业润滑油中是用量较大的一类。通常它的用量占到工业润滑油的 40%～50%。在各种液压油中，矿物油型液压油占 80%以上，各种抗燃液压油(液)和植物油型液压油约占 10%。

液压油主要性能如下。

(1) 合适的黏度和良好的黏温性能。黏度是选择液压油时首先考虑的因素，在相同的工作压力下，黏度过高，液压部件运动阻力增加，升温加快，液压泵的自吸能力下降，管道压力降和功率损失增大；若黏度过低，会增加液压泵的容积损失，元件内泄漏增大，并使滑动部件油膜变薄，支承能力下降。

(2) 良好的润滑性(抗磨性)。液压系统有大量的运动部件需要润滑以防止相对运动表面的磨损，特别是压力较高的系统，对液压油的抗磨性要求要高得多。

(3) 良好的氧化安定性。液压油在使用过程中也会发生氧化，液压油氧化后产生的酸性物质会增加对金属的腐蚀性，产生的油泥沉淀物会堵塞过滤器和细小缝隙，使液压系统工作不正常，因此要求具有良好的氧化安定性。

(4) 良好的剪切安定性。由于液压油经过泵、阀节流口和缝隙时，要经受剧烈的剪切作用，导致油中的一些大分子聚合物如增黏剂的分子断裂，变成小分子，使黏度降低，当黏度降低到一定的程度时油就不能用了，所以要求具有良好的剪切安定性。

(5) 良好的防锈和防腐蚀性。液压油在使用过程中不可避免地要接触水分和空气，且氧化后产生的酸性物质都会使金属生锈和被腐蚀，影响液压系统的正常工作。

(6)良好的抗乳化性和水解安定性。液压油在工作过程中从不同途径混入的水分和冷凝水在液压泵和其他元件影响下，就会造成液压油的乳化，所以液压油需具有良好的抗乳化性和水解安定性。

(7)良好的抗泡沫性和空气释放性。在液压油箱里，由于混入油中的气泡随油循环，不仅会使系统的压力降低，润滑条件变坏，还会产生异常的噪声、振动，气泡还增加了油与空气接触的面积，加速了油的氧化，因此要求液压油具有良好的抗泡沫性和空气释放性。

(8)对密封材料的适应性。由于液压油与密封材料的适应性不好，会使密封材料膨胀、软化或变硬失去密封性能，所以要求液压油与密封材料能相互适应。

2. 液压油的分类

液压油的分类按过去方法主要有以下几种。

按用途分类：航空液压油、舰船液压油、数控机床液压油、特种液压油等。

按使用温度范围分类：普通液压油、高温液压油、低温液压油、宽温范围液压油。

按组成分类：无添加剂型液压油、防锈抗氧型液压油、抗磨型液压油、高黏度指数液压油等。

按使用特性分类：易燃液压油、难燃液压油、环保型液压油等。

按使用压力分类：普通液压油、高压液压油等。

按添加剂类型分类：无灰液压油、有灰液压油、锌型液压油、无锌液压油、低锌液压油、高锌液压油等。

1982年，ISO发布了液压系统分类标准ISO 6743-4: 1982，1987年我国等效采用ISO标准制定了GB/T 7631.2—1987《润滑剂和有关产品(L类)的分类　第2部分：H组(液压系统)》的分类标准。1999年，ISO出台了新的液压油分类标准ISO 6743-4: 1999，与1982年版本相比增加了四种环保型液压液，删除了两种对环境有害的难燃液压油。开发生物降解型液压油，保护环境，是顺应社会发展的需要。我国等效ISO 6743-4: 1999对原标准GB/T 7631.2—1987进行修订，最新标准更新为GB/T 7631.2—2003《润滑剂、工业用油和相关产品(L类)的分类　第2部分：H组(液压系统)》。增加环境可接受的液压液HETG、HEPG、HEES、HEPR四种，取消对身体有害的难燃压液HFDS和HFDT两种。新的液压液分类标准见表2-19。

根据应用场合，液压油分为流体静压系统用油和流体动力系统用油，流体静压系统用油包括四部分：矿油型和合成烃型液压油(HH、HL、HM、HR、HV、HS)；环境可接受的液压液(HETG、HEPC、HEES、HEPR)；液压导轨系统用油(HG)；难燃液压液(HFAE、HFAS、HFB、HFC、HFDR、HFDU)共17个品种。流体动力系统用油包括自动传动液(HA)和联轴节和转换器液(HN)两部分共两个品种。

目前，在GB 11118.1—2011《液压油(L-HL、L-HM、L-HV、L-HS、L-HG)》标准中对液压油产品名称进行了统一的规范化的标记，标记示例：液压油L-HM46(高压)，L表示润滑剂品种代号，HM表示抗磨液压油，46表示黏度等级(按GB/T 3141—1994《工业液体润滑剂　ISO 粘度分类》规定），高压表示使用环境为高压。

表 2-19　液压液的分类（GB/T 7631.2—2003）

应用范围	特殊应用	更具体应用	组成和特性	产品符号 ISO-L	典型应用	备注
液压系统	流体静压系统	—	无抗氧剂的精制矿油	HH	—	—
			精制矿油，并改善其防锈和抗氧性	HL	—	—
			HL 油，并改善其抗磨性	HM	高负荷部件的一般液压系统	—
			HL 油，并改善其黏温性	HR	—	—
			HM 油，并改善其黏温性	HV	建筑和船舶设备	—
			无特定难燃性的合成液	HS	—	特殊性能
		用于环境可接受的液压液场合	甘油三酸酯	HETG	一般液压系统（可移动式）	每个品种的基础液的最小含量应不少 70%（质量分数，下同）
			聚乙二醇	HEPG		
			合成酯	HEES		
			PAO 和相关烃类产品	HEPR		
		液压导轨系统	HM 油，并具有黏-滑性	HG	液压和滑动轴承导轨润滑系统合用的机床在低速下使振动或间断滑动（黏-滑）减为最小	这种液体具有多种用途，但在所有液压应用中不全有效
		用于使用难燃液压液的场合	水包油型乳化液	HFAE	—	通常含水大于 80%
			水的化学溶液	HFAS	—	通常含水大于 80%
			油包水乳化液	HFB	—	
			含聚合物水溶液	HFC	—	通常含水大于 35%
			磷酸酯无水合成液	HFDR	—	这类液体也可以满足 HE 品种规定的生物降解性和毒性要求
			其他成分的无水合成液	HFDU	—	
	流体动力系统	自动传动联轴节和转换器	—	HA	—	与这些应用有关的分类尚未进行详细研究，以后可以增加
			—	HN	—	

3. 液压油种类及牌号

国内矿物油型液压油的品种及质量特性按分类标准 GB/T　7631.2—2003 分别归纳叙述如下。

1）L-HH 液压油

L-HH 液压油是一种无抑制剂的精制矿油，它比全损耗系统用油 L-AN（机械油）质量高，这种油品虽列入分类中，但液压系统不宜使用，我国不设此类油品，也无产品标准。

2）L-HL 液压油

L-HL 液压油是由精制深度较高的中性油作为基础油，加入抗氧剂、防锈剂和抗泡剂制成的，适用于机床等设备的低压润滑系统。L-HL 液压油具有较好的氧化安定性、防锈性、抗乳化性和抗泡性等性能。使用表明，L-HL 液压油可以减少机床部件的磨损，降低温升，防止锈蚀，延长油品使用寿命，换油期比机械油长达一倍以上。我国在液压油系统中曾使用的加有抗氧剂的各种牌号机械油现已废除。目前，我国 L-HL 液压油品种有 15、22、32、46、68、100 和 150 共七个黏度等级。

3）L-HM 液压油

HM 液压油是在防锈、抗氧液压油基础上改善了抗磨性能发展而成的抗磨液压油。L-HM 液压油采用深度精制和脱蜡的 HVIS 中性油为基础油，加入抗氧剂、抗磨剂、防锈剂、金属钝化剂、抗泡剂等配制而成，可满足中、高压液压系统油泵等部件的抗磨性要求，适用于使用性能要求高的进口大型液压设备。从抗磨剂的组成来看，L-HM 液压油分为含锌型（以二烷基二硫代磷酸锌为主剂）和无灰型（以硫、磷酸酯类等化合物为主剂）两大类。不含金属盐的无灰型抗磨液压油克服了锌盐抗磨剂所引起的如水解安定性、抗乳化性差等问题，目前国内该类产品质量水平与改进的锌型抗磨液压油基本相当，在液压油产品标准 GB 11118.1—2011 中，L-HM 液压油（普通）设有 22、32、46、68、100 和 150 六个黏度等级；L-HM 液压油（高压）设有 32、46、68、和 100 四个黏度等级，黏度指数（不低于 95）较普通型（不低于 85）要求更高，且较普通型增加了热安定性、水解安定性、过滤性、剪切安定性要求，并在叶片泵抗磨性试验上提出更高要求。高压抗磨液压油适用于装配有叶片泵（工作压力 17.5MPa 以上）及柱塞泵（工作压力 32MPa 以上）的不同类型国产或进口高压及超高压液压设备。

4）L-HG 液压油

L-HG 液压油亦称液压-导轨油，是在 L-HM 液压油基础上添加抗黏滑剂（油性剂或减摩剂）构成的一类液压油，适用于液压及导轨为一个油路系统的精密机床，可使机床在低速下将振动或间断滑动（黏-滑）减为最小。GB 11118.1—2011 中规定 L-HG 液压油设有 32、46、68 和 100 四个黏度等级。

5）L-HV 液压油

L-HV 液压油是具有良好黏温性能的抗磨液压油（低温液压油）。该油是以深度精制的矿物油为基础油并添加高性能的黏指剂和降凝剂，具有很低的倾点（＜–21℃）、极高的黏度指数（＞130）和良好的低温黏度。同时还具备抗磨液压油的特性（如很好的抗磨性、水解安定性、空气释放性等），以及良好的低温特性（低温流动性、低温泵送性、冷启动性）和剪切安定性。该产品适用于寒区–30℃以上、作业环境温度变化较大的室外中、高压液压系统的机械设备。L-HV 的产品共设有 10、15、22、32、46、68、100 七个黏度等级。

6）L-HS 液压油

L-HS 液压油是具有更好低温特性的抗磨液压油（超低温液压油）。该油是以合成烃油、加氢油或半合成烃油为基础油，同样加有高性能的黏指剂和降凝剂，具备更低的倾点（<–39℃）、更高的黏度指数（>130）和更优良的低温黏度。同时，具有抗磨液压油应具备的一切性能和良好的低温特性及剪切安定性。该产品适用于严寒区–40℃以上、环境温度变化较大的室外作业的高压液压系统机械设备。HS 液压油共设有 10、15、22、32、46 共五个黏度等级。

7) L-HR 液压油

GB/T 7631.2—2003 中设有此类油品，是改善黏温性能的 HL 液压油，用于环境变化大的中、低压系统；但我国在 GB 11118.1—2011 中不设此类油品，如果有使用 L-HR 液压油的场合，可选用 L-HV 液压油。

8) 清净液压油

清净液压油完全符合我国 L-HM 抗磨液压油国家标准 GB 11118.1—2011，其质量达到德国 DIN 51524（Ⅱ）和 ISO-L-HM 规格，该油品特别在清净性方面进行了严格规定。清净液压油可用作冶金、煤炭、电力、建筑行业的中高压（压力为 8～16MPa）及高压（压力为 16～32MPa）液压设备对污染度有严格要求的精密液压元件工作介质。

9) 环境可接受液压油

液压油可能通过溢出或泄漏（非燃烧）进入环境，一些国家立法禁止在环境敏感地区，如森林、水源、矿山等使用非生物降解润滑油，尤其在公共土木工程机械的液压设备中，要求使用可生物降解液压油。

目前国外许多公司，如 ARAL 公司、ExxonMobil 公司、BP 石油公司相继推出了一系列环境可接受的液压油，占液压油总量的 10%。一些资料表明，各类油的生物降解率不同，其中以植物油生物降解性最好，且资源丰富，价格较低；合成酯各方面性能平衡较好，但成本太高；聚乙二醇易水溶渗入地下，造成地下水污染且与添加剂混合后会产生水系毒性。因此，在欧洲，以植物油为基础油的生物降解润滑油在市场中占有较大比例。我国是润滑油生产和消费大国，研制环境可接受的液压油是今后的发展趋势。

环境可接受的液压油，除了具有可生物降解性、低毒性以外，还应添加抗氧剂、清净分散剂、极压抗磨剂等各种功能的添加剂来满足液压系统苛刻的要求。而这些添加剂也应是可生物降解的，并且对所选择的基础油的生物降解性影响较小。

目前国内可生物降解液压油正在研制中，其产品标准尚未制定。随着时代的发展，环境可接受液压油的品种将会不断涌现，并推广使用。

10) 其他专用液压油

为满足特殊液压机械和特殊场合使用，我国还生产了其他专用液压油，它们的质量标准等级大多数为军标或企业标准，质量等级基本上是 HL^{+}～HM，或近于 HV[19]。由于习惯应用，故这些液压油仍有市场，今后实质上均可归入 HM、HV、HS 的框架中，现仍对其进行简单介绍。

(1) 航空液压油。航空液压油按 50℃黏度分 10#（SH/T 0358—1995）、12#（Q/XJ 2007-1992）、15#三种，是由环烷基低凝原油经常压蒸馏、脱蜡精制的基础油加入黏指剂、抗氧剂、染色剂(不得加降凝剂)等调制而成的液压油，具有极好的低温性能，凝点为–70～–60℃，用于航空设备液压系统中，如收放起落架和减速板、变换尾喷口直径、打开炸弹舱、操纵副翼及水平尾翼等。其中，10#、12#加有黏指剂、抗氧剂及染色剂，质量标准低于 HS 油；15#则加有黏指剂、复合抗氧剂、极压抗磨剂、防锈剂、消泡剂、染色剂等调和而成，其质量标准相当于 HS 油标准。航空液压油工作温度涵盖–54～190℃，近声速工况下一般用矿物油，超声速工况下则用合成油。

(2)舰用液压油。舰用液压油(GJB 1085—1991《舰用液压油》)是采用大庆原油常压三线馏分油，经深度脱蜡、吸附精制所得基础油加入增黏剂、抗氧剂、防锈剂、抗磨剂、抗泡剂调制而成的，适用于各种舰艇液压系统。按质量定为一等品，介于 HV 一等品与优等品之间，只有 32 一个黏度等级。

(3)抗银液压油。抗银液压油是以深度精制矿物油为基础油，加入抗氧剂、抗磨剂、防锈剂、抗泡剂等调制而成的，添加剂配方中不能有含硫化合物，实质上是一种非硫无灰 HM 油，用于含银部件的液压系统中。

(4)采煤机油。采煤机油是以精制的矿物油为基础油，加入抗氧剂、防锈剂、抗磨剂和抗泡剂等多种添加剂调制而成的。其 50℃运动黏度为 47～53mm^2/s，按 50℃黏度中心值只有 50# 一个牌号，适用于煤炭工业采煤机牵引部分液压系统，也可供要求此黏度范围的其他机械液压系统使用，属 HM 油。

(5)减震器油。减震器油是汽车、火车、拖拉机、坦克等减震器上用油，用于减轻其上下颠动，实质上属液压系统用油，故归入此类，其企业标准见 Q/XJ 2009—1993，用精制常压轻馏分或 75SN，加入增黏剂、降凝剂、抗氧剂、防锈剂、抗磨剂调配而成，实际质量接近 HV 油或 HS 油。

(6)炮用液压油。炮用液压油(50℃运动黏度大于 9.0mm^2/s，凝点不大于–60℃)执行企业标准，是用深度脱蜡、精制的轻质馏分加入增黏剂、抗氧剂、防锈剂而得到的，具有优良的低温流动性和良好的抗氧、防锈等性能，相当于低凝 HL 油，用于各种军械大炮的液压系统，可四季通用。

(7)低凝液压油。低凝液压油，按 50℃黏度等级分为 20#、30#、30D#、40#四个牌号，执行标准，具有优良的低温性能，高的黏度指数(VI≥120)和良好的抗磨、抗氧、防锈、消泡性能。质量级别低于 HV、HS，适用于寒区，30D 适用于严寒区野外作业的工程机械以及进口装备和车辆液压系统。

(8)数控液压油。数控机床液压油属精密机床液压油的一种，但绝非 HL 油，VI≥170，需加大量黏指剂。从结构上看，更近于 HR 油，是加氢低凝轻质油加入黏指剂、复合抗磨剂、抗氧防锈剂、抗泡剂等调制而成，但质量级别低于 HV 油。

11)多级液压油

多级液压油，即 HVI(high viscosity index, 高黏度指数)液压油，是具有良好黏温性能和低温性能的液压油，多级液压油一般通过加入黏指剂来提高黏度指数。另外，合成油也具有黏度指数高的特点(表 2-20)。多级液压油是相对于单级油而言的，单级液压油的分类定义由 ISO 3448: 1992 和 ASTM D2422-97 给出，只规定了油品在 40℃的黏度级别，多级液压油由 ASTM D6080-97 确定，该分类方法不仅给出了 40℃的黏度级别，还规定了低温性能、黏度指数、剪切性能。

表 2-20　L-HV 低温液压油的技术要求和试验方法

项目	质量指标							试验方法
黏度等级(GB/T 3141—1994)	10	15	22	32	46	68	100	
密度[a](20℃)/(kg/m^3)	报告							GB/T 1884 GB/T 1885
色度/号	报告							GB/T 6540
外观	透明							目测
闪点/℃（开口）(不小于)	—	125	175	175	180	180	190	GB/T 3536
闪点/℃（闭口）(不小于)	100	—	—	—	—	—	—	GB/T 261
运动黏度(40℃)/(mm^2/s)	9.00～11.0	13.5～16.5	19.8～24.2	28.8～35.2	41.4～50.6	61.2～74.8	90～110	GB/T 265
运动黏度 1500mm^2/s 时的温度/℃(不大于)	−33	−30	−24	−18	−12	−6	0	GB/T 265
黏度指数[b](不低于)	130	130	140	140	140	140	140	GB/T 1995
倾点[c]/℃(不高于)	−39	−36	−36	−33	−33	−30	−21	GB/T 3535
酸值[d]/(mg KOH/g)(不高于)	报告							GB/T 4945
水分(质量分数)/%(不高于)	痕迹							GB/T 260
机械杂质	无							GB/T 511
清洁度[e]	—							GB/T 14039
铜片腐蚀(100℃，3h)/级(不高于)	1							GB/T 5096
硫酸盐灰分/%	报告							GB/T 2433
液相锈蚀(24h)	无锈							GB/T 11143(B 法)
泡沫性(倾向/稳定性)/(mL/mL) 程序Ⅰ(24℃)(不大于)	150/0							GB/T 12579
泡沫性(倾向/稳定性)/(mL/mL) 程序Ⅱ(93.5℃)(不大于)	75/0							
泡沫性(倾向/稳定性)/(mL/mL) 程序Ⅲ(后 24℃)(不大于)	150/0							
空气释放值(50℃)/min(不高于)	5	5	6	8	10	12	15	SH/T 0308
抗乳化性(乳化液到 3mL 的时间)/min 54℃(不高于)	30	30	30	30	30	30	—	GB/T 7305
抗乳化性(乳化液到 3mL 的时间)/min 82℃(不高于)	—	—	—	—	—	—	30	
剪切安定性(250 次循环后，40℃运动黏度下降率)/%(不高于)	10							SH/T 0103
密封适应性指数(不高于)	报告	16	14	13	11	10	10	SH/T 0305
氧化安定性 1500h 后总酸值[f]/(mg KOH/g)(不高于)	—	—	2.0					GB/T 12581
氧化安定性 1000h 后油泥/mg	—	—	报告					SH/T 0565

续表

<table>
<tr><td colspan="3">项目</td><td colspan="7">质量指标</td><td rowspan="2">试验方法</td></tr>
<tr><td colspan="3">黏度等级（GB/T 3141—1994）</td><td>10</td><td>15</td><td>22</td><td>32</td><td>46</td><td>68</td><td>100</td></tr>
<tr><td colspan="3">旋转氧弹（150℃）/min</td><td colspan="7">报告</td><td>NB/SH/T 0193</td></tr>
<tr><td rowspan="4">抗磨性</td><td colspan="2">齿轮试验[g]/失效级
（不低于）</td><td>—</td><td>—</td><td>—</td><td>10</td><td>10</td><td>10</td><td>10</td><td>NB/SH/T 0306</td></tr>
<tr><td colspan="2">磨斑直径（392N，60min，75℃，1200r/min）/mm</td><td colspan="7">报告</td><td>NB/SH/T 0189</td></tr>
<tr><td rowspan="2">双泵（T6H20C）试验[g]</td><td>叶片和柱销总失重/mg
（不高于）</td><td colspan="2">—</td><td colspan="2">—</td><td>—</td><td colspan="2">15</td><td rowspan="2">附录A[h]</td></tr>
<tr><td>柱塞总失重
/mg（不高于）</td><td colspan="2">—</td><td colspan="2">—</td><td>—</td><td colspan="2">300</td></tr>
<tr><td rowspan="3">水解安定性</td><td colspan="2">铜片失重
/（mg/cm²）（不高于）</td><td colspan="7">0.2</td><td rowspan="3">NB/SH/T 0301</td></tr>
<tr><td colspan="2">水层总酸度
/（mgKOH/g）（不高于）</td><td colspan="7">0.4</td></tr>
<tr><td colspan="2">铜片外观</td><td colspan="7">未出现灰、黑色</td></tr>
<tr><td rowspan="7">热安定性
（135℃，168h）</td><td colspan="2">铜棒失重/（mg/200mL）
（不高于）</td><td colspan="7">10</td><td rowspan="7">SH/T 0209</td></tr>
<tr><td colspan="2">钢棒失重/（mg/200mL）
（不高于）</td><td colspan="7">报告</td></tr>
<tr><td colspan="2">总沉渣重/（mg/100mL）
（不高于）</td><td colspan="7">100</td></tr>
<tr><td colspan="2">40℃运动黏度变化/%</td><td colspan="7">报告</td></tr>
<tr><td colspan="2">酸值变化率/%</td><td colspan="7">报告</td></tr>
<tr><td colspan="2">铜棒外观</td><td colspan="7">报告</td></tr>
<tr><td colspan="2">钢棒外观</td><td colspan="7">不变色</td></tr>
<tr><td rowspan="2">过滤性/s</td><td colspan="2">无水（不高于）</td><td colspan="7">600</td><td rowspan="2">NB/SH/T 0210</td></tr>
<tr><td colspan="2">2%水[i]（不高于）</td><td colspan="7">600</td></tr>
</table>

a 测定方法也包括用 SH/T 0604。

b 测定方法也包括用 GB/T 2541。结果有争议时，以 GB/T 1995 为仲裁方法。

c 用户有特殊要求时，可与生产单位协商。

d 测定方法也包括用 GB/T 264。

e 由供需双方协商确定。也包括用 NAS 1638 分级。

f 黏度等级为 10 和 15 的油不测定，但所含抗氧剂类型和量应与产品定型时黏度等级为 22 的试验油样相同。

g 在产品定型时，允许只对 L-HV32 油进行齿轮机试验和双泵试验，其他各黏度等级所含功能剂类型和量应与产品定型时黏度等级为 32 的试验油样相同。

h 详见标准原文。

i 有水时的过滤时间不超过无水时的过滤时间的两倍。

2.3.4 汽轮机油

1. 主要性能及用途

汽轮机又称透平涡轮机，包括蒸汽轮机和燃气轮机等，是以蒸汽或燃气为工质的旋转式热能动力机械，它具有单机功率大、效率较高、运转平稳和使用寿命长等优点。蒸汽轮机的主要用途是做发电用的原动机，是现代火力发电厂的主要设备，其发电量约占总发电量的80%[21]。汽轮机由于能变速运行，可以用它直接驱动各种泵、风机、压缩机和船舶螺旋桨等，因此按用途可把汽轮机分为电站汽轮机、工业汽轮机、船用汽轮机等。蒸汽轮机必须与蒸汽发生器(锅炉)、驱动机械(如发电机)以及凝汽器、加热器、泵等协调，配合工作组成成套设备。而燃气轮机也是由压气机、燃烧室和涡轮三大部分以及相应的辅助设备组成的成套动力装置。汽轮机广泛应用于电力工业、石油化工、钢铁以及大型船舶等行业。

汽轮机油亦称涡轮油，通常包括蒸汽轮机油、燃气轮机油、水力汽轮机油及抗氧汽轮机油等，主要用于汽轮机和相联动机组的滑动轴承、减速齿轮、调速器和液压控制系统的润滑。汽轮机油的作用主要是润滑作用、冷却作用和调速作用。

1) 润滑作用

通过润滑油泵把汽轮机油输送到汽轮机组滑动轴承的主轴和轴瓦之间，在其间形成油楔起到流体润滑作用。此外，汽轮机油还要给齿轮减速箱和调速机构等摩擦部件提供润滑。

2) 冷却作用

汽轮机组运行时，转速可达3000r/min，轴及润滑油的内摩擦会产生大量的热，而汽轮机使用的工质无论是蒸汽还是燃气，其热量也会通过叶轮传递到轴承上，这些热量不及时传递出去将会严重影响机组的安全运行，甚至会导致主轴烧结等事故。因此，汽轮机油要在润滑油路中不断循环流动，把热量从轴承上带走，起到散热冷却作用，使轴承的正常工作温度保持在60℃以下。

3) 调速作用

汽轮机调速系统中使用的汽轮机油实际起液压介质的作用，传递控制机构给出的压力，对汽轮机的运行起调速作用。

根据汽轮机油的作用特点，为确保汽轮机组的安全经济运行，汽轮机油必须具备以下性能。

(1) 适宜的黏度和良好的黏温性能。合适的黏度是保证汽轮机组正常润滑的一个主要因素。汽轮机对润滑油黏度的要求，依汽轮机的结构不同而异。用压力循环的汽轮机需选用黏度较小的汽轮机油，而对用油环给油润滑的小型汽轮机，因转轴传热，影响轴上油膜的黏着力，需用黏度较大的油，具有减速装置的小型汽轮发电机组和船舶汽轮机，为保证齿轮得到良好的润滑，也需要使用黏度较大的油。为保证汽轮机组在不同温度下都能保持良好的润滑，要求汽轮机油有良好的黏温性能，黏度指数一般要求在80甚至90以上。

(2) 良好的氧化安定性。汽轮机油的工作温度虽然不高，但用量较大，使用时间长，并且受空气、水分和金属的作用，仍会发生氧化反应并生成酸性物质和沉淀物。酸性物质的积累，会使金属零部件腐蚀，形成盐类及使油加速氧化和降低抗乳化性能，溶于油中的氧化物，会使油的黏度增大，降低润滑、冷却和传递动力的效果，沉淀析出的氧化物，会污染堵塞润滑系统，使冷却效率下降，供油不正常。因此，要求汽轮机油必须具有良好的氧化安定性，使用中老化的速度应十分缓慢，使用寿命达到5～15年甚至更长。

(3) 良好的抗乳化性。在蒸汽轮机运行过程中，蒸汽和水不可避免地从轴封或其他部位漏进汽轮机油中，如果汽轮机油抗乳化性能不好，不仅会形成乳状液而降低润滑性能，还会使油加速氧化并使金属产生锈蚀。特别是用压力循环的方式供给润滑油时，汽轮机油循环油量大，并始终处于湍流状态，遇水易产生乳化，因此抗乳化性是汽轮机油的一项主要性能。要使汽轮机油具有良好的抗乳化性，基础油必须经过深度精制，尽量减少油中的环烷酸、胶质和多环芳烃。

(4) 良好的防锈防腐性。汽轮机组润滑系统进入水后，不仅会造成油品乳化，还会造成金属的锈蚀和腐蚀，特别是远洋船用汽轮机组，润滑油冷却器使用海水作为冷却介质，由于海水含盐分多，如果冷却器发生渗漏，将使润滑系统金属部件产生严重锈蚀。因此，汽轮机油特别是远洋船舶用的汽轮机油要有良好的防锈性能。防锈汽轮机油通常由深度精制的矿物基础油加入抗氧剂、防锈剂、金属钝化剂、抗泡剂等添加剂配成。

(5) 良好的抗泡性和空气释放性。汽轮机油在循环润滑过程中，会由于以下原因吸入空气：润滑系统通风不良，回油管路上的回油量过大，油中有杂质，油位过低，使油泵露出油面，润滑油箱的回油过多，油泵漏气，压力调节阀放油速度太快，油泵送油过量。当汽轮机吸入的空气不能及时释放出去时，就会产生发泡现象，使油路发生气阻，供油量不足，润滑作用下降，冷却效率降低，严重时甚至会使油泵抽空和调速系统控制失常。为了避免汽轮机油产生发泡现象，除了应按汽轮机规程操作和做好维护保养，尽可能使油少吸入空气外，还要求汽轮机油具有良好的抗泡性，能及时地将吸入空气释放出去。

(6) 其他特殊性能。用于以氨气为压缩介质的压缩机和汽轮机共同一套润滑系统的汽轮机油，就需具有抗氨性能。为适应大型发电机组中高压高速系统和液压系统的润滑和安全，要求使用具有极压抗磨性和防燃性的汽轮机油，在这类汽轮机油中加有极压抗压抗磨剂，因而有较强的承载能力。

2. 汽轮机油的分类

我国汽轮机油分类标准GB/T 7631.10—2013《润滑剂、工业用油和有关产品(L类)的分类　第10部分：T组(涡轮机)》等效采用ISO 6743-4: 2015标准将汽轮机油按其特殊用途分五大类12个品种[21]。其中，蒸汽轮机油细分为TSA、TSC、TSD、TSE四种牌号，燃气轮机油细分为TGA、TGB、TGC、TGD、TGE五种牌号。其中，TSA、TSE、TGA、TGB、TGE均为矿油型，TSE、TGE为极压型汽轮机油。TSA、TSE、TGA、TGB、TGE为深度精制石油基润滑油并具有防锈性和氧化安定性(TGB适用于较高温度下，对氧化安定性要求更高)，TSC和TGC为具有较优氧化安定性和低温性能的合成油，TSD、TGD和TCD为磷酸酯合成润滑剂。TCD磷酸酯控制液适用于汽轮机控制系统及要求工作液和润滑剂分别供给并有耐热要求的蒸汽汽轮机。TA、TB 两类汽轮机油适用于航空涡轮发动机及液压传动装置。

我国已标准化的汽轮机油有 L-TSA（抗氧防锈）汽轮机油，标准为 GB 11120—1989[22]，2011 年修订为 GB 11120—2011《涡轮机油》；抗氨汽轮机油，标准为 SH 0362—1996《抗氨汽轮机油》；舰用防锈汽轮机油，标准为国军标 GJB 1601A—1998《舰用防锈汽轮机油规范》；此外，燃气轮机油已研制生产，标准为修订后的 GB 11120—2011《涡轮机油》。航空喷气机润滑油，标准为 GB 439—1990《航空喷气机润滑油》；20 号航空润滑油、航空涡轮发动机合成润滑油、4104 号合成航空润滑油、4109 号合成航空润滑油、4209 合成航空防锈油等的标准号分别为 GB 440—1977、GJB 1263—91、SH 0460—1992、GJB 135A—98 和 SH 0461—1992。

GB 11120—2011 标准规定了由深度精制基础油并加抗氧剂和防锈剂等调制而成的 L-TSA 和 L-TSE 汽轮机油的技术条件。L-TSE 是用于润滑齿轮系统而较 L-TSA 增加了极压性要求的汽轮机油。标准中所述产品适用于电力、工业、船舶及其他工业蒸汽轮机组的润滑和密封。按 40℃运动黏度分为 32、46、68 和 100 等四个牌号，并分 A 和 B 个质量等级。详见表 2-21。

表 2-21　L-TSA 和 L-TSE 汽轮机油国家标准（GB 11120—2011）

项目		质量指标							试验方法
		A 级			B 级				
黏度等级（按 GB/T 3141—1994）		32	46	68	32	46	68	100	—
外观		透明			透明				目测
色度/号		报告			报告				GB/T 6540
运动黏度（40℃）/（mm^2/s）		28.8～35.2	41.4～50.6	61.2～74.8	28.8～35.2	41.4～50.6	61.2～74.8	90.0～110.0	GB/T 265
黏度指数（不低于）		90			85				GB/T 1995
倾点/℃（不高于）		–6			–6				GB/T 3535
闪点（开口）/℃（不低于）		186	186	195	186	186	195	195	GB/T 3536
密度（20℃）/（kg/m^3）		报告			报告				GB/T 1884 GB/T 1885
酸值/（mgKOH/g）（不大于）		0.2			0.2				GB/T 4945
水分/%		0.02			0.02				GB/T 260
抗乳化性（40-37-3）/min	54℃（不大于）	15	15	30	15	15	30	—	GB/T 7305
	82℃（不大于）	—	—	—	—	—	—	30	
起泡性试验/（mL/mL）	24℃（不大于）	450/0			450/0				GB/T 12579
	93.5℃（不大于）	50/0			100/0				
	后 24℃（不大于）	450/0			450/0				
氧化安定性	1000h 后总酸值/（mgKOH/g）（不大于）	0.3	0.3	0.3	报告	报告	报告	—	GB/T 12581

续表

项目		质量指标							试验方法
		A 级			B 级				
氧化安定性	总酸值达 2.0 的时间/h（不小于）	3000	3000	2500	2000	2000	1500	1000	GB/T 12581
	1000h 后油泥/mg（不大于）	200	200	200	报告	报告	报告	—	SH/T 0565
液相锈蚀（24h）		无锈			无锈				GB/T 11143
铜片腐蚀（100℃，3h）/级（不大于）		1			1				GB/T 5096
空气释放值（50℃）/min（不大于）		5	5	6	5	6	8	—	SH/T 0308
承载能力，齿轮机试验，失效级（不小于）		8	9	10	—				GB/T 19936.1
过滤性	干法/%（不小于）	85			报告				SH/T 0805
	湿法	通过			报告				
清洁度/级（不大于）		—	18	15	报告				GB/T 14039

注：L-TSA 类分 A 级和 B 级，B 级不适用于 L-TSE 类。

2.3.5 压缩机油

1. 主要性能及用途

压缩机按压缩气体方式的不同，分为容积式和速度式两大类。容积式压缩机是依赖气缸内做往复运动的活塞或做旋转运动的转子来改变气体容积的，从而压缩气体，提高压力。速度式压缩机则是借助高速旋转叶轮的作用，使气体达到很高的速度，然后又在扩压器中急剧降速，使气体的动能变为位能，即压力能。按压缩介质和用途不同，压缩机又可分为动力用压缩机和工艺用压缩机两种。前者压缩介质为空气，主要用于驱动气动机械、工具和物料输送；后者压缩介质为所有气体，用于工艺流程中气体的压缩和输送[23]。

压缩机油主要用在容积式的气体压缩机、排送机和活塞泵的气缸与活塞摩擦部分及进、排气阀等的润滑上，用在自动给油润滑系统时，也有同时润滑压缩机的主轴承、联杆轴承和十字头、滑板等，并起防锈、防腐、密封和冷却作用。

在通常情况下，压缩机油按基础油的种类可分为矿物油型压缩机油和合成型压缩机油两大类；按压缩机的结构型式可分为往复式空气压缩机油和回转式空气压缩机油两种；按空气压缩机负荷可分为轻、中、重负荷压缩机油。按被压缩气体的性质不同分为空气压缩机油和气体压缩机油。

2. 空气压缩机油

我国等效采用国际标准 ISO 6743-3A:1987，制定了压缩机油分类标准 GB/T 7631.9—

2014《润滑剂、工业用油和有关产品(L 类)的分类　第 9 部分：D 组(压缩机)》。往复式空气压缩机油分为轻负荷 L-DAA、中负荷 L-DAB、重负荷 L-DAC 三种，其中 DAA、DAB 属矿物油型，DAC 属合成油型。回转式空气压缩机油按轻、中、重负荷也分为三种，即轻负荷的 L-DAG、中负荷的 L-DAH，重负荷的 L-DAJ，其中 DAG、DAH 属矿物油型，DAJ 为合成油型[23]。

(1) 国外空气压缩机油产品标准。

国外空气压缩机油的规格标准有德国 DIN 51506-2013《润滑剂含和不含添加剂的润滑油 VB 和 VC 及润滑油 VDL 分类和要求》和 ISO 6521-3: 2019，而最具有代表性的压缩机油的标准是德国工业标准 DIN 51506-2013。该标准最早是在 20 世纪 70 年代，因关心空气压缩机的安全性而提出来的。该标准中包含 VB(VBL)、VC(VCL)和 VDL 共 3 种级别的油品，适用于不同负荷空气压缩机的润滑。VB 和 VC 为不含添加剂的纯矿物油，属于轻负荷型空气压缩机油；VBL 和 VCL 则含有抗老化性能的添加剂，属于中等负荷型空气压缩机油：VDL 属于高压、重负荷型空气压缩机油。

(2) 国内空气压缩机油产品标准。

我国参照采用联邦德国标准 DIN 51506-2013，制定了 DAA、DAB 空气压缩机油国家标准 GB 12691—2021《空气压缩机油》(表 2-22 和表 2-23)。该标准中，根据 GB/T 7631.9—2014 将往复或滴油回转空气压缩机油分为 L-DAA 和 L-DAB，将喷油回转空气压缩机油分为 L-DAG、L-DAG 和 L-DAJ；根据 GB/T 3141—1994 将 L-DAA 和 L-DAB 分为 32、46、100、150 和 220 六个黏度等级，将 L-DAG、L-DAG 和 L-DAJ 分为 32、46 和 68 三个黏度等级。

对空气压缩机而言，由于一直处于高压、高温及有冷凝水存在的环境中，空气压缩机油应具有优良的高温氧化安定性、低的积碳倾向性、适宜的黏度和黏温性能、良好的抗乳化性和防锈防腐性等[24]。

(1) 合适的黏度。合适的黏度能形成足够的油膜，防止磨损，同时摩擦阻力要小，以减少功耗，使压缩机在工作温度和工作压力下起到良好的润滑、冷却和密封作用，保证压缩机的正常运转。一般来说，选择高黏度油易形成油膜，但摩擦阻力和功耗大，易形成积碳；黏度小，摩擦阻力虽小，而密封高压气体的能力差。

(2) 良好的黏温性能。喷油内冷回转式空气压缩机在工作过程中反复被加热和冷却。因此，要求油品黏度不应由于温度变化而有太大变化，应具有良好的黏温性能，即较高的黏度指数。

(3) 合适的闪点。闪点表示油品在大气压力下加热形成的蒸气压力，达到用明火点燃的下极限浓度时的温度。闪点过高，油品馏分就重，黏度也大，沥青质等含量就高，使用时易积碳。若片面追求高闪点的压缩机油，反而也会成为不安全因素。因此，压缩机油的闪点要求适宜即可。

(4) 良好的氧化安定性。压缩机油在汽缸内活塞部位不断与高压热空气相接触，极易引起氧化、分解而具有氧化催化作用的金属磨屑的存在，更加加剧了油品的老化、变质，进而引起着火爆炸事故；压缩机的排气温度通常为 120～200℃，有可能达到 300℃，压缩机油易于在高温下氧化而变质生产油泥。

表 2-22 GB 12691—2021 往复或滴油回转空气压缩机油技术要求

项目			质量指标												试验方法
			L-DAA						L-DAB						
黏度等级			32	46	68	100	150	220	32	46	68	100	150	220	GB/T 3141
运动黏度(40℃)/(mm^2/s)			28.8～35.2	41.4～50.6	61.2～74.8	90～100	135～165	198～242	28.8～35.2	41.4～50.6	61.2～74.8	90～100	135～165	198～242	GB/T 265
黏度指数(不小于)			报告						报告						GB/T 1995
倾点/℃(不大于)			–9				–3		–9				–3		GB/T 3535
闪点(开口)/℃(不小于)			175	185	195	205	215	240	175	185	195	205	215	240	GB/T 3536
铜片腐蚀(100℃, 3h)/级(不大于)			1						1						GB/T 5096
抗乳化性(乳化层达到 3mL 的时间)/min	54℃(不大于)		30			—			30			—			GB/T 7305
	82℃(不大于)		—			30			—			30			
液相锈蚀(24h)			合格						合格						GB/T 11143
硫酸盐灰分/%			—						报告						GB/T 2433
老化特性	200℃，空气	蒸发损失/%(不大于)	15			15			—						GB/T 12709
		残炭增值/%(不大于)	1.5			2.0			—						
	200℃，Fe_2O_3	蒸发损失/%(不大于)	—			—			20						
		残炭增值/%(不大于)	—			—			2.0						
减压蒸除 80%后残留物性质		残炭含量/%(不大于)	—	0.3					0.3	0.6					GB/T 9168 GB/T 268 GB/T 265
		新旧油 40℃运动黏度之比(不大于)	—	5					5	5					
酸值/(mgKOH/g)			报告												GB/T 7304
水溶性酸或碱			无												GB/T 259
水分(不大于)			痕迹												GB/T 260
机械杂质(质量分数)/%(不大于)			0.01												GB/T 511

表 2-23 GB 12691—2021 喷油回转空气压缩机油技术要求

项目		质量指标									试验方法
		L-DAG			L-DAH			L-DAJ			
黏度等级		32	46	68	32	46	68	32	46	68	GB/T 3141
运动黏度(40℃)/(mm^2/s)		28.8～35.2	41.4～50.6	61.2～74.8	28.8～35.2	41.4～50.6	61.2～74.8	28.8～35.2	41.4～50.6	61.2～74.8	GB/T 265
黏度指数(不小于)		90			90			90			GB/T 1995
倾点/℃(不大于)		–9			–12		–9	–18	–15	–12	GB/T 3535
闪点(开口)/℃(不小于)		190	200	210	190	200	210	190	200	210	GB/T 3536
铜片腐蚀(100℃, 3h)/级(不大于)		1			1			1			GB/T 5096
抗乳化性(乳化层达到 3mL 的时间, 54℃)/min(不大于)		30			30			30			GB/T 7305
泡沫性/(mL/mL)	24℃(不大于)	50/0			50/0			50/0			GB/T 12579
	93.5℃(不大于)	30/0			30/0			30/0			
	后 24℃(不大于)	50/0			50/0			50/0			
液相锈蚀(24h)		合格									GB/T 11143(A 法)
氧化安定性(总酸值达到 2mgKOH/g 的时间)/h(不小于)		1000			报告			报告			GB/T 12581
旋转氧弹(150℃)/min		报告									NB/SH/T 0193
残炭含量(加剂前)/%		报告									GB/T 268
酸值/(mgKOH/g)		报告									GB/T 7304
水溶性酸或碱		无									GB/T 259
水分(不大于)		痕迹									GB/T 260
机械杂质(质量分数)/%(不大于)		0.01									GB/T 511

(5) 低的积碳倾向性。压缩机生成积碳的能力称为积碳倾向性，这种倾向性越小越好。排气系统有积碳聚集，将会使排气阀关闭不严，同时冷却效果差，使排气温度升高，压缩机发生故障，甚至着火、因此要求压缩机的积碳倾向性好。

(6) 良好的抗乳化性。压缩机油在使用中常常不可避免地要混入一些冷却水，如果润滑油的抗乳化性不好，它将与混入的水形成乳化液，使水不易从循环油箱的底部放出，从而可能造成润滑不良。润滑油的抗乳化性与其洁净程度关系较大，若润滑油中的机械杂质较多，或含有皂类、酸类及生成油泥等，在有水存在的情况下，润滑油就容易乳化而生成乳化液。抗乳化性差的油品，其氧化安定性也差。

(7) 良好的防锈防腐性。压缩机的油冷却等部件的材质为铜或铜金属，易被腐蚀，会使油品出现早期氧化变质，生成油泥。这就要求油品应有良好的抗腐蚀性能。空气中的水分易在间歇操作的压缩机气缸内冷却，会对润滑不利并产生磨损和锈蚀，要求压缩机油应具有良好的防锈蚀作用。

(8) 良好的消泡性。回转式压缩机油在循环使用过程中，循环速度快，使油品处于剧烈搅拌状态，极易产生泡沫。压缩机油在启动或泄压时，油池中的油也易起泡，大量的油泡沫灌进油气分离器，使阻力增大，油耗增加，会造成严重过载、超温等异常现象。因此，优良的回转式压缩机油均加有抗泡剂，以保证油品的泡沫倾向性(即起泡性)小和泡沫稳定性好。

3. 特殊气体压缩机润滑油

压缩机除压缩空气外，还有压缩各种烃类气体、各种惰性气体和各种化学活性气体等应用。现按各种压缩气体分别介绍气体压缩机气缸用润滑油的要求。

1) 天然气

天然气压缩机的润滑一般用矿物油压缩机油[25]。但天然气会被油吸收，使油的黏度降低，因此选用油的黏度牌号一般要比相同型号、同等压力的空气压缩机所用油的黏度牌号更高些。

不同天然气中乙烷以上的可凝物含量，干气为 2～3mL/m^3，贫气为 13～40mL/m^3，湿气为 40～54mL/m^3。

对于湿气或贫气，宜在压缩机中加 3%～5%的脂肪油。湿度大的可掺 10%～20%脂肪油，亦有用 5%～8%不溶的植物油无敏脂或动物脂混合油，以防凝聚物的液体冲洗油膜。

对含硫气体最好用 SAE30 的重负荷发动机油。对发动机和压缩机一起使用的设备，可用与发动机相同的润滑油，以保护设备不被含硫气体腐蚀。

压力在 7.5MPa 以上时，对含硫气体使用 SAE50 或 SAE60 的重负荷发动机油。

2) 烃类气体

烃类气体能与矿物油互溶，从而降低油品的黏度。高分子烃气体在较低压力下会冷凝，因此要考虑湿度，对润滑油的要求与天然气相同。丙烷、丁烷、乙烯、丁二烯这些气体易与油混合，会稀释润滑油。为此，需要用较黏的油，以抵制气体和其冷凝液的稀释和冲洗的影响[26]。

压缩纯度要求特别高的气体，如丙烷，一般采用无油润滑。若采用油润滑时，可用肥皂润滑剂或乙醇肥皂溶液，以提供必要的润滑。压缩高压合成乙烯时，为了避免润滑油的污染，影响产品性能和纯度，应采用无污染的合成油型压缩机油或液体石蜡等作为润滑油[27]。

焦炉气大部分是氢和甲烷，气体不纯净，因此一般用离心式压缩机，如采用往复式压缩机，可选用 DAA100 或 DAA150 空气压缩机油。

3) 惰性气体

惰性气体一般对润滑油无作用，氢、氮可使用与压缩干空气相同的压缩机油。对氩、氖、氦等稀有贵重气体，往往要求气体中绝对无水，并不带有任何油质。因此，一般用膜式压缩机，没有气缸润滑问题。

二氧化碳及一氧化碳均与矿物油有互溶性，会使油的黏度降低，如果有水，还会产生腐蚀性碳酸。因此，在保持干燥的同时，应选用更高黏度牌号的润滑油，以减少油气带出。压缩二氧化碳介质的润滑油的黏度一般不低于 SAE50 含添加剂的油，压力为 14MPa 时用 SAE40 的油。二氧化碳与油混合会使气体污染，当该气体用来加工食品或不允许污染时，应选用液体石蜡或乙醇肥皂溶液作为润滑剂。

4) 化学活性气体

化学活性气体与润滑油有作用，应慎重考虑。氯和氯化氢在特定条件下可与烃起作用，不能使用矿物油。这类气体的压缩机常用无油润滑压缩机，也有用浓硫酸作为润滑剂的。

硫化氢压缩机的润滑系统及气缸要保持干燥。若有水分存在，则此气体腐蚀性很强，润滑油的选择与压缩湿空气时相同，建议使用抗氧防锈型汽轮机油。

氧气压缩机通常使用无油润滑压缩机。

一氧化二氮与二氧化硫均能与油互混，因而会降低油的黏度，故应使用黏度牌号较高的润滑油，如采用 SAE40 或 SAE50 的油。

压缩一氧化二氮时不能用有分散剂的重负荷发动机油，因为添加剂会与可能生成的硝酸起作用而产生大量的沉积物。

当压缩二氧化硫时，由于二氧化硫是一种选择性溶剂，它有助于分出润滑油中任何可生成焦油状的成分，并沉积出来。建议选用防锈抗氧型汽轮机油，并应经常检查油样是否有沉渣。

各类气体压缩介质对应的润滑油见表 2-24。

表 2-24　不同压缩介质选用润滑油对照

介质类型	对润滑油的要求	选用润滑油
空气	因有氧，要求油的氧化安定性能好，油的闪点应比最高排气温度高 40℃	空气压缩机油
氢、氮	无特殊的影响	空气压缩机油

续表

介质类型	对润滑油的要求	选用润滑油
氩、氖、氦	此类气体稀有贵重，经常要求气体中绝对无水不含油，应用膜式压缩机	在膜式压缩机腔内用 N32 汽轮机油或 N32 机械油
氧	会使矿物油剧烈氧化而爆炸	多采用无油润滑，或采用蒸馏水加 6%～8%工业甘油
氯(氯化氢)	在一定条件下与烃起作用生成氯化氢	用浓硫酸或无油润滑(石墨)、合成油或二硫化钼
硫化氢	润滑系统要求干燥、水分可溶解气体后生成酸，会破坏润滑油的性能	抗氧防锈型汽轮机油或压缩机油
二氧化碳		
一氧化碳		
一氧化氮	能与油互溶，会降低黏度，系统应保持干燥，防止生成腐蚀酸性	抗氧抗锈型汽轮机油
二氧化硫		
氨	如果有水分会与油的酸性氧化物生成沉淀，还会与酸性防锈剂生成不溶性皂	抗氧防锈型汽轮机油合成烃
天然气	湿而含油	干气用压缩机油
		湿气用复合压缩机油
石油气	会产生冷凝液，稀释润滑油	空气压缩机油
乙烯	在高压合成乙烯的压缩机中为避免油进入产品而影响性能，不用矿物油	合成型压缩机油(白油)或液体石蜡
丙烷	易与油混合而变稀，纯度高的应用无油润滑	乙醇肥皂溶液，防锈抗氧型汽轮机油
焦炉气	这些气体对润滑油没有特殊破坏作用，但比较脏，含硫较多时会有破坏作用	空气压缩机油
水煤气		
煤气	杂质较多，易弄脏润滑油	多用过滤用过的空气压缩机油、气缸可用 N68、N100 气缸油或 N68、N100 机械油，曲轴用 N46 或 N68 或 N100 机械油

2.3.6 橡胶油

1. 主要性能及用途

橡胶油在橡胶工业中作为一种助剂起着很重要的作用，可以改善胶料的塑性、降低胶料黏度和混炼时的温度，能促进其他配合剂的分散和混合，而且能降低硫化橡胶的硬度，并提高其性能，在橡胶加工工业中有着重要的地位。橡胶油作为橡胶的增塑体系，在橡胶的配合与加工过程中应用得越来越广泛，是橡胶行业中仅次于生胶和炭黑的第三大材料。“十三五”及“十四五”期间，国内橡胶油需求增长幅度较小，2015 年国内橡胶行业橡胶油总需求为 100 万 t，2020 年达到 106 万 t，预计 2025 年达 110 万 t。根据填充油物质不同，可分为环烷基橡胶油、芳香基橡胶油、石蜡基橡胶油；按使用对象的不同则可分别称为橡胶填充油、橡胶操作油、橡胶软化剂等[28]。

1)橡胶填充油

由于使用橡胶油的对象不同，对橡胶油的功能要求不同，对橡胶油的命名也就多种多样。通常对于合成橡胶生产厂，如果是要在出厂胶料中填充一定量的橡胶油，此时习惯将所充入的橡胶油称为橡胶填充油。这是因为在生产充油橡胶的工艺中，橡胶油就和水充入海绵中类似，橡胶分子属于带支链的长链结构，分子之间相互交织在一起，橡胶油就填充在这些长链分子之间，所以就称为填充油。

2）橡胶操作油、加工油、软化油

在橡胶行业的下游企业，它们通常是从橡胶厂购入胶料，再在自己的工厂进行塑炼、混炼、压延、压出成型及硫化等加工（热塑冷弹体橡胶成型后无须硫化），在这些加工工艺中，必须加入10%～50%的橡胶油，才能将各种配料与橡胶混合均匀，如炭黑、硫黄等。通过加工后，胶料就变成了具有实用价值的橡胶制品。基于橡胶油在工艺过程中所发挥的作用，所以习惯将所加入的橡胶油组分称为“橡胶操作油”或“橡胶加工油”。胶料本身的硬度较高，如果再加入其他填料或骨料，则硬度会更高。在配料中加入一定量的橡胶油以后，橡胶制品就会变得柔软并有良好的弹性。橡胶油的含量越多，橡胶就越软，所以从这个意义上讲，部分人就将橡胶油称为“橡胶软化油”。

一种理想的橡胶油应具备以下条件：①与橡胶等原材料的相容性好；②对硫化胶或热塑性弹性体等产品的物理性能无不良影响；③充油和加工过程中挥发性小；④在用乳聚工艺合成的充油橡胶生产中应具有良好的乳化性能；⑤在生胶混炼过程中应使其具有良好的加工性、操作性及润滑性；⑥环保、无污染；⑦具有良好的光、热安定性；⑧质量稳定，来源充足，价格适中。

橡胶油依据其化学性质和物理性质一般可分为石蜡基型（C_P≈65%，C_P 表示蜡含量（质量分数，余同），content of paraffins）、环烷基型（C_N>30%，C_N表示环烷烃含量，content of naphthenes）和芳香基型（C_A>35%，C_A 表示芳烃含量，content of aromatics）。在对橡胶加工产品的低温性、加工性、不污染性、硫化速率、回弹性、拉伸强度等方面各具特点，具体性能比较见表2-25。

表2-25　三种橡胶油的性能比较

项目	石蜡基橡胶油	环烷基橡胶油	芳香基橡胶油
低温性	良好—极好	良好	良—不良
加工性	良—良好	良好	极好
不污染性	极好	极好—良好	不良
硫化速率	慢	中	快
回弹性	良好—极好	良好	良—良好
拉伸强度	良好	良好	良好
定伸应力	良好	良好	良好
硬度	良好	良好	良好
生热	低—中	中	高

遵循物质相似相容原理，芳香基橡胶油主要用于丁苯橡胶(styrene-butadiene rubber, SBR)、丁腈橡胶(nitrile butadiene rubber, NBR)和顺丁橡胶(cis-butadiene rubber, BR)等充油橡胶的生产，还可用于 SBR、BR、天然橡胶(natural rubber, NR)和氯丁橡胶(chloroprene rubber, CR)等橡胶制品的生产；石蜡基橡胶油主要用于乙丙橡胶(ethylene-propylene rubber, EPR)，包括二元乙丙橡胶(ethylene propylene monomer, EPM)、三元乙丙橡胶(ethylene-propylene-diene monomer, EPDM)以及丁基橡胶(isobutylene isoprene rubber, IIR)等充油橡胶的生产；环烷基橡胶油主要用于热塑性丁苯橡胶(styrene butadiene styrene, SBS)、SBR 和 BR 充油橡胶的生产。三种橡胶油对各种橡胶的适应性可见表 2-26。

表 2-26　三种橡胶油对各种橡胶的适应性

项目	石蜡基橡胶油		环烷基橡胶油		芳香基橡胶油	
	适应性	用量(质量分数)/%	适应性	用量(质量分数)/%	适应性	用量(质量分数)/%
NR	良好	5～10	良好	5～15	极好	5～15
SBR	良好	5～10	极好	5～15	极好	5～50
丙烯酸酯橡胶	良	—	良好	—	良好	—
NBR	不良	不适	不良	不适	良好	5～30
聚硫橡胶	不良	不适	不良	不适	良好	5～25
BR	良好	10～25	良好	10～25	良好	—
IIR	良好	10～25	良好	10～25	良好	—
IR	良好	5～10	良好	5～15	良好	5～15
EPM	良好	10～50	极好	10～50	良好	10～50
EPDM	良好	10～50	极好	10～50	良好	10～50
CR	不良	不适	极好	5～15	极好	10～50

下面介绍几种典型橡胶填充油的选择。

(1) SBS 填充油的选择。

芳烃质量分数高的油充入 SBS 中后不仅强度损失较大，还更易引起胶料变黄，因此，填充油的芳烃含量为 6%～10%(质量分数)，环烷基橡胶油与 SBS 的相容性好，强度损失小。石蜡油有利于提高 SBS 的流动性和耐屈挠性，光稳定性好。但由于其为链状结构，相比环烷油对 SBS 网状结构有更大的透过速度，易从 SBS 中渗出；而且其极性小，与 SBS 的相容性较差，在分子链发生滑动时起良好的润滑作用，使 SBS 的流动性增强，强度下降。为了提高 SBS 的拉伸强度和熔融指数，需要选用高黏度的环烷油。

(2) BR 填充油的选择。

根据所生产填充油顺丁橡胶的性能和用途需要，可选择芳香基橡胶油和环烷基橡胶油进行填充。填充高含量芳烃油适合制造一般黑色橡胶制品，而填充环烷油适合制造浅色或高档橡胶制品。抽出油的组成明显影响充油 BR 的性能：烷烃含量高，使加工性能及磨耗、弹性、滞后损失和耐屈挠性能变好；芳烃增多，有利于抗张强度和撕裂强度的提高；当芳烃含量为 50%～70%、烷烃含量为 30%～40%时，充油 BR 的综合性能较好；胶质含量低于 20%时，对充油 BR 性能无明显影响；大量的胶质和沥青质，将使充油 BR 的耐磨性、弹性和低温性能变坏；含蜡太多，石蜡将由硫化胶表面喷出，并损害胶的低温性能；抽出油中残余酚含量必须严加控制，以免加快充油 BR 的门尼焦烧和硫化速度。

⑶ SBR 填充油的选择。

同 BR 一样，SBR 的填充油亦可根据产品的性能和用途需要，灵活选择芳烃油和环烷油进行填充。芳烃油的芳烃含量越高，生产的充油 SBR 的各项物性越好，而油品的黏度需要一个适中值，太大或太小对充油胶的物性均有一定的影响。环烷油黏度较低，使充油胶流动性增强，容易使充油胶强度和扯断伸长率降低。

⑷ EPDM 填充油的选择。

大多数 EPDM 分子中不含双键，呈现出高度的化学安定性，要求选用低芳烃含量的石蜡基填充油以提高过氧化物的效能，降低过氧化物的用量而不损失硫化 EPDM 的性能。

三元乙丙橡胶专用油要求高精炼高黏度的优质油品，基本要求如下：①饱和烃含量高(C_P≥55%)，芳烃含量低；②颜色浅且颜色稳定性好；③高黏度、低凝点及低挥发损失。三元乙丙橡胶专用油指标可参照美国太阳油公司的 SUNPAR2280 制定或可根据客户的要求协商确定标准。

橡胶油关键的特性是它们各自所表现的与橡胶的相容性(加入量)和稳定性，相对而言，三大类橡胶油的优缺点如下。

⑴ 石蜡基橡胶油的氧化安定性和光稳定性较好，但乳化性和相容性相对较差，因此在很多应用场合，石蜡基橡胶油与橡胶的相容性较差，无法提供良好的加工性能。但石蜡油系列高闪点和低挥发分为橡胶制品加工提供了更好的耐候性，且具有高温下挥发性小的特性，远胜于其他精炼不够的橡胶填充油。在汽车橡胶配件、电线电缆外护绝缘套、家用电器配件、新型建材密封等领域应用，石蜡基油均有非常出色的表现。特别适用于要求气味小、初始颜色好、耐热和光照性能好的橡胶制品，这在家用电器、儿童玩具等产品制造中显得极其重要。在许多合成橡胶工业应用参考资料中，石蜡油已广泛应用于橡胶加工配方中并起到很重要的作用，其中 EPDM 应用最常见。

⑵ 芳香基橡胶油与橡胶的相容性最好，所生产的橡胶产品强度高，可加入量大，价格低廉；但颜色深、污染大、毒性大，随着环保要求标准的日益提高，必将逐步受到限制。若是加工与生活日用品有关的橡胶制品，则橡胶油的毒性是关键的指标，由于芳烃特别是稠环芳烃是目前世界公认的致癌物，所以要严格禁止。而橡胶轮胎制品，则可以使用芳香基橡胶油，由此可充分利用其性能上的众多优势，但在生产环节中要特别注意工人的劳动保护。

⑶ 环烷基橡胶油兼具石蜡基和芳香基的特性，其抗乳化性和相容性较好，且无污染、无毒，适应的橡胶种类较多，应用广泛，相对而言是更为理想也是目前应用领域最广的橡胶油。

橡胶油对橡胶生产以及橡胶产品的物理性能有重要影响，橡胶油本身的分子结构组成起了决定作用。橡胶油的影响如此之大，因此在橡胶生产中一直强调加工用油的高质量以及不同批次加工油成分的一致性，以确保高品质橡胶制品的生产。在与橡胶工业界的长期合作中，国内最具代表性的橡胶油生产厂商克拉玛依石化公司充分意识到橡胶油的重要性，根据橡胶行业实际需求不同，从而衍生了各种精制深度不同的环烷基、石蜡基、芳香基等多种牌号的橡胶油。产品严格控制所有在橡胶中都非常重要的性能，以确保其高性能以及油品成分的长期一致性，为橡胶工业提高产品性能、节约生产成本而服务。

2. 主要产品牌号

我国目前的橡胶油，产品标准以企业标准为主，没有国家标准和行业标准，这与国外以公司标准为主的状况是一致的。当前克拉玛依石化公司在橡胶油生产工艺、生产技术、标准的合理性方面，均属于我国最先进的，在世界也属于一流的水准，尤其在产品标准方面，已经形成了中国的主流标准[29]。

1) 环烷油类系列橡胶油

由于环烷油基橡胶油有着其他石油生产的橡胶油无可取代的优越性，因而得到了极大的发展。翼龙牌环烷基橡胶油，经过近 20 年的发展，逐渐形成了四个系列的产品，如果按照它们投放市场的时间加以区分，则分别是 YT 系列、K371 系列、KN 系列、KNH 系列。

(1) YT 系列环烷基橡胶油。

YT-××：字母 Y 是按照 GB/T 7631.1—2008 的标准要求，橡胶油应该归类到其他应用类 Y。字母 T 是填充油的汉语拼音的第一个字母。后两位阿拉伯数字表示 100℃运动黏度的中心值。如 YT-10，表示环烷基橡胶油，100℃运动黏度为 8～12mm^2/s。YT 系列产品是采用传统工艺生产，其特点是精制深度适当，保留了适当的芳烃组分，以增加橡胶油与橡胶之间的互溶性。

(2) K371 系列环烷基橡胶油。

K371 系列环烷基橡胶油，是应市场需求而开发的产品，一部分用户特别需要颜色浅、芳烃含量少、中等抗黄变的环烷基橡胶油，克拉玛依石化公司就研制了这类产品。字母 K 是克拉玛依石化公司的第一个字母。37 表示环烷烃大于 37%，1 表示芳烃含量的中心值在 1%左右。

(3) KN 系列环烷基橡胶油。

KN40××系列环烷基橡胶油，是采用高压加氢工艺，经过三段加氢以后生产的高环烷烃含量的环烷基橡胶油，产品颜色白，黏度等级牌号多。字母 K 代表克拉玛依，字母 N 是英文 naphthenic 的第一字母，表示环烷烃。40 表示环烷烃含量大于 40%，后续两位数字表示 100℃运动黏度的中心值。如 KN4010，表示克拉玛依石化公司生产的环烷基橡胶油，环烷烃含量大于 40%，100℃运动黏度大约是 10mm^2/s。

(4) KNH 系列环烷基橡胶油。

KNH40××系列橡胶油，代表的是在 KN 系列橡胶油的基础上，进行进一步深加工以后得到的高级橡胶油，产品颜色纯白，耐日光性能优秀。字母含义及数字含义与 KN

系列相同，其中字母 H 是英文 high 的代号，表示高等级。

2）KP 系列石蜡基橡胶油

KP××××：字母 K 表示克拉玛依，字母 P 是英文 paraffinic 的代号，表示石蜡，前两位阿拉伯数字表示 C_P（单位：%），后两位阿拉伯数字表示 100℃运动黏度中心值。如 KP5508，表示石蜡基橡胶油，C_P不小于 55%，100℃运动黏度为（8±1）mm^2/s。

3）KA 系列芳香基橡胶油

KA××××：字母 K 表示克拉玛依，字母 A 是英文 aromatic 的代号，表示芳烃，KA 表示芳香基橡胶油，前两位数字表示芳烃含量，后两位数据表示 100℃运动黏度的中心值。如 KA8030，表示芳香基橡胶油，芳烃含量不小于 80%，100℃运动黏度中心值（30±30×10%）mm^2/s。

表 2-27 为几种典型的国内外橡胶油性能参数。

表 2-27 典型牌号橡胶油性能参数

牌号	颜色/号	运动黏度（40℃）/（mm^2/s）	运动黏度（100℃）/（mm^2/s）	闪点（开口）/℃	密度（20℃）/（g/cm^3）	折光率（η_0^{20}）	苯胺点/℃	碳型		
								C_P/%	C_N/%	C_A/%
Shell371	0.5	79.2	8.10	215	0.898	1.489	—	53	46	1.0
Sun235	0.5	49.8	6.35	204	0.881	1.482	—	60	36	4
YT-6	0.5	60.3	6.21	187	0.898	1.485	85～100	54	52	4
YT-10	1.0	147.0	10.85	215	0.907	1.485	90～105	52	45	3
KN4006	0	55.16	6.015	182	0.895	1.487	96.0	48	52	0
KN4008	0.5	99.01	8.271	200	0.899	1.489	97.4	50	50	0
KN4010	—	160.6	10.29	208	0.901	1.491	110.6	52	48	0

2.3.7 变压器油

1. 主要性能及用途

变压器主要构成部分是铁心、线圈和各种绝缘材料。其中，铁心和线圈都浸在变压器油中，与空气和潮湿气体隔绝。变压器油能使变压器的线端之间、高低压线圈之间、线圈和接地铁心以及油箱壁之间达到良好的绝缘，而不至于发生短路和产生电弧。当变压器运行，电流通过线圈和铁心时，会引起功率的损耗。这两部分功率损耗均以发热的形式表现出来。运行中的变压器油通过冷热循环对流，将热散发到大气中，从而降低变压器的运行温度[30]。通常按变压器电压等级，分成 66～110kV、220～330kV 和 500kV 以上等。

从功能上看，变压器油是适用于变压器等电器（电气）设备、起冷却和绝缘作用的低黏度油品。目前所使用的变压器油产品包括矿物油变压器油、植物油变压器油、合成变压器油和硅油变压器油。近年来，我国变压器油消费相对稳定，年消费量在 70 万 t 左右，市场份额约 60 亿元，其中矿物油变压器油占比超过九成，其他种类变压器油占比较低。

矿物油变压器油为石油的分馏产物，它的主要成分是链烷烃、环烷烃、芳烃等化合物，一般为以石油中260～380℃的馏分为原料，经精制后，加入抗氧剂而形成的具有良好绝缘性、氧化安定性和冷却性的绝缘油。

变压器油在使用中的主要作用包括以下三方面。

绝缘作用：变压器油具有比空气高得多的绝缘强度，在电气设备中，变压器油将不同电位的带电部分隔开来，使不至于形成短路。空气的介电常数为1.0，而变压器的介电常数大于 2，若变压器的线圈暴露在空气中，则运行时很快被击穿，而如果变压器线圈之间充满了变压器油，则增加了绝缘强度，就不会被击穿，并且随着油的质量提高，设备的安全系数就提高。

冷却作用：变压器油的比热容大，常用作冷却剂。变压器在带电运行过程中，由于线圈有电流通过，由电阻引起功率损耗，这部分损耗称为“铜耗”；而电流通过铁心时，由于铁心磁通量发生变化，引起功率损耗，这部分损耗称为“铁心损耗”，这两部分损耗均以发热的形式表现出来。如果不将线圈内的这种热量散发出去，必然会使热量积聚而使铁心内部温度升高，从而损坏线圈外部包覆的固体绝缘，以致烧毁线圈。若使用变压器油，则线圈内部产生的这部分热量，先是被油吸收，然后通过油的循环而使热量散发出来，从而可保证设备的安全运行。吸收了热量的变压器油其冷却方式有自然循环冷却、自然风冷、强迫油循环风冷和强迫油循环水冷等。一般大容量的变压器大部分采用强迫油循环的冷却方式。

灭弧作用：在油断路器和变压器的有载调压开关上，触头切换时会产生电弧，变压器油起到灭弧作用。当油浸开关在切断电力负荷时，其固定触头和滑动触头之间会产生电弧，此时的电弧温度很高，并且随开断电流不同而不同。如果不将弧柱的热量带走，使触头冷却，那么在初始电弧发生之后，还会有连续的电弧产生，从而很容易使设备烧毁，同时还会引起过电压的产生而使设备损坏。当油浸开关在最初开断而受到电弧作用时，由于高温会使油发生剧烈的热解，产生大量氢气等气体，同时由于氢的导热系数较大(为41W/(m·K))，氢气就可以吸收大量的热，并且将热量传导至油中，而直接将触头冷却，从而达到灭弧的目的。

除以上所述三大作用之外，由于油填充在绝缘材料的空隙中，变压器油还具有如下两种功能：第一，在空间上可以起到保护铁心和线圈组件的作用；第二，可将易于氧化的纤维素和其他绝缘包覆材料可能吸收的氧降到最低限度，即油会吸收混入设备的氧而使油自身先氧化，从而延缓了氧对绝缘材料的侵蚀。此外，电气设备带电运行，不能轻易拆检设备来判断是否存在故障或缺陷。电力部门通过分析运行中变压器油的溶解气组成和糠醛含量来监测变压器的运行状态。油中气体含量的增加是设备密封上的缺陷和内部潜伏性故障的征兆；油中水分、酸值、糠醛等含量的增加则反映固体绝缘材料的老化。因此，变压器油还起到信息载体的作用。

基于上述多个方面的作用，变压器油需具有以下性能要求。

(1)具有较高的介电强度，以适应不同的工作电压。

(2)具有较低的黏度，以满足循环对流和传热需要。

(3)具有较高的闪点温度，以满足防火要求。

(4)具有足够的低温性能，以抵御设备可能遇到的低温环境。

(5)具有良好的氧化安定性，以保证油品有较长的使用寿命。

具体的性能包括以下方面。

1)物理性能

(1)界面张力：界面张力是指在油品与不相容的另一相(水)的界面上产生的张力。界面张力对反映油质劣化产物和从固体绝缘材料中产生的可溶性极性杂质十分敏感。在老化初期阶段，界面张力的变化是相当迅速的，到老化中期，其变化速度降低，而油泥生成则明显增加。因此，界面张力的大小，可以反映出新油的纯净程度和运行油的老化状况。纯净变压器油与水的界面张力为 40～50mN/m，而老化油与水的界面张力则较低，一般为 25～35mN/m，待油的界面张力降至 19mN/m 以下时，油中就会有油泥析出。

(2)闪点：闪点是变压器油使用中重要的安全指标，它可鉴定油品发生火灾的危险性。闪点降低表示油中有挥发性可燃气体产生，这些可燃气体往往是电气设备局部过热，电弧放电造成绝缘油在高温下裂解而产生的。一般在不影响油其他指标(黏度、密度)的情况下，闪点越高越好。

(3)凝点(倾点)：凝点和倾点都是表征油品低温流动性的指标。凝点是指液体油品在一定条件下，失去流动性的最高温度。而倾点则是油品在一定条件下，能够流动的最低温度。低凝点与倾点对变压器油的应用具有非常重要的意义。如变压器凝点(倾点)低，则可在较低的环境温度下保持低黏度，而保证运行变压器内部的正常循环，确保绝缘和冷却效果。其黏度随温度的下降而上升，直到成为半固体，此时油的冷却效果几乎为零，因此对在寒带运行的变压器来说，油品必须有较低的倾点。

(4)黏度：油品的黏度与变压器的冷却效果有密切的关系，黏度越低，油品的流动性越好，冷却效果也越好。此外，低黏度有助于变压器油穿过窄油道，浸渍绝缘层，在绕组中充分循环。

(5)密度：单位体积油品的质量称为油品的密度。密度受温度影响较大，因此使用时应注明温度。我国统一规定，石油及其产品在 20℃时的密度称为标准密度。为了避免在寒冷的气候条件下，由于变压器油水含量较多而可能出现浮水现象，变压器油的密度应不大于 $0.895g/cm^3$，通常情况下，变压器油的密度为 $0.8～0.9g/cm^3$。

2)化学性能

(1)水溶性酸碱：油品中的水溶性酸主要是指能溶于水的无机酸碱、低分子有机酸碱及碱性含氮化合物等。它们主要是外界混入和自身氧化生成的。水溶性酸碱在外界条件(温度、氧气)作用下，会使固体绝缘材料及金属部件发生腐蚀，影响用油设备的使用寿命。

(2)酸值：酸值是运行油老化程度的主要控制指标之一，油品中的酸值是有机酸和无机酸的总和。通常情况下，新油没有无机酸，所测的酸值主要为有机环烷酸。运行油受运行条件的影响，油质氧化产生低分子有机酸和高分子有机酸。变压器油中酸性物质会降低变压器油的绝缘性能，使设备金属构件发生腐蚀，缩短设备的使用寿命。

(3)氧化安定性：氧化安定性是新油验收的一项重要指标，是评价油品使用寿命的一种重要手段，由于变压器油在长期使用过程中溶解氧的存在，加之在使用环境温度、铜和铁金属催化剂等的作用下，不可避免地会发生氧化作用，使之失去原有的性能，影响其使用寿命。酸值或中和值、油泥及介质损耗因数等，都是表征油品氧化安定性的指标。因此，为保证油品有较长的使用寿命，要求新油有较好的氧化安定性。

(4)析气性：变压器油在高压电场作用下，将发生一些化学变化而析出气体，若析气过多，则会使电容器箱壳内部的压力突然增大，造成壳体膨胀变形，甚至会引起爆炸和燃烧，因而要求变压器油具有良好的抗析气性能，以保证变压器安全运行。

3)电气性能

(1)击穿电压：变压器油的击穿电压用来检验其耐受极限电应力的能力，是保证用油设备安全运行的重要因素。运行油的击穿会导致设备损坏。通常情况下油的击穿电压取决于被污染的程度，油中的水分和悬浮杂质对击穿电压影响较大。

(2)介质损耗因数：介质损耗因数主要反映油中漏泄电流引起的功率损失。它对判断变压器油的老化及污染程度都是很敏感的，能反映油中是否有含有污染物和极性杂质，在油质老化或混入杂质时，在用化学方法还无法发现时，从介质损耗因数上就可以充分分辨出来。因此，它对判断新油的精制、净化程度和运行油老化、污染情况，均有重要意义。

(3)体积电阻率：体积电阻率也是判断变压器油的老化程度及污染程度的指标。油中水分、杂质和酸性产物均使体积电阻率降低。

4)变压器油中的杂质

(1)水分：变压器油中水分的来源主要有外部侵入和油自身产生两种。变压器油中水分主要是从空气中进入油内的，如变压器呼吸器漏进潮气、少油设备(互感器、套管)油取样时破坏真空使潮气进入油中。因此，电气设备的油取样，尤其是互感器、套管等充油电气设备的分析试验样品采集，应选择晴朗的天气进行。变压器油中的水分对油本身及用油设备的危害极大，运行的变压器油含有微量的水分就会急剧降低油的击穿电压，使油的介质损耗因数增加，使绝缘纤维老化，并使它的介质损耗升高；同时，水分助长了有机酸的腐蚀能力，加速了对金属部件的腐蚀。腐蚀产物对油质的劣化起到催化剂的作用。

(2)机械杂质：油品中的机械杂质是指存在于油品中所有不溶于溶剂(汽油、苯)的沉淀状态或悬浮状态的物质，这些杂质主要为沙粒、硅胶颗粒、金属屑等。运行的断路器油在高温电弧的作用下，因氧化分解易产生游离碳。变压器油中的机械杂质，尤其是游离碳对油的电气性能影响较大，影响电气设备的安全经济运行。因此，机械杂质是运行绝缘油的控制指标之一。

矿物油变压器油是最主要的变压器油品种，从化学组成来看，可分为石蜡基和环烷基类型。评定变压器油基础油性能除常规理化性质外，最重要的是碳型结构(也称为结构族组成)，以 C_A(芳烃含量)、C_P(链烷烃含量)、C_N(环烷烃含量)表示，不同碳型结构油品对变压器油性能的影响如表2-28所示，环烷基变压器油和石蜡基变压器油的主要性质差异如表2-29所示。石蜡基原油生产的基础油倾点高、对极性物质溶解性差，对变压器油的电气性能、工作寿命有不利影响。在选用变压器基础油时，为平衡析气性、溶解性和氧化安定性指标，一般要求 C_A 为 8%～12%，一些国外公司将此指标作为变压器油基础油的内控指标。石蜡基油很难满足该要求，一般需要加入烷基苯等富含芳烃的组分，以改善抗析气性能。综合来看，目前最适宜的变压器油为芳烃含量为 8%～12%的倾点低、溶解性能好的环烷基变压器油。

表 2-28　不同碳型结构油品对变压器油性能的影响

项目	C_A 值大	C_N 值大	C_P 值大
精制深度	芳烃含量高，精制深度低	环烷烃含量高，精制深度高	链烷烃含量高，精制深度高
电气性能	差	好	好
抗析气性能	好	一般	差
溶解性能	很好	好	差
氧化安定性	差	好	好

表 2-29　环烷基变压器油与石蜡基变压器油的主要性质差异

项目	环烷基变压器油	石蜡基变压器油
黏度指数	低(普变 40 左右，超变 30 左右)	高(80 以上)
密度/(kg/m^3)	较大(大于 870)	较小(小于 850)
碳型分析	C_N 值大	C_P 值大
苯胺点/℃	低(63～80)	较高(大于 85)
析气性/(μL/min)	放氢较少或吸氢	放氢较多
倾点/℃	低	相对较高
闪点(闭口)/℃	较低(140～145)	高(大于 150)

2. 主要产品标准及分类

目前我国现行的变压器油标准为 GB 2536—2011《电工流体 变压器和开关用的未使用过的矿物绝缘油》。该国家标准是依据国际电工委员会(International Electrotechnical Committee, IEC)在 2003 年发布的 IEC 60296: 2003 标准《电工流体 变压器和开关设备用的未使用过的矿物绝缘油》而制定的。该标准替代了原有标准 GB 2536—1990《变压器油》和 SH 0040—1991《超高压变压器油》，主要有三点不同：一是根据我国的变压器油实际应用情况，最低冷态投运温度(lowest cold start energizing temperature, LCSET)增加了“−10℃”一挡以便与目前国内用量最多的 25 号变压器油相对应；二是根据国内外变压器制造行业和电力行业对变压器油腐蚀性硫的重视，增加了更为苛刻的 ASTM D1275B 法检测腐蚀性硫的要求；三是新标准将变压器油分为通用变压器油和特殊变压器油，其中通用变压器油适用于 330kV 及以下的变压器和有类似要求的电气设备，高性能变压器油适用于 500kV 及以上的大容量和有类似要求的电气设备。GB 2536—2011 中变压器油(通用)技术要求和试验方法的具体技术标准见表 2-30。

表 2-30 GB 2536—2011 变压器油（通用）技术要求和试验方法

项目			不同最低冷态投运温度（LCSET）下的质量指标					试验方法
			0℃	−10℃	−20℃	−30℃	−40℃	
功能特性[a]	倾点/℃（不高于）		−10	−20	−30	−40	−50	GB/T 3535
	运动黏度/（mm^2/s）（不大于）	40℃	12					GB/T 265
		0℃	1800					NB/SH/T 0837
		−10℃		1800				
		−20℃			1800			
		−30℃				1800		
		−40℃					2500[b]	
	水含量[c]/（mg/kg）（不大于）		30/40					GB/T 7600
	击穿电压（满足下列要求之一）/kV（不小于）	未处理油	30					GB/T 507
		经处理油[d]	70					
	密度[e]（20℃）/（kg/m^3）（不大于）		895					GB/T 1884 GB/T 1885
	介质损耗因数[f]（90℃）（不大于）		0.005					GB/T 5654
精制/稳定特性[g]	外观		清澈透明、无沉淀物和悬浮物					目测[h]
	酸值/（mgKOH/g）（不大于）		0.01					NB/SH/T 0836
	水溶性酸碱		无					GB/T 259
	界面张力/（mN/m）（不大于）		40					GB/T 6541
	总硫含量[i]（质量分数）/%		无通用要求					SH/T 0689
	腐蚀性硫[j]		非腐蚀性					SH/T 0804
	抗氧剂含量[k]（质量分数）/%	不含抗氧添加剂油（U）	检测不出					NB/SH/T 0802
		含微抗氧添加剂油（T）（不大于）	0.08					
		含抗氧添加剂油（I）	0.08～0.40					
	2-糠醛含量/（mg/kg）（不大于）		0.1					NB/SH/T 0812
运行特性[l]	氧化安定性（120℃）							NB/SH/T 0811
	试验时间 （U）不含抗氧添加剂油:164h （T）含微抗氧添加剂油:332h （I）含抗氧添加剂油:500h	总酸值/（mgKOH/g）（不大于）	1.2					
		油泥（质量分数）/%	0.8					
		介质损耗因数[f]（90℃）（不大于）	0.500					GB/T 5654
	析气性/（mm^3/min）		无通用要求					NB/SH/T 0810

续表

项目		不同最低冷态投运温度(LCSET)下的质量指标					试验方法
		0℃	−10℃	−20℃	−30℃	−40℃	
健康、安全和环保特性[m]	闪点(闭口)/℃(不低于)	135					GB/T 261
	稠环芳烃含量(质量分数)/%(不大于)	3					NB/SH/T 0838
	多氯联苯(polychlorinated biphenyl, PCB)含量/(mg/kg)	检测不出[n]					SH/T 0803

注：①“无通用要求”指由供需双方协商确定该项目是否检测，且测定限值由供需双方协商确定。②凡技术要求中的“无通用要求”和“由供需双方协商确定该项目是否采用该方法检测”的项目为非强制性的。

a 对绝缘和冷却有影响的性能。

b 运动黏度(−40℃)以第一个黏度值为测定结果。

c 当环境湿度不大于50%时，水含量不大于30mg/kg适用于散装交货；水含量不大于40mg/kg适用于散装交货；水含量不大于40mg/kg适用于桶装或复合中型集装容器(intermediate bulk container, IBC)交货。当环境湿度大于50%时，水含量不大于35mg/kg适用于散装交货；水含量不大于45mg/kg适用于桶装或复合中型集装容器交货。

d 经处理油指试验样品在60℃下通过真空(压力低于2.5kPa)过滤流过一个孔隙度为4的烧结玻璃过滤器的油。

e 测定方法也包括用SH/T 0604。结果有争议时，以GB/T 1884和GB/T 1885为仲裁方法。

f 测定方法也包括用GB/T 21216。结果有争议时，以GB/T 5654为仲裁方法。

g 受精制深度和类型及添加剂影响的性能。

h 将样品注入100mL量筒中，在(20±5)℃下目测。结果有争议时，按照GB/T 511测定机械杂质含量为无。

i 测定方法也包括用GB/T 11140、GB/T 17040、NB/SH/T 0253、ISO 14596。

j SH/T 0804为必做试验。是否还需要采用GB/T 25961方法进行检测由供需双方协商确定。

k 测定方法也包括使用SH/T 0792。结果有争议时，以NB/SH/T 0802为仲裁方法。

l 在使用中和/或在高电场强度和温度影响下与油品长期运行有关的性能。

m 与安全和环保有关的性能。

n 检测不出指PCB含量小于2mg/kg，且其单峰检测限为0.1mg/kg。

GB 2536—2011中变压器油(特殊)技术要求和试验方法的具体技术标准在上述基础上对苯胺点、总硫含量、2-糠醛含量、氧化安定性、析气性和带电倾向(electrostatic charging tendency, ECT)做出了更高/进一步的规定。其中，增加了苯胺点的测试内容，质量指标为“报告”；总硫含量由原来的“无通用要求”变为“不大于0.15%”；2-糠醛含量由原来的“不大于0.1mg/kg”变为“不大于0.05mg/kg”；氧化安定性总酸值、油泥和介质损耗因数质量指标由原来的“不大于1.2mg/g”、“不大于0.8%”和“不大于0.500”分别变为“不大于0.3mg/g”、“不大于0.05%”和“不大于0.050”；增加了带电倾向的测试内容，质量指标为“报告”。

2020年6月26日，IEC发布了最新的《电工用液体 电气设备用矿物绝缘油》IEC 60296: 2020标准(第5版)。由于现行GB 2536—2011是依据IEC在2003年发布的IEC 60296: 2003标准，因此相对最新的IEC 60296: 2020标准版本而言，GB 2536—2011标准落后了17年。IEC 60296: 2020标准与我国GB 2536—2011标准的主要差异见表2-31(特别说明，GB 2536—2011标准中包含变压器油和开关油，在此仅讨论变压器油)。

从表2-31的主要差异中可以看出，与IEC 60296: 2020标准相比，GB 2536—2011标准缺少变压器油色号、界面张力、潜在腐蚀性硫、二苄基二硫(dibenzyl disulfide, DBDS)含量、金属钝化剂含量和产气特性技术指标；对糠醛及相关组分、稠环芳烃含量和特殊变压器油(A型变压器油)，不如IEC 60296: 2020标准严格。两者最大的差异是腐蚀性硫

表 2-31 IEC 60296: 2020 与 GB 2536—2011 标准的主要差异

项目		IEC 60296: 2020 标准		GB 2536—2011 标准	
		A 型变压器油	B 型变压器油	特殊型变压器油	通用型变压器油
色号		<0.5	<1.5	—	—
界面张力/(mN/m)		≥43	≥40	—	—
总硫含量/%		≤0.05	—	≤0.15	—
潜在腐蚀性硫		无腐蚀性	无腐蚀性	—	—
二苄基二硫含量/(μg/g)		检测不出(<5.0)	检测不出(<5.0)	—	—
抗氧剂含量(质量分数)/%		0.08~0.40(含抗氧剂)	<0.01(不含抗氧剂) 0.01~0.08(微量抗氧剂) 0.08~0.40(含抗氧剂)	0.08~0.40(含抗氧剂)	<0.01(不含抗氧剂) <0.08(微量抗氧剂) 0.08~0.40(含抗氧剂)
金属钝化剂含量/(μg/g)		<5(或协议规定)	<5(或协议规定)	—	—
其他添加剂		写明添加剂及含量	写明添加剂及含量	—	—
糠醛及相关组分/(μg/g)		<0.05(每个组分)	<0.05(每个组分)	<0.1	<0.1
产气特性/(μL/L)	氢气	<50	—	—	—
	甲烷	<50			
	乙烷	<50			
稠环芳烃(PCA)(质量分数)/%		<3	<3	≤3	≤3

问题，IEC 60296: 2020 标准中不但增加了潜在腐蚀性硫项目，而且对具有抑制腐蚀性硫的金属钝化剂进行控制，不允许添加金属抑制剂和 DBDS。从 IEC 60296 标准修订来看，2020 年版本(第 5 版)提高了变压器油氧化安定性、抗腐蚀性及高温稳定性等要求，目的是减少因变压器油质量造成变压器故障、减少因添加剂存在而造成的对变压器油腐蚀性硫的误判、减少变压器油自身气体含量对变压器运行情况的误判。这些都是 GB 2536—2011 标准欠缺的地方。

从 IEC 60296: 2020 标准来看，矿物变压器油的发展趋势为：①非加氢精制的基础油不适合用作变压器油，主要体现在非加氢精制基础油中的活性硫或非活性硫对腐蚀性硫和潜在腐蚀性硫有较大的影响。这是因为变压器局部过热容易造成油中非活性硫活化转为活性硫，形成硫化亚铜等腐蚀产物，加剧了变压器油的腐蚀性，降低了变压器油绝缘强度，最终导致变压器绝缘损伤。②非环烷基加氢基础油可能更加符合 IEC 60296: 2020 标准的质量要求，适宜生产高质量高性能的变压器油。③未来变压器油中不允许添加金属钝化剂，要靠基础油本身的结构和性能来提高变压器油的抗腐蚀性，降低因添加剂高温下不稳定导致溶解性气体产生而对变压器运行造成的不利影响。④IEC 60296: 2020 标准直接取消了原变压器油的析气性和油流静电两项技术指标，因此对变压器油中的抗氧剂需要权衡。⑤更加关注变压器油的热应力产气特性。⑥对变压器油中的稠环芳烃致癌物含量的限制将日趋严格[31]。

2.3.8 导热油

1. 主要性能及用途

导热油又称传热油，正规名称为热载体油(GB/T 4016—2019)，英文名称为 heat transfer oil，所以也称热导油。导热油是一种热量的传递介质，由于其具有加热均匀、调温控温准确、能在低蒸气压下产生高温、传热效果好、节能、输送和操作方便等特点，近年来广泛应用于各种场合，而且其用途和用量越来越多。由于导热油作为传热介质有其独特的优点，根据导热油的不同性质及功能，导热油作为传热介质已经广泛应用于加热、冷却、余热回收、太阳能等工业领域及日常生活之中[32]。近十年以来，在中国工业化发展进程中，大量新产品、新技术、新工艺的引进及大规模的工业技术改造，为导热油的工业应用和技术推广提供了难得的机遇；同时，也提高了导热油实际应用水平和技术装备水平。目前，导热油在工业换热应用方面已经具有相当大的规模，并且围绕导热油的应用及相关服务在国内已形成了一条巨大的产业链(表 2-32)，市场总量为 10 万～20 万 t/a。

表 2-32 导热油应用领域

工业领域	应用工业及装置
橡塑工业	热压、压延、挤压、硫化、人造皮革加工、薄膜加工
精细化工	医药、农药中间体、防老剂、表面活性剂、香料等合成
油脂化工	脂肪酸蒸馏、油脂分解、蒸馏、浓缩、硝化
化纤工业	聚合反应、熔融纺纱、热固、纤维整理
造纸工业	热熔融机、波纹板加工机、干燥机
木材加工	复合板压制、干燥机
电器加工	电线及电缆制造
能源工业	废热回收、太阳能利用、反应堆取热
食品工业	粮食干燥、食品烘烤
空调工业	家庭暖房
化工及石油化工	聚合、分解、蒸馏、浓缩、蒸发、熔融装置等
建筑及建材工业	沥青融化、保温、石膏板烘干
纺织印染工业	热熔染色、热定型、烘干装置

导热油是有机类传热介质的统称。根据油品的化学成分及其来源，导热油通常分为矿物类和合成类两大类别，目前国内使用的大都是矿物油型导热油。矿物油型导热油是石油进行高温裂解或催化裂化过程中，形成的馏分油作为原料添加抗氧剂后精制而成的，主要组分为烃类混合物。合成型导热油是以化学合成工艺生产的，具有一定化学结构和

确定的化学名称，主要分子特征是分子结构中含有芳烃结构，而且大都是两环或三环的芳烃化合物。

导热油的研究和应用始于20世纪30年代前后。1929年，美国陶氏(DOW)化学公司首次生产出联苯醚和联苯的混合物，其商品名称为Dowtherm A，获得专利并应用于加热系统，开创了生产导热油的先河，为热载体的发展开辟了新的途径。自此，导热油作为一种新的传热介质的优越性逐步为人们所认识。在欧美市场陆续开发出一些与Dowtherm A组分相似的产品，如德国拜尔公司的Diphyl系列产品及Dowtherm E、三氯苯与氯化氢混合物、邻苯二甲酸异丙酯、邻苯二甲酸二乙酯等。1948年，日本也开始了对导热油的研究，1952年生产出SK-oil 260和SK-oil 170的导热油。到20世纪50年代，导热油工业在世界一些发达国家得以迅速发展，其中合成芳烃列发展最快，应用最广，如烷基苯、烷基萘、烷基联苯、二苄基甲苯、氢化三联苯等，美国孟山都(Monsanto)公司研制的氢化三联苯成为最畅销的产品。20世纪60年代，美国、日本、德国、法国先后推出了具有优良性能的产品，如美国孟山都公司的Therminoi 55，美国陶氏化学公司的Dowtherm L、Dowtherm G、Dowtherm LE、Dowtherm J，美国ExxonMobil公司石油公司的Mobiltherm 600，美国Shell石油公司的Shell thermia oil E，日本东槽有机与综研化学公司的NeoSK-oil 400、1300、1400，英国BP石油公司的Transcalt，德国Huls公司的Marlotherm N，日本新日铁化学公司Therms 600、700、800、900等。目前，发达国家主要使用的导热油为合成型芳烃系列产品，如Total公司生产的Seriola K3120、KL1120均为芳烃系列导热油，因为对称的烷基苯结构的芳烃具有完整的共轭结构，所以该类产品热安定性、洁净分散性好，因而这些产品成为世界导热油市场的主导产品。

20世纪50年代之前，世界上尚未生产专门的矿物油型导热油，一般都采用机械油、汽缸油作为代用传热介质。50年代之后，美国率先采用深度精制工艺生产专门的矿物油型导热油。随后，世界各国先后推出同类产品。至70年代，为提高导热油的性能，人们开始采用加入各种添加剂的方法来改善导热油的耐高温性能，因而一些导热油的专用添加剂也陆续研制出来，使矿物油型导热油的性能和品质不断提高，应用范围更加广泛。当今，世界上矿物油型导热油占据市场份额较大的是EIP公司deThermelp 32、Esso公司的Essotherm 500、Shell石油公司的Thermia C、ExxonMobil石油公司的Mobiltherm 603等产品。

我国导热油的开发研制晚于上述工业发达国家。导热油的研制和生产始于20世纪70年代末苏州溶剂厂；合成型导热油的研制和生产始于60年代末的荆门石油炼制研究所。到80年代，北京、上海、江苏、吉林等地的企业和科研机构，先后研制生产出环烷烃型、混合型导热油。20世纪90年代，我国导热油应用技术得以迅猛发展，开发研制水平不断提高，如中国石化燕山石化研究院研制的YD-250、YD-300、YD-325、YD-340矿物油型导热油和HD-350、HD-360、HD-370、HD-380合成型导热油，山东恒利石油化工股份有限公司开发研制的WD250、WD280、WD300、WD330、WD350系列产品及HL-400气/液相合成型导热油、HD315合成型导热油、采用二次分切工艺生产的荣获国家专利的新型环保 YDF 系列产品，苏州溶剂厂生产的 Dowtherm 导热油的仿制品，江苏吴县化工五厂(现苏州市天瑞化工有限公司)生产的氢化三联苯等，其中有不少矿物油及合成型导热油的技术指标，已经达到或接近国际先进水平，成为进口的替代产品。

由于导热油一般要在高温下长期循环使用，温度范围一般为 200～400℃，因此对导热油最基本的要求是热安定性好，即长期高温使用不变质，始终保持良好的传热导热效果。从使用的角度出发，要求具有以下特点。

(1)热稳定好，长期使用不变质，好的导热油在合适的温度和操作条件下使用寿命可达 10 年以上，一般应在 6 年以上。

(2)合适的导热性质(比热容、导热系数、蒸发热等)，应用在原子能工业上的导热油还要求抗辐射好。

(3)凝点低，一般在–10℃以下，而且低温导热油要求凝点更低，目前已出现了凝点达–70℃的导热油。

(4)黏度低，除容易输送和循环外，黏度高的导热油在管路和容器表面形成较厚的油膜，影响传热并容易结焦(垢)。

(5)蒸气压低，蒸发损失少，便于高温操作和输送，不易形成蒸气包，阻碍导热油的正常循环，而且蒸气压低的导热油比较安全。

(6)对金属和密封用非金属和腐蚀性小，否则容易泄漏。

(7)对操作人员毒性和腐蚀性小，在使用时不需特殊防护，对人体具有安全性，而且气味小，具有良好的操作环境。

(8)吸水性低，与水不反应。

(9)原料易得，制造工艺简单，价格便宜。

(10)废油处理容易。

热安定性和氧化安定性是评价导热油的两个最重要的指标，这主要是因为导热油使用过程中会发生氧化反应和热裂解反应。液相强制循环热载体炉最容易发生热载体过早变质问题，甚至仅使用一两年就变质老化，不仅造成重大经济损失，还会导致锅炉受热面过热、爆管，进而引起火灾。造成导热油变质的原因如下：①局部过热发生热裂解。导热油超过其规定的最高使用温度便会局部过热，产生热解和缩聚，析出碳，闪点下降，颜色变深，黏度升高，残炭含量升高，传热效率下降，结焦老化。②氧化。导热油与空气中的氧气接触发生氧化反应，生成有机酸并缩聚成胶泥，使黏度升高，不仅降低介质的使用寿命，而且造成系统酸性腐蚀，影响安全运行。导热油的氧化速度与温度有关，在 70℃以下，氧化不明显，超过 100℃时，随着温度的升高，导热油氧化速度加快，并迅速失效。导热油使用多年后，由于受热分解、碳聚合形成炉管结焦，使管内径缩小而造成导热油流量降低，循环泵克服的阻力增大，严重时会导致堵塞炉管；另一方面生成的大分子缩合物使导热油的黏度升高，炉管结焦，热阻增大会导致炉管寿命降低。

2. 主要品种分类

矿物导热油的国家行业标准采用 2009 年发布的 GB 23971—2009《有机热载体》标准(表 2-33)。

表 2-33　导热油国家行业标准 GB 23971—2009

项目	质量指标							试验方法
	L-QB		L-QC[a]		L-QD[a]			
	280	300	310	320	330	340	350	
最高允许使用温度[b]/℃	280	300	310	320	330	340	350	GB/T 23800
外观	清澈透明，无悬浮物							目测
自燃点/℃(不低于)	最高允许使用温度							SH/T 0642
闪点(闭口)/℃(不低于)	100							GB/T 261
闪点(开口)[c]/℃(不低于)	180		—					GB/T 3536
硫含量(质量分数)/%(不大于)	0.2							GB/T 388 GB/T 11140 GB/T 17040 SH/T 0172 SH/T 0689[d]
氯含量/(mg/kg)(不大于)	20							附录 B[h]
酸值/(mgKOH/g)(不大于)	0.05							GB/T 4945 GB/T 7304[d]
铜片腐蚀(100℃, 3h)/级(不大于)	1							GB/T 5096
水分/(mg/kg)(不大于)	500							GB/T 11133 SH/T 0246 ASTM D6304[d]
水溶性酸碱	无							GB/T 259
倾点/℃(不高于)	–9			报告[e]				GB/T 3535
密度(20℃)/(kg/m³)	报告[e]							GB/T 1884 GB/T 1885 SH/T 0604
灰分(质量分数)/%	报告[e]							GB/T 508
残炭含量(质量分数)/%	报告[e]							GB/T 268 SH/T 0170 GB/T 17144[d]
馏程/℃ 初馏点[f] 2%	报告[e]							NB/SH/T 0558 GB/T 6536
运动黏度/(mm²/s) 0℃	报告[e]							GB/T 265
运动黏度/(mm²/s) 40℃(不大于)	40							GB/T 265
运动黏度/(mm²/s) 100℃	报告[e]							GB/T 265

续表

<table>
<tr><th colspan="2" rowspan="3">项目</th><th colspan="7">质量指标</th><th rowspan="3">试验方法</th></tr>
<tr><th colspan="2">L-QB</th><th colspan="2">L-QC[a]</th><th colspan="3">L-QD[a]</th></tr>
<tr><th>280</th><th>300</th><th>310</th><th>320</th><th>330</th><th>340</th><th>350</th></tr>
<tr><td rowspan="3">热氧化安定性(175℃, 72h)[g]</td><td>黏度增长(40℃)/%
(不大于)</td><td colspan="2">40</td><td colspan="5" rowspan="3">—</td><td rowspan="3">附录C[h]</td></tr>
<tr><td>酸值增加
/(mgKOH/g)
(不大于)</td><td colspan="2">0.8</td></tr>
<tr><td>沉渣/(mg/100g)
(不大于)</td><td colspan="2">50</td></tr>
<tr><td colspan="2">热安定性(最高使用温度下加热)</td><td colspan="3">720h</td><td colspan="4">1000h</td><td rowspan="3">GB/T 23800</td></tr>
<tr><td colspan="2">加热后试样外观</td><td colspan="3">透明无悬浮物和沉淀</td><td colspan="4">透明无悬浮物和沉淀</td></tr>
<tr><td colspan="2">变质率/%(不大于)</td><td colspan="3">10</td><td colspan="4">10</td></tr>
</table>

a L-QC 和 L-QD 类有机热载体应在闭式系统中使用。

b 在实际使用中，最高工作温度较最高允许使用温度至少应低 10℃，L-QB 和 L-QC 的最高允许液膜温度为最高允许使用温度加 20℃，L-QD 的最高允许液膜温度为最高允许使用温度加 30℃。相关要求见《锅炉安全技术监察规程》。

c 有机热载体在开式传热系统重使用时，要求开口闪点符合指标要求。

d 测定结果有争议时，硫含量测定以 SH/T 0689 为仲裁方法、酸值以 GB/T 4945 为仲裁方法、残炭以 GB/T 268 为仲裁方法、水分以 ASTM D6304 为仲裁方法。

e 所有“报告”项目，由生产商或经销商向用户提供实测数据，以供选择。

f 初馏点低于最高工作温度时，应采用闭式传热系统。

g 热氧化安定性达不到指标要求时，有机热载体应在闭式系统中使用。

h 详见标准原文。

与矿物油相比，合成型导热油具有许多优势，体现在以下方面。

(1)合成型导热油使用温度范围宽，低、高温都可用，如联苯-联苯醚 12～400℃，氢化三联苯 −7～345℃。而矿物油用于 200～300℃范围内。

(2)合成型导热油热安定性好。联苯-联苯醚最好，其次为氢化三联苯，每年补充量为 1%左右。矿物油每年补充量为 5%～20%。

(3)合成型导热油使用寿命长，可用 5 年以上，氢化三联苯可用十年。矿物油仅用 1～2 年。

(4)合成型导热油可再生后重复使用。矿物油不可再生，废油仅能作为燃料油使用。

合成型的导热油包括以下几类[33]。

(1)联苯和联苯醚低熔混合物型导热油。

这一类型的导热油为联苯和联苯醚低熔混合物，由 26.5%的联苯和 73.5%的联苯醚组成，是一种共沸体系，熔点为 12.3℃，沸点为 256～258℃，使用温度为 12～350℃。因为苯环上没有与烷烃基侧链连接，而在有机热载体中耐热性最佳，沸腾温度在 256～258℃范围内使用比较经济。这种低熔混合物蒸发形成蒸气的过程中无任何一种组分提浓的发生，液体性质亦不变。由于二苯醚中结合醚物质，在高温下(350℃)长时间使用会产生酚类物质，此物质有低腐蚀性，与水分对碳钢等有一定的腐蚀作用。该产品是美国陶氏化学公司20世纪30年代开发的一种产品，也是使用最早、使用时间最长的产品，优点是热安定性好、积碳倾向小，缺点是渗透性强、气味难闻、有致癌作用。由于环保的要求，取缔它的呼声很高，但因其性能优良，在一定程度上仍广泛使用。主要品牌有：美国陶氏化学公司的 Dowtherm A、美国孟山都公司的 Thermino VP-1、法国 Gilotherm DO、德国拜尔公司的 Diphyl、日本新日铁公司的 Therm S350 等。

(2) 氢化三联苯型导热油。

该产品是由不同比例的邻、间、对三联苯混合物部分氢化而得到的(饱和度为 40%)，其中对位比例不超过 30%，否则出现沉淀。其为微黄色透明油状液体，凝固点约为 –30℃，高温下渗透性小，345℃条件下可液相操作，使用温度为–10～340℃，氢化三联苯是目前最优质的液相高温导热油。其特点是高温稳定性好、蒸气压低，氢化三联苯在生产过程中有较大的灵活性，可根据使用温度的不同来选择氢化的程度。主要品牌有美国孟山都公司的 Therminol 66、日本新日铁公司的 Therm S900、英国 BP 石油公司的 Transcol SA、法国 Gilotherm TH、江苏中能化学科技有限公司的 Schultz S750 等。

(3) 苄基甲苯型导热油。

包括单苄基甲苯和二苄基甲苯，两者都是性能较好的热传导液，单苄基甲苯使用温度为–80～350℃，二苄基甲苯的使用温度为–30～350℃，但单苄基甲苯沸点为 280℃，在 300℃以上主要作为气相传导液使用。二苄基甲苯沸点为 355～400℃，可在 350℃高温下长期使用。主要品牌有德国赫斯(Huls)公司的 Marlotherm S、日本东槽有机与综研化学公司(Ssken Chemical Engineering Co. Ltd.)的 NeoSK-oil 400 等。

(4) 烷基苯型导热油。

这一类导热油为苯环附有链烷烃支链类型的化合物，属于短支链烷基苯(包括甲基、乙基、异丙基)与苯环结合的产物，使用温度为–30～315℃。其沸点为 170～180℃，凝点在–80℃以下，故亦可作为防冻液使用，此类产品的特点是在适用范围内不易出现沉淀，异丙基附链的化合物尤佳。主要品牌有美国孟山都公司的 Therminol 55、德国赫斯公司的 Marlotherm N 和法国罗纳-普朗克公司(Rhône-Poulenc)的 Gilotherm PW。

(5) 烷基萘型导热油。

这一类型导热油的结构为萘环上连接烷烃支链的化合物，使用温度为–30～300℃。它所附加的侧链一般有甲基、二甲基、异丙基等，其附加侧链的种类及数量决定了化合物的性质。侧链为单甲基的烷基萘，应用于 240～280℃范围的气相加热系统。此类产品具有毒性低、腐蚀性小、导热性好的特点，而且凝点低、易于输送，适用于寒冷地区。主要品牌有日本东槽有机与综研化学公司的 NeoSK-oil 300，日本吴羽化学公司的 KSK-260、KSK-280 和 KSK-330 等。

上述合成型导热油都为芳烃类导热油，其分子结构中都含有一定量的苯环，具有一定的毒性，目前美国和欧洲都已限制使用，并开始研制和应用一些毒性小、有一定环保性的产品，包括以下产品。

(1)硅油。

主要成分为二甲基硅氧烷聚合物，正常使用温度为–40～400℃，其薄膜的使用温度可达到430℃。道康宁公司的Syltherm 800即为该产品。

(2)聚醚。

聚醚的积碳低，是一种新型的导热油，以低聚合度的2～3个碳环氧烷衍生的单醚为主要成分，其最高使用温度仅260℃，如美国联合碳化物公司的UCON HTF-500是以正丁醇为起始原料与环氧乙烷和环氧丙烷的共聚物。

(3)PAO。

PAO低毒、环保，有用作导热油的功能并有相应研究报告，但尚未见成熟产品。

2.3.9 金属加工液

1. 主要用途及分类

金属加工液(metalworking fluids)主要是金属加工用的液体，主要起润滑和冷却作用，兼有防锈清洗等作用。金属加工油液根据其加工工艺类型不同，可分为金属切削、金属成型、金属防护和金属处理等四大类。具体细分涵盖切削液、切削油、乳化液、冲压油、淬火油、淬火剂、高温油、极压切削液、磨削液、防锈油、清洗剂、发黑剂、拉深油、增稠剂等[34]。目前，我国市场金属加工液消费量为32万～40万t/a。其中，切削油液的消费量为14万～16万t，成型油液12万t左右，防锈油脂3万～4万t，热处理油3万t左右。我国市场主要金属加工油生产商中，市场份额排名在前13位的销量总和仅占总量的1/3，而其他400～500家中小调和厂共享着全国市场的2/3份额。

金属加工液纷繁复杂，从组成上来讲，金属加工液大致可以分成纯油、溶性油、化学液(合成液)和半化学液(半合成液)4种类型，后3种通常也称为水基金属加工液。金属加工液通常以矿物油的含量来进行分类。

(1)纯油类金属加工液，矿物油含量为90%～95%。

(2)乳化类金属加工液，矿物油含量超过50%。

(3)半合成金属加工液，矿物油含量为5%～50%。

(4)不含矿物油的全合成金属加工液。

金属加工液在国际上最具权威的分类标准为ISO 6743-7: 1986，将切割和成型两类金属加工润滑剂按用途、性能要求和配方组成分为MH和MA两大类，共有17个品种，其中8种(MHA～MHH)为非水溶性金属加工液，应用于以润滑要求为主的场合；9种(MAA～MAI)为水溶性金属加工液，应用于以冷却要求为主的场合。这些品种可适用于切削、研磨、电火花加工、变薄轧延、挤压、拔丝、锻造和轧制等44种各种不同的加工工艺条件。在我国等效采用ISO 6743-7: 1986制定了国家标准GB/T 7631.5—1989《润滑剂和有关产品(L类)的分类　第5部分：M组(金属加工)》(表2-34)。

按照金属加工液主要组别提出的应用示例如表2-35所示。

表 2-34 GB/T 7631.5—1989《润滑剂和有关产品(L类)的分类 第5部分：M组(金属加工)》

类别符号	总应用	特殊用途	更具体应用	产品类型和(或)最终使用要求	符号	应用实例	备注
M	金属加工	用于切削、研磨或放电等金属除去工艺；用于冲压、深拉、压延、强力旋压、拉拔、冷锻和热锻、挤压、模压、冷轧等金属成型工艺	首先要求润滑性的加工工艺	具有抗腐蚀性的液体	MHA	见附录A[a]	使用这些未经稀释液体具有抗氧性，在特殊成型加工时可加入填充剂
				具有减摩性的MHA型液体	MHB		
				具有极压性无化学活性的MHA型液体	MHC		
				具有极压性有化学活性的MHA型液体	MHD		
				具有极压性无化学活性的MHB型液体	MHE		
				具有极压性有化学活性的MHB型液体	MHF		
				用于单独使用或用MHA液体稀释的脂、膏和蜡	MHG		对于特殊用途可以加入填充剂
				皂、粉末、固体润滑剂等或其他混合物	MHH		使用此类产品不需要稀释
		用于切削、研磨等金属除去工艺；用于冲压、深拉、压延、旋压、线材拉拔、冷锻和热锻、挤压、模压等金属成型工艺	首先要求冷却性的加工工艺	与水混合的浓缩物，具有防锈性乳化液	MAA		
				具有减摩性的MAA型浓缩物	MAB		
				具有极压性的MAA型浓缩物	MAC		
				具有极压性的MAB型浓缩物	MAD		
				与水混合的浓缩物，具有防锈性半透明乳化液(微乳化液)	MAE		使用时，这类乳化液会变成不透明
				具有减摩性和(或)极压性的MAE型浓缩物	MAF		
				与水混合的浓缩物，具有防锈性透明溶液	MAG		对于特殊用途可以加填充剂
				具有减摩性和(或)极压性的MAG型浓缩物	MAH		
				润滑脂和膏与水的混合物	MAI		

a 详见标准原文。

表 2-35　按使用范围的金属加工液品种分类表

品种	加工工艺							
	切削	研磨	电火花加工	变薄拉伸旋压	挤压	拔丝	锻造模压	轧制
L-MHA	○		○					○
L-MHB	○			○	○	○	○	○
L-MHC	○	○		○		●	●	
L-MHD	○			○				
L-MHE	○	○		○	○			
L-MHF	○	○		○				
L-MHG				○		○		
L-MHH						○		
L-MAA	○			○				●
L-MAB	○			○		○	●	○
L-MAC	○			●		●		
L-MAD	○			○	○			
L-MAE	○	●						
L-MAF	○	●						
L-MAG	●	○		●			○	○
L-MAH	○	○					○	
L-MAI				○		○		

注：○为主要使用，●为可能使用。

表 2-36 和表 2-37 列出了纯油和水溶液分类的概要说明，并对上述两种产品性质和特性进行比较。

表 2-36　按性质和特性的金属加工液品种分类表第一部分：纯油

类型	符号	产品类型和主要性质					
		精制矿物油[a]	其他	减摩性	EP[b] cna[c]	EP[b] Ca[d]	备注
纯油	L-MHA	○					
	L-MHB	○		○			
	L-MHC	○			○		
	L-MHD	○				○	
	L-MHE	○		○	○		
	L-MHF	○		○		○	
	L-MHG		○				润滑脂
	L-MHH		○				皂

a 或合成液。
b EP：极压性。
c cna：无化学活性。
d Ca：有化学活性。

表 2-37 按性质和特性的金属加工液品种分类表第二部分：水溶液

类型	符号	产品类型和主要性质						
		乳化液	微乳化液	溶液	其他	减摩性	EP[a]	备注
水溶液	L-MAA	○						
	L-MAB	○				○		
	L-MAC	○						
	L-MAD	○				○		
	L-MAE		○					
	L-MAF		○			○和(或)○		
	L-MAG			○				
	L-MAH			○		○和(或)○		
	L-MAI							润滑脂膏

a EP：极压性。

2. 主要品种金属切削液

金属切削液是金属加工液中应用最广的产品[35]。在金属切削加工过程中，切削液主要起着润滑、冷却、防锈和清洗的作用。

(1)润滑作用：切削液渗透到切削区域，在刀具的前刀面与切屑、后刀面与工件之间形成一层润滑薄膜，可减少或避免刀具与工件或切屑间的直接接触，减轻摩擦和黏结程度，因而可以减轻刀具的磨损，提高工件表面的加工质量。

(2)冷却作用：在金属切削区域，金属的塑性变形及前刀面与切屑、后刀面与工件表面的摩擦产生大量的热，切削区域的温度可达到 800～1000℃，甚至更高。切削液渗透到切削区域，带走大量的热量，从而降低工件与刀具的温度，提高刀具耐用度，减少热变形，提高加工精度。

(3)防锈作用：工件在加工过程中，很容易受到空气、水分、酸性物质等的攻击，会不可避免地产生锈蚀。水溶性金属切削液在使用过程中大部分是水(占 80%～98%)，为锈蚀的产生提供了有利的环境，而水溶性金属切削液中的极压剂和某些表面活性剂往往会加剧金属的锈蚀。因此，要求切削液具有一定的防锈作用，使工件在加工过程中和加工后的短时间内不产生锈蚀。同时也要保证切削液循环系统和机床内部不产生锈蚀及腐蚀现象，起到保养设备的作用。

(4)清洗功能：金属在切削(或磨削)过程中，油污、细小的切屑、金属粉末和砂轮砂粒等互相黏结，并黏附在工件、刀具和机床上，影响工件的加工质量，降低刀具和砂轮的使用寿命，影响机床的精度。因此，应具有良好的清洗作用，减少细小的切屑及金属粉末等的黏结，同时迅速将细小的切屑及金属粉末等及时冲走。

在金属加工作业中，切削油也可分为油性切削油、水溶性切削油(又称乳化油)和合成切削油三大类。

1)油性切削油

油性切削油一般多以低黏度矿物油为基质，再与其他添加剂混合制成，使用时不需要再稀释。

矿物油有许多不同的种类，而其特性也有所不同。有些适合用作切削油，有些则不适合,中东的油与委内瑞拉的油不相同,即使同一区域不同油井所生产的油也不尽相同。

经过种种炼制过程，在一定程度内，可以改变油品的特性。但本质上，油的某些特性是难以改变的,也就是说在添加剂加入前,要在不同的基础油中,做一个正确的选择。

矿物油是由多种碳氢化合物组成的混合物，因为碳链结构的不同，而有石蜡基、环烷基及芳烃基等几类不同的成分类别。其中，以石蜡基油比例较高，含芳烃较少的基础油用来制造切削油较佳。这种成分的油品，可以用特殊溶剂炼制技术得到，同时也具有高黏度指数的特性，这种油品在高温下，黏度较稳定。

高黏度指数的油品具有以下特点：不易氧化，使用寿命较长；对温度变化影响较小，在高温下(如刀具前端)薄膜强度较佳；对皮肤较无害；机械的橡胶部分较不易被损害。

油性切削油的重要特性如下。

(1)黏度。黏度是油品维持本身稠度的能力，在油性切削油中扮演重要角色。低黏度油较稀薄(40℃运动黏度一般为 9～13mm^2/s)，有较好的渗透力及湿润力，如果选择适当的添加剂，可使油更快速地到达切削区，并且因为稀薄，其冷却、清洗能力均较佳。高黏度油较稠密，分子较大，有较佳的润滑性及较大的金属表面隔离能力，但是流动性及冷却性不如低黏度油。

(2)润滑。金属在切削时，随着工作材料的不同和切削速度的不同，会产生不同的热量和压力，润滑作用主要牵涉刀具面在滑动区间的润滑。润滑过程包含三种基本机械理论。

①液动润滑(物理上分离)。

液动润滑是润滑油介于刀具面和工作面之间做物理分离，并无化学反应发生。黏度较高或较稠的油具有较大的分子，因此有较佳的分离效果。在刀具滑动区间有较大负荷及压力时，矿物油的黏度会升高，因此改进了它的润滑性，这种特性称为“弹性液动润滑”。

但是在滑动区间内，刀具与工作件在加工时所产生的压力过高时仍会将油挤出，因此以具有物理上分离特性的纯矿物油作为润滑油使用，并非十分有效的方法。单靠矿物油润滑只能从事一般金属的轻负荷加工，如果要用于硬性金属(不锈钢、合金钢等)加工，则需要另外加添加剂。

②边际润滑。

在边际润滑中，将极性物质加入矿物油中，会在工件面和刀具面形成有化学键结构的有机薄膜。这种薄膜会黏附在金属表面，因此耐磨性比单纯以油分子隔离工件和刀具的效果更好。

酯类物质早已用于矿物油添加剂，用来制成可产生合适有机薄膜的润滑油，酯类对改进切削有极显著的效果，这有助于刀具寿命的延长。常用的酯类添加剂有油酸酯、硬脂酸酯、菜籽油和它们的衍生物，目前亦有为数众多的合成酯类被使用。

天然酯类、酯酸类和它们的衍生物能与金属表面形成单一分子薄膜，这种碳氢键薄膜会形成金属外表皮，这种膜是由金属与酯类反应所产生的，称为“肥皂金属”。

酯类添加剂会产生有机膜，它可以避免金属的直接接触，直到温度升高至薄膜的熔点之前都有保护效果。其温度为100～200℃，例如，在易削钢和铜合金等原料的低负荷加工时就会达到此温度。使用在更高压、更高温度的加工时，则需加入极压添加剂。

③极压润滑。

在大多数切削加工中，刀具前端温度高于边际润滑温度的范围，因此需要使用能产生较高熔点薄膜的添加剂。这种添加剂为无机物，氯及硫是两种较为常用的元素。当使用氯、硫添加剂时，添加剂与金属表面产生化学反应，形成一层低摩擦力的金属衍生物薄膜。它具有类似毛式润滑的效果，可以防止金属表面的磨损及熔合，氯膜可耐600℃，而硫膜可耐1000℃。

氯、硫为极压添加剂，氯以氯化矿物油形态加入。硫可以许多形态加入切削油中，一般以硫化脂最为普遍。若讨论硫化脂与金属铜反应情形，可分为“活性硫”和“非活性硫”两种，活性硫会造成铜锈，非活性硫因为硫与脂结合物化学安定性强，所以不和铜反应。硫也可以用溶解的方式来加入矿物油或脂肪中，在这种情形下，活性极大，这种混合物一般称为“硫化油”。

通过实地观察得知，如果将硫和氯两者加入切削油中，比个别只加入一种的效果好。确切的原因并不十分了解，可能的解释是硫可将加工温度降低至某程度，在该温度下氯的效果极显著；亦可能是混合形态的硫/氯所形成的薄膜强度较强，故而有较佳的润滑性。

切削油中的硫及氯在切削区之前，亦可能以渗透方式进入金属结构中，因此降低了金属强度，使切削加工易于进行。

大部分有关边际润滑和极压润滑的数据及理论都是对铁材料和铁合金而言的。对于大部分其他易加工的金属，平常是不需要使用极压添加剂的。

2) 水溶性切削油

一般水溶性切削油为浓缩液，使用时再依需要比例加水稀释。稀释后的水溶性切削油称为乳化液。水溶性切削油的组成为矿物油、乳化剂、防化剂、防锈添加剂与其他添加剂。矿物油和乳化剂混合，加入水中会发生乳化作用，形成水包油型的悬浮液(O/W)，这种溶液称为乳化液，矿物油的选用和油性切削油相同，需要含有较少的芳香烃基。

一般使用的乳化剂是脂肪酸皂混合磺化油或非离子性乳化剂，这种组成有较大的污染包容力和极佳的抗乳化性。早期以肥皂为乳化剂，但是它对金属屑和盐类的安定性极差。许多肥皂与矿物油并不相溶，因此要加入一些共溶的溶剂使两者可以互相溶解，这种融合有两种物质特性的添加剂称为耦合剂。传统的耦合剂含有酚基，如甲基酚、二甲基酚，但是酚基会产生异味；不当地使用容易造成皮肤病，所以目前已经改用不含酚基的耦合剂，如合成醇等。除此之外，水溶性切削油里还添加有防锈剂、防腐剂和消泡剂。

在显微镜下会发现乳化液并不是溶解液，而是油滴悬浮或分散在水中。每一个油分子表面有层负电荷，可以防止油滴合并，这种功效维持了水性切削油的安定性，负电荷的形成，以肥皂水为例，肥皂分子是由斥水性碳氢化合物键结一个亲水性负极形成的，使肥皂分子外形像蝌蚪。

斥水性正极(尾部)深入油滴中，亲水性负极(头部)存在于油/水交界面，因为同性电荷相斥，油滴虽然在溶液中游走，但不会接触，因此形成乳化液的安定性。

乳化液依悬浮油滴大小来加以区分，如果油少、乳化剂多，则油滴较小；如果油多、乳化剂少，则油滴较大。乳状乳化液油滴较大，直径为2～4μm，因为反光较差，所以呈现白色。澄清乳化液油滴较小，直径为0.5～1.5μm，因为光线较易通过，所以呈澄清状。乳化液安定性的维持是依靠油滴外层负电荷互相排斥，因此任何电荷中性剂的介入，都会破坏它的安定性。乳化液最大的敌人是酸和盐类，当这些具有双电荷的物质介入时，会分解为正离子和负离子，这些为数众多的离子，会破坏油滴负电荷层的平衡，使油滴合并，产生沉淀。

酸碱值(pH)是衡量液体酸性和碱性的指数，大部分可溶性切削油是由肥皂硫化物和非离子性乳化剂混合而成，一般为弱碱性，pH介于8.5～10。pH较高时，容易使皮肤脱脂造成伤害；pH较低时，会使乳化液失去安定性。

极压水溶性切削油：在水溶性切削油中加入硫及氯的添加剂，它的成分和油性切削油类似，这种油品称为极压水溶性切削油。这种油结合冷却性和极压润滑性，可以用于重负荷加工；在某些情况下，可以代替油性切削油。因为具有广泛的切削能力，极压水溶性切削油非常普遍地用于多种切削加工中。

3) 合成切削油

这一类的切削液完全没有油的成分，如早期以苏打灰和其他无机物与水混合的肥皂泡沫水，一般也称为化学溶液。因为没有真正的润滑能力，一般只用于仅需要基本冷却性能的研磨加工中。最近已开发出含有水溶性合成润滑剂的新型合成冷却液，这种产品仍然属于全合成切削液形态，虽然不含矿物油，但兼具水溶性切削油和油性切削油的优点及缺点。如果妥当地调配，在某些情形下有极高的使用价值。

全合成切削液是由聚合物和其他有机物和无机物与水混合而成的。某些产品具有极佳的冷却性和润滑性，尤其使用在极高速度切削加工时，效果更佳；合成切削液在高速数控工具机和表面切削速度超过200m/min的铁材加工上特别适用。因为是水溶性而不是乳化液，合成切削液并不像水溶性切削油一样会产生败坏现象。也因为不含有矿物油成分，所以在使用时不会产生气体，不发烟，也不会有分离现象。

2.3.10 各类润滑油适用的煤基基础油

煤基基础油的主要来源及生产包括以下方式：①煤直接液化及煤干馏产品经过加氢异构和深度加氢精制生产环烷基基础油；②煤间接液化(费托合成)产品经过加氢异构/

裂化和加氢精制生产链烷基基础油；③α-烯烃经过聚合和加氢精制生产 PAO。主要生产过程及对应产品性能特点见表 2-38。

表 2-38 煤基基础油的主要生产过程及产品性能特点

生产过程	原料来源	加工方式	精制深度要求	产品主要组分	产品黏度指数	产品黏度范围	产品倾点	产品氧化安定性	产品挥发性	加工成本
Ⅰ	煤直接液化蜡油	加氢异构+加氢精制	高	环烷烃	低	广	低	一般	一般	低
Ⅱ	煤干馏蜡油	加氢异构+加氢精制	高	环烷烃	低	广	低	一般	一般	低
Ⅲ	费托合成油	加氢异构+加氢精制	一般	支链烷烃	很高	广	低	很好	好	低
Ⅳ	α-烯烃	聚合+加氢精制	一般	支链烷烃	很高	很广	很低	很好	很好	高

以下简述各类润滑油适用的煤基基础油。

(1) 白油适用的煤基基础油。从产品馏程来看，白油涵盖了 120～550℃的馏分，40℃运动黏度覆盖了 1～300mm^2/s 范围。因此，可以说白油是应用覆盖面最广的基础油。从外表来看，白油最显著的特点是无色澄清干净；从内涵来看，其最显著的特点是饱和烃含量高、硫含量和芳烃含量极低。表 2-38 中，过程Ⅲ和Ⅳ以及经过深度加氢精制的过程Ⅰ和Ⅱ生产的基础油可以根据实际使用需要，作为各种白油产品使用。

(2) 内燃机油适用的煤基基础油。表 2-38 中过程Ⅲ能生产倾点低、黏度指数大于 130 的Ⅲ+类基础油，可以满足多级内燃机油对黏温性能、低温启动、安定性等多方面性能的要求；过程Ⅳ可获得倾点更低、黏度指数大于 130 的Ⅳ类基础油，同样可以满足多级内燃机油对黏温性能、低温启动、安定性等多方面的性能要求，由于 PAO 具有更低的倾点，在应对更为苛刻的应用环境或使用温度变化较大的应用场景时，具有更大的优势；过程Ⅰ和Ⅱ则可获得环烷基基础油，高黏度产品可以作为黏度调节剂与前述煤基Ⅲ+类基础油调和，进一步调整基础油的黏度，满足特定的使用要求。

(3) 液压油适用的煤基基础油。一般的液压油对基础油的黏温性能要求不高，如 L-HL 和 L-HM，对基础油的黏度指数要求分别不低于 80 和 95，倾点要求分别不高于 −6℃和 −9℃(按黏度等级，黏度等级越低，倾点越低)。对于这些类别的液压油，由表 2-38 中过程Ⅰ和Ⅱ获得的部分优质环烷基基础油能够满足其性能要求。高级别的液压油，如 L-HV 和 L-HS 液压油对基础油的黏温性能要求特别高，在 GB 11118.1—2011 中的 L-HV 低温液压油技术要求中，对其黏度指数的要求为不低于 130，倾点要求为不高于−21℃(按黏度等级，黏度等级越低，倾点越低)，对于这些类别的液压油，由过程Ⅰ和Ⅱ生产的环烷基基础油已无法满足其使用要求。过程Ⅲ可以获得倾点低、黏度指数大于 130 的Ⅲ+类基础油，可以满足该类液压油对黏温性能、安定性、抗磨性和热安定性等多方面性能要求。过程Ⅳ则可获得倾点更低、黏度指数大于 130 的Ⅳ类基础油，同样可以满足该类液压油的使用要求，而且由于PAO具有更低的倾点，在用于超低温液压油(L-HS超低温液压油)的基础油时，具有更突出的优势。

(4)汽轮机油和压缩机油适用的煤基基础油。由汽轮机油和压缩机油实际使用工况和技术要求可知，汽轮机油和压缩机油为中等黏度润滑油，对黏度指数要求一般，但对抗泡性、抗乳化性、抗锈蚀性、抗积碳性和氧化安定性的要求较高。因此，所用基础油必须经过深度加氢精制，以去除芳烃、硫氮以及胶质；同时，基础油馏分的馏程还必须窄，不能用轻重两种组分调和，避免由于轻组分挥发性过大而增大油的耗量，重组分在热和氧的作用下易产生积碳。表2-38中过程Ⅲ和Ⅳ可以获得无杂质、倾点低、黏度指数高的基础油，可以满足汽轮机油对抗乳化性、抗泡性、抗锈蚀性和氧化安定性等多方面的性能要求。表2-38中过程Ⅰ和Ⅱ采用的原料由于芳烃含量特别高，黏度指数低，必须经过适度加氢开环以提高黏度指数，深度加氢精制以彻底脱除芳烃、硫氮以及胶质，方能够满足其性能要求。

(5)橡胶油适用的煤基基础油。由橡胶性能需要和橡胶油性能参数可知，橡胶油属于中等黏度润滑油，对黏度指数要求较低。从橡胶产品的加工性上看，遵循相似相容的原理，芳香基油是最为合适的橡胶油，可适用于绝大部分橡胶产品的加工，如SBR、NBR、BR、NR、CR等橡胶制品，但由于芳烃含量高将导致橡胶产品颜色深、污染大、毒性大等问题，随着环保要求标准的日益提高，在日常使用的橡胶制品生产过程中，芳香基油的使用将受到严格限制。石蜡基橡胶油的氧化安定性和光稳定性较好，但乳化性和相容性相对较差，仅能在少数橡胶产品的加工中使用，如EPR、EPM、EPDM以及IIR。环烷基橡胶油兼具石蜡基和芳香基的特性，其乳化性和相容性较好，除NBR和聚硫橡胶之外，几乎可以用于其他所有类型橡胶产品的加工。表2-38中过程Ⅲ和Ⅳ生产的基础油属于链烷基基础油，与通常所说的石蜡基基础油在化学结构上类似，具有倾点低、黏度指数高、氧化安定性和光稳定性好的特点，可以用作EPR、EPM、EPDM以及IIR加工橡胶油的基础油。过程Ⅰ和Ⅱ生产的环烷基基础油则可用作市场上主要橡胶产品如SBR、NBR、BR、NR和CR加工橡胶油的基础油。

(6)变压器油适用的煤基基础油。从性能要求和现行标准来看，变压器油需具有良好的电气性能、抗析气性能、低温性能、溶解性能和氧化安定性。在选用变压器基础油时，为平衡这些指标要求，一般要求变压器油中必须含有8%～12%的芳烃。对于表2-38中过程Ⅰ和Ⅱ，可以在脱净硫氮等杂质的情况下，保证一定的芳烃含量，使所生产的环烷基基础油能够在不添加抗氧剂或少添加抗氧剂的情况下满足使用要求。而对于过程Ⅲ和Ⅳ，由于所生产的基础油为链烷基基础油，其对极性物质溶解性差，且抗析气性能较差，可以在加入少量烷基苯等富含芳烃组分和少量抗氧剂的情况下，改善溶解性能和抗析气性能，作为变压器油使用。

(7)导热油适用的煤基基础油。导热油属于中低黏度润滑油，其性能最大的特点是要求热安定性和氧化安定性好，避免局部过热发生热裂解及接触空气发生氧化，其次是蒸发损失小、低温流动性好(倾点低)。就基础油热安定性而言，环烷基基础油大于石蜡基基础油，在石蜡基油用作导热油基础油时，需添加抗热分解剂和抗氧剂改善其高温性能。表2-38中过程Ⅲ和Ⅳ的低黏度基础油产品在添加抗氧剂等添加剂的条件下可以用作导热油。过程Ⅰ和Ⅱ彻底脱除胶质、提升氧化安定性和热安定性的低黏度基础油产品也可作为导热油的基础油。此外，过程Ⅰ和Ⅱ所涉及原料中的轻质芳烃(苯、萘及其烃类衍生物)与煤间接液化产品中的 α-烯烃经过烷基化反应生成烷基苯或烷基萘，可以作为合成型导热油基础油。

(8)金属加工液适用的煤基基础油。目前，还没有专门针对金属加工油液用的基础油标准，需要根据金属加工油液的品种和使用条件，选择合适的基础油。金属加工的摩擦学特性不同于设备润滑，经常处于极压边界润滑状态，具有高温、高负荷，摩擦副表面在极短时间内不断更新的特点。金属成型加工包括冲压、拉伸、拉拔、轧制、冷镦等多种成形工艺，除了极压边界润滑还有混合润滑状态，基础油的黏度会影响油膜的生成，需要加以考虑，还要考虑其合适的挥发性、良好的清净性，由于箔材可能用于食品包装，不能含有有害成分，最好不含芳烃或含量十分低，最好使用窄馏分的低黏度基础油作为基础油，保证高闪点的安全性、经济性，以及低黏度的清净性。

金属加工油对氧化安定性和黏温性能的要求较设备用油低，因此一些精制深度不高的非标油也可用作基础油。环烷基油作为切削油的基础油是较为理想的选择。但是某些含有特别成分、不溶物、腐蚀性杂质的非标油不能用作基础油。乳化液、微乳液等水基产品中含有 30%～85%的基础油组分。基础油对原液的调配、储存以及工作液的使用效果和维护处理影响很大。环烷基油密度较大，一般为 $0.9g/cm^3$，与水的密度接近，容易乳化，同样配方所需的乳化剂是石蜡基油的 60%～70%，而且配方调整弹性大，稳定性好，因此调制乳化液时选用环烷基油较好。对煤基润滑油基础油而言，表 2-38 中过程Ⅲ和Ⅳ生产的基础油具有黏度指数高、倾点低，热安定性、氧化安定性、抗乳化性好的特点，其低黏度品类能很好地满足金属成形对加工液流动性、黏温性能、清洁性的要求，可以用作金属成形加工油的基础油；过程Ⅰ和Ⅱ得到的环烷基油黏度指数一般，但其与加工金属具有更好的极压化学活性，能产生容易剪切的表面膜，而且其与极压剂的感受性更好，可乳化性也更好，因此其低黏度品类可以作为油性金属切削油的基础油以及乳化液、微乳液的基础油。

参考文献

[1] 侯晓明. 润滑油基础油生产装置技术手册. 北京: 中国石化出版社, 2014: 1-2.
[2] 陈国需. 润滑油性质及应用. 北京: 中国石化出版社, 2016: 1-2.
[3] 安军信. 国内外润滑油市场现状及发展趋势分析. 合成润滑材料, 2021, 48(1): 42-47.
[4] 王雷, 王立新. 润滑油及其生产工艺简学. 沈阳: 辽宁科学技术出版社, 2014: 34-35.
[5] 杨俊杰. 合理润滑手册 润滑油脂及其添加剂. 北京: 石油工业出版社, 2011: 2-36.
[6] 康明艳, 卢锦华, 邓玉美. 润滑油生产与应用. 2 版. 北京: 化学工业出版社, 2016: 7-11.
[7] 赵则杜. 四球机评价润滑剂性能及应用效果的对与错. 石油商技, 2017, 35(5): 60-65.
[8] 董浚修. 润滑原理及润滑油. 2 版. 北京: 中国石化出版社, 1998: 218-231.
[9] 关子杰, 钟光飞. 润滑油应用与采购指南. 2 版. 北京: 中国石化出版社, 2010: 30-31.

[10] 侯晓明. 润滑油基础油生产装置技术手册. 北京: 中国石化出版社, 2014: 7-10.
[11] 董浚修. 润滑原理及润滑油. 2 版. 北京: 中国石化出版社, 1998: 120-125.
[12] 张晨辉, 林亮智. 润滑油应用及设备润滑. 北京: 中国石化出版社, 2002: 9-12.
[13] 王雷, 王立新. 润滑油及其生产工艺简学. 沈阳: 辽宁科学技术出版社, 2014: 25-33.
[14] 陈国需. 润滑油性质及应用. 北京: 中国石化出版社, 2016: 118-136.
[15] 田义斌, 秦一鸣, 朱玉龙, 等. 国内白油生产工艺与行业发展. 食品工业, 2014, 35(11): 248-252.
[16] 熊云. 储运油料学. 北京: 中国石化出版社, 2014: 179-200.
[17] 陈磊, 赵杰, 甘铁辉, 等. 液压油性能指标及应用. 中国设备工程, 2013, 5: 6-7.
[18] 梁德君, 刘小龙, 马永宏, 等. 液压油的选择、使用和更换. 石油商技, 2017, 35(5): 74-77.
[19] 王长春, 费逸伟, 姜旭峰, 等. 航空液压油的现状及发展趋势. 合成润滑材料, 2019, 46(1): 29-32.
[20] 桂砚楠. 加氢基础油在液压油中的应用研究. 合成润滑材料, 2020, 47(1): 35-37.
[21] 张素心, 杨其国, 王为民, 等. 我国汽轮机行业的发展与展望. 热力透平, 2003, 1: 1-5.
[22] 关子杰, 钟光飞. 润滑油应用与采购指南. 2 版. 北京: 中国石化出版社, 2010: 189-197.
[23] 陈国需. 润滑油性质及应用. 北京: 中国石化出版社, 2016: 294-303.
[24] 王先会. 工业润滑油生产与应用. 北京: 中国石化出版社, 2011: 186-189.
[25] 张宗超, 徐麦玲, 魏立坤. 提高天然气压缩机润滑油加油效率的实践. 化工管理, 2020, 11: 169-170.
[26] 吴建华, 雷博雯, 陈振华, 等. 丙烷旋转压缩机油池中矿物油和丙烷混合物的黏度测量与溶解度推算. 西安交通大学学报, 2018, 52(11): 81-85, 92.
[27] 何建暖, 魏文红. 4511-1 合成乙烯压缩机油在新比隆超高压压缩机上的应用. 合成润滑材料, 2018, 45(3): 32-34.
[28] 杨俊杰. 合理润滑手册 润滑油脂及其添加剂. 北京: 石油工业出版社, 2011: 443-462.
[29] 任建松, 马莉莉. 环烷基润滑油高压加氢生产技术适应性分析. 润滑油, 2015, 30(4): 53-58.
[30] 王先会. 工业润滑油生产与应用. 北京: 中国石化出版社, 2011: 253-265.
[31] 李萌, 张金芳. 最新变压器油 IEC 标准解读. 合成润滑材料, 2021, 48(2): 11-14.
[32] 王先会, 王广银. 润滑油选用手册. 北京: 机械工业出版社, 2016: 427-435.
[33] 陈国需. 润滑油性质及应用. 北京: 中国石化出版社, 2016: 330-332.
[34] 赵江, 王平. 润滑油脂行业应用指导手册. 北京: 中国石化出版社, 2010: 376-394.
[35] 王先会. 金属加工油剂选用指南. 北京: 中国石化出版社, 2014: 82-118.

第3章

费托合成蜡加氢异构制备Ⅲ+类基础油

3.1 引　言

我国是世界第二大润滑油生产国和消费国，润滑油消费量达到700万t，市场达到千亿元。在我国，高档润滑油以20%的市场占有量获取整个市场80%的利润，但国内80%的高档润滑油品牌为国外品牌。近年来，随着我国经济社会的快速发展，高档润滑油消费量呈逐年上升趋势。基础油是润滑油的主要成分，在润滑油组成中占比约90%，其化学组成决定润滑油的性能。费托合成蜡由煤经合成气费托合成制得，主要成分是长直链烷烃，经过加氢提质可以生产低黏度、高黏度指数、综合性能达到Ⅲ+类标准的高档润滑油基础油。目前，我国费托合成油的产能已经突破700万t/a，近期有望突破1000万t。费托合成蜡作为费托合成油的主要产品之一，其现有加氢提质主流技术是加氢裂化，主要生产汽柴油产品，但副产品气体烃类、石脑油产率高，浪费了宝贵的蜡资源，经济性亟待改善。

上述现状产生了一对矛盾：我国高档润滑油市场不能自给自足；我国拥有大量可用于生产高档润滑油的原料，却无法顺利转化。在此背景下，2019年国家能源局将"以费托合成蜡为原料生产高档润滑油技术"列为能源行业煤炭领域的"卡脖子"技术之一。目前，该技术在国外只有Chevron、Shell和Sasol等公司完成中试试验，在少数几个合成油厂实现小规模示范；在中国科学院系统内，以大连化学物理研究所、山西煤炭化学研究所为代表的单位正在深入开展相关研究工作；在国内其他研究机构，中国石油化工股份有限公司(中国石化)和中国石油天然气股份有限公司(中国石油)的相关研究院等单位也开展了相关研究。但总体而言，该技术在国内尚停留在产品试制阶段，加快我国自主费托合成基润滑油基础油关键技术开发和工业应用具有重要的战略意义和应用前景。

本章将主要介绍国内外Ⅲ/Ⅲ+类基础油供需及发展趋势、费托合成蜡原料来源及主要转化工艺、高含蜡原料加氢异构生产Ⅲ/Ⅲ+类基础油工艺，涉及的长链烷烃加氢异构催化反应，最后介绍大连化学物理研究所在费托合成蜡加氢异构制备Ⅲ+类基础油领域的阶段性研究成果。

3.2 国内外Ⅲ/Ⅲ+类基础油供需及发展趋势

目前，全球约有170个基础油炼厂，年产基础油达到5000万t。我国2017年基础油产量为 760 万 t，最近几年产能变化不大，其中，Ⅱ类基础油占比达到 50%以上，Ⅰ类基础油占比仍达到 24.3%，环烷基基础油占比 19.1%，Ⅲ类基础油占比仅为 6.2%(图 3-1)。我国每年进口基础油近 300 万 t/a，主要为Ⅱ类和Ⅲ类基础油。韩国是全球最大的Ⅲ类基础油生产国和出口国，也是我国基础油进口的主要来源国，我国基础油进口量的 40%来自韩国。2017 年之前，国内基础油进口量整体呈现稳中增长态势，但自 2018 年起，国内Ⅱ类基础油产能扩张迅速，市场优质资源供应增多，抢占部分Ⅱ类进口市场份额，Ⅱ类基础油进口量略减，但Ⅲ类基础油进口量基本不变，保持在 80 万 t/a 左右。

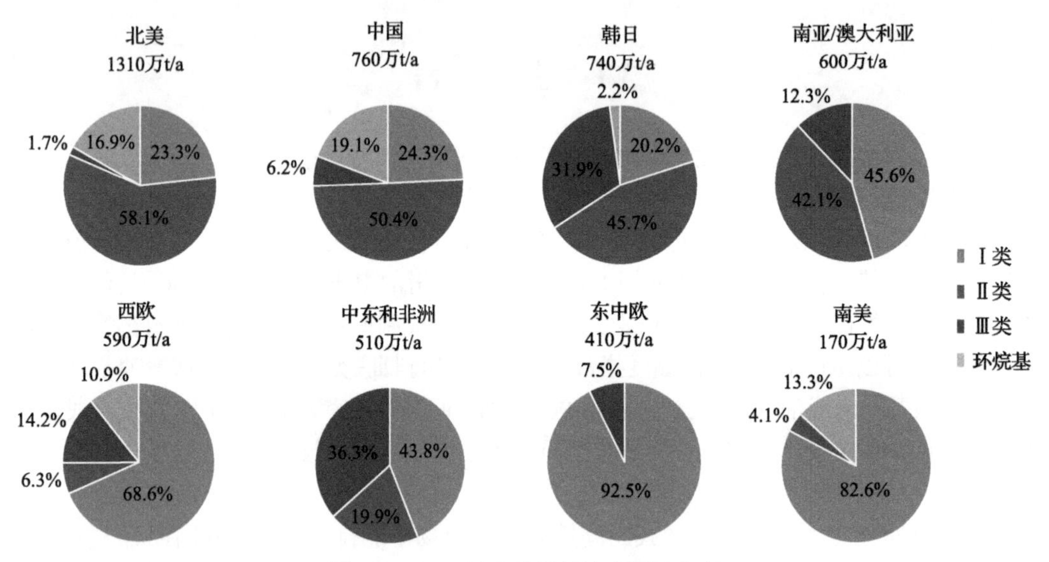

图 3-1　2017 年全球基础油产量及分布

2017 年，全球Ⅲ类基础油产量为 680 万 t，中国、韩日、中东和非洲是主要的Ⅲ类基础油生产基地，总产量占比近 70%(图 3-2)。中国Ⅲ类基础油产量约 47 万 t，市场缺口巨大。

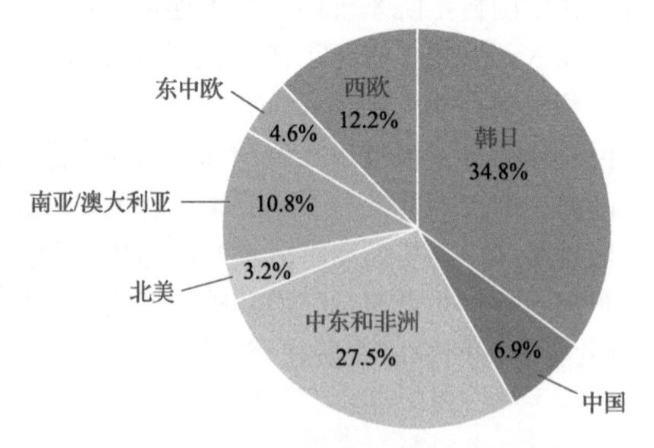

图 3-2　2017 年全球Ⅲ类基础油产量分布

随着全球对燃油碳排放控制的日趋严格，车用发动机以及机油的技术标准在不断提升，低黏度乃至超低黏度机油由于可以显著改善发动机低温启动润滑性能和改善燃油经济性,已成为未来机油的主要发展和应用方向。以往应用最广的 5W-30 机油正在向 0W-20 和 0W-16 甚至更低黏度的机油(0W-12、0W-8)转变。低黏度基础油在使用时，必须具有极高的黏度指数，才能在高温时保持合适的黏度进而维持润滑性。因此，只有低黏度、高黏度指数的Ⅲ类/Ⅲ+类以及PAO才能满足要求。未来全球Ⅲ类/Ⅲ+类基础油产能扩张有限，地区供求不平衡的情况可能加剧，基于排放和燃油经济性的要求，全球对Ⅲ类/Ⅲ+类基础油的需求可能实现强劲增长[1]。

在此，需要特别说明的一点是，Ⅲ类基础油的“Ⅲ类”是按照API分类的说法，而API分类标准中并没有“Ⅲ+类”类别。按照基础油来源及性能特点“Ⅲ+类”一般有两层定义。其一是根据性能的定义：是指在满足Ⅲ类产品标准基础上(S含量、饱和度)，黏度指数(VI)进一步提高，即VI大于130的矿物基础油。在大多数情况下，矿物油即使VI超过130也一般将其归类为Ⅲ类油，在某些应用场合需要特别强调VI的时候，使用其专门的分类称谓“Ⅲ+类”。其二是根据来源和性能的综合定义，API分类中的Ⅳ类基础油特指PAO，Ⅲ类基础油特指矿物油，而由于煤经合成气费托合成得到的基础油也是合成油品，在API里没有对应的分类，但其性能已达到甚至超过Ⅲ类基础油的要求，因此将其称之为“Ⅲ+类”基础油。

3.3 费托合成蜡原料来源及主要转化工艺

费托合成技术可以将煤、天然气、生物质经合成气在催化剂的作用下转化成烃类以及高附加值化学品，具有广阔的应用前景[2]。费托合成产物主要是直链烷烃以及烯烃，还有含氧化合物的生成主要是醇、醛、酸、酮、酯、醚等，同时会有CO_2和H_2O的生成，一般认为H_2O是反应的一次产物，CO_2是水煤气变换转化产物。费托合成蜡是主要产物之一，经进一步加工可以获得优质的汽油、航空煤油、柴油等液体燃料和润滑油基础油产品。费托合成反应可分为高温费托合成反应和低温费托合成反应，高温费托合成反应温度一般为300～350℃，反应压力为2.0～2.5MPa。低温费托合成温度为200～250℃，反应压力为2.0～5.0MPa。费托合成是一个多相催化反应，发生的主要化学反应如表3-1所示。

表3-1 费托合成反应中主要的反应

主要反应类型	化学方程式
生成烷烃	$(2n+1)H_2 + nCO \longrightarrow C_nH_{2n+2} + nH_2O$
生成烯烃	$2nH_2 + nCO \longrightarrow C_nH_{2n} + nH_2O$
生成醇	$2nH_2 + nCO \longrightarrow C_nH_{2n+1}OH + (n-1)H_2O$
生成酸	$(2n-2)H_2 + nCO \longrightarrow C_nH_{2n}O_2 + (n-2)H_2O$
生成醛	$(2n+1)H_2 + (n+1)CO \longrightarrow C_nH_{2n+1}CHO + nH_2O$
生成酮	$(2n+1)H_2 + (n+1)CO \longrightarrow C_nH_{2n+1}CHO + nH_2O$
生成酯	$(2n-2)H_2 + nCO \longrightarrow C_nH_{2n}O_2 + (n-2)H_2O$

续表

主要反应类型	化学方程式
水煤气变换	$CO + H_2O \longleftrightarrow CO_2 + H_2$
积碳	$CO + H_2 \longrightarrow C + H_2O$
歧化	$2CO \longrightarrow CO_2 + C$

根据各物质的热力学数据，可以得到标准状态下费托合成反应生成烃类、含氧化合物及水煤气变换、积碳、歧化等反应的反应热(表 3-2)。

表 3-2　费托合成反应中主要反应的反应热

主要反应类型	$\Delta_r H_m^\ominus$ (298.15K) / (kJ/mol)
生成烷烃	$-152.04n-43.1$
生成烯烃	$-152.04n+81.89$
生成醇	$-152.04n+48.62$
生成酸	$-152.04n+91.84$
生成醛	$-152.04n-13.25$
生成酮	$-152.04n-44.43$
生成酯	$-152.04n+133.08$
水煤气变换	−41.2
积碳	−131.4
歧化	−172.6

注：*n* 为反应产物的碳原子数。

从反应的标准焓变可知，费托合成反应均为放热反应，在热力学上，升高温度不利于反应的正向进行。但从动力学上看，升高温度可以使反应速率增大，因此费托合成反应须兼顾热力学和动力学两个方面的因素，根据试验和催化剂体系来确定最佳反应温度。

除此之外，根据某一温度下吉布斯自由能的变化，可以判断该温度是否对反应有利。根据吉布斯自由能变计算公式($\Delta_r G_m = \Delta_r H_m - T\Delta_r S_m$)计算得到的不同反应温度下的反应吉布斯自由能变可见表 3-3[3]。

表 3-3　温度范围为 373～773K 下不同生成物反应的吉布斯自由能变

主要产物	$\Delta_r G_m$/ (kJ/mol)						
	373K	473K	513K	573K	623K	673K	773K
CH_4	−116.56	−93.93	−84.61	−70.43	−58.45	−46.35	−21.88
C_3H_8	−244.54	−172.97	−143.82	−99.68	−62.59	−25.27	49.85
C_6H_{14}	−436.49	−291.53	−232.63	−143.55	−68.79	6.34	157.44

续表

主要产物	$\Delta_r G_m$/(kJ/mol)						
	373K	473K	513K	573K	623K	673K	773K
$C_{22}H_{46}$	−1460.25	−923.88	−706.29	−377.55	−101.89	174.96	731.25
$C_{45}H_{92}$	−2931.92	−1832.87	−1387.18	−713.92	−149.47	417.36	1556.11
$C_{60}H_{122}$	−3891.69	−2425.69	−1831.23	−933.30	−180.50	575.44	2094.06
C_2H_4	−102.23	−69.18	−54.25	−33.11	−15.30	2.64	38.86
C_3H_6	−166.22	−107.70	−83.86	−47.74	−17.37	13.18	74.72
C_4H_8	−230.20	−147.23	−113.46	−62.36	−19.44	23.72	110.58
C_5H_{10}	−294.19	−186.75	−143.07	−76.99	−21.51	34.26	146.45
C_6H_{12}	−358.18	−226.27	−172.67	−91.61	−23.58	44.80	182.31
CH_4O	−20.97	2.43	11.99	−26.51	38.72	51.02	75.79
C_2H_6O	−84.96	−37.09	−17.60	11.89	36.65	61.55	111.66
$C_2H_4O_2$	−71.10	−31.93	−16.08	7.83	27.83	61.55	111.66
$C_3H_6O_2$	−135.09	−71.45	−45.68	−6.79	25.76	72.09	147.52
乙醛	−82.99	−15.959	11.649	53.759	89.439	125.599	199.21
丙酮	−179.79	−89.19	−52.14	4.14	51.61	99.51	196.43
乙酸乙酯	−157.31	−68.10	−31.77	23.24	69.47	115.99	209.74
$CO_2 + H_2$	−25.15	−21.03	−19.42	−17.07	−15.16	−13.29	−9.66
$C + H_2O$	−81.24	−67.24	−61.64	−52.89	−45.62	−38.27	−23.37
$CO_2 + C$	−106.86	−88.97	−81.80	−71.04	−62.09	−53.16	−35.35

由表3-3可知，所有费托合成反应的 $\Delta_r G_m$ 在较低温度时都小于零，均能够自发地进行，且能进行到较高的程度，说明反应在热力学上是可行的。温度对吉布斯自由能有影响，随着温度的升高，反应的吉布斯自由能绝对值呈减小趋势，逐渐向 $\Delta_r G_m$=0 收敛。所以从热力学角度来看，升高温度对反应不利。当温度大于约635K时，生成高碳烷烃反应（C_{60}以上）$\Delta_r G_m>0$，在热力学上不能自发进行；当温度大于666K时，生成烯烃反应 $\Delta_r G_m>0$，在热力学上不能自发进行；当温度大于473K时，甲醇反应不能自发进行。在费托合成反应条件下，生成甲醇是很困难的，而高碳醇的生成则要容易得多，费托合成工业生产中一般只有碳数大于2的醇生成，证实了热力学分析的结论。同时，当温度大于623K时，醇、醛、酮、酸、酯等含氧化合物反应在热力学上不能自发进行。变换、积碳以及歧化反应在373～773K时在热力学上均能自发进行。

从另一角度来看，低温时产物主要包括烷烃、烯烃、含氧化合物等，产物分布广；温度升高，对主要产物的生成均不利，可以减少高碳烃，特别是高碳烷烃的生成量，产物以低碳烃为主。

费托合成的产物以直链烷烃和烯烃为主，同时含有支链烯烃、二烯烃、烷烃、芳烃、环烃化合物以及乙醇、乙醛、酮、酸等含氧有机物。典型费托合成催化剂的产物选择性见表 3-4。由于催化剂和操作条件不同，费托合成产物存在一个较广的分布范围。CH_4通常不是目标产物，但其选择性可达 1%～100%(高温下使用强氢键催化剂如镍金属时可达 100%)；重质烃(如蜡)的选择性分布在 0%～70%。

表 3-4　一些典型催化剂上的费托合成产物选择性

催化剂	反应器类型	温度/℃	压力/MPa	产物选择性/%											链增长因子 α
				CH_4	C_2H_4	C_2H_6	C_3H_6	C_3H_8	C_4H_8	C_4H_{10}	C_5～C_6	C_7～160℃	160～350℃	>350℃	
Co	浆态床	220	2.0	5	0.05	1	2	1	2	1	8	11	22	46	0.92
Fe	浆态床	240	2.0	4	0.5	1	2.5	0.5	3	1	7	9	17.5	50	0.95
Fe	流化床	340	2.0	8	4	3	11	2	9	1	16	20	16	5	0.70

Anderson 和 Schulz 等根据聚合理论[4]，认为费托合成反应中烃类的生成是单个亚甲基逐步插入的结果，因此烃类的分布服从 Flory 分布规律，后来该模型逐步完善，形成了现在经典的 Anderson-Schulz-Flory(ASF)分布。该理想的产物分布模型假设催化剂表面均匀；各种产物在一个活性中心上生成且不同碳数烃类的链增长速率、链终止速率都与碳数无关，不同碳数产物占全部产物的摩尔分数数学表达式如下：

$$m_n = \alpha^{n-1}(1-\alpha)$$

碳数为 n 的烃质量分数为

$$W_n/n = \alpha^{n-1}(1-\alpha)^2$$

取自然对数，有

$$\ln\frac{W_n}{n} = n\ln\alpha + \ln\frac{(1-\alpha)^2}{\alpha}$$

该模型称为 ASF 碳数分布模型。以 $\ln(W_n/n)$ 对 n 作图，由截距和斜率可求得 α 值，α 值与碳数 n 无关。根据上式，费托合成产物碳数分布与链增长因子 α 的关系见图 3-3。

α 值的大小取决于催化剂和反应条件。对于 Ru、Co、Fe 催化剂，链增长概率 α 值分别为 0.85～0.95，0.70～0.90，0.50～0.90。但加入助剂至催化剂中能改变 α 值，如加入 K_2O、La_2O_3、ZrO_2、Cr_2O_3、MnO_2 等，能提高 α 值。一般而言，反应条件对于 α 值的影响如下：反应温度的升高显著降低 α 值；H_2/CO 比(物质的量之比)降低、压力升高或空速降低能使 α 值增加。在浆态床反应器中，不同的 α 值对应不同的催化剂及反应条件，α 值低，可以生产轻组分油品，如石脑油、汽油、柴油等；α 值高，可生产重组分产品，如蜡等。

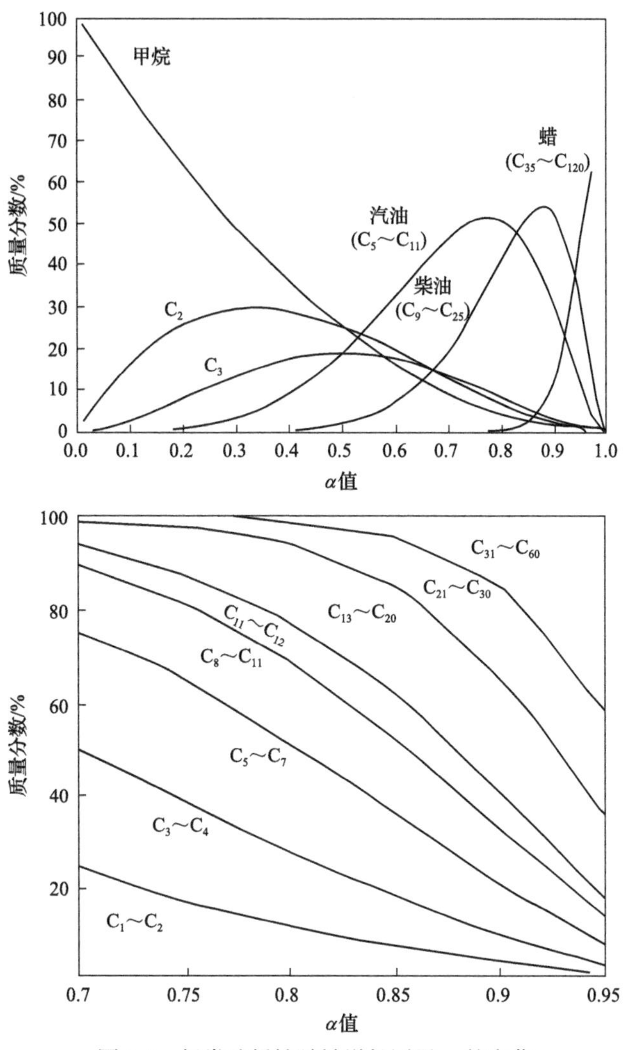

图 3-3 烃类选择性随链增长因子 α 的变化

下面介绍典型的以费托合成蜡为原料生产油品的过程。上海兖矿能源科技开发有限公司在开发出铁基浆态床低温费托合成技术的基础上，为兖矿榆林 100 万 t/a 煤间接液化制油工业示范项目开发了相应的油品加工工艺[3]，见图 3-4。该工艺采用全馏分费托合成油进行稳定加氢处理，加氢处理后的重质馏分油全循环进行异构裂化，生产石脑油和低凝柴油，具有反应条件缓和、体积空速高、柴油产率高和产品质量优异等特点。

油品加工装置的原料为费托合成所产高低温冷凝物、石蜡和低碳烃回收油，原料的性质和组成见表 3-5 和表 3-6。

从费托合成装置出来的高低温冷凝物、石蜡和低碳烃回收装置回收的低碳烃作为粗油品进入油品加工装置。低温冷凝物和高温冷凝物混合后送入脱气塔，塔顶气相物流经富气压缩机提压后，送入吸收解吸塔，脱气塔塔顶液相物流与低碳烃回收油混合后送入稳定塔，塔底物料送稳定加氢处理单元。稳定塔塔顶采出液化气作为产品，塔底轻石脑油送稳定加氢处理单元。

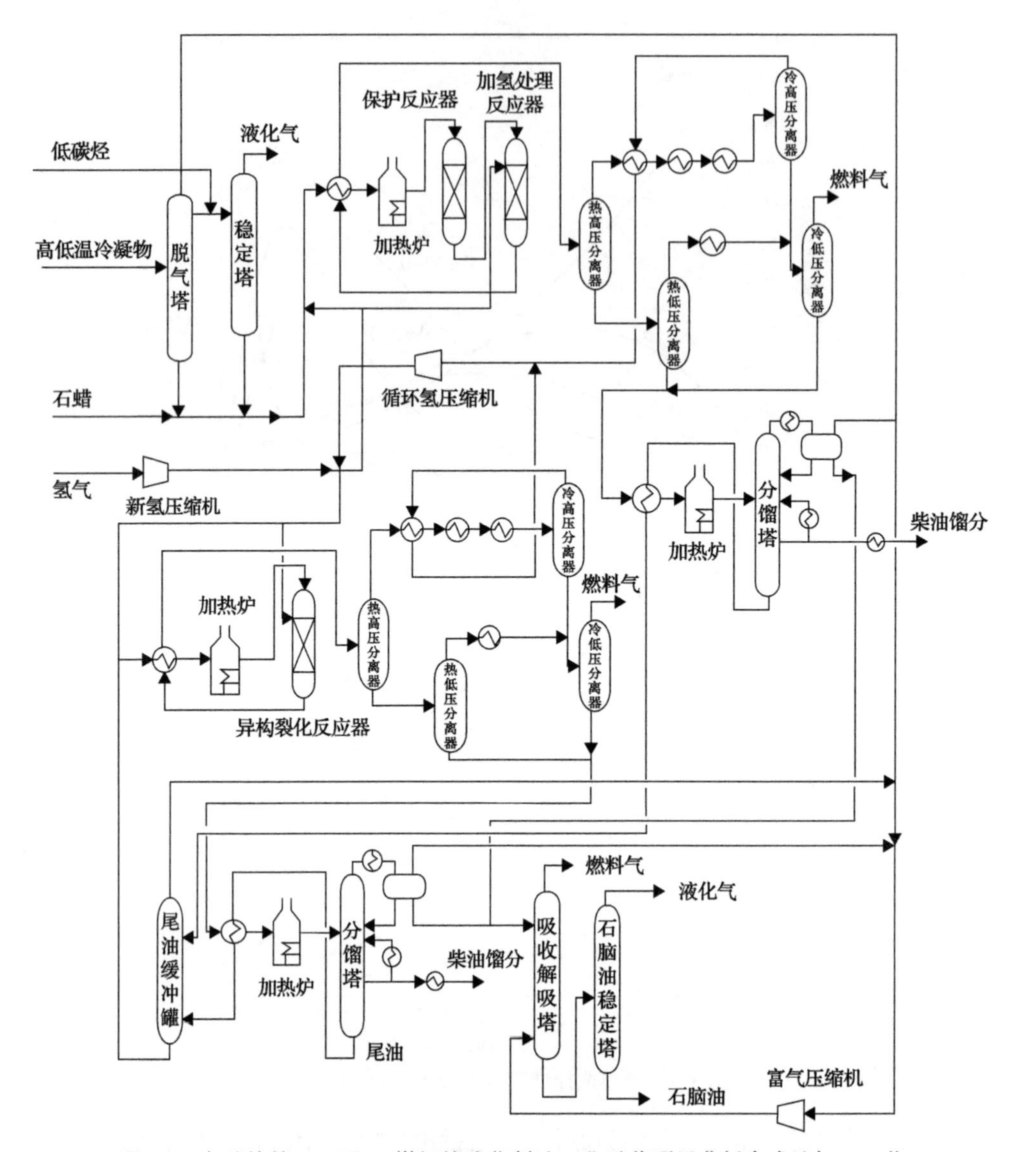

图 3-4　兖矿榆林 100 万 t/a 煤间接液化制油工业示范项目费托合成油加工工艺

表 3-5　高低温冷凝物、石蜡和低碳烃回收油的主要性质

性质	高低温冷凝物	石蜡产品	低碳烃回收油
温度/℃	70.65	119.99	60.86
压力/MPa	0.22	0.22	1.05
摩尔流量/(kmol/h)	397.49	155.04	188.84
质量流量/(kg/h)	57593.95	69578.79	10701.22
物流总焓值/MW	2.33	4.53	0.42
物流比焓/(kJ/kg)	145.43	234.46	140.45

续表

性质	高低温冷凝物	石蜡产品	低碳烃回收油
热值/(kJ/m^3)	271020.31	889028.25	114760.66
分子量	144.89	448.79	56.67
液相体积流量/(m^3/h)	81.46	90.64	20.30
液相热容(等压)/[kJ/(kg·℃)]	2.32	2.53	2.72
液相密度/(kg/m^3)	706.98	767.68	527.2
液相黏度/(mPa·s)	0.45	11.09	0

表 3-6 高低温冷凝物、石蜡和低碳烃回收油的组成

组成	高低温冷凝物		石蜡		低碳烃回收油	
	摩尔分数/%	质量分数/%	摩尔分数/%	质量分数/%	摩尔分数/%	质量分数/%
水	0.38	0.05	0.43	0.02	0	0
氢气	0.03	0	0.17	0	0	0
一氧化碳	0.07	0.01	0.13	0.01	0	0
二氧化碳	0.57	0.17	0.23	0.02	0	0
氩气	0.01	0	0.01	0	0	0
甲烷	0.13	0.01	0.05	0	0	0
乙烯	0.08	0.02	0.01	0	0.08	0.04
乙烷	0.06	0.01	0.01	0	0.24	0.13
丙烯	1.39	0.40	0.08	0.01	28.20	20.94
丙烷	0.44	0.14	0.03	0	8.75	6.81
1-丁烯	2.37	0.92	0.09	0.01	22.90	22.67
正丁烷	1.59	0.64	0.06	0.01	13.15	13.49
1-戊烯	4.31	2.08	0.12	0.02	12.89	15.96
正戊烷	2.10	1.05	0.05	0.01	5.15	6.55
C_6～C_{10}	36.92	28.47	1.00	0.26	8.34	13.13
C_{11}～C_{15}	22.72	28.47	3.44	1.47	0	0
C_{16}～C_{20}	12.04	20.76	11.14	6.45	0	0
C_{21}～C_{25}	3.84	8.40	19.27	13.98	0	0
C_{26}～C_{30}	0.70	1.86	18.40	16.13	0	0
C_{31}～C_{40}	0.11	0.35	23.33	25.58	0	0
C_{41}～C_{50}	0	0.01	11.32	15.95	0	0
C_{51}～C_{62}	0	0	6.16	10.75	0	0
C_{63+}	0	0	4.04	9.25	0	0

续表

组成	高低温冷凝物		石蜡		低碳烃回收油	
	摩尔分数/%	质量分数/%	摩尔分数/%	质量分数/%	摩尔分数/%	质量分数/%
氧气	0	0	0	0	0	0
氮气	0	0	0.01	0	0	0
醇	5.86	4.14	0.28	0.05	0.13	0.10
醛	0	0	0	0	0	0

石蜡、脱气后的高低温冷凝物、轻石脑油三股物料与循环氢混合后，与反应产物换热，然后进入加热炉。加热到反应所需温度后，先进入保护反应器，脱除物料中所含的金属杂质和双烯烃后，再进入加氢处理反应器，进行烯烃加氢饱和及硫、氮、氧等杂质的加氢脱除。稳定加氢反应为放热反应，为有效控制反应过程温升，加氢处理反应器催化剂床层分为三段，在相邻两段床层之间补入冷氢与反应物流换热。

加氢处理反应器出口物流经与原料换热后，进入热高压分离器进行气液分离，热高压分离器出来的气相物流首先与循环氢换热，再经空冷器和水冷器冷却进入冷高压分离器，液相物流经减压后，进入热低压分离器。

冷高压分离器出口的气相物流与来自异构裂化单元的气相物流混合后进入循环氢压缩机，经循环氢压缩机增压后与新补充的氢混合，作为稳定加氢处理单元及异构裂化单元的循环氢和冷氢，将冷高压分离器液相物流引入冷低压分离器。

热低压分离器的气相物流冷却后与来自冷高压分离器的液相物流混合，进入冷低压分离器。热低压分离器的液相物流与来自冷低压分离器的液相物流混合后，经分离塔进料换热器和分离塔进料加热炉加热后，进入加氢处理分馏塔。冷低压分离器的气相物流主要为小分子的烃类和少量氢气，作为燃料气送至燃料气管网。

稳定加氢处理产物在稳定加氢分馏塔内实现分离，塔顶气相物流经富气压缩机增压后送至吸收解吸塔，塔顶液相物流一部分回流，一部分作为粗石脑油采出送至吸收解析塔。柴油馏分由稳定加氢分馏塔侧线采出，一部分作为中断循环取热物流返回分馏塔，一部分经汽提冷却后作为柴油产品。稳定加氢分馏塔底得到的蜡油送入尾油缓冲罐。

尾油缓冲罐中来自稳定加氢的蜡油与异构裂化的循环尾油经泵增压与循环氢混合后，与反应产物换热，再经加热炉加热到反应所需温度，进入异构裂化反应器，将重质烃裂化为轻质烃，异构裂化为放热反应，为有效控制反应过程温升，异构裂化反应器的催化剂床层分为四段，在相邻两段催化剂床层之间补入冷氢与反应物流进行换热。

异构裂化反应器出口物流与原料换热后，进入热高压分离器进行气液分离。从热高压分离器出来的气相物流首先与循环氢换热，再经空冷器和水冷器冷却后，进入冷高压分离器，液相物流经减压后，进入热低压分离器。冷高压分离器出来的气相物流送至循环氢压缩机入口，液相物流送入冷低压分离器。

热低压分离器出来的气相物流冷却后，与冷高压分离器的液相物流混合，引入冷低压分离器。热低压分离器的液相物流与冷低压分离器的液相物流混合后，经异构裂化分馏塔进料换热器和分馏塔进料加热炉后，进入异构裂化分馏塔。冷低压分离器的气相物流主要为小分子的烃类和少量氢气，作为燃料气送至燃料气管网。

异构裂化产物在异构裂化分馏塔内实现分离，塔顶气相经富气压缩机提压后送至吸收解吸塔，塔顶液相一部分回流，一部分作为粗石脑油采出送至吸收解吸塔。柴油馏分由侧线采出，一部分作为中段循环取热物流返回异构裂化分馏塔，一部分经汽提冷却后作为柴油产品，异构裂化分馏塔底部采出的尾油，经换热冷却后送至尾油缓冲罐，循环返回异构裂化反应器。

来自脱气塔塔顶气相物料、尾油缓冲罐气相物流、加氢分馏塔顶气相物流及异构裂化分馏塔顶气相物流经富气压缩机增压后送至吸收解吸塔中部，与来自稳定加氢处理塔及异构裂化分馏塔塔顶的粗石脑油在吸收解吸塔内进行气液逆流接触，进一步回收气相中的烃。吸收解析塔塔顶气相作为燃料气送至燃料气管网，塔底物料进入石脑油稳定塔，塔顶液化气经碱洗脱硫后，得到合格液化气产品，塔底得到石脑油产品。

兖矿榆林100万t/a煤间接液化制油工业示范项目的合成油加工工艺采用柴油选择性高、裂化活性和稳定性好的异构裂化催化剂，柴油收率高。油品加工单元的总物料平衡见表3-7。所得产品中，柴油和石脑油产品的总收率分别为70.34%和22.86%，另有少量液化气。

表3-7　加氢提质装置总物料平衡数据

物料名称		物料量		
		kg/h	t/d	$\times 10^4$t/a
入方	高低温冷凝物	57597.0	1382.33	46.08
	石蜡	69578.8	1669.89	55.66
	低碳烃回收油	10701.2	256.83	8.56
	补充新氢	2027.1	48.65	1.62
	补充硫(以 H_2S 计)	24.0	0.58	0.02
	0.5MPa 汽提蒸汽	4515.7	108.38	3.61
	合计	144443.8	3466.66	115.55
出方	燃料气	1264.4	30.35	1.01
	液化气	9511.9	228.29	7.61
	石脑油	31525.3	756.61	25.22
	轻柴油	30891.0	741.38	24.71
	重柴油	66104.8	1586.52	52.88
	酸性水	5146.4	123.51	4.12
	合计	144443.8	3466.66	115.55

从上面的加工工艺可以看出，以上海兖矿技术为例，目前典型的费托合成蜡加工过程为加氢裂化，走燃料型路线，主要生产柴油和石脑油。另外，神华宁煤、陕西延长石油(集团)有限责任公司等采用中科合成油、中国科学院大连化学物理研究所的费托合成技术，除生产主产品柴油之外，后续的油品加工还结合芳构化、精馏萃取等工艺，能生

产汽油、航煤以及高碳醇产品。总体而言，对于高价值的Ⅲ+类基础油生产过程尚涉足较少，经济性有待改善。目前，国外只有卡塔尔、马来西亚采用 Shell 的技术生产，国内只有潞安集团采用 Chevron 的技术生产，基础油产品包括尾部性能较差(浊点较高)的高黏度基础油在内的总收率不高，基础油产品性能和收率仍有进一步提升的空间。

3.4 高含蜡原料加氢异构制备Ⅲ类基础油工艺

3.4.1 概述

进入 21 世纪，我国社会经济飞速发展，随之而行的环保标准的不断提高和机械工业的持续发展，对润滑油质量提出了更为苛刻的要求，高档润滑油需求量逐年增加。挥发性低、氧化安定性好、低黏度、高黏度指数是当前高档润滑油的发展方向。高档润滑油基础油是润滑油产业链中最重要的一环，从根本上决定了润滑油的节能、环保、高效等各种性能，对润滑油的各项性能起着至关重要的作用。例如，调制 SM 级汽油机油时，Ⅰ类基础油无法满足低温黏度和挥发性的要求，2010 年 ILSAC GF-5 汽油机油标准的实施，对Ⅲ类基础油的需求大幅增长；SAE 15W-40 级柴油机油需用Ⅱ类基础油调制，PC-10、欧Ⅳ标准及 SAE 5W-40 等多级油需要用Ⅱ+或Ⅲ类基础油调制；自动传动液的低温流动性和氧化安定性依赖Ⅱ、Ⅲ类基础油才能实现，Daimler-Chrysler 公司的 MS-9602 已经全部使用Ⅲ类基础油调制。此外，高档多级油的使用比单级油节油 1%～3%，多级发动机油和多级齿轮油联合使用，比单级油节油 2%～4%。随着多级润滑油的发展，市场对 4cSt 和 6cSt 等中质Ⅲ类基础油的需求越来越大。

润滑油基础油生产技术核心是在保持黏温性能的基础上，改善低温流动性。正构烷烃(蜡)黏温性能最好，但凝固点高，低温流动性差。润滑油基础油的生产主要经历了三代技术的发展。第一代技术为溶剂脱蜡，是将蜡与油物理分离，只能生产Ⅰ类基础油，当前世界上依然有较大份额的基础油采用此法生产；第二代为催化脱蜡，主要将蜡裂解为 C_3～C_6 小分子烃类、燃油以及基础油，可以生产Ⅱ类基础油，是国际主流技术；第三代为加氢异构脱蜡，主要将蜡油中的蜡分子加氢异构，通过改变分子构型而不降低分子量的方式改善其低温流动性能，可以用来生产Ⅲ类基础油，目前正迅速发展并逐渐替代前两代技术成为未来主流技术。

3.4.2 国内外技术

全球Ⅲ/Ⅲ+类基础油的主要供应商为壳牌-卡塔尔天然气合成油厂、韩国 SK 公司、韩国 S-Oil 润滑油公司、芬兰 Neste 石油公司与巴林石油公司(Bapco)合资企业 Bapco-Neste 公司，以上公司采用的工艺技术主要来自 Chevron 公司异构脱蜡(isodewaxing, IDW)技术、ExxonMobil 公司选择性脱蜡(Mobil selective dewaxing, MSDW)技术以及 SK 公司加氢裂化尾油(unconverted oil of hydrocr-acking, UCO)处理技术。以下简要介绍国内外主要公司加氢异构脱蜡生产Ⅲ类基础油的相关技术研发和应用历程以及主要技术特点。

1. Chevron 的 IDW 技术

目前，国外最具有代表性的润滑油基础油加氢异构成套技术是 Chevron 的 IDW 技术和 ExxonMobil 的 MSDW 技术，主要目的是生产Ⅱ、Ⅲ类高档润滑油基础油。Chevron 公司是世界上第一个采用包括润滑油加氢裂化—异构脱蜡—加氢后处理全加氢工艺路线生产基础油的公司，而且技术也最为成熟，在世界异构脱蜡技术市场中发展最快。1993 年以来，异构脱蜡技术已经许可给 PetroCanada、Excel、SK、Neste 和中国石油(大庆炼化公司)、中国石化(上海高桥石化公司)等近 20 家公司。

1993 年，Richmond 炼油厂为改变溶剂法生产高黏度指数基础油对原油要求苛刻、产品收率低、质量差的难题，将异构脱蜡工艺首次应用于全氢型加工流程，用劣质的阿拉斯加原油(脱蜡后的减压重质馏分油的黏度指数只有 15)生产出黏度指数 100 左右的基础油。自 1993 年异构脱蜡技术工业应用以后，雪佛龙公司关闭了里奇蒙润滑油厂的溶剂脱蜡装置，将催化脱蜡装置改造为异构脱蜡装置，全部润滑油基础油都通过异构脱蜡装置生产。此工艺除可以加工减压瓦斯油外，还可用溶剂脱沥青油作为原料进行加工。其简要加工流程为减压馏分油(轻馏分)/脱沥青油(重馏分)—加氢处理—常减压蒸馏—异构脱蜡(异构降凝)—补充精制—常减压蒸馏—基础油，如图 3-5 所示。

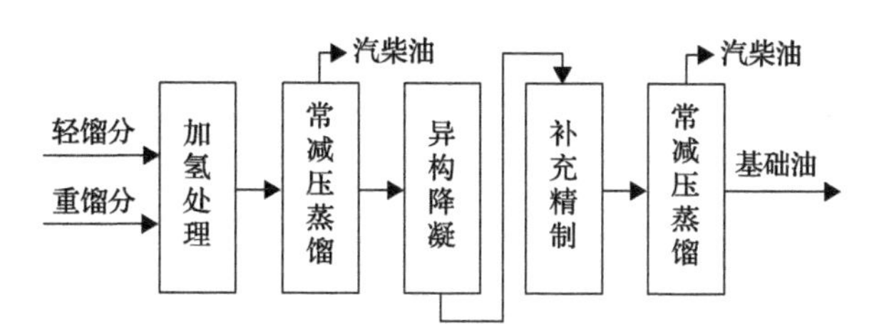

图 3-5 Richmond 炼油厂全氢型异构脱蜡简要加工流程

因为异构脱蜡催化剂的金属组分是贵金属，对原料油中的硫、氮和金属等杂质都非常敏感，所以异构脱蜡的原料必须进行深度脱硫、脱氮、脱金属，芳烃也要尽量饱和，转化为富含异构烷烃的饱和烃，IDW 过程得到的润滑油基础油收率高，黏度指数高，能生产轻、中、重中性油和光亮油，副产物是优质的中间馏分油。基础油产品典型性质见表 3-8。

表 3-8 Richmond 炼油厂基础油产品典型性质

黏度等级	运动黏度/(mm^2/s)		黏度指数	色度/号	倾点/℃	挥发度/%	闪点(开口)/℃	芳烃含量/%
	40℃	100℃						
100R	20.4	4.1	102	<0.5	−14	16	213	<1
220R	41.2	6.4	103	<0.5	−13	3	230	<1
600R	113.0	12.4	101	<0.5	−15	—	270	<1
UCBO4R	19.0	4.1	127	<0.5	−18	2	210	~0
UCBO7R	39.0	7.0	135	<0.5	−18	0	240	~0

注：反应温度 315～400℃，反应压力 6.8～17.2MPa，原料空速 0.3～1.5h^{-1}。

此外，美国 Excel Paralubes 润滑油厂和新星石油公司约瑟港炼油厂的异构脱蜡装置分别于 1996 年和 1998 年相继投产。前者用加氢裂化装置(UOP 设计)的尾油作为原料，通过异构脱蜡/加氢后精制生产Ⅱ类基础油，异构脱蜡段用 Chevron 公司的第一代催化剂；加氢后精制以阿拉伯轻原油的减压瓦斯油(vacuum gas oil, VGO)为原料，经溶剂抽提后的抽余油通过加氢处理—异构脱蜡/加氢后精制，生产Ⅱ类和Ⅲ类基础油，副产气体、石脑油、喷气燃料和柴油，异构脱蜡段用 Chevron 公司第二代催化剂。

目前，世界上工业生产Ⅱ/Ⅲ类基础油的装置 90%都采用这种技术。异构脱蜡的关键技术是催化剂，异构脱蜡催化剂是一种裂化活性缓和、异构化活性很高的双功能催化剂，该公司开发的异构脱蜡催化剂有三种：贵金属/SAPO-11；贵金属/SSZ-32；贵金属/SAPO-11+贵金属/ZSM-23 或 ZSM-5 组合催化剂。目前工业应用的有四代(表 3-9)：第一代 ICR-404 和第二代 ICR-408 催化剂，分别于 1993 年和 1996 年在 Richmond 润滑油厂首次工业化；第三代 ICR-418、ICR-422、ICR-424、ICR-426；第四代 ICR-432。国内的大庆炼化和高桥石化均采用过该公司的第三代异构脱蜡催化剂 ICR-422。其补充精制催化剂主要有 ICR-402、ICR-403、ICR-407、ICR-417，为贵金属/Al_2O_3-SiO_2 体系。

表 3-9 Chevron 公司历代异构脱蜡催化剂

催化剂	主要特征	工业应用时间
ICR-404	第 1 代脱蜡催化剂，柴油为主要副产品，有一定的抗 S、N 能力	1993 年
ICR-408	第 2 代脱蜡催化剂，抗 S、N 能力强，高活性	1996 年
ICR-410	第 1 代改进型，对高含蜡进料有很好的选择性	未见公开报道
ICR-418	第 3 代脱蜡催化剂，提高基础油产率，改善基础油质量	2002 年
ICR-422	第 3 代脱蜡催化剂，高活性，改善收率及基础油质量	2005 年
ICR-424	第 3 代脱蜡催化剂，很高活性，改善收率及基础油质量	2008 年
ICR-426	第 3 代脱蜡催化剂，最高活性	2009 年
ICR-432	第 4 代脱蜡催化剂	2016 年

与第一代 ICR-404 相比，第二代 ICR-408 耐硫、氮能力有所提高，收率和黏度指数进一步提高。第三代催化剂目前已有 5 套工业装置应用。以生产Ⅱ类 150N 中性油为例，ICR-418 与 ICR-408 相比，在得到倾点相同的基础油时，收率提高 1.8%～2.5%，黏度指数提高 2～2.5。ICR-422 与 ICR-418 相比，反应活性提高，反应温度降低 10℃以上，原料适应能力较好，空速有所提高。另外，第三代改进催化剂 ICR-424 于 2008 年 10 月应用于中国石化上海高桥石油化工有限公司，在提高基础油收率的同时，活性也非常好。

2005 年以来，Chevron 公司的 IDW 技术又先后应用于波兰 Glimar 公司、印度 BPCL 公司、中国台湾 CPC 公司、巴西 Petrobras 公司等。另外，有一些使用 IDW 技术的装置在现有催化剂达到使用寿命后，都更换了 IDW 新一代催化剂，甚至有的装置为提高基础油收率，提前更换了 IDW 的新一代催化剂。Chevron 公司推出的最新一代 ICR-432 和 ICR-424 牌号催化剂于 2016 年首次应用于全球Ⅲ类基础油主要生产商之一的 Bapco-

Neste 公司。2016 年 3 月，中海油气(泰州)石化有限公司引进石蜡基润滑油加氢技术建设 40 万 t/a 工业生产装置，异构段催化剂采用 ICR-432 和 ICR-425，以中海油西江原油减压蜡油为原料，生产Ⅱ+类基础油；以减三线蜡油为原料生产 4cStⅡ+产品，收率可达到 64%；以减四线蜡油为原料生产 8cStⅡ+产品，收率可达到 54%，低温性能和其他各项理化指标优异，详见表 3-10。

表 3-10 Chevron 公司异构脱蜡技术主要工业化装置

公司/炼厂	生产能力/(万 t/a)	基础油产品	投产年份
大连恒力石化	60	Ⅱ/Ⅲ类	2019
中海油泰州石化	40	Ⅱ/Ⅲ类	2016
俄罗斯 Taneco Refinery	—	Ⅱ/Ⅲ类	2013
美国 Chevron Pascagoula	100	Ⅱ/Ⅲ类	2013
巴林 Bapco-Neste	40	Ⅲ类	2011
中海油惠州石化	40	Ⅱ/Ⅲ类	2011
俄罗斯 Novokuibyshevsk Refinery	—	Ⅱ/Ⅲ类	2009
巴西 Petrobras	100	Ⅱ类	2008
中国台湾 CPC	25	Ⅱ/Ⅱ+类	2007
韩国 GS-加德士	80	Ⅲ类	2007
中国石化高桥石化	30	Ⅱ/Ⅲ类	2004
波兰 Glimar	—	Ⅱ/Ⅲ类	2003
俄罗斯 Lukoil(3 套)	140	Ⅱ类	2002
印度 BPCL	39	Ⅱ/Ⅲ类	2000
中国石油大庆炼化	20	Ⅱ/Ⅲ类	1999/2004
美国 Excel Paralubes	110	Ⅱ类	1996
加拿大 Petro-Canada	40	Ⅱ/Ⅲ类	1996
美国 Richmond	80	Ⅱ/Ⅲ类	1993

据不完全统计，目前采用 Chevron 公司异构脱蜡技术的有美国、俄罗斯、中国、加拿大、印度、英国、韩国等共 20 套在运行的工业装置，生产能力约 940 万 t/a。

2. ExxonMobil 的 MSDW 技术

ExxonMobil 公司在 Chevron 公司推出 IDW 工艺后，在其催化脱蜡(MLDW)工艺的基础上开发了 MSDW 工艺，于 1997 年首次工业应用。ExxonMobil 公司目前开发的润滑油脱蜡技术包括 MLDW、MSDW、软蜡异构化技术(MWI)，见图 3-6。

MSDW 所用原料是加氢处理过的溶剂精制油、润滑油型加氢裂化油和燃料型加氢裂化油，通过加氢裂化，除去其中的杂质和硫、氮等化合物，并使部分多环、低黏度指数化合物选择性加氢裂化生成少环长侧链高黏度指数化合物，经汽提和蒸馏除去轻质燃料

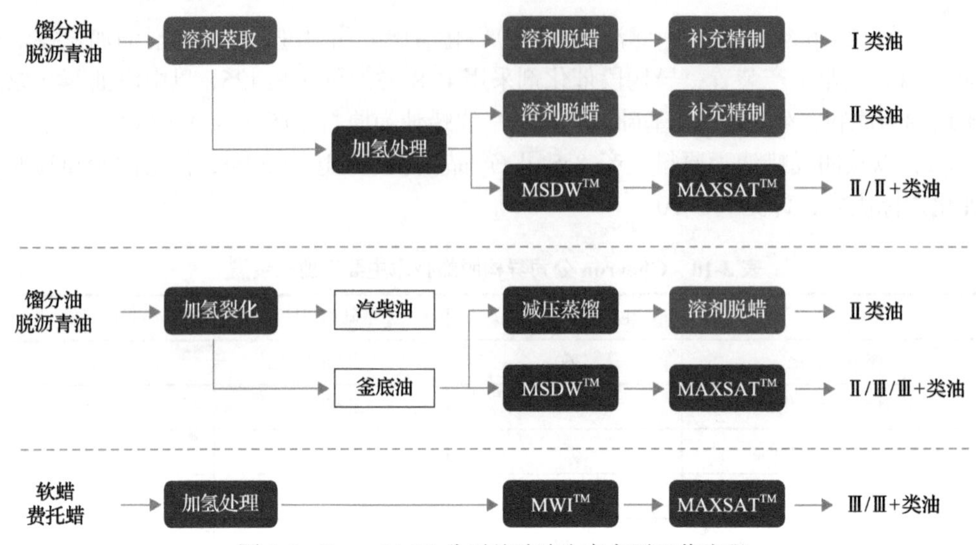

图 3-6　ExxonMobil 公司基础油生产主要工艺流程

油馏分，使含蜡的润滑油馏分进入选择性脱蜡装置，其生成物再通过二段加氢补充精制反应器,使生成油性质进一步加氢稳定。该技术允许原料油含有相对较高的碱性氮和硫，可使原料油加氢裂化或加氢处理的操作条件更有利于提高黏度指数和总收率。

MSDW 技术于 1997 年首次在新加坡 Jurong 炼油厂工业化，可年产Ⅱ类轻中性油(J150)和重中性油(J500)40 万 t。其中 90%的Ⅱ类 J500 基础油，由设在我国天津、太仓、香港的调和厂调制成高档油进入中国市场。Jurong 炼油厂基础油的典型性质见表 3-11。

表 3-11　Jurong 炼油厂基础油典型性质

项目		J150		J500
		Ⅱ类	Ⅲ类	Ⅱ类
运动黏度/(mm^2/s)	40℃	30	35.4	95
	100℃	5.4	6.2	10.8
黏度指数		115	124	97
倾点/℃		–18	–24	–15
Noack 挥发性/%		最大 15	7	3
总芳烃含量(质量分数)/%		＜2	＜2	＜2

和 MLDW 过程相比，MSDW 过程除润滑油收率和黏度指数都高外，副产品中的中间馏分油也较多。但 MSDW 由于催化剂的要求，必须要用纯净原料。若以燃料型加氢裂化尾油作为进料，或润滑油加氢裂化油作为进料，MSDW 过程比 MLDW 过程具有更高的经济效益，但若以溶剂精制油作为原料，由于其中含硫、含氮化合物较多，则要比 MLDW 需要更多的投资。

2006 年，美国 Motiva 公司 Authur 港炼油厂生产Ⅱ/Ⅲ类基础油的装置扩能改造后，生产能力由 110 万 t/a(2.2 万桶/d)扩大到 185 万 t/a(3.7 万桶/d)，异构脱蜡和加氢后精制催化剂都由原 Chevron 公司的催化剂更换为 ExxonMobil 公司的催化剂。韩国 SK 公司为实现蔚山两套润滑油加氢装置扩能以及改善基础油收率，也将现有的催化剂更换为 ExxonMobil 公司 MSDW 催化剂，2006 年 5 月装置开车成功。

ExxonMobil公司在第一代催化剂MSDW-1和第二代催化剂MSDW-2的基础上，2005年又开发出 MSDW 第三代催化剂 MSDW-3，到 2009 年已有 6 套装置应用 MSDW-3 催化剂。值得注意的是，ExxonMobil 公司的异构脱蜡和加氢后精制催化剂都有相对较好的抗氮、抗硫性能，可以降低反应压力。MSDW 催化剂主要采用 Pt/MTT 催化剂，使长链正构烷烃进行加氢异构化反应的同时发生选择性加氢裂化反应。产品收率和黏度指数较 MLDW 工艺均有改善。第二代催化剂 MSDW-2 提高了异构化的选择性，降低了非选择性的裂化活性，使异构化油的收率和黏度指数分别提高 2%和 3，同时使用范围从只能生产 100℃黏度小于 15mm^2/s 的中性油扩大到能生产 100℃黏度为 20～40mm^2/s 的光亮油。第三代催化剂 MSDW-3 与第一代和第二代催化剂相比，提高了原料适应性和处理量，并且催化剂被原料污染后活性可有效恢复，能在保持较高的收率和选择性的同时，大幅提高催化剂的活性和稳定性，详见表 3-12。

表 3-12　ExxonMobil 公司三代 MSDW 异构脱蜡催化剂对比

代次	催化剂牌号	特点	首次应用时间
第一代	MSDW-1	选择性地将蜡异构化成高黏性指数的润滑油	1997
第二代	MSDW-2	降低了非选择性裂化活性，提高了异构化的选择性，使异构化油的收率和黏性指数分别提高 2%和 3；加工范围从中性油拓展到光亮油	1999
第三代	MSDW-3	提高了原料适应性和处理量，催化剂被污染后活性可有效恢复，在保持较高收率和选择性的同时，具有更高活性和稳定性	2005

2011 年，ExxonMobil 公司与 UOP 公司达成战略合作联盟，UOP 公司提供加氢处理段技术，ExxonMobil 公司提供脱蜡段 MSDW 技术和后处理 MAXSAT 技术。有两套装置运行周期超过 12 年，其中 1 套仍在运行中。近期，在 ExxonMobil 公司鹿特丹炼油厂的加氢裂化装置完成扩能，并生产重质Ⅱ类基础油。2018 年 3 月，海南汉地阳光石油化工有限公司(海南汉地阳光)30 万 t/a 润滑油基础油生产装置采用 MSDW 技术，黏度指数为 112，倾点为–25℃，产品性能优异。

据不完全统计，目前采用 ExxonMobil 公司异构脱蜡技术的有新加坡、加拿大、印度、英国、韩国、中国台湾等共 23 套在运行的工业装置，生产能力约 870 万 t/a，详见表 3-13。

表 3-13　ExxonMobil 公司异构脱蜡技术工业化装置

公司/炼厂	生产能力/(万 t/a)	基础油产品	投产年份
海南汉地阳光	30	Ⅱ/Ⅲ类	2018
中国石化燕山石化	45	Ⅱ+/Ⅲ类	2013
印度 Mangalore Refinery	25	Ⅲ类	2010
印度 Bhara	30	Ⅱ/Ⅲ类	2009

续表

公司/炼厂	生产能力/(万 t/a)	基础油产品	投产年份
台塑石化	50	Ⅱ/Ⅲ类	2009
马来西亚 Petronas refinery	30	Ⅲ类	2008
韩国 SK 公司(2 套)	136	Ⅲ类	1997/2004
英国 FAWLEY	10	Ⅲ类	2003
韩国 S-Oil(3 套)	120	Ⅲ类	2002
美国 Motiva Authur(2 套)	185	Ⅱ/Ⅲ类	1998/2000
美国 Baytown	106	Ⅱ类	1999
新加坡 Jurong	80	Ⅱ/Ⅲ类	1997
芬兰 Fortum	25	Ⅲ类	1997

最近 MSDW 技术取得了两项新进展：一是开发了一种能抗较多极性化合物的加氢后精制催化剂(称为 MAXSAT)，即使在有中等含量的极性化合物存在时也能使芳烃得到高度饱和，目前已在几套工业装置上应用；另一个是成功开发了使用软蜡生产高黏度指数Ⅲ类基础油的蜡异构化技术(MWI)，理论上能够加工从轻质中性油到光亮油的各种原料，特别适合于处理高含蜡原料，如软蜡(通常蜡质量分数＞75%)生产超高黏度指数基础油。能与常规溶剂精制(溶剂抽提+溶剂脱蜡)和润滑油加氢裂化装置组合应用。其异构脱蜡催化剂目前已发展到第 2 代 MWI-2，能有效地处理纯蜡，收率高，油品倾点低。

3. 韩国 SK 公司 UCO 技术

韩国 SK 公司和 S-Oil 公司是全球Ⅲ类基础油的主要生产商，S-Oil 公司采用 ExxonMobil 公司 MSDW 技术生产高档润滑油基础油，SK 公司则采用自主研发的润滑油生产技术以 UCO 为原料生产中低黏度、超高黏度指数基础油，牌号为 YUBASE®，其主要工艺流程如图 3-7 所示。通过分馏得到的 UCO，部分循环至加氢裂化单元，部分进入加氢异构装置和补充精制装置，最后经常减压分馏得到产品。该工艺针对润滑油脱蜡单元，通过分区加工应用不同的加氢脱蜡工艺工况，提高了目标产物的选择性。

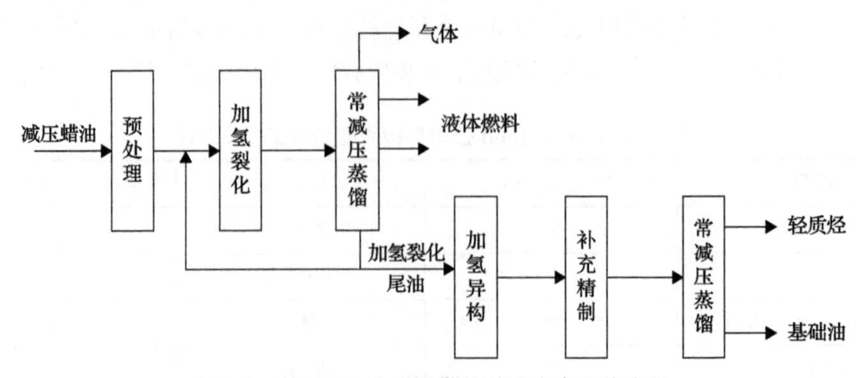

图 3-7 韩国 SK 公司Ⅲ类基础油生产工艺流程

此外，Shell公司的UHVI工艺和Criterion与Lyondell开发的ISO CDW技术也是典型的异构脱蜡-补充精制组合技术。它们都是成套的工艺，有自主研发的基础油加氢异构及补充精制催化剂。

4. 国内技术现状分析

我国从20世纪90年代末开始采取引进国外技术和国内自主开发两种方式发展润滑油加氢异构脱蜡技术(表3-14)。近年来，随着高档润滑油基础油市场供应紧俏、利润空间广阔，大批润滑油加氢装置陆续上马。目前，国内已建成投产的润滑油加氢装置共计34套，总加工能力为1196万t/a。从各公司润滑油加氢装置加工能力所占比例来看，中国石油占10.0%；中国石化占15.1%；中国海洋石油集团有限公司(中海油)占8.4%；地方性炼油厂(地炼)占66.5%。

表3-14 我国已建成投产的润滑油加氢装置

公司	厂家	产能规模/(万t/a)	产品类型	投产年份
中国石油	大庆炼化	20	Ⅱ/Ⅲ	1999
	克拉玛依石化-Ⅰ	30	环烷基	2000
	克拉玛依石化-Ⅱ	30	环烷基	2007
	克拉玛依石化-Ⅲ	40	Ⅱ	2019
中国石化	荆门石化-Ⅰ	20	Ⅱ	2001
	荆门石化-Ⅱ	55	环烷基	2020
	上海高桥石化	30	Ⅱ/Ⅲ	2004
	金陵石化	10	Ⅱ	2005
	济南炼油厂	20	Ⅱ	2008
	燕山石化	45	Ⅱ/Ⅲ	2021
中海油	中海油惠州石化	40	Ⅱ/Ⅲ	2011
	中海油泰州-Ⅰ	20	环烷基	2015
	中海油泰州-Ⅱ	40	Ⅱ/Ⅲ	2015
地炼	海南汉地阳光-Ⅰ	23	Ⅱ/Ⅲ	2011
	海南汉地阳光-Ⅱ	72	Ⅱ/Ⅲ	2021
	河北飞天-Ⅰ	8	Ⅱ	2013
	河北飞天-Ⅱ	35	Ⅱ/Ⅲ	2019
	盘锦北方沥青-Ⅰ	40	Ⅱ	2013
	盘锦北方沥青-Ⅱ	20	环烷基	2013
	山东亨润德石化	20	Ⅱ/Ⅲ	2014
	淄博鑫泰	65	Ⅱ/Ⅲ	2014
	辽宁海化	30	Ⅱ	2018

续表

公司	厂家	产能规模/(万 t/a)	产品类型	投产年份
地炼	山东清源集团-Ⅰ	40	Ⅱ	2015
	山东清源集团-Ⅱ	40	Ⅱ/Ⅲ	2019
	山东黄河新材料	15	Ⅱ	2019
	亚通石化	20	Ⅱ	2018
	潞安集团	60	Ⅲ+	2019
	大连恒力石化	60	Ⅱ/Ⅲ	2019
	河南君恒集团	28	Ⅱ	2019
	辽河石化	40	环烷基	2019
	潍坊石大昌盛	30	Ⅱ/Ⅲ	2019
	山东金诚	60	Ⅱ	2020
	宁波博汇	20	Ⅱ	2020
	盛虹炼化	70	Ⅱ/Ⅲ	2021

上述装置有一半以上能产Ⅲ类基础油，但在实际生产过程中，受限于原料以及加工技术，只有少量的Ⅲ类基础油能顺利生产投入市面，Ⅲ类基础油产量依然不足。我国Ⅲ类基础油市场被 ExxonMobil、BP、Shell 等美欧大跨国公司和韩国、新加坡、俄罗斯、日本的公司抢占了大部分市场份额。在国内技术研究方面，中国石化和中国石油也开展了相关研究工作，并在国内实现了工业应用。

中国科学院大连化学物理研究所与中国石油石油化工研究院从 1999 年开始合作进行异构脱蜡催化剂和成套技术的研究，相继完成了润滑油基础油异构脱蜡工艺开发和专用分子筛及催化剂小试、中试及工业生产的全部研发过程。同时，还配套开发了加氢补充精制催化剂。开发的异构脱蜡系列催化剂包括 PIC802、PIC812 和 WICON-802，补充精制催化剂 PHF-301。其中，PIC802 在与原进口催化剂竞标中胜出，于 2008 年 10 月在大庆炼化 20 万 t/a 异构脱蜡装置实现首次工业应用，并稳定运行四年。应用结果表明，催化剂各项性能明显优于原进口催化剂，重质基础油收率提高 15～21 个百分点。2012 年，性能改进的新型异构脱蜡催化剂 PIC812 在大庆炼化实现二次应用，配套开发的补充精制催化剂 PHF-301 也实现了首次应用。结果表明，新一代异构脱蜡催化剂活性更高、产品结构和收率方面也得到全面提升，气体和石脑油收率降低 3～5 个百分点，基础油收率再提高 4～6 个百分点，整体性能达到国际先进水平。

3.4.3 DICP 高含蜡原料加氢异构制备Ⅲ类基础油技术

本节简要介绍 DICP 高含蜡原料加氢异构生产Ⅲ类基础油的技术研发历程及技术特点。

高含蜡原料加氢异构生产Ⅲ类基础油技术涉及的主要化学反应是长链烷烃加氢异构化反应。长链烷烃加氢异构化可用于改善中间馏分油（喷气燃料和柴油）和润滑油的低温流动性能，该反应的研究源于20世纪50～60年代的加氢异构裂化。加氢异构裂化是为了从重油异构裂化中最大限度地获得中间馏分，以满足喷气燃料的大量需求，该过程是20世纪60年代炼油工业最重要的技术进步之一。

中国科学院大连化学物理研究所是中国第一个专业化的石油研究所，自20世纪50年代初，就对页岩油和煤焦油加氢生产燃料油进行了大量的研究，开发出了页岩油高压固定床液相加氢[5,6]、低温煤焦油高压和中压悬浮床液相加氢等技术，并分别完成了中试和工业试生产。这些工作为后来我国石油炼制加氢催化剂及过程的研发奠定了基础。60年代以后，在与石化部门研究力量有所分工的情况下，中国科学院大连化学物理研究所发挥自身研究优势，仍能不失时机地开发出加氢异构裂化新催化剂和新过程。

1. *石蜡基煤油馏分生产低冰点航空煤油加氢异构化催化剂的研发*

20世纪60年代初，国外切断了对我国航空煤油的供应，我国国防用油告急。大庆油田的开发虽然为我国提供了石油产品自给的条件，但是当时缺乏从高含蜡的大庆石油制取低冰点航空煤油的技术。

在页岩油和煤焦油加氢研究的基础上，林励吾、张馥良和梁东白等于1960年底首次采用加氢异构法从大庆石蜡基直馏煤油制取低冰点航空煤油。烷烃加氢异构化技术的核心是加氢异构催化剂。在临氢和金属/酸双功能催化剂存在的情况下，直链烷烃异构化为异构烷烃的反应按碳正离子机理进行；在反应历程上，加氢异构化反应和加氢裂化反应是经过同一碳正离子中间体的竞争反应。为了提高中间馏分油或润滑油的收率，加氢异构处理重质馏分油时希望尽量减少加氢裂化反应的发生，因此加氢异构催化剂开发的关键是提高催化剂的加氢异构体选择性。

他们在总结大量研究数据的基础上，提出了“电子-酸性催化剂杂交规律”的概念：①金属(电子型组分)和载体(酸性组分)相互作用形成复合中心，组分的原性和杂交过程中的相互作用决定复合中心的催化性能；②载体的酸性越强，越有利于裂解反应，而金属经过杂交过程后，金属的加氢活性增强，催化剂异构化活性提高。如图3-8所示，区域中金属组分从左向右加氢活性渐高，而载体自下而上酸性增强，选择合适的金属

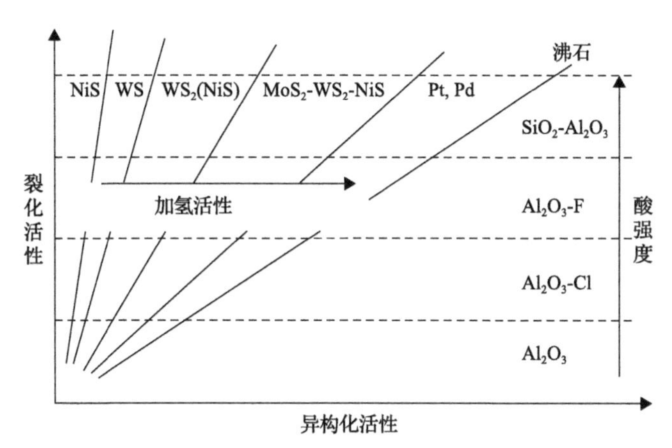

图3-8 加氢异构电子-酸性催化剂杂交的相互作用示意图

和载体组分，通过催化剂制备技术可调控两者相互作用的强弱，从而控制异构和裂解的程度[7,8]。

“电子-酸性催化剂杂交规律”概念的提出为加氢异构化催化剂的研制提供了指导。林励吾等[9]在短时间内成功研究出具有高选择性和高活性的 W、Mo、Ni 及含氟氧化铝载体组成的金属酸性催化剂，在中压条件下对大庆直馏煤油进行加氢异构化处理，可以高收率生产冰点小于–60℃的航空煤油(表 3-15)。该催化剂于 1963 年工业放大制备成功，并于 1964 年完成 40L 固定床反应器长周期运行中试。

表 3-15　不同载体和金属组合催化剂上航空煤油加氢异构化的反应条件和性能

催化剂	操作条件				产物数据			
	P /MPa	*T* /℃	氢油比（体积比）	LHSV /h^{-1}	冰点/℃		收率(＜180℃馏分)/%	蜡含量(＞180℃馏分)/%
					＞130℃馏分	180～240℃馏分		
Ni/SiO_2-Al_2O_3	3	425	1000	0.9	–28	–45	41	51
Ni/Al_2O_3-F	3	430	1000	0.5	–21	–45	13	46
Pt/Al_2O_3-F	3	425	1000	0.5	–39	–45	24	29
Pt/Al_2O_3	3	420	1000	0.5	–30	–45	24	30
Pt/SiO_2-Al_2O_3	3	420	1000	0.5	–46	–45	43	35
Mo-W-Ni/Al_2O_3-F	4	420	1000	0.5	–62	–60	24	13

注：原料为大庆直馏煤油，馏程 200～290℃，冰点–20℃，蜡含量＞40%。LHSV 表示体积空速。

在国际上，20 世纪 50～60 年代，美国高辛烷值汽油的需求增长迅速，各大石油公司大力发展重油加氢转化生产轻质燃料油技术，在吸取催化裂化催化剂和煤焦油高压加氢工艺技术的开发经验基础上，成功开发了加氢裂化技术。其中，美国 Chevron 公司率先于 1959 年宣布其“异构裂化”(isocracking)过程工业化成功[10]。随着炼油技术的发展，相关的催化理论也日渐成熟。1956 年，Weisz[11,12]定义了双功能催化的概念。1964 年，Coonradt 等[13]提出了经典的烷烃在双功能催化剂上的加氢转化机理，即正构烷烃的活化和异构烯烃的加氢饱和都需要在金属位的催化作用下进行；而反应中间体碳正离子的形成及反应过程中 C—C 键的异构和断裂则需要在酸性位上进行，碳正离子的裂化遵循 β -断裂机理。

总体上讲，在当时学术交流匮乏的情况下，中国科学院大连化学物理研究所石油加氢催化剂技术的研究和开发方向与当时国际炼油技术理论和实践的发展基本一致，并因我国国情形成了自身的特色。20 世纪 60 年代，国际上加氢裂化以重油转化生产汽油为目标，要求催化剂裂化活性高，轻油收率高；而中国科学院大连化学物理研究所以生产低冰点中间馏分为目的，对催化剂异构体选择性要求高。由于研发的起点不同，中国科学院大连化学物理研究所其后的加氢催化剂的研发始终重视异构体选择性的提高，并形成烷烃加氢异构化研究传统。

Coonradt 等[13]提出的双功能机理主要描述烷烃转化的反应历程，强调催化剂的金属-酸双功能催化作用。而林励吾等总结的“电子-酸性催化剂杂交规律”描述的是催化剂异构-裂化选择性的来源，强调金属和酸性的相互作用对选择性的影响。两者的化学本质是相同的，从金属-酸双功能催化作用原理可以推出与“电子-酸性催化剂杂交规律”相同的加氢异构-裂化催化剂设计概念。

2. 219 型重油加氢异构裂化催化剂的开发及工业应用

基于加氢异构化研究取得的进展，1963 年中国科学院大连化学物理研究所争取到了国家石油工业部“大庆重油加氢异构裂化生产航空煤油”的研究任务。林励吾和张馥良等根据在加氢异构化研究中总结出的“电子-酸性催化剂杂交规律”，开发出高活性加氢组分与较弱酸性载体结合的高异构化活性催化剂。该催化剂应用于加工大庆油经过加氢精制的高蜡重油，得到了以低凝固点中油为主的加氢产品，实现了 10MPa 下两段加氢异构-裂化流程。为了简化工艺，林励吾、张馥良、萧光琰和李文钊等进一步开发了以大孔径和温和酸性的无定形硅铝为载体，以钨和镍为金属组分的 219 催化剂，并根据反应特征，首创了一种单段加氢异构-裂化的新工艺，即开发出两种性能不同的催化剂(219A 和 219B)并分段装入一个反应器中，上部装入加氢性能强的 219A 催化剂，脱除原料中的氮，下部装入异构化活性高的 219B 催化剂，提高低凝固点的中间馏分油的收率。

在实验室 2L 装置长周期评价成功，并在 40 万 t/a 工业装置设计取得数据后，研究直接进入万吨级半工业试验。219 催化剂在中国石油抚顺石化公司石油三厂完成 80t/a 的工业放大生产(工业牌号 3652)，并以放大生产的催化剂在经过改装的 1.5m^3 反应器的半工业装置中进行示范运行。经过一年的半工业试验，1966 年底，中国自行开发、设计和制造的 40 万 t/a 单段加氢异构裂化装置在大庆炼油厂首次投入生产，开工当天即生产出合格产品。以 219 催化剂处理大庆减压蜡油，可以高收率地生产–60℃低冰点喷气燃料和–35℃低凝柴油(表 3-16)。此后，该技术又相继在石油三厂和燕山石化总厂进行工业应用。我国成为世界上最早掌握单段加氢异构裂化技术，采用无定形催化剂生产喷气燃料和柴油的国家之一[14]。219 催化剂在石化企业连续使用 20 多年，保持了技术和性能的先进性，创造了巨大的经济和社会效益。国际加氢裂化实践的发展证明，20 世纪 60 年代我国加氢异构裂化的研究和工业实践已达到国际先进水平。当时国外加氢裂化主要是为了生产高辛烷值汽油，此时加氢裂化工艺都采用两段工艺；进入 70 年代，喷气燃料和柴油需求迅速增加，加氢裂化工艺也发展出以生产中间馏分油为主的采用无定形催化剂的单段流程，以及灵活的单段串联流程。

表 3-16 219 催化剂与 1985 年我国引进的加氢裂化催化剂运行数据对比

催化剂	操作条件				转化率/%	氢气消耗量/(Nm^3/t)	收率[b]/%		
	P/MPa	*T*/℃	氢油比(体积比)	LHSV/h^{-1}			汽油	航煤[c]	柴油
219	14.4	420	2000	0.92	66	226	18.5	51.2	27.1
参比剂[a]	18.0	415	2100	0.77	60	339	32.7	43.1	21.6

a 1985 年引进的加氢裂化催化剂。

b 一步加氢裂化。

c 冰点<–60℃。

3. 润滑油基础油加氢异构脱蜡催化剂的研发及工业应用

在无定形加氢裂化催化剂开发的同时，国际上也开始了以分子筛为载体的加氢裂化催化剂的研制。含Y型分子筛的加氢裂化催化剂较无定形催化剂活性高，轻油选择性好。20世纪70年代，ExxonMobil公司利用其开发的具有择形裂化功能的对正构烷烃ZSM-5分子筛，相继工业化了中间馏分油（MDDW）和润滑油基础油（MLDW）催化脱蜡催化剂和技术[15]。90年代，Chevron公司开发成功并工业化了以SAPO-11分子筛为载体的贵金属润滑油基础油（isodewaxing）异构脱蜡催化剂和技术[16]。与此同时，ExxonMobil公司也推出了分子筛负载贵金属催化剂的中间馏分油（MIDW）和润滑油基础油（MSDW）异构脱蜡技术[15]。

分子筛的应用推动了加氢裂化-加氢异构化催化剂和机理研究的发展。根据经典的双功能机理，通过调节无定形双功能催化剂金属和酸性的强弱匹配，可以调控其对加氢裂化和加氢异构反应的选择性。而根据分子筛的择形催化性质，ZSM-5分子筛的十元环孔容许正构烷烃进入而排斥支链烷烃（原料择形机理），可以选择性裂化正构烷烃而保留异构烃，因此催化脱蜡处理高含蜡原料收率偏低，且会损失直链烷烃十六烷值高和黏温性能好等优良品质；SAPO-11和ZSM-22等分子筛的十元环一维直孔道的空间约束作用（过渡态择形、孔口催化或锁-钥匙择形等机理[17,18]）限制了双取代和多取代碳正离子的生成，抑制裂化反应的发生，采用贵金属组分可以进一步提高加氢活性，因而异构脱蜡过程特别适合处理高含蜡原料生产低凝固点、高黏度指数的基础油。

20世纪90年代末，中国科学院大连化学物理研究所与中国石油合作开始了分子筛负载的贵金属的基础油加氢异构脱蜡催化剂的研制。田志坚等在传统的双功能催化模型基础上提出了新的双四面体模型指导催化剂研制（图3-9）。基于此模型，田志坚课题组选定了若干十元环一维直孔道分子筛组合，并匹配金属加氢组分，系统地研究了分子筛的合成条件、微孔化学修饰、掺杂原子及酸改性等对催化剂加氢异构化性能的影响。研制了适应大庆石蜡基原料油（PIC802）和克拉玛依环烷基原料油（WICON-802）系列基础油加氢异构脱蜡催化剂。载体分子筛实现 $5m^3$ 反应釜工业放大生产，催化剂完成了升级8000h长周期中型试验。

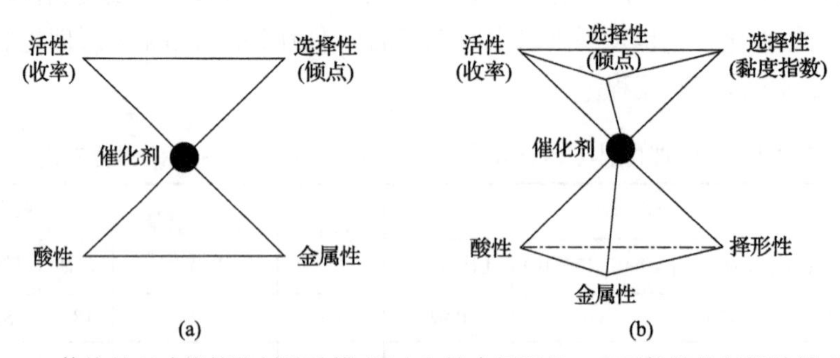

图3-9 传统的双功能催化剂设计模型（a）和结合择形的双四面体催化剂设计模型（b）

经 WICON-802 催化剂处理加氢精制后的克拉玛依环烷基稠油粗减压渣油丙烷脱沥青油，可以高收率生产黏度指数大于80的150BS低凝光亮油（表3-17）。

表 3-17 WICON-802 催化剂加氢异构处理克拉玛依轻脱油中试评价数据

评价数据		克拉玛依环烷基轻脱油
馏程/℃	5%	431
	50%	571
	95%	706
密度(20℃)/(g/cm³)		0.923
倾点/℃		5
运动黏度(100℃)/(mm²/s)		69.5
操作条件	压力/MPa	16
	温度/℃	340
	氢油比(体积比)	800
	体积空速/h^{-1}	0.8
150BS 基础油产品	馏程/℃	＞460
	收率/%	67.3
	倾点/℃	–19
	运动黏度(100℃)/(mm²/s)	31.79
	黏度指数	85

2008 年 10 月，中国科学院大连化学物理研究所与中国石油开发的 PIC802 催化剂在与 Chevron 公司开发的催化剂竞标中胜出，中国石油大庆炼化分公司决定采用 PIC802 催化剂以大庆高含蜡油为原料生产Ⅲ类为主的基础油，PIC802 催化剂得以成功应用于该公司 20 万 t/a 基础油加氢异构脱蜡装置(图 3-10)，一次开车成功，生产出高黏度指数、

图 3-10 中国石油大庆炼化分公司 20 万 t/a 基础油加氢异构脱蜡装置

低倾点的Ⅱ、Ⅲ类基础油，产品质量达到国际先进水平。截至 2012 年 10 月，第一个运行周期共生产基础油 433637.68t，累计创造产值 38.54 亿元，产生利润 14.81 亿元，税收 4.88 亿元，经济效益显著。

PIC802 催化剂处理加氢精制后的石蜡基减二线 200SN 浅度脱蜡油和减四线 650SN 糠醛精制油可分别高收率生产黏度指数大于 100 的中质和大于 120 的重质低凝基础油(表 3-18)。

表 3-18 PIC802 催化剂润滑油基础油加氢异构脱蜡工业运转数据

工业运转数据		200SN 浅度脱蜡油	650SN 糠醛精制油
馏程/℃	5%	409.9	475.4
	50%	461.1	516.2
	95%	504.4	556.1
密度(20℃)/(g/cm^3)		0.8788	0.8678
倾点/℃		0	>60
运动黏度(100℃)/(mm^2/s)		6.645	10.59
操作条件	压力/MPa	13.6	13.6
	温度/℃	320	350
	氢油比(体积比)	600	900
	体积空速/h^{-1}	0.82	0.7
基础油产品	馏程/℃	>400	>420
	收率/%	80	72
	倾点/℃	–21	–18
	运动黏度(100℃)/(mm^2/s)	6.60	10.03
	黏度指数	105	128

工业运转数据表明，优质中质、重质基础油收率分别较 2008 年的国际先进水平提高 6 个百分点(加工 200SN 原料)和 21 个百分点(加工 650SN 原料)(图 3-11)，而且操作条件缓和、催化剂性能稳定，整体水平明显优于当时的国际先进技术。从此解决了中国高档润滑油基础油生产技术难题，实现了石油资源高效利用和炼油工业竞争能力的本质提高。PIC802 加氢异构脱蜡催化剂的工业应用实现了我国加氢生产高质量润滑油基础油的新突破。

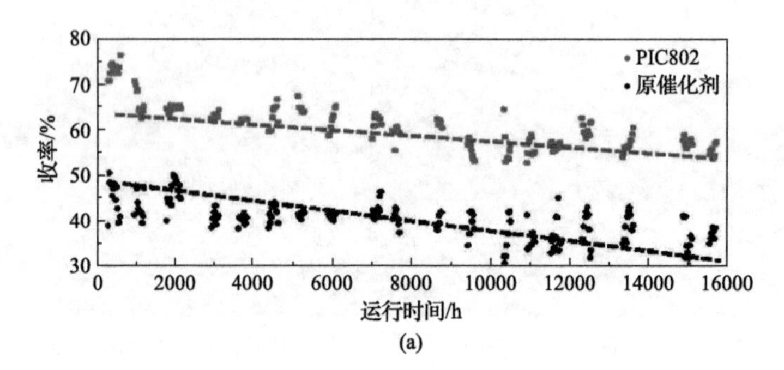

(a)

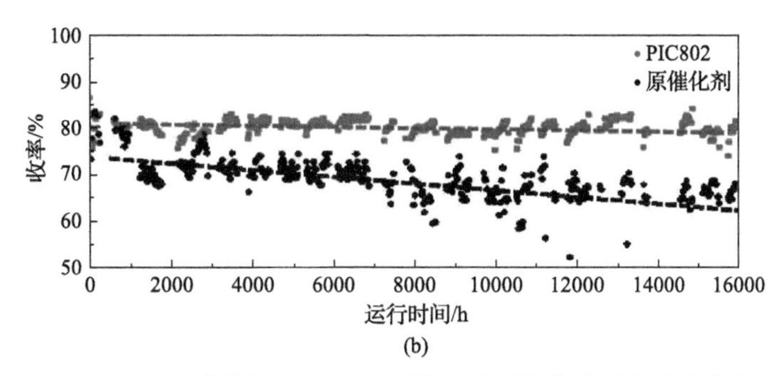

图 3-11 加工 650SN 原料(a)和 200SN 原料(b)时与参比剂基础油收率对比图

在 PIC802 催化剂实现工业应用之后，基于前期的基础研究和 2008～2012 年工业应用实践积累，针对改进方向进行了探索试验，通过调变载体的酸性、微调分子筛孔道结构，成功研发出 PIC812 系列催化剂，改进了异构脱蜡催化剂的综合性能，包括增强反应温度的敏感度、提高降倾点和降浊点能力、改善产品结构及提高处理量等(表 3-19)。

表 3-19 PIC812 催化剂用于 650SN 原料油异构脱蜡的试验结果

催化剂			PIC802	PIC812		
				催化剂 A	催化剂 B	催化剂 C
反应温度/℃			355	355	355	345
反应压力/MPa			12.5	12.5	12.5	12.5
空速/h^{-1}			0.85	0.85	0.85	0.85
氢油比(体积比)			560	560	560	560
物料平衡/%	入方	氢气	0.4	0.4	0.4	0.4
		原料油	100	100	100	100
	出方	气体	7.2	5.4	6.4	6.5
		石脑油收率	11.7	11.3	8.2	10.4
		气体 + 石脑油收率	18.9	16.6	14.6	16.9
		柴油	2.7	2.7	3.5	2.4
		2cSt 基础油	6.5	5.5	6.9	6.1
		10cSt 基础油	72.3	75.5	75.4	75.0
		总基础油	78.8	81.0	82.2	81.0
		总收率	100.4	100.4	100.4	100.4
2cSt 基础油产品性质		倾点/℃	−45	−45	−45	−45
		40℃运动黏度/(mm^2/s)	6.668	9.710	8.640	11.21
		100℃运动黏度/(mm^2/s)	2.012	2.530	2.335	2.760
		黏度指数	86	81	80	79

续表

催化剂		PIC802	PIC812		
			催化剂 A	催化剂 B	催化剂 C
10cSt 基础油产品性质	倾点/℃	–24	–21	–21	–22
	浊点/℃	–4	–4	–3	–5
	闪点/℃	266	268	265	276
	40℃运动黏度/(mm^2/s)	65.27	65.19	65.99	69.94
	100℃运动黏度/(mm^2/s)	9.43	9.407	9.54	9.910
	黏度指数	124	124	125	124
	芳烃含量（质量分数）/%	＜1	＜1	＜1	＜1
	旋转氧弹（150℃）/min	470	475	465	450

2012 年 12 月，PIC812 催化剂成功应用于中国石油大庆炼化分公司 20 万 t/a 基础油加氢异构脱蜡装置，一次开车成功，生产出高黏度指数、低倾点的Ⅱ、Ⅲ类基础油，产品质量达到国际先进水平。与上一代催化剂相比，PIC812 催化剂的进步主要体现在以下方面。

（1）操作条件缓和，装置处理能力增加。处理 200SN 原料油时，进料量从换剂前的 30t/h 提高到 35t/h，装置进料量提高 16.67%；处理 650SN 原料油时，进料量从换剂前的 25t/h 提高到 26t/h，装置进料量提高 4%。

（2）基础油总收率提高。新催化剂 PIC812 初期加工 650SN 原料基础油总收率达 80%，较旧催化剂 PIC802 提高 3%；中期加工 650SN 原料基础油总收率达 73.5%，较旧催化剂 PIC802 提高 1.1%。

（3）催化剂对反应温度的敏感度和降倾点能力增强。使用催化剂 PIC812 后，改善了产品结构，降低了副产品中气体和石脑油的收率。

下面将两次工业应用结果与工业装置原先采用的国际先进技术进行对比分析。从工业运转工艺条件数据（表 3-20）可以看出，在相同处理量条件下，PIC802 催化剂反应温度较参比剂低 6℃，PIC812 反应温度较参比剂低 11℃，自主研发催化剂活性高于参比剂。

表 3-20　工业运行催化剂工艺条件对比数据

项目	PIC812	PIC802	参比剂
进料量/（t/h）	25	25	25
反应压力/MPa	11.8	12.1	12.0
平均反应温度/℃	373	378	384
反应温差/℃	–11	–6	—

从图 3-12 工业运转产品收率及分布数据可以看出，PIC802 催化剂重质基础油（6cSt+10cSt）收率与参比剂相比高 17.5 个百分点，PIC812 重质基础油收率较参比剂高 23.25 个

百分点，总基础油(2cSt+6cSt+10cSt)收率与参比剂相比分别高3.45个百分点和7.83个百分点，自主研发催化剂异构体选择性高于参比剂。同时在气体和石脑油收率方面PIC812催化剂较PIC802催化剂有较大改善，产品分布更加经济合理。

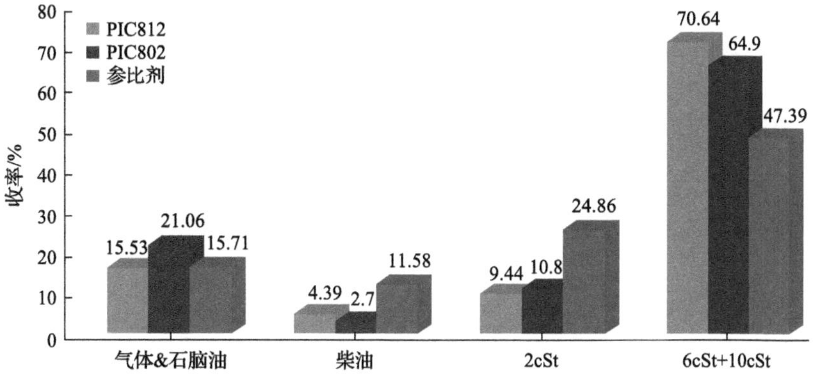

图3-12　工业运行催化剂基础油收率及产品分布对比

DICP高含蜡原料加氢异构生产Ⅲ类基础油技术的成功开发填补了国内空白，解决了我国高档润滑油基础油生产技术难题。催化剂应用以来，高档润滑油基础油年产量达到国产高端润滑油市场份额的1/3，产品应用于各类机械以减少摩擦和延长寿命，实现了石油资源高效利用，促进了节能减排，推动了我国炼油技术的进步，使我国高端润滑油产业竞争能力得到显著提高。该技术的成功工业应用被《科技日报》《新华网》《中国石油报》等媒体以“我国石油炼制获重大技术突破”“润滑油厂里探宝，结束洋催化剂垄断时代”等标题重点报道，还被大连电视台作为专题新闻报道，产生了良好的社会影响。

技术核心专利“一种临氢异构化催化剂及其制备方法”(ZL200510079739.7)荣获2011年第十三届中国专利优秀奖。技术作为唯一的炼油项目入选“2009年中国石油集团十大科技进展”，获得2012年中国产学研创新成果奖、2014年辽宁省技术发明一等奖等科技奖励。

3.5　长链烷烃加氢异构催化反应

长链烷烃加氢异构催化反应是润滑油基础油加氢异构脱蜡的主要反应。根据不同碳链烷烃的应用领域，其可用来提高汽油产品的辛烷值，改善柴油、润滑油等的低温流动性，在传统的石油化工领域具有十分重要的地位；同时，它还可以在煤化工过程如费托合成制油的产品提质，以及生物质催化转化过程如油脂加氢脱氧的产品提质中发挥重要作用。对本章所涉及的费托合成蜡加氢制Ⅲ+类基础油过程来说，该反应是最为核心的反应。认识加氢异构的反应特点、转化机制，掌握加氢异构催化剂的性质对长链烷烃加氢异构性能的影响规律是开发费托合成蜡加氢异构制备Ⅲ+类基础油高性能催化剂及工艺过程的基础。

3.5.1 加氢异构反应热力学

加氢异构和加氢裂化是发生在双功能催化剂上的平行反应，加氢异构是微放热反应，放热量仅为 2～20kJ/mol，加氢裂化是强放热反应，烷烃裂化反应涉及 C—C 键断裂，其反应热为 60～120kJ/mol，为强吸热反应。戊烷和己烷的热力学平衡组成随温度的变化如图 3-13 所示。由图可见，随着温度的升高，异构烷烃的含量逐渐减少，正构烷烃的含量逐渐增加。因此，低温有利于加氢异构化反应，高温有利于加氢裂化反应。

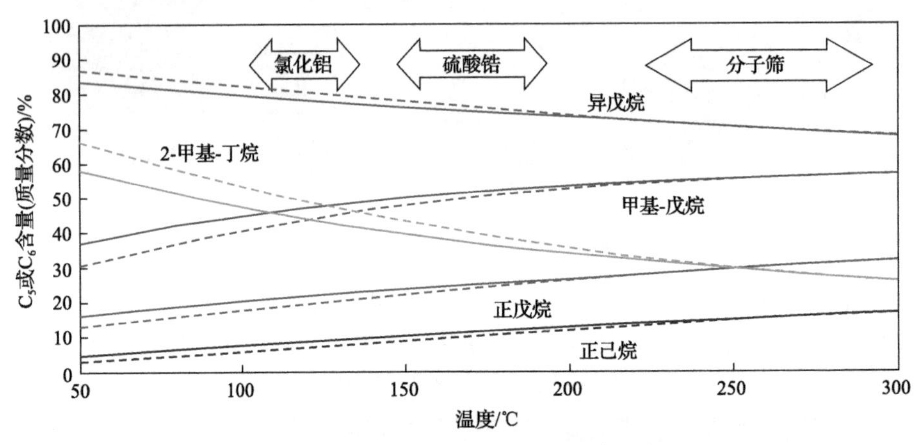

图 3-13 戊烷和己烷的热力学平衡组成

加氢异构反应热不取决于温度的变化和产物侧链数量，主要受取代基位置的影响。正构烷烃异构化生成 2,2-二甲基异构体和生成 2,2,4-三甲基异构体的反应热相当，但生成 3-甲基异构体时的反应热比生成 2-甲基异构体时的反应热小 1/2。

根据 C_6～C_{24} 的烷烃异构化研究结果发现，不同支链位置的单甲基和多甲基存在相似的分布。而且随着反应进一步加剧，如提高反应温度或提高转化率，最终各种位置的异构体分布将达到热力学平衡值，且各种位置甲基异构体的比例逐渐接近[19,20]，如图 3-14 所示。Lv 等[21]研究孔道部分填充对 Pt/ZSM-22 催化剂烷烃异构化性能的影响时

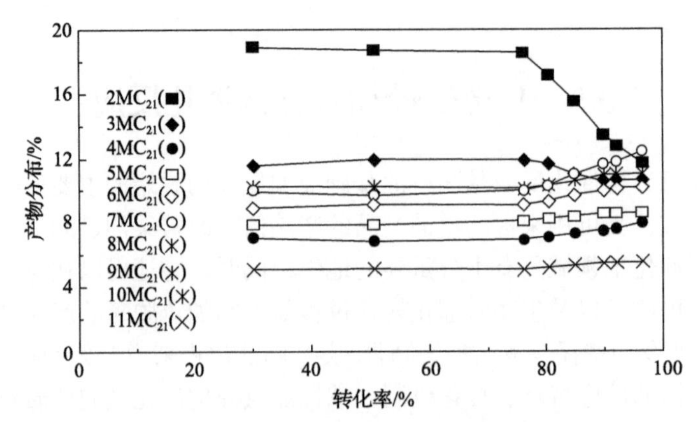

图 3-14 n-C_{22} 单甲基异构体在不同转化率时的分布

M 表示甲基(methyl-)；$2MC_{21}$ 表示 2-甲基-二十一烷

发现，制备的催化剂上各单支链异构体的相对含量在低转化率时差异较大，而随着反应温度的升高，逐渐趋于热力学平衡；当接近100%转化时，两组催化剂上2-甲基十一烷、3-甲基十一烷、4-甲基十一烷和(5+6)-甲基十一烷的质量比(或物质的量之比)约为19:19:22:35。此外，在双支链异构体中也可观察到类似的情况。

这种单甲基异构体或双甲基异构体的分布平衡，不仅在ZSM-22、ZSM-23、SAPO-11等中孔分子筛中存在，在大孔的Y、Beta等分子筛中也存在。Weitkamp[22]探究了在Pt/CaY催化剂上 C_6～C_{15} 烷烃异构化反应产物的支链位置，发现在低转化率时碳数不同的正构烷烃各支链体产物差异较大，而随着反应温度的升高，各支链体的相对含量趋向稳定值，不同碳数下仅存在略微差异。

3.5.2 加氢异构催化剂

早期的烷烃异构化催化剂为液体酸催化剂，如硫酸、液体超强酸等。该类催化剂具有很高的异构化活性，在较低的温度范围内(＜100℃)就可以获得接近平衡的转化率[23]。但是，液体酸催化剂的稳定性不好，选择性较差，而且对设备的腐蚀严重，环境污染较严重，目前已经基本被淘汰。

当前，应用于烷烃异构化反应的催化剂主要为具有加/脱氢功能和异构化/裂化功能的双功能催化剂。加/脱氢功能和异构化/裂化功能又通常称为双功能催化剂的金属性和酸性。双功能催化剂由金属组分和酸性载体组成，其中，金属组分提供具有加/脱氢功能(金属性)的金属中心，酸性载体提供具有异构化/裂化功能(酸性)的酸性中心。双功能催化剂的金属组分可分为两类：一类是单金属或多金属复合体系，如Pt、Pd、Ni和Rh等[24-26]；另一类是过渡金属硫化物体系，如Ni-Mo、Ni-W等硫化物[27,28]。酸性载体可分为三类：第一类是卤化物处理的单金属氧化物或复合氧化物，如卤化物处理的 Al_2O_3[28,29]、SiO_2/Al_2O_3[30,31]等；第二类是固体酸，如 ZrO_2/SO_4^{2-}[32,33]、WO_3/ZrO_2[34-36]；第三类是分子筛，如Y[37]、Beta[38]、ZSM-5[39]、ZSM-12[40]、ZSM-22[21,41]、ZSM-23[42,43]、ZSM-35[42]、ZSM-48[42]、SAPO-11[44-50]、SAPO-31[51]、SAPO-41[17,52]、MeAPO-11[53-58]等。相较于以固体酸或以卤化物处理的氧化物为载体的催化剂，以分子筛为载体的催化剂虽然活性稍低，但在选择性、抗毒性和稳定性等方面均表现出优异的性能。因此，目前关于双功能催化剂的研究和开发主要聚焦于以分子筛特别是一维孔道分子筛为载体的催化剂。

3.5.3 双功能催化剂作用机理

烷烃在双功能催化剂上的异构化/裂化反应遵循经典的双功能机理[12,13,59]，如图3-15所示。

由图3-15可见，正构烷烃在双功能催化剂上的转化按照以下步骤进行：①正构烷烃在金属中心上吸附并发生脱氢反应生成正构烯烃；②正构烯烃从金属中心扩散至酸性中心；③正构烯烃在酸性中心上发生质子化生成碳正离子，然后碳正离子在酸性中心上发生异构化/裂化反应；④异构化的碳正离子在酸性中心上发生去质子化生成异构烯烃；⑤异构烯烃从酸性中心扩散至金属中心；⑥异构烯烃在金属中心上发生加氢反应生成异构烷烃并脱附。

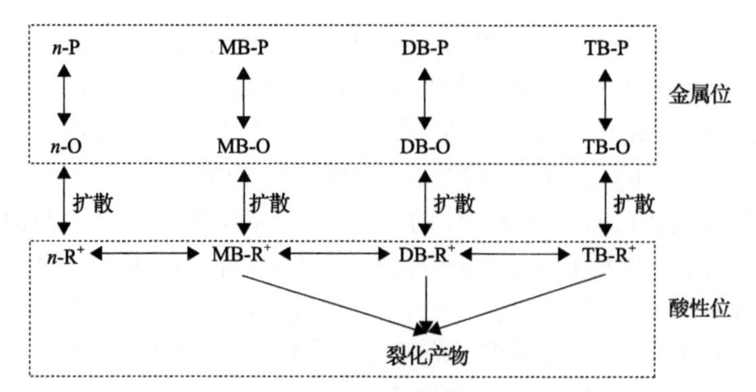

图 3-15 烷烃在双功能催化剂上的反应机理

P 表示烷烃；O 表示烯烃；R⁺表示碳正离子；MB 表示单甲基支链；DB 表示双甲基支链；TB 表示三甲基支链

其中，酸性中心上发生的异构化反应有两种类型：A 型异构化和 B 型异构化[22]。其中，A 型异构化遵循烷基转移或氢转移机理，仅改变碳正离子的支链或正电荷的位置，不改变支链的数目。B 型异构化遵循质子化环丙烷(protonatedcyclopropane，PCP)机理，即碳正离子先形成环丙烷碳正离子中间体，正电荷发生转移后 C—C 键发生断裂，使得碳正离子的支链数目增加或减少[60]。图 3-16 为己基碳正离子发生异构化的所有可能路径：正构碳正离子通过 B 型异构化转化为单支链碳正离子，单支链碳正离子可进一步通过 B 型异构化转化为双支链碳正离子；支链数相同的异构体之间通过 A 型异构化改变支链或正电荷的位置,如 2-甲基戊基-4-碳正离子发生 A 型异构化生成 2-甲基戊基-3-碳正离子。研究表明，A 型异构的反应速率比 B 型异构的反应速率快[61]。

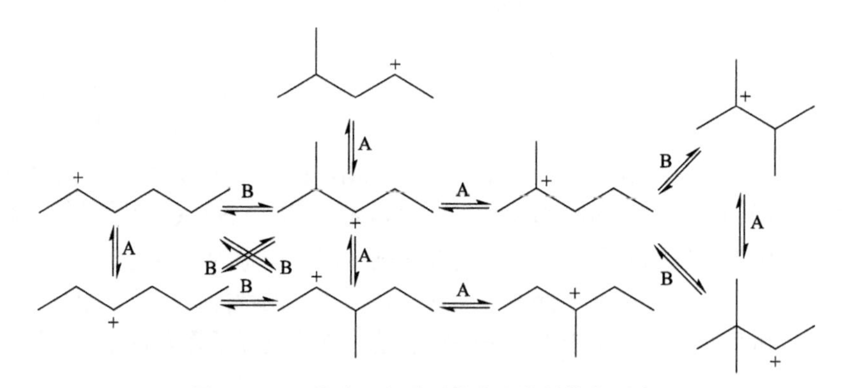

图 3-16 己基碳正离子可能发生的异构化反应

酸性中心上发生的裂化反应遵循 β -裂解机理：带正电荷的碳原子（α 碳原子）与 β 碳原子均进行 sp^2 杂化，随后 β 位的 C—C 键发生断裂，正电荷转移至 γ 碳原子上，生成一个新的碳正离子和烯烃[62]。所生成的烯烃为 α-烯烃，容易在氢气条件下发生加氢反应生成烷烃；新生成的碳正离子可能发生进一步的异构或裂化反应，也可能直接去质子化生成烯烃[63]。Martens 等[64]根据正构烷烃异构化的产物分布将 β -裂解分为五种类型，如图 3-17 所示。其中，A 型裂解是叔碳正离子裂解为新的叔碳正离子和烯烃，其发生需要碳正离子的碳链至少含有 8 个碳原子和 3 个甲基，且其中 1 个甲基在 α 碳上，另两个甲基在 γ 碳上。B_1 型裂解是仲碳正离子裂解为叔碳正离子和烯烃，B_2 型裂解是叔碳正离子裂解为仲碳正离子和烯烃，B_1型和B_2型裂解的发生需要碳正离子的碳链至少含有 7 个碳原子和 2 个甲基。C 型裂解是仲碳正离子裂解为新的仲碳正离子和烯烃，其发生需要碳正离子的碳链含有至少 6 个碳原子和 1 个甲基。D 型裂解是仲碳正离子裂解为伯碳正离子和烯烃，其发生需要碳正离子的碳链至少含有 5 个碳原子。

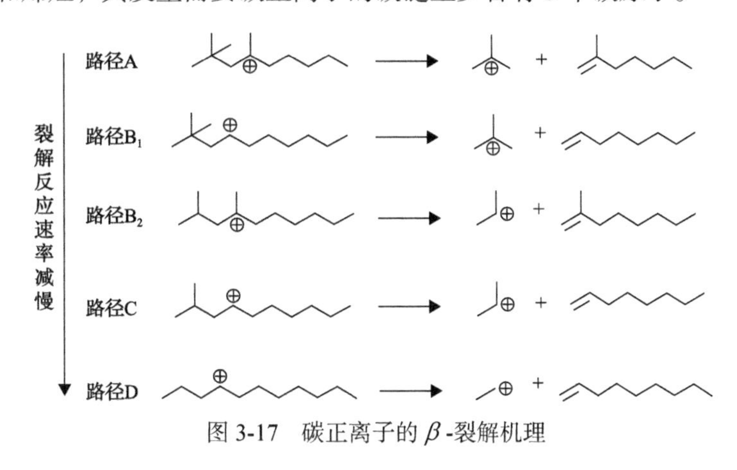

图 3-17 碳正离子的 β-裂解机理

碳正离子是极其活泼的，一旦形成即发生异构化反应或裂化反应。不同类型的异构化和 β-裂解的反应速率不同。Alvarez 等[65]估算了碳正离子发生异构化/裂化反应的相对速率：A 型裂解的反应速率常数是 A 型异构化的 4 倍，是 B 型异构化的 20 倍，是 B_1 和 B_2 型裂解的 50 倍，是 C 型裂解的 1000 倍；D 型裂解几乎无法发生，即酸性中心上发生异构化/裂化反应的相对速率顺序如下：A 型裂解＞A 型异构化＞B 型异构化＞B_1 型裂解≈B_2 型裂解＞C 型裂解≫D 型裂解。

在烷烃异构化中，为获得高的异构体收率，应尽量减少裂化反应的发生。从异构化/裂化反应的相对速率顺序可以看出，叔碳正离子的裂解速率远大于仲碳正离子，而后者又大于伯正碳离子。因此，提高异构体的收率，减少裂化反应的发生，就要尽量抑制高裂化活性的多支链碳正离子的生成。

由于分子筛的孔道尺寸小于多支链碳正离子的尺寸，分子筛的孔道对高裂化活性的多支链碳正离子的生成具有较好的抑制作用[42,66,67]。因此，分子筛催化剂在烷烃异构化中表现出来的择形功能越来越受到重视。

3.5.4 烷烃异构择形催化机理

分子筛的择形催化（shape-selective catalysis）最早由 Weisz 等[68]于 1960 年提出。传统的观点认为，对于分子筛催化剂，催化反应的活性中心位于分子筛的孔道内，因此根据孔道尺寸是否限制反应物分子的进入、反应中间体的形成以及产物分子的逸出，分子筛择形催化机理可分为反应物择形（reactant shape-selective）、过渡态择形（transition state shape-selective）和产物择形（product shape-selective）[67]。图 3-18 为上述三种择形催化机理的示意图。其中，产物择形和过渡态择形常用来解释分子筛催化剂上烷烃的异构化反应和产物分布。

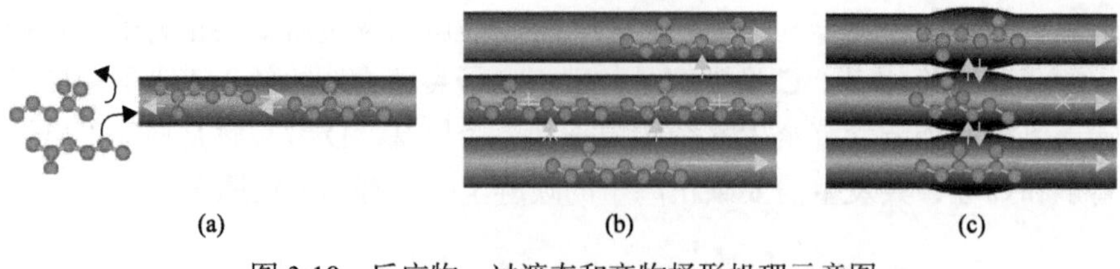

图 3-18 反应物、过渡态和产物择形机理示意图
(a)反应物择形催化；(b)过渡态择形催化；(c)产物择形催化

1. 产物择形

产物择形是指，由于受到分子筛孔道或孔口尺寸的限制，在孔道内或分子筛笼中形成的尺寸较大的产物无法直接从孔道中逸出(图 3-18(c))。这些尺寸较大的产物只有转化为尺寸较小的分子才能从孔道中逸出成为最终产物，否则将堵塞在分子筛的孔道中使分子筛催化剂失活。Schenk 等[69]认为，在一维十元环直孔道分子筛催化剂上，烷烃的异构化遵循产物择形机理。与甲基在碳链中间的异构体(中央甲基异构体)相比，甲基在碳链链端的异构体(端甲基异构体)的分子体积较小，更容易从分子筛孔道中逸出，因此在异构体产物分布中端甲基异构体占优势。Zhang 等[70]研究了 USY、Beta 和 ZSM-12 为载体的催化剂在正辛烷异构化反应中的产物分布，发现孔道尺寸相对较大的 USY 和 Beta 分子筛催化剂上多支链异构体的收率较高，而孔道尺寸相对较小的 ZSM-12 分子筛催化剂上多支链异构体的收率较低。他们认为尺寸较大的多支链异构体在 USY 和 Beta 分子筛孔道中的扩散较在 ZSM-12 分子筛的孔道中的扩散容易。

2. 过渡态择形

过渡态择形主要体现为分子筛的孔道结构对反应中间体生成的空间限制(图 3-18(b))。分子筛的孔道尺寸会抑制体积较大的反应中间体的生成，从而影响产物分布。Maesen 等[71]认为，在一维十元环孔道分子筛催化剂上，烷烃的异构化反应发生在分子筛的孔道内，端甲基异构体的碳正离子中间体的体积较其他甲基异构体的碳正离子中间体的体积更小，因此端甲基异构体的碳正离子中间体容易生成，从而使得端甲基异构体的选择性更高。此外，异构化产物中二甲基异构体的选择性低的原因是二甲基异构体的碳正离子中间体的体积较大，不易在分子筛孔道中形成。

3. 孔口和锁-钥择形

传统的择形催化机理(产物择形和过渡态择形)很难解释清楚长链烷烃在一维十元环直孔道分子筛催化剂上发生异构化反应得到的特殊产物分布：①在单支链异构体中，端甲基异构体的含量高，且对于碳链长度大于 12 个碳的烷烃的单支链异构产物，除端甲基异构体含量最高外，中央甲基异构体的含量也较高，例如，正十七烷的单支链异构化产物中，除 2-甲基十六烷含量最高外，5-、6-和 7-甲基十六烷的含量也较高[19]；②在多支链异构体中，相邻两个甲基之间相距 3 个以上亚甲基的多支链异构体占据优势，二甲基异构体含量低，例如，正十七烷的多支链异构体主要为 2,7-、2,8-、2,9-和 2,11-二甲基十五烷[72]。为此，Martens 等[72-78]对一维十元环直孔道分子筛催化剂 Pt/ZSM-22 和 Pt/ZSM-23 上的烷烃吸附数据以及烷烃异构化产物分布进行分析，提出了孔口和锁-钥择形（pore mouth and key-lock shape-selective）机理（图 3-19）。

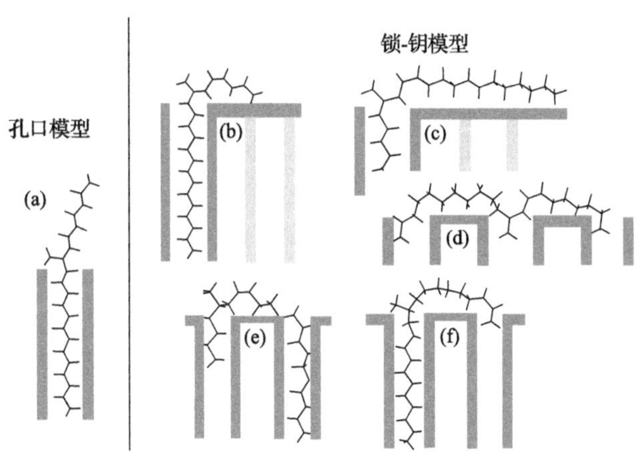

图 3-19 孔口和锁-钥择形机理模型

孔口和锁-钥择形认为，支链烷烃的尺寸太大，其相应的碳正离子无法在分子筛孔道内形成，因此异构化反应只能发生在空间限制作用相对较小的孔口区域。在异构化反应中，烷烃分子部分插入分子筛孔道内，而未穿过孔道。由于分子筛孔道内较强的吸附势，烷烃分子的碳链会尽可能长地插入分子筛孔道内；烷烃的异构化反应发生在分子筛孔口附近的酸性中心上，支链在孔口附近的碳上生成，从而得到端支链异构体，这称为孔口择形机理（图 3-19（a））。而对于碳链长度大于 12 个碳的正构烷烃，其在分子筛孔道内的扩散速率较慢；在异构化反应过程中，长链正构烷烃的两端分别插入相邻的孔道中，而异构化反应发生在其中的一个孔道的孔口，从而得到中央支链异构体，这称为锁-钥择形（图 3-19（b）～（f））[72]。同时，锁-钥择形还可以很好地解释多支链异构体的形成：在单支链异构体进一步发生异构化生成多支链异构体的过程中，单支链异构体的支链插入一个孔道中，未含有支链的链端插入相邻的孔道中；异构化反应发生在未含有支链的链端孔口处，从而得到双支链异构体，且两个支链之间的距离不小于分子筛孔壁的厚度[72,78]。虽然孔口和锁-钥择形机理很难被直接证实，但通过动力学模拟[73,79]和烷烃吸附试验[76]得到的烷烃在分子筛孔道内外的扩散系数、吸附焓等结果证实了其真实性。Wiedemann 等[80]采用可见显微光谱和荧光显微镜（visible micro-spectroscopy and fluorescence microscopy）技术观测到，造成 Pt/FER 在油酸异构化反应中失活的积碳主要分布在分子筛孔口附近，这表明油酸的异构化反应主要发生在分子筛的孔口附近，进一步证实了孔口和锁-钥择形。

通过以上择形机理可以看出，与传统择形机理（产物择形、过渡态择形）相比，孔口和锁-钥择形的特点在于异构化反应发生在空间限制作用相对较弱的孔口区域，而非分子筛的孔道内。虽然目前的研究较难确定烷烃在分子筛催化剂上究竟按照何种择形机理进行异构化反应，但可以肯定的是，分子筛的孔道结构提供的择形功能可抑制高裂化活性的多支链碳正离子的生成，控制异构化反应的方向，从而减少裂化反应的发生，提高异构体选择性。

3.5.5 双功能催化剂加氢异构性能的影响因素

根据正构烷烃在双功能催化剂上的反应机理，正构烷烃在催化剂表面的转化主要经历三个化学反应步骤和两个扩散步骤，化学反应步骤包括金属中心上的烷烃脱氢反应和烯烃加氢反应以及酸性中心上的异构化/裂化反应，扩散步骤包括正构烯烃从金属中心扩散至酸性中心和异构烯烃从酸性中心扩散至金属中心。同时，异构化反应的方向和烯烃的扩散均可能受到分子筛孔道结构的影响[81,82]。例如，一维十元环直孔道分子筛催化剂上单甲基异构体容易生成，而多甲基异构体的生成受到抑制；烃分子在分子筛孔道内扩散的类型属于构型扩散，孔道对烃分子的扩散具有较强的限制作用。因此，从化学反应步骤的角度，双功能催化剂的异构化性能受催化剂的金属性(金属种类、负载量和分散度等)、酸性(酸种类、酸量和酸强度等)、孔道结构等因素影响。从烯烃扩散步骤的角度，双功能催化剂的异构化性能则受金属中心与酸性中心的距离以及分子筛孔道长度等因素影响[26,83-87]。

1. 金属性的影响

在烷烃异构化反应中，催化剂的金属性不仅能保证烷烃脱氢反应和烯烃加氢反应的进行，提高催化剂的反应活性和异构体选择性，还能抑制积碳的生成，提高催化剂的稳定性。双功能催化剂的金属性与金属的种类[24,78]、负载量[25,88,89]以及分散度[90-97]等因素相关，常用的金属有 Pt、Pd、Co、Mo、Ni 和 W 等[97]。Braun 等[24]将 Pt、Pd、Ru、Rh、Ir、Re 和 Ni 等金属分别负载于 Y 分子筛上考察金属的种类对异构化性能的影响。结果表明，负载 Ir 和 Re 的催化剂反应活性和异构体选择性都很差；负载 Ru 和 Rh 的催化剂氢解反应剧烈；负载 Ni 的催化剂反应活性最高但异构体选择性最差；负载 Pd 的催化剂异构体选择性较高但活性一般；负载 Pt 的催化剂具有较高的反应活性和异构体选择性。将 Pt、Pd 和 Ni 等金属负载于 SAPO 分子筛或 MCM-41 分子筛上，采用正癸烷异构化反应为模型反应，结果发现：负载 Pt 和 Pd 的催化剂相较于负载其他过渡金属的催化剂具有高的异构体选择性[89,91]。Höchtl 等[25,88]考察了 Pd/SAPO 催化剂上 Pd 的负载量对正庚烷异构化反应的影响，发现当 Pd 的负载量小于 1%(质量分数，下同)时，催化剂的反应活性随着 Pd 负载量的提高而升高，而当 Pd 的负载量大于 1%时，Pd 负载量的变化对催化剂的反应活性无明显的影响。杨晓梅[93]发现，当 Pt 含量低于 0.5%(质量分数，下同)时，Pt/MgAPO-11 上正十二烷的转化率随着 Pt 含量的增加而提高，当 Pt 含量超过 0.5%时，增加 Pt 的含量，催化剂上正十二烷的转化率几乎不发生变化，不过氢解产物 C_1、C_2、C_{10} 和 C_{11} 在裂化产物中的含量逐渐增加。Wang 等[90]考察了以 H_2PtCl_6、$Pt(NH_3)Cl_2$ 和 $Pt(NO_3)_2$ 为前驱体制得的 Pt/ZSM-22 在正十六烷异构化反应中的催化性能，发现以 H_2PtCl_6 前驱体制备的 Pt/ZSM-22 催化剂的 Pt 分散度最高，其反应活性和异构体选择性也最高。Elangovan 等[91]发现 Pt-Pd/MCM-41 在正癸烷异构化中显示出比 Pt/MCM-41 高的反应活性和异构体选择性，这主要归因于 Pd 的加入提高了 Pt 的分散度。

由此可见，具有高加/脱氢性能、低氢解性能的 Pt 和 Pd 是双功能催化剂较理想的金属组分。同时，良好的金属分散度和合适的负载量是保障异构化催化剂在烷烃异构化反应中表现出高的活性和异构体选择性的必要条件。

2. 酸性的影响

异构化反应中，碳正离子异构化/裂化反应在酸性中心上发生。双功能催化剂的酸性与分子筛载体的酸种类、酸量和酸强度相关[70,94-96]。分子筛载体上有 Brønsted 酸(B 酸)和路易斯酸(Lewis 酸，L 酸)两种类型的酸性中心。研究表明，催化烷烃异构化/裂化反应的酸性中心是 B 酸[95]。催化剂的酸量越大，其在烷烃异构化反应中的活性越高。Wang 等[48-50]通过调控 SAPO-11 中的 Si 含量系统地研究了酸量对 Pt/SAPO-11 在正十二烷异构化反应中催化性能的影响。结果表明，Pt/SAPO-11 的反应活性随着 Si 含量的增加先增强后减弱。当 Si 含量较低时，Si 主要以 1 个 Si 取代 1 个 P 的方式进入分子筛骨架产生 B 酸，随着 Si 含量的增加，B 酸量逐渐增加，Pt/SAPO-11 的反应活性增加；而当 Si 含量较高时，Si 以 2 个 Si 同时取代 1 对 P+Al 的方式进入分子筛骨架，这种取代方式不能形成 B 酸，而在分子筛中形成 Si 岛，且随着 Si 含量的逐渐增加，Si 岛越来越大，B 酸量下降，导致 Pt/SAPO-11 的反应活性降低。与裂化反应相比，异构化反应的活化能较低，因此发生异构化反应所需要的酸强度低于发生裂化反应所需要的酸强度。酸强度越高，越容易导致裂化反应的发生[87]。Tao 等[54]通过将采用环氧丙烷引入初始凝胶体系，并通过浸渍糠醇等步骤形成磷酸镁铝凝胶-碳的复合体，通过干胶法制得 MgAPO-11 分子筛。研究发现，在杂原子 Mg 磷酸铝分子筛的合成过程中，由于 Mg^{2+}取代部分 Al^{3+}进入磷酸铝分子筛骨架，P 原子的化学环境发生改变，形成 P(4Al, 0Mg)、P(3Al, 1Mg)、P(2Al, 2Mg)以及 P(1Al, 3Mg)的化学环境，介孔碳的引入促使 Mg 掺杂进入 AEL 分子筛骨架，形成较多 P(3Al, 1Mg)结构，赋予 MgAPO-11 更多的中等强度酸性位，在正十二烷加氢异构中，可以获得更高的异构化活性及选择性。Taylor 等[97]对比了以 SAPO-11、USY、ZSM-5 与 Beta 分子筛为载体得到的四种催化剂在正十六烷异构化反应中的催化性能。结果表明，Pt/SAPO-11 表现出最高的异构体选择性，这主要归因于 SAPO-11 较弱的酸强度抑制了裂化反应的发生。Alvarez 等[65]通过改变 USY 分子筛的硅铝比(SiO_2/Al_2O_3 物质的量之比)系统地研究了酸强度对 Pt/USY 催化剂的异构化性能的影响，也发现了类似的结果：酸强度越高，碳正离子中间体发生裂化反应的可能性越大，从而使得裂化产物增多。Liu 等[98]发现 Fe 掺杂可以明显降低 ZSM-22 的酸强度，酸强度较弱的 Pt/Fe-ZSM-22 在正十二烷异构化反应中体现出了较高的异构体选择性。较弱的酸强度虽有利于提高催化剂的异构体选择性，但会降低催化剂的反应活性。例如，与酸强度较高的硅铝分子筛催化剂相比，酸强度较低的磷酸硅铝分子筛催化剂在正构烷烃中表现出较高的异构体选择性和较低的反应活性。因此，为兼顾催化剂在烷烃异构化反应中的反应活性和异构体选择性，提高中等强度酸性中心的酸量是较为合理的选择。

3. 金属性与酸性平衡的影响

在烷烃的异构化反应中，烷烃脱氢和烯烃加氢反应的进行需要催化剂的金属性，异构化/裂化反应的进行需要催化剂的酸性，金属性与酸性的平衡对双功能催化剂的反应活性、异构体选择性和稳定性具有十分重要的作用[65,99-101]。金属性和酸性的平衡可以采用金属中心的数量(C_M)与酸性中心的数量(C_A)的比值(C_M/C_A)表示[65,102]。其中，金属中心的数量可通过 TEM、CO 化学吸附或 H_2 化学吸附测得，酸性中心的数量可以通过碱性分子(氨、吡啶等)吸附测得[102]。Alvarez 等[65]通过改变金属组分 Pt 的负载量(0.02%～1.5%(质量分数))和硅铝比(3～35)系统地研究了金属性与酸性的平衡对 Pt/HY 在正癸烷异构化中催化性能的影响。当 $C_M/C_A<0.03$ 时，催化剂的反应活性和异构体选择性随着 C_M/C_A 的增大而增强，这表明金属中心上的加/脱氢反应为控速步骤；当 $C_M/C_A>0.03$ 时，催化剂的反应活性随 C_M/C_A 的增大无明显变化，这意味着酸性中心上的异构化/裂化反应为控速步骤。当催化剂的反应活性和异构体选择性不随 C_M/C_A 的变化而变化时，可认为催化剂的金属性与酸性达到平衡。Galperin[103]采用硫化物和氮化物分别毒化 SAPO 基催化剂上的金属中心与酸性中心，考察金属性与酸性的平衡对催化剂异构化性能的影响。结果显示，与未处理的催化剂相比，硫化物毒化的催化剂活性和选择性都明显下降，氮化物毒化的催化剂活性下降、选择性提高。硫化物处理减少了金属中心的数量，削弱了催化剂的加/脱氢能力，破坏了金属性与酸性的平衡，使得反应活性和异构体选择性降低。氮化物处理减少了酸性中心的数量，使得反应活性下降；而在该条件下，催化剂上的加/脱氢能力相对较强，有利于烯烃中间体的加氢饱和，从而减少了裂化反应的发生，使得异构体选择性提高。Weitkamp[59]认为，金属性与酸性处于平衡时，催化剂上较高的加/脱氢能力使得正构烯烃中间体的浓度足够高。正构烯烃可以通过竞争吸附的方式快速地置换酸性中心上的异构化碳正离子，后者去质子化后形成的异构化烯烃容易被加氢饱和得到异构烷烃，因此催化剂具有较高的异构体选择性。而当金属性不足以平衡酸性时，酸性中心上的异构化碳正离子容易发生进一步的异构化甚至裂化反应，使得催化剂的异构体选择性较低。综上所述，调控金属中心与酸性中心的数量，使催化剂的金属性和酸性达到平衡是获得异构化性能优异的双功能催化剂的必要措施。

4. 孔道结构的影响

分子筛在反应中的择形功能取决于其孔道结构及尺寸与反应物、中间体和产物的结构及尺寸的匹配程度[67]。表 3-21 列出了常应用于烷烃异构化反应中分子筛的孔道结构。Roldán 等[99]考察了大孔分子筛 Beta、Mordenite 和 USY 为载体的催化剂在正庚烷异构化反应中的催化性能，发现 Pt/Mordenite 催化剂的异构体选择性最低，这归因于 Mordenite 的侧袋结构延长了反应中间体在分子筛孔道内的停留时间，使得裂化反应增多。Martens 等[104]考察了 Pt/USY、Pt/ZSM-5 和 Pt/ZSM-22 催化剂的正癸烷异构化性能。结果显示，Pt/USY 在中等转化率(40%～50%)下，具有较好的异构体选择性，但随着转化率的进一步升高，异构体选择性明显下降；Pt/ZSM-5 催化剂上异构化产物较少，主要是裂化产物；Pt/ZSM-22 在较高的转化率(80%)下，仍具有很高的异构体选择性(90%)。他们认为，与 Pt/ZSM-5 和 Pt/ZSM-22 相比，Pt/USY 的孔道尺寸较大，对高裂化活性的多支链中间体的生成无明显的限制作用，导致异构体选择性下降；ZSM-5 的三维孔道交叉处的空间较大(0.9nm)，为高裂化活性的多支链碳中间体的生成提供了空间，但由于 ZSM-5 狭窄的孔道，生成的多支链碳中间体难以从孔道中脱附，而只能在孔道中发生裂化反应；Pt/ZSM-22 的一维十元环直孔道可抑制高裂化活性的多支链中间体的生成，催化剂上裂化反应较少，异构体选择性较高。Mériaudeau 等[17]考察了具有一维直孔道结构的 SAPO-11(0.39nm×0.63nm)、SAPO-31(0.54nm×0.54nm)和 SAPO-41(0.70nm×0.43nm)三种分子筛催化剂在正辛烷异构化反应中的催化性能，发现三种分子筛催化剂均具有较高的异构体收率，但由于孔道尺寸的差异，Pt/SAPO-41、Pt/SAPO-31 和 Pt/SAPO-11 的异构体选择性依次降低，这主要归因于 SAPO-11 分子筛的孔道尺寸较小，限制了碳正离子中间体的扩散，延长了中间体在孔口附近的停留时间，增加了发生裂化反应的可能性。

表 3-21 常应用于烷烃异构化反应中的分子筛的孔道结构

分子筛拓扑结构	分子筛	孔道结构
FAU	Y，USY	〈111〉12 7.4×7.4***
BEA	Beta	〈100〉12 6.6×6.7** 〈-〉[001]12 5.6×5.6*
MFI	ZSM-5	{[100]10 5.1×5.5 〈-〉[010]10 5.3×5.6}***
MTW	ZSM-12	[010]12 5.6×6.0*
MOR	Mordenite	[001]12 6.5×7.0* 〈-〉[001]8 2.6×5.7**
TON	ZSM-22	[001]10 4.6×5.7*
MTT	ZSM-23	[001]10 4.5×5.2*
AEL	SAPO-11	[001]10 4.0×6.5*

注：“***”、“**”、“*”分别表示三维、二维和一维孔道；“-”表示具有交叉孔道的特征。

分子筛孔道的择形功能可控制异构化反应的方向。在烷烃异构化反应中，利用分子筛孔道的择形功能抑制高裂化活性的多支链中间体的生成是获得较高异构体选择性的关键。一维十元环直孔道的孔道尺寸约为 0.5nm，与单支链烷烃的尺寸(如 2-甲基庚烷的动力学直径约为 0.56nm)相当，而明显小于多支链烷烃的尺寸(如 2,3-二甲基己烷的动力学直径约为 0.7nm)，对高裂化活性的多支链异构体的生成具有较好的抑制作用。因此，具有一维十元环直孔道的分子筛(ZSM-22、ZSM-23、SAPO-11、SAPO-41 等)是双功能催化剂载体的合适选择。

5. 孔道长度的影响

分子筛的孔道在带来择形功能的同时，也会带来扩散问题：烃分子在分子筛孔道内的扩散属于构型扩散，受孔道的扩散限制较强。而烯烃中间体在金属中心与酸性中心之间的扩散是烷烃异构化反应中的必要步骤。若烯烃中间体的扩散速率比金属中心上加/脱氢反应的速率和酸性中心上异构化/裂化反应的速率慢，则烯烃中间体的扩散为异构化反应的控速步骤。在此情况下，催化剂的异构化性能将主要取决于影响烯烃中间体扩散的因素。研究表明，缩短分子筛孔道的长度可缩短烯烃中间体的扩散路程，减少分子筛孔道的扩散限制，有利于提高烯烃中间体的扩散性能，从而提高催化剂的反应活性和异构体选择性[82,105-107]。

Lv 等[21]通过控制焙烧程序的方式实现分子筛载体部分脱模/积碳，制得孔道部分填充的 Pt/ZSM-22 催化剂。研究发现，孔道部分填充对 Pt/ZSM-22 催化剂孔口附近的酸性质无明显影响，但对烃分子的吸附和扩散行为影响显著，部分填充分子筛孔道可以缩短烃分子进入分子筛孔道的长度，削弱烃分子与分子筛的相互作用，有利于烃类从分子筛上脱附，迫使烃分子在分子筛孔口附近扩散，减少了分子筛孔道对扩散的限制，提高了烃分子的扩散性能，同时孔道部分填充还减少了分子筛孔道内酸性中心的可接触性，抑制了孔道内裂化反应的发生，这使得催化剂具有更高的反应活性和异构体收率。

目前，缩短分子筛孔道长度的方法还包括制备多级孔分子筛或纳米分子筛。多级孔分子筛是指在分子筛晶体中引入了介孔或大孔，从而构成具有多个级别孔道尺寸的多孔材料。多级孔分子筛在保持分子筛催化活性的同时，兼具介孔、大孔材料扩散快的特点[81,107-109]。制备的方法主要有“自下而上”(bottom-up)和“自上而下”(top-down)两种。其中，前者通常是指在分子筛的合成过程中加入合适的模板剂，如碳纳米颗粒、表面活性剂等，得到的分子筛原粉经焙烧等处理脱除模板剂后得到多级孔分子筛。例如，Tao等[46]通过在合成中加入碳源制得多级孔的 SAPO-11 分子筛，多级孔 Pt/SAPO-11 催化剂在正十二烷的异构化中表现出高的反应活性和异构体选择性。“自上而下”通常是指采用后处理的方式，如碱处理、水蒸气处理和酸处理等，脱除分子筛中的骨架元素而得到多级孔分子筛。例如，Groen 等[110]通过碱处理在 MFI 分子筛中产生介孔，极大地改善了新戊烷在 MFI 分子筛中的扩散。de Jong 等[82]通过碱处理得到多级孔分子筛 Y，以此为载体的催化剂在正十六烷加氢裂化反应中的反应活性约为常规 Y 分子筛催化剂的 4.5 倍，且介孔和大孔的存在减少了二次裂化发生的可能性。

与微米分子筛相比，纳米分子筛的晶粒尺寸小，外比表面积大，这有利于解决分子筛微孔孔道带来的扩散问题[111]。纳米分子筛的制备主要采用动力学控制的方法：在分子筛的制备过程中，加入大量的模板剂增加体系的过饱和度，以促进晶核的大量生成；在低温下晶化，减少 Ostwald 熟化，以抑制晶体的生长[112]。Zhang 等[106]采用聚六亚甲基双胍盐酸盐和二正丙胺为模板剂制备得到 10～20nm 厚的 SAPO-11 纳米片，以此为载体的催化剂比以微米SAPO-11为载体的催化剂在正十二烷异构化反应中表现出高的异构体选择性。Chica 等[105]发现，纳米 Beta 分子筛的酸度低于微米分子筛，但是前者在烷烃的异构化反应中表现出更高的反应活性，这主要归因于分子筛晶粒尺寸的减小可以暴露更多的酸性中心，从而有效提高分子筛催化剂的反应活性。

因此，在分子筛中引入介孔、大孔或减小分子筛的晶粒尺寸，不仅可缩短分子筛孔道的长度，从而缩短反应物分子在微孔孔道中的扩散路程，削弱扩散限制，提高催化剂的异构体选择性；还可以暴露更多的酸性中心，从而增加活性位点的数量，提高催化剂的反应活性。

6. 金属中心与酸性中心的距离的影响

在分子筛催化剂上，除分子筛的孔道长度外，金属中心与酸性中心的距离是影响烯烃中间体扩散的另一重要因素[12,83,84,86,113-115]。金属中心与酸性中心的距离与催化剂异构化性能之间的构效关系最早由 Weisz 于 1962 提出[12]。他认为，在异构化催化剂上，金属中心与酸性中心的距离存在一个临界值，低于这个临界值，催化剂具有较高的反应活性，而超过这个临界值，催化剂的反应活性会下降，临界值的计算公式如下：

$$d < 1.2 \times 10^{11} P_0 D_0 (Tv)^{-1}$$

式中，d为金属中心与酸性中心的距离(m)；P_0为烯烃中间体的分压(Pa)；D_0为烯烃中间体的扩散系数(m^2/s)；T为温度(K)；v为反应速率($mol/(s\cdot m^3)$)。在此基础上，研究者通过控制金属中心与酸性中心的距离，进一步探讨了金属中心与酸性中心的距离对催化剂异构化性能的影响。

目前，对于金属中心与酸性中心的距离与催化剂异构化性能的构效关系主要有两种观点。

一种观点认为，金属中心与酸性中心的距离应该越近越好[26,84-87]。例如，Batalha 等[84]采用以下三种制备方法依次减小催化剂上金属中心与酸性中心的距离：Pt/Al_2O_3和 HBEA (H-Beta 分子筛)颗粒(粒径 1～2mm)进行混合，Pt/Al_2O_3和 HBEA 粉末(粒径约 100μm)进行混合，Pt 直接负载于 HBEA 分子筛上；然后以正十六烷异构化为模型反应考察催化剂的异构化性能。结果表明，当三种催化剂的C_M/C_A一定时，金属中心与酸性中心距离越小，催化剂的反应活性越高(图 3-20)。他们认为，在异构化反应中，HBEA 的孔道结构对烯烃中间体的扩散无明显的限制作用，烯烃中间体的扩散主要受金属中心与酸性中心之间的距离影响。距离越短，烯烃中间体的扩散路程越短，金属中心上产生的正构烯烃越容易扩散至酸性中心发生异构化反应，酸性中心上脱附的异构烯烃更容易扩散至金属中心发生加氢反应而生成异构烷烃，从而有利于催化剂异构化性能的提高。

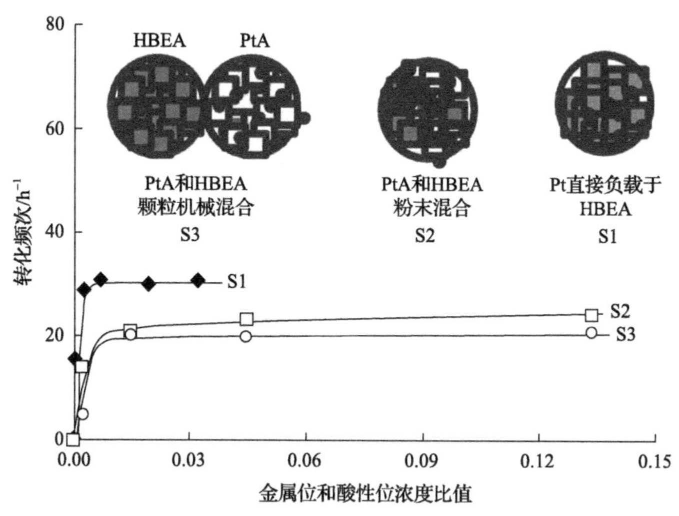

图 3-20　金属中心与酸性中心的距离对催化剂反应活性的影响

另一种观点认为，金属中心与酸性中心的距离并不是越近越好[83,113,116]。例如，Zečević 等[83]首先将氧化铝和分子筛 Y 挤条成型得到载体 A/Y，然后采用静电吸附法和离子交换法分别将 Pt 负载于 A/Y 的氧化铝和分子筛上，从而实现金属中心与酸性中心距离的调控(图 3-21)，得到的催化剂分别标记为 Pt-A/Y 和 Pt-Y/A。Pt-A/Y 上的金属中心与酸性中心的距离比 Pt-Y/A 上的远。然而，在正十九烷异构化反应中，Pt-A/Y 却表现出比 Pt-Y/A 更高的异构体选择性。他们认为，在 Pt-Y/A 上，异构化反应发生在分子筛孔道内，虽然金属中心与酸性中心之间的距离较近，但由于孔道对烯烃中间体的扩散限制以及烯烃中间体与酸性中心之间的相互作用，烯烃中间体在分子筛 Y 的孔道内扩散较慢，导致其在孔道中停留的时间较长。这增加了裂化反应发生的可能性，使得 Pt-Y/A 催化剂的异构体选择性低。而在 Pt-A/Y 上，烯烃中间体不需要扩散进入分子筛的孔道中，只需在靠近分子筛外表面的孔口附近发生异构化反应，生成的烯烃中间体可快速地扩散至氧化铝上的金属中心发生加氢反应生成异构体。这减少了裂化反应的发生，使 Pt-A/Y 催化剂具有较高的异构体选择性。Kim 等[113]通过胶体浸渍法和离子交换法分别将 Pt 颗粒负载于不同晶粒尺寸的 MFI 分子筛的外表面和孔道内。结果显示，Pt/MFI 在正辛烷异构化反应中的催化性能与 Pt 颗粒的负载位置无明显的关系，即金属中心与酸性中心的距离对 Pt/MFI 的异构化性能无明显影响。

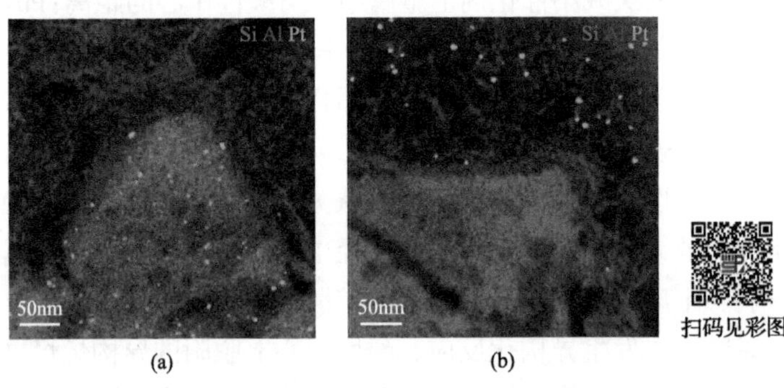

图 3-21　Pt 选择性地负载于载体的分子筛组分或氧化铝组分

(a) Pt 落位于分子筛上；(b) Pt 落位于氧化铝上

上述对于金属位和酸性位的距离研究得到相互冲突的结果，因此在简单的两种功能的距离之外，可能还存在更深层次的决定因素。Lv 等[47]则通过等体积浸渍法和胶体粒子浸渍法制备了 Pt 分别落位于 SAPO-11 孔口和外表面的 Pt/SAPO-11 催化剂，研究发现，金属中心分布在分子筛孔口附近时，金属中心与酸性中心的距离较近，有利于烯烃中间体的扩散，这使得催化剂的活性和异构体的选择性较高。金属中心分布在分子筛的外表面时，金属中心与酸性中心之间的距离较远。烯烃中间体的扩散受扩散距离和微孔孔道的限制，使得部分中间体容易在酸性中心上发生裂化反应，导致活性和异构体选择性下降。在相同的反应条件下，金属中心主要分布在孔口附近的 Pt/SAPO-11 比金属中心主要分布在外表面的 Pt/SAPO-11 具有更高的反应活性和异构体选择性。

在分子筛催化剂上，金属中心与酸性中心的距离和分子筛的孔道限制是影响烯烃中间体扩散的重要因素。在不同研究体系中，金属中心与酸性中心的距离和分子筛的孔道限制对烯烃中间体扩散的影响不同，这与分子筛孔道结构、烷烃分子大小等因素有关，还与金属中心在分子筛上的落位有关。在实际应用中，既应考虑金属中心与酸性中心的数量，以及简单的金属中心在不同组分（分子筛或黏结剂）上的分布，还应精确控制分子筛自身的酸性位分布和金属中心在分子筛上的落位，从而缩短烯烃中间体的扩散路程并减小孔道对烯烃中间体的扩散限制，获得兼具优异活性和异构体选择性的双功能催化剂。

3.6　DICP 费托合成蜡加氢异构制备Ⅲ+类基础油新技术

费托合成蜡几乎全为烷烃，碳数分布为 C_{10}～C_{80}，不含硫、氮、芳烃、金属等杂质，具有黏度指数高的特点，经过加氢提质可生产Ⅲ+类高档润滑油基础油。但与石油基蜡油相比，费托合成蜡正构烷烃含量更高、馏程分布更宽、凝固点更高。从凝固点和正构烃含量来看，费托合成蜡更难转化；从馏程来看，费托蜡各组分难以统一异构转化。

我国目前费托合成蜡加氢提质的主流技术是加氢裂化，主要用于生产汽柴油，气体烃类、石脑油产率高，浪费了宝贵的可用于生产Ⅲ+类高档润滑油基础油的蜡原料，经济性亟待改善。国内，费托合成基基础油生产技术尚停留在产品试制阶段。国外，从事费托合成基润滑油基础油生产技术的研究主要有 Chevron 公司、Shell 公司和 ExxonMobil 公司，目前已开发出中试技术，相关技术只有 Chevron、Shell 和 Sasol 等公司在少数几个合成油厂实现小规模工业示范应用。其中，Chevron 公司以窄馏程的费托合成蜡(终馏点小于 600℃)为原料，在 Pt/ZSM-23 等催化剂上经过加氢异构可以生产出黏度指数高、氧化安定性好的基础油，但是基础油黏度较低(低于 $4mm^2/s$)。而针对宽馏程高熔点费托合成蜡原料，可生产高黏度(高于 $6mm^2/s$)、黏度指数最高达到 158 的基础油，但重质润滑油浊点较高，基础油产品颜色存在问题，必须采用加氢精制—加氢异构—分馏—溶剂脱蜡或加氢精制—分馏—加氢异构—溶剂脱蜡工艺。Shell 公司开发的 SMDS 工艺与加氢裂化工艺配套，生产以汽油、航煤、柴油和基础油为目标产物。选择凝点高于 50℃、窄馏程(初馏点和终馏点沸点差 40～150℃)的费托合成蜡为原料，经加氢异构和分馏，得到的重质馏分油再经过溶剂脱蜡可以制得黏度指数高于 150 的基础油；以费托合成产物 C_{5+}烃类全馏分为原料，经过加氢裂化/加氢异构/分馏单元，基础油馏分和较高沸点馏分(＞510℃馏分)再经过催化脱蜡，可以生产多种黏度的基础油；以重质费托合成蜡($T_{50\%}$＞550℃馏分，$T_{50\%}$为总馏分蒸馏出 50%时的温度点)为原料，经过分馏，基础油馏分在 Pt/ZSM-23 催化剂上进行加氢异构，重质馏分在 Pt/SiO_2-Al_2O_3 催化剂下加氢裂化，再经过 Pt/ZSM-12 催化剂催化脱蜡，可制得黏度为 $5mm^2/s$、倾点为–20℃的基础油，基于原料的总基础油收率为 21%。ExxonMobil 公司以费托合成蜡(＞370℃馏分)为原料，采用加氢处理—加氢异构—加氢精制—溶剂脱蜡组合工艺可生产黏度指数高于 130、倾点低于–17℃的基础油，脱除的蜡需再循环至加氢异构反应器进行异构。

总体而言，国外大型石油公司较早地开展了以费托合成蜡制高档润滑油基础油技术研发，目前已经形成中试技术，国内则起步较晚，处于追赶阶段。但由于国外费托合成工业化范围小，相关技术在国外难以形成大规模应用，而我国费托合成工业化程度高、范围大，技术具有广阔的应用空间。在此背景下，国外公司纷纷抢滩我国费托合成基基础油技术市场。因此，加快我国自主费托合成基基础油关键技术开发，不仅可以优化我国费托合成产业链，实现煤化工企业由汽柴油产品为主向高档润滑油基础油产品为主的转变，还可以为我国高档润滑油基础油的自主生产提供技术解决方案，填补目前国内每年约 200 万 t 的高档润滑油基础油市场缺口，为国家能源安全体系的构建提供技术保障。

以下内容将从催化剂设计理念、关键催化材料合成、催化剂的研制、工艺流程以及已完成的中试结果几个方面简述DICP费托合成蜡加氢异构制备Ⅲ+类基础油新技术的开发和研究进展。

3.6.1 双功能催化剂设计理念

前面已经提到，在烷烃异构化反应中，双功能催化剂上的正构烷烃转化主要经历三个化学反应步骤和两个扩散步骤，化学反应步骤包括金属中心上的烷烃脱氢反应和烯烃加氢反应以及酸性中心上的异构化/裂化反应，扩散步骤包括正构烯烃从金属中心扩散至酸性中心和异构烯烃从酸性中心扩散至金属中心。同时，异构化反应的方向和烯烃的扩散均可能受到分子筛孔道结构的影响。一维十元环直孔道分子筛催化剂上，单甲基异构体容易生成，而多甲基异构体的生成受到抑制；烃分子在分子筛孔道内扩散的类型属于构型扩散，孔道对烃分子的扩散具有较强的限制作用。因此，从化学反应步骤的角度，双功能催化剂的异构化性能受催化剂的金属性(金属种类、负载量和分散度等)、酸性(酸种类、酸量和酸强度等)、孔道结构等因素影响。从烯烃扩散步骤的角度，双功能催化剂的异构化性能则受金属中心与酸性中心的距离以及分子筛孔道长度等因素影响。

对费托合成蜡而言，由于它的组成几乎全部为正构烷烃，而且碳链长、馏程宽，要想高选择性地全转化所有蜡组分，使之高收率地转化为馏程为320～550℃的低温流动性能良好的异构烷烃，首先需要在催化剂上创新。由于双功能催化剂上正构烷烃的加氢异构反应和加氢裂解反应是平行和/或串行反应过程，在酸性位(B酸)上生成的带有支链的碳正离子除转化为异构烷烃外，还可能会在B酸中心发生β位断裂反应生成碳数较低的裂解产物。β位断裂反应的速度与支链化程度密切相关，相对于单支链的异构烷烃，多支链的异构烷烃更易裂解。因此，如何使长链蜡分子发生深度加氢异构并有效抑制过度裂解反应的发生，是催化剂开发需要解决的最关键问题。

高黏度指数和低倾点/凝固点是基础油品质的重要指标，这些品质同其所含的烃类化合物的结构密切相关。就费托合成蜡自身所含的长直链烷烃而言，经异构化后，其异构体凝固点的变化趋势非常复杂，但也有规律。一般而言，支链的位置直接影响凝固点的高低，同碳数的端位单支链异构产物的凝固点降低幅度较小，而中间位单支链异构产物的凝固点降低幅度更大，例如，正二十二烷凝固点约为44℃，2-甲基-二十一烷凝固点约为7℃，而10-甲基-二十一烷凝固点约为0℃；多支链异构转化则可使凝固点进一步降低，例如，2,6,10,14-四甲基-十八烷凝固点约为–46℃；此外，对称性高的异构体凝固点更高；在已具有2或3个支链的情况下，继续增加支链的数目，并不一定能使异构烷烃的凝固点进一步降低，但必定会使其黏度指数下降，而且可能导致裂解反应的发生。因此，控制费托合成蜡组分的转化路径，将沸点适中的蜡分子选择性地转化为中心位取代的单支链体或双/三支链异构体，将沸点较高的蜡分子适度裂化的同时尽可能避免中间组分裂化，方可使烷烃分子在保持较高黏度指数的同时，实现凝固点的大幅降低，满足作为润滑油基础油使用的基本要求，并最大限度地获得高基础油收率。

基于上述实际需求，在费托合成蜡加氢异构制备Ⅲ+类基础油的过程中，双功能催化剂的开发思路主要基于以下几个方面。

(1)择形分子筛的选择。费托合成蜡碳链长且几乎全为正构烷烃，因此催化剂首先要具有深度异构的能力，这就要求所用分子筛具有优异的择形异构功能，在相应的孔口/孔道有能力使长链蜡分子发生多次异构而尽量减少裂化，以 AEL(6.5Å×4.0Å)、AFI(7.3Å×7.3Å)、ATO(5.4Å×5.4Å)、*MRE(5.6Å×5.6Å)、MTT(4.5Å×5.2Å)、MTW(5.6Å×6.0Å)、TON(4.6Å×5.7Å)等具有一维孔道拓扑结构的微孔分子筛为主要载体。该类分子筛具有一维孔道特征，应用时可避免长链烃分子在其他类型分子筛上可能进入交叉孔道或者笼内的现象，抑制过度裂解和芳构化等反应。

⑵分子筛酸性的调控。分子筛的酸性对于费托合成蜡的转化非常重要。与裂化反应相比，异构化反应的活化能较低，发生异构化反应所需要的酸强度低于发生裂化反应所需要的酸强度。但较弱的酸强度虽有利于提高催化剂的异构体选择性，却会降低催化剂的反应活性。在上述基础分子筛材料的基础上，需精细调控分子筛酸强度、酸量以及酸性位分布，通过原位合成和后处理的手段，尽可能地赋予上述分子筛较多的中等酸强度酸性位、较少的外表面强酸性位。

⑶分子筛孔口尺寸微调。在这些择形孔道的基础上，通过在合成体系中金属杂原子的引入，进一步微调孔口，约束单支链烃在孔口的插入行为，降低支链烃进入分子筛孔道的概率，使蜡分子在孔口上按照孔口和锁-钥机理发生骨架异构，生成多支链异构产物。

⑷分子筛微孔孔道长度的控制。分子筛微孔孔道长度对烃类分子的扩散和转化行为都会产生显著影响。由于分子动力学直径上的差异，蜡无法像低碳烃(小于 C_8)那样可穿透分子筛微孔孔道。在分子筛孔道内，由于空间限域的作用，深入孔道内的蜡的碳链只能发生裂化反应，生成低碳烃从孔道另一端扩散出来。通过原位合成纳米分子筛以及后处理部分填充分子筛孔道，缩短微孔孔道，可抑制蜡分子向微孔孔道的深处插入，从而促使其按照孔口和锁-钥机理发生骨架异构，生成多支链异构产物。

⑸分子筛载体多级孔道的构筑。烯烃中间体在金属中心与酸性中心之间的扩散是烷烃异构化反应中的重要步骤。若烯烃中间体的扩散速率比金属中心上加/脱氢反应的速率和酸性中心上异构化/裂化反应的速率慢，则烯烃中间体的扩散为异构化反应的控速步骤。通过“自下而上”(bottom-up)和“自上而下”(top-down)的方法，在分子筛合成、后处理以及载体成型过程中创造介孔，可缩短烯烃中间体的扩散路程，从而提高催化剂的反应活性和异构体选择性。

⑹贵金属在分子筛上的落位控制。研究表明，在不同体系中，受分子筛孔道结构、烷烃分子大小的影响，双功能催化剂上金属位与酸性位的距离对烯烃中间体扩散的影响不同。对费托合成蜡而言，因其需要深度加氢异构才能获得合格的产品性能，这就必须充分发挥分子筛的孔口择形功能。精细控制贵金属在分子筛孔口的落位，缩短烯烃中间体的扩散距离，使支链烯烃能够及时加氢饱和生成目标产物并抑制裂化。

⑺贵金属的加氢性能调控。贵金属的加氢性能既关系到催化剂的性能(效果)，也关系到经济性(用量)。从性能的角度，贵金属的载量往往是越高越好(尽管存在 C_M/C_A 平衡值)。但从经济性的角度，在满足基础油产品性能和收率达到理想值的前提下，贵金属的载量必须控制在一定范围，这就要求其具有优异的加/脱氢性能。通过先进的制备方法实现双贵金属、贵金属-非贵金属或贵金属-非贵金属氧化物的双金属体系建立，提升金属位的分散度和加/脱氢性能，并降低贵金属的用量，对于高性能双功能催化剂实际应用非

常重要。

3.6.2 双功能催化剂性能评价方法

费托合成蜡熔点高、馏分重、组分复杂，作为原料直接评价加氢异构双功能催化剂性能时，在进料、反应产物分离和分析检测方面会带来诸多困难，难以快速进行催化剂筛选。高熔点的单一组分正构烷烃(碳数高于 20 的正构烷烃)更接近费托合成蜡的组成，但价格昂贵，同时也同样具有前述进料和分离分析问题，而轻质正构烷烃(碳数低于 10 的正构烷烃)与真实原料转化行为差距较大，难以获得与真实原料转化贴近的催化性能。因此，在加氢异构双功能催化剂的性能评价中，主要采用正十二烷和正十六烷为模型反应物进行反应，待催化剂基本定型后采用真实原料进行催化剂性能的进一步确定。正十二烷和正十六烷加氢异构反应装置流程如图 3-22 所示。反应在不锈钢管微型固定床反应器中进行，反应器内径为 10mm，床层中心填装 2.5～10mL 催化剂，上下两端用 10～20 目瓷球填充。反应前催化剂在流动氢气气氛中(200mL/min) 350℃在线还原 4h。正构烷烃通过微量流量泵注入，反应温度为 230～370℃，压力常压约 8.0MPa，氢气与正构烷烃的物质的量之比为 15～25，正构烷烃的空速为 0.5～4h^{-1}。原料由反应器上端流入，液体产物由反应器底部连续流入储液罐，间隔 3h 将液体产物由储液罐放入缓冲罐再卸压取样。液体产物采用配有 HP-5 型色谱柱和火焰离子化检测器(flame ionization detector, FID)的 Agilent 7890A 气相色谱进行分析。

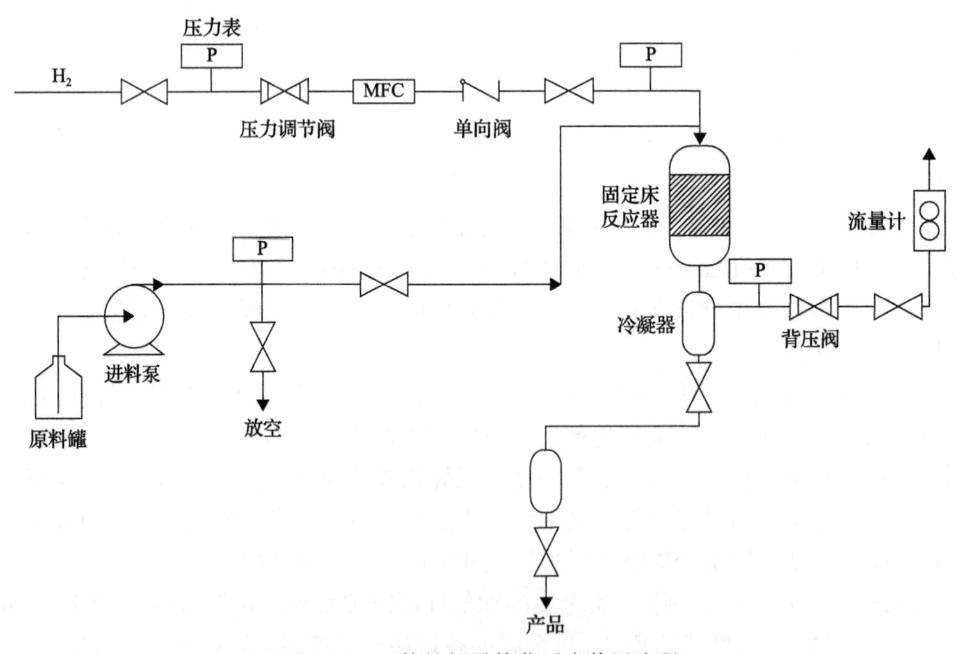

图 3-22 正构烷烃异构化反应装置流程

FID 为质量型检测器，异构化产物、裂化产物和未转化的正构烷烃的响应因子相同。根据色谱图，采用面积归一化方法计算各含碳物质的相对质量分数。反应中积碳较少，进料前和出料后可视为碳平衡。烷烃的转化率(Con)的计算公式表达为

$$\mathrm{Con} = C_{\mathrm{product}} / (C_{\mathrm{product}} + C_{\mathrm{residue}}) \times 100\%$$

式中，C_{product}和C_{residue}分别为产物的相对质量分数和未转化的正构烷烃的相对质量分数。

产物选择性（S_x，x = iso, mono, multi, crack）的计算公式表达为

$$S_x = C_x / C_{\mathrm{product}} \times 100\%$$

式中，S_{iso}、S_{mono}、S_{multi}和 S_{crack}为分别表示异构体、单支链异构体、多支链异构体和裂化产物的选择性，异构体选择性等于单支链异构体选择性和多支链异构体选择性之和。C_{iso}、C_{mono}、C_{multi}和C_{crack}分别表示异构体，单支链异构体，多支链异构体和裂化产物的相对质量分数。

产物收率（Y_x，x = iso, mono, multi, crack）的计算公式表达为

$$Y_x = \mathrm{Con} \times S_x \times 100\%$$

式中，Y_{iso}、Y_{mono}、Y_{multi}和 Y_{crack}为分别表示异构体、单支链异构体、多支链异构体和裂化产物的收率。

费托合成蜡加氢异构小试评价在相似的反应装置上进行。熔化后的费托合成蜡经微量泵泵入反应器，反应温度为 230～370℃，压力常压约为 8.0MPa，氢气与费托合成蜡的物质的量之比为 15～25，费托合成蜡的空速为 0.5～4h^{-1}。液体产物由反应器底部连续流入储液罐，间隔 3～6h 将液体产物由储液罐放入缓冲罐再卸压取样。液体产物采用称重法计算液体收率，基础油产品采用常减压蒸馏获得，主要性能分析项目包括倾点、运动黏度和黏度指数等，均采用相应国标方法进行分析。

3.6.3 一维孔道分子筛合成

分子筛是指对分子具有筛分能力的物质。天然沸石是人们最早发现的分子筛材料，它是一类具有空旷骨架结构的硅铝酸盐，其骨架以 TO_4 四面体（T 原子为硅和铝）为基本结构单元，并通过氧原子形成的氧桥连接构成。沸石具有规则的笼和孔道，在笼内和孔道内存在平衡骨架负电荷的可交换的阳离子和水，这种以“笼”和“孔道”为特征的空旷结构使沸石在催化、离子交换、吸附和分离等领域具有重要的作用。20 世纪 40 年代，以 Barrer 为首的沸石化学家成功地模仿天然沸石的生成环境实现了沸石分子筛的人工合成，人工沸石合成的成功为分子筛工业与科学的飞速发展奠定了科学的基础[117]。

随着分子筛研究的不断发展，具有新结构和新组成的分子筛材料不断涌现。目前按照骨架组成元素的不同可以将分子筛大致分为硅酸盐分子筛（如硅铝沸石、钛硅分子筛等）、磷酸盐分子筛（如磷酸铝分子筛、磷酸镓分子筛等）和其他组成的分子筛（如硫化物、金属有机骨架等）。国际沸石协会（International Zeolite Association, IZA）给每个确认的骨架拓扑结构赋予一个代码（由三个英文字母组成），例如，A 型沸石的结构符号为 LTA；X 和 Y 型沸石的结构符号为 FAU；ZSM-5 分子筛的结构符号为 MFI。截至 2021 年 7 月，由 IZA 确定的分子筛拓扑结构已经达到 255 种。

按国际纯粹与应用化学联合会(International Union of Pure and Applied Chemistry, IUPAC)的规定，多孔材料按孔径大小可以分为三类：孔径在 2nm 以下的称为微孔材料(micropore)；孔径为 2～50nm 的称作介孔材料(mesopore)；而孔径大于 50nm 的则称作大孔材料(macropore)。因此，如图 3-23 所示，分子筛材料也可以按照孔径大小不同分为微孔分子筛(如沸石分子筛)和介孔分子筛(如 M41S 系列、SBA 系列分子筛)。另外，人们还根据沸石结构中孔口上 T 原子数(N_T)的不同将微孔分子筛分为小孔($N_T \leqslant 8$)、中孔($N_T=10$)、大孔($N_T=12$)和超大微孔($N_T>12$)分子筛。

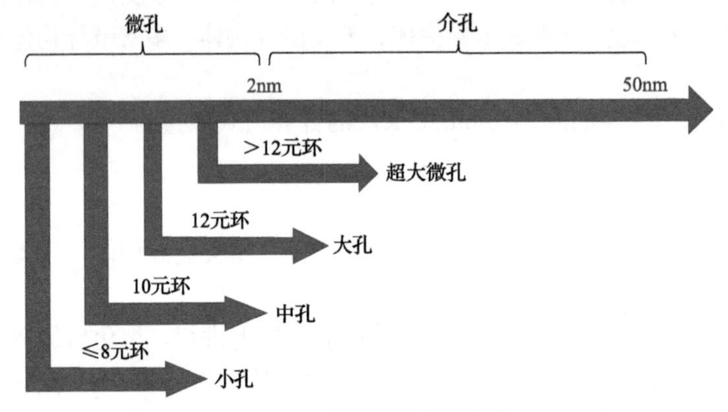

图 3-23 分子筛按孔径分类

前已述及，费托合成蜡加氢异构涉及的一维孔道分子筛包括 AEL(6.5Å×4.0Å)、AFI(7.3Å×7.3Å)、ATO(5.4Å×5.4Å)、*MRE(5.6Å×5.6Å)、MTT(4.5Å×5.2Å)、MTW(5.6Å×6.0Å)、TON(4.6Å×5.7Å)等。这些分子筛按照上述 N_T 归类方法，可归属为中大孔分子筛，既包含磷酸铝分子筛，也包含硅酸铝分子筛，其拓扑结构如图 3-24 所示。

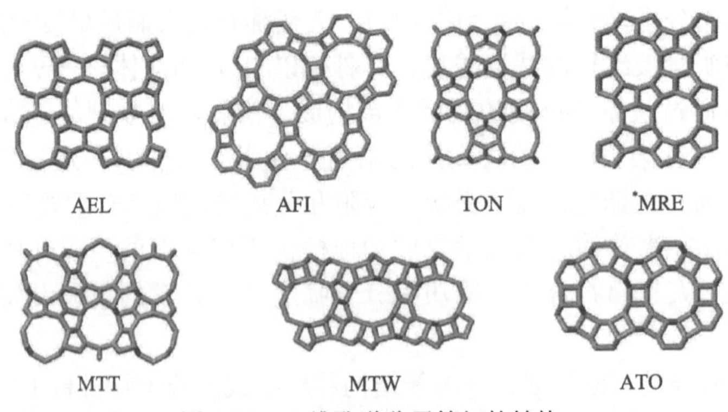

图 3-24 一维孔道分子筛拓扑结构

这些结构包含的 tiling(tiling 可翻译成嵌体、模块等)见表 3-22。由表可知，这类一维孔道拓扑结构包含多种嵌体单元，决定一维孔道的嵌体包括 t-odp、t-apf、t-ato、t-mtt、t-mtw-1 和 t-ton，这些嵌体与更小的嵌体如 t-kah、t-lov、t-pes 以及 t-hes 等通过周期性的连接，最终形成具有不同孔径的一维孔道。

表 3-22 一维孔道分子筛拓扑结构包含的 tiling

拓扑结构	tiling 结构	tiling 名称
AEL	$[6^3]$ $[4^3\ 6^2]$ $[6^5]$ $[6^5\ 10^2]$	t-kah，t-lov，t-afi，t-odp
AFI	$[6^3]$ $[4^2\ 6^2]$ $[6^5]$ $[6^6\ 12^2]$	t-kah，t-lov，t-afi，t-apf
ATO	$[6^3]$ $[6^3\ 12^2]$ $[4^2\ 6^4]$	t-kah，t-ato，t-lau
*MRE	$[6^3]$ $[4.5^2\ 6^2]$ $[6^5]$ $[5^4\ 6^4]$ $[6^5\ 10^2]$	t-kah，t-mel，t-afi，t-imf-7，t-odp
MTT	$[5^2\ 6^2]$ $[6^4]$ $[6^2\ 10^2]$ $[5^8\ 6^2\ 10^2]$	t-pes，t-hes，t-bbr，t-mtt
MTW	$[5^2\ 6^2]$ $[6^4]$ $[6^2\ 12^2]$ $[4^2\ 5^4\ 6^2]$ $[5^4\ 6^4\ 12^2]$	t-pes，t-hes，t-umx，t-mtw，t-mtw-1
TON	$[5^2\ 6^2]$ $[6^4]$ $[5^4\ 6^2\ 10^2]$	t-pes，t-hes，t-ton

目前，上述分子筛在实际生产和应用中主要采用水热方法合成。在开发高效的分子筛合成方法的过程中，对于分子筛晶化机理的研究和认识至关重要。中国科学院大连化学物理研究所在开发费托合成蜡加氢异构专用分子筛材料的过程中，在国际上较早地利用新的合成体系-离子热合成方法系统地开展了分子筛合成机理的研究。

离子热法是一种以离子液体或低共熔物为反应介质、在低挥发性的离子态反应环境中合成沸石分子筛的方法[118]。离子热合成可在接近常压下进行，因此不仅能够克服常规液相合成体系高压带来的操作困难，还为分子筛合成机理研究提供了便利，同时也便于与微波等电磁技术耦合。作为一种液相合成途径，离子热法可视为通过改变溶剂种类而对水热合成进行的一种改进。离子热合成的反应介质包括离子液体和低共熔物两类。

通过定量研究水在离子热合成分子筛晶化过程中的作用发现：在不向离子热体系中引入游离水的情况下，AlPO 分子筛的晶化须经历一个极长的诱导期，并呈自催化现象；向反应体系中引入极少量的水，就可以大幅缩短诱导时间，并显著提高晶化速率。研究表明，水在离子热合成分子筛过程中仍起着极为重要的作用：H^+和 OH^-诱导并参与磷、铝物种水解和聚合这两个分子筛合成中最重要和最基本的反应；水不但是 H^+和 OH^-的来源，也是 H^+和 OH^-以水合离子形式传递的载体[119]。研究了 150～280℃范围内离子热合成 AlPO 分子筛的规律，发现随着合成温度提高，分子筛产物从 12 元环孔径为 7.3Å×7.3Å 的 AFI 型分子筛，经 10 元环孔径为 6.5Å×4.0Å 的 AEL 型分子筛，转变为热力学更稳定的 8 元环小孔结构、孔径为 4.9Å×3.0Å 的 ATV 型分子筛[120]。基于离子液体体系饱和蒸气压低的特点，将反应混合物密封于普通玻璃反应管中完成了原位核磁共振研究。采集了晶化过程中反应混合物的 ^1H-^1H 核磁共振旋转坐标系核欧沃豪斯效应谱（rotating-frame nuclear Overhauser effect spectroscopy，ROESY）谱图；依据 ROESY 谱图中存在交叉峰这一现象，判定在分子筛晶化过程中存在由有机胺与离子液体阳离子形成的氢键复合阳离子；进而推断氢键复合阳离子是 AlPO 分子筛形成的结构导向剂[121,122]。比较了使用不同种类离子液体所得产物晶化过程的差异。发现当使用[EMIm]Br 为反应介质时，产物始终为 AEL 型结构，并且随着晶化时间的延长其结晶度增加；而当使用[BMIm]Br 为反应介质时，产物为 AFI 型与 AEL 型两种结构分子筛的混相；随着晶化时间延长，产物逐渐由 AFI 型结构转向 AEL 型结构[123]。在使用不同烷基取代的 1-甲基-3-烷基咪唑溴盐离子液体为反应介质合成 GaPO-LTA 的研究中，发现烷基链长对产物中 GaPO-LTA 单晶的形貌有显著影响。可以推断，随着烷基链长的增加，离子液体体相中极性区域的范围缩减。这使得分布于其中的活性物种的过饱和度上升，进而改变结晶动力学过程，并对晶体形貌产生影响[124]。此外，烷基链长的变化还会影响离子液体阳离子与带负电的分子筛骨架间相互作用力的强弱，从而对特定晶面的生长速度产生影响，引起产物单晶形貌的差异[125]。发现有机胺在离子热合成中起到结构导向剂的作用，向离子热体系引入有机胺会改变分子筛晶化的动力学过程并抑制致密相的形成，因而有利于合成具有特定拓扑结构的纯相分子筛产物[120]。对在[BMIm]Br 中适用于合成 CHA 和 LTA 结构 AlPO 分子筛的有机胺种类进行筛选，并对其结构导向作用机制分别进行了研究。他们发现，在合成 AlPO-CHA 的过程中，1-甲基咪唑、2-甲基咪唑、4-甲基吡啶等甲基取代杂环芳香胺独立地起到了结构导向作用，[BMIm]Br 仅作为溶剂参与反应[126]；而 LTA 结构分子筛的形成则是有机胺与 BMIm 协同作用的结果[127]。通过调变镁源及有机胺的加入量，合成了一系列 MgAlPO 分子筛，并以其为载体制备了 Pt/MgAlPO 催化剂，该催化剂在催化十二烷临氢异构化反应中表现出很高的活性和选择性[128]。使用δ-Al_2O_3为载体和铝源，在离子热条件下成功制备了 CHA、AEL、LTA 和 AFI 等一系列具备气体分离性能的 AlPO 分子筛膜。进一步的研究表明，基底自转晶过程中 AlPO 分子筛膜的形成符合分子筛固相转化机理[129]。在这一过程中，δ-Al_2O_3基底首先与合成液中的原料发生反应，在基底表面形成一层磷酸铝前体凝胶层。接着在合成液与前体层两相界面上发生分子筛“成核—

结晶”过程，最终形成完整的分子筛膜。δ-Al_2O_3 自转晶成膜过程的发生得益于其适中的反应活性[130]。试验结果表明，反应活性低的α-Al_2O_3与合成液不反应；高活性的拟薄水铝石基底则会在合成过程中因反应剧烈而瓦解。δ-Al_2O_3 的反应活性可进一步通过改变合成液中F^-的浓度而加以调节，作为矿化剂，氢氟酸的加入对前体层的形成至关重要。基于分级导向分子筛笼形结构单元、由中小尺寸的笼堆砌构建超大孔分子筛的合成策略，在[EMIm]Br 中以 1,6-己二胺为助结构导向剂，合成出了具有 20 元环超大孔结构的 AlPO-CLO[131]。

在上述分子筛合成机理认识的基础上，针对费托合成蜡专用分子筛催化材料的开发，开展了大量的分子筛合成试验。包括 AEL、MTT、TON、TON/MTT 共晶、MTW 等，完成了实验室小试合成到工业放大的全流程研发，开发出上述五个系列高性能分子筛产品及新合成方法。以下以 AEL、MTT、TON 和 TON/MTT 共结晶分子筛为例，介绍几种主要费托合成蜡专用分子筛合成方法的开发及小试合成试验结果。

分子筛简要合成步骤如下。

水热法合成 AEL 型分子筛：将去离子水与磷酸、拟薄水铝石、二正丙胺/二异丙胺、硅溶胶依次混合均匀，转入带聚四氟乙烯内衬的不锈钢反应釜中，在 170～210℃晶化 12～48h。

水热法合成 TON 型分子筛：将去离子水与硫酸铝、氢氧化钾、硅溶胶、1,6-己二胺/乙二胺/二乙胺/1-丁胺等依次混合均匀，转入带聚四氟乙烯内衬的不锈钢反应釜中，在 140～180℃晶化 24～72h。

水热法合成 MTT 型分子筛：将去离子水与硫酸铝、氢氧化钠、硅溶胶、异丙胺/二甲胺/吡咯烷、硫酸等依次混合均匀，转入带聚四氟乙烯内衬的不锈钢反应釜中，在 140～190℃晶化 24～72h。

水热法合成 TON/MTT 共结晶分子筛：将去离子水与硫酸铝、氢氧化钠、硅溶胶、异丙胺/二甲胺/吡咯烷/二乙胺、硫酸等依次混合均匀，转入带聚四氟乙烯内衬的不锈钢反应釜中，在 140～190℃晶化 24～72h。

以上得到的晶化产物经去离子水洗涤烘干，450～560℃焙烧 24h，脱除模板剂。

上述合成步骤为实验室小试合成基本操作步骤和主要原料，对于实际合成中某些添加剂的加入、整体物料组成和配比以及特定体系具体的合成条件在此不详述。

1. AEL 型磷酸铝分子筛的合成

磷酸铝分子筛（AlPO-*n*）是由 AlO_4 和 PO_4 四面体严格交替排列而组成的，因此其骨架呈电中性，无中等及强酸位存在。当用低价金属离子 Me^{2+}（如 Mg^{2+}、Mn^{2+}、Co^{2+}和 Zn^{2+}等）取代骨架 Al^{3+}或用 Si^{4+}取代骨架 P^{5+}时，分子筛骨架带负电荷，就会在 AlPO-*n* 上形成较强的 Brønsted 酸性位，使 AlPO-*n* 成为活性催化材料 MeAPO-*n* 和 SAPO-*n* 的强酸性与 Me 和 Si 在骨架上的取代度及分布密切相关（图 3-25）。一般认为，金属原子主要以 SM I 的方式取代磷酸铝骨架上的 Al 原子；对 SAPO 分子筛来说，取代机理则复杂得多，一般以 1Si 取代 1P 的 SMⅡ方式或者 2Si 取代一对毗邻 Al+P 原子的 SMⅢ方式进行。Me 和

Si 的取代度及分布常常受分子筛合成方法的影响。

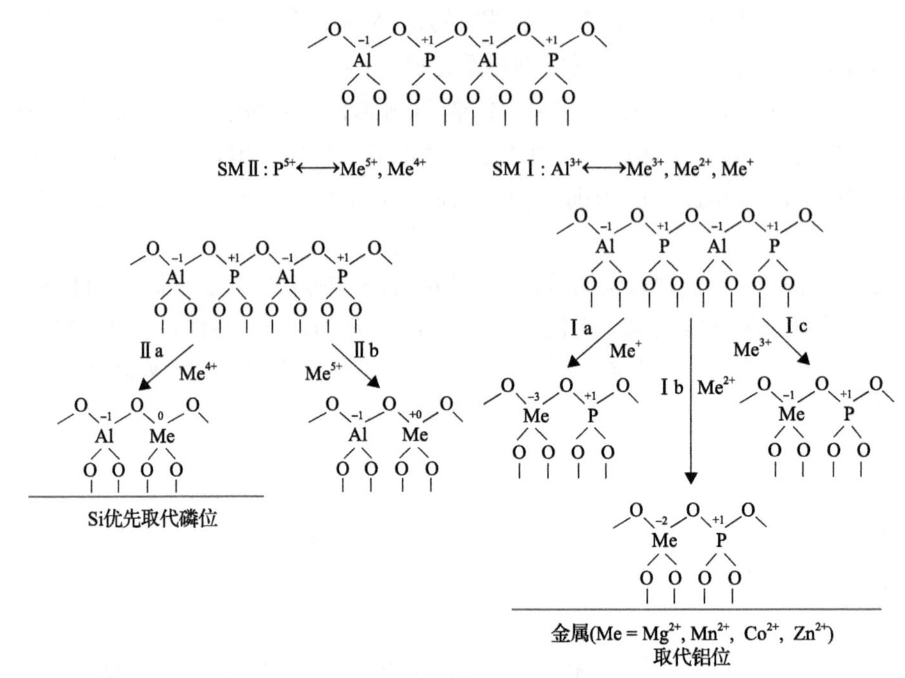

图 3-25　磷酸铝分子筛上杂原子的取代方式

研究表明，在高硅含量条件下，SAPO 分子筛的骨架上将会有强酸中心生成，这些酸中心位于硅岛的边缘。但是如果分子筛骨架上对酸性没有贡献的 SM3 取代比例大幅度增加，可能会导致大尺寸硅岛的形成，使得 SAPO 分子筛的酸量显著减少。因此，为了获得高性能 Pt/SAPO-11 催化剂，有必要对 SAPO-11 分子筛的合成规律进行深入研究，从提高硅含量、优化硅原子在分子筛骨架的配位环境(即抑制大尺寸硅岛的形成，降低 SM3 取代的比例)两方面着手改进合成程序，提高 SAPO-*n* 分子筛的酸量，优化其酸度分布。本部分内容主要考察水热条件下，不同硅含量、原料(硅铝源)、晶化参数(晶化时间、晶化方式)以及老化程序对高硅 SAPO-11 分子筛的合成、产品组成以及酸度等物化性能的影响。

表 3-23 给出了以硅溶胶、拟薄水铝石以及正二丙胺为原料，在 200℃下晶化 48h 合成的样品的胶体与产品组成。投料硅铝比对合成样品结构的影响可见图 3-26。比较不同硅含量的 SAPO-11 样品的结晶度还可发现，SAPO-11(硅铝比为 0.2)具有最高的结晶度。在高硅铝比条件下，合成样品的结晶度有所降低。尤其是在硅铝比为 0.6 条件下，合成的样品 SAPO-11-0.6 结晶度只有结晶度最高的样品 SAPO-11-0.2 的 40%。此外，伴随着结晶度的降低，在 SAPO-11-0.6 样品中还发现有少量磷酸铝致密相 $AlPO_4$(T)生成。

试验发现，当投料硅铝比大于 0.3 时，合成产品中有硅凝胶析出。且随着硅铝比增加，硅凝胶析出量逐渐有所增加。SAPO-11-0.6 样品中有 $AlPO_4$(T)的生成。这可能是硅胶的析出使得胶体混合不均匀而引起的。徐如人等[117]指出，胶体混合的均匀性对磷酸铝分子筛合成十分关键。他们在 AlPO-11 合成过程中发现，将胶体的 H_2O/Al_2O_3 比(物质的

表 3-23 AlPO-11 与 SAPO-11 分子筛合成的胶体与产品组成

样品	胶体组成(物质的量之比)	产品组成(物质的量之比)
AlPO-11	$1.0Al_2O_3$∶$1.0P_2O_5$∶1.2DPA[a]∶$55.0H_2O$	$Al_{0.563}P_{0.437}O_2$
SAPO-11	$0.02SiO_2$∶$1.0Al_2O_3$∶$1.0P_2O_5$∶1.2DPA∶$55.0H_2O$	$Si_{0.008}Al_{0.528}P_{0.464}O_2$
	$0.05SiO_2$∶$1.0Al_2O_3$∶$1.0P_2O_5$∶1.2DPA∶$55.0H_2O$	$Si_{0.014}Al_{0.524}P_{0.462}O_2$
	$0.1SiO_2$∶$1.0Al_2O_3$∶$1.0P_2O_5$∶1.2DPA∶$55.0H_2O$	$Si_{0.020}Al_{0.515}P_{0.464}O_2$
	$0.2SiO_2$∶$1.0Al_2O_3$∶$1.0P_2O_5$∶1.2DPA∶$55.0H_2O$	$Si_{0.044}Al_{0.530}P_{0.426}O_2$
	$0.3SiO_2$∶$1.0Al_2O_3$∶$1.0P_2O_5$∶1.2DPA∶$55.0H_2O$	$Si_{0.050}Al_{0.515}P_{0.434}O_2$
	$0.6SiO_2$∶$1.0Al_2O_3$∶$1.0P_2O_5$∶1.2DPA∶$55.0H_2O$	$Si_{0.089}Al_{0.520}P_{0.391}O_2$[b]

a 二正丙胺。
b 包含无定形 SiO_2。

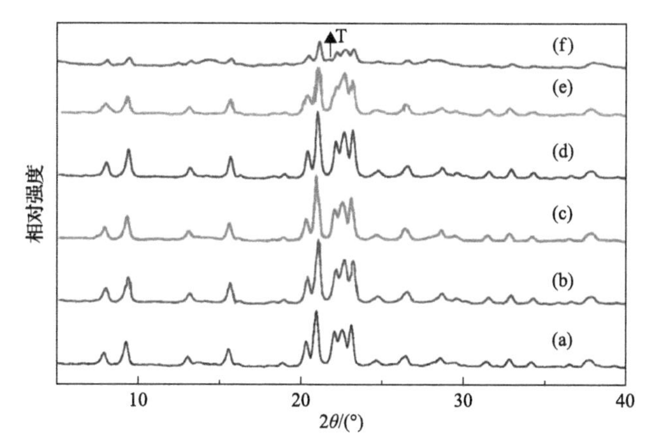

图 3-26 AlPO-11 与不同硅含量 SAPO-11 分子筛的 X 射线衍射(X-ray diffraction, XRD)谱图
(a) AlPO-11；(b) SAPO-11-0.02；(c) SAPO-11-0.1；(d) SAPO-11-0.2；(e) SAPO-11-0.3；
(f) SAPO-11-0.6；T 表示磷酸铝鳞石英致密相 $AlPO_4$(T)

量之比)降低到 20 以下，产品中就会有 $AlPO_4$(T)生成。这归结于水量的下降，使得前驱体混合不均匀，从而诱发了 $AlPO_4$(T)的生成。

在水热、静态合成条件下，发现通过延长晶化时间、改变硅源、调节 pH 以及改变模板剂等方法，均不能改变合成过程中较高硅含量条件下硅溶胶的聚沉现象。硅溶胶是由大量水化 SiO_2 溶胶粒子组成的胶体分散体系。它属于热力学不稳定体系，溶胶颗粒会自动凝结为大颗粒。关于硅溶胶稳定性的大量研究表明，硅溶胶的胶凝速度与合成体系 SiO_2 浓度、阴阳离子的种类及浓度等诸多因素有关[132,133]。Iler[132]研究了硅溶胶的胶凝时间与 SiO_2 浓度的关系，发现在一定的 pH 条件下，硅溶胶的胶凝时间与体系中 SiO_2 浓度的平方成反比。溶液中的 SiO_2 为 0.5%，硅胶的胶凝时间为 260min，当 SiO_2 浓度提高到 1.0%时，胶凝时间就急剧缩减到 53min。此外，合成体系的 pH 也是影响硅溶胶聚沉的另外一个重要因素。戴安邦[133]发现，当 pH 在 5～9 接近中性的介质环境下，硅溶胶的聚沉速率急剧加快。通常，磷酸铝分子筛合成体系的 pH 为 3～10。由于模板剂——二正丙胺与磷酸的存在，合成体系中具有很高的离子浓度。综上所述，中性的 pH 环境、较高的离子浓度以及高的 SiO_2 含量，是诱发合成体系中硅溶胶生成的主要原因。Sinha 等[134]

也发现，在高硅铝比条件下，水热静态法合成的分子筛样品的结晶度较低硅铝比样品的结晶度低很多。水热、静态合成样品中，由于难以将硅凝胶与 SAPO-11 晶体分离，干燥样品中始终混有无定形 SiO_2。虽然无定形的 SiO_2 没有衍射峰，但其存在会稀释 SAPO-11 晶相的浓度，因而导致样品结晶度降低。这一结果表明，提高高硅 SAPO-11 分子筛的结晶度，关键在于抑制合成体系中硅凝胶的形成。

从不同硅含量样品的 NH_3-TPD（氨气程序升温脱附）图（图 3-27）可看出，AlPO-11 的 NH_3-TPD 曲线只在 200℃附近有一个较为明显的脱附峰，这可被归属为吸附在弱酸位上的 NH_3 脱附峰。而在 SAPO-11 分子筛样品的 NH_3-TPD 曲线上，除上述 200℃附近的脱附峰之外，还在 300℃附近有一高温脱附峰，对应的酸性位为中强酸中心。Alfonzo 等[135]将此峰对应的酸性位归结于 Brønsted 酸中心。AlPO-*n* 分子筛骨架严格地由 AlO_4 和 PO_4 四面体交替组成，没有可交换的电荷，因而不具有质子酸性。当 Si 原子以 SMⅡ或 SMⅡ+ SMⅢ取代方式进入分子筛骨架时，SAPO 分子筛骨架上有负电荷产生，因而使得分子筛的酸性有明显提高。NH_3-TPD 图显示，随着投料硅铝比的增加，不仅硅含量增加，分子筛的总酸量和强酸中心的数量也明显增加。当硅铝比增加至 0.2 时，SAPO-11 分子筛样品的总酸量和强酸量达到最大，继续提高硅铝比，酸量不再增加。

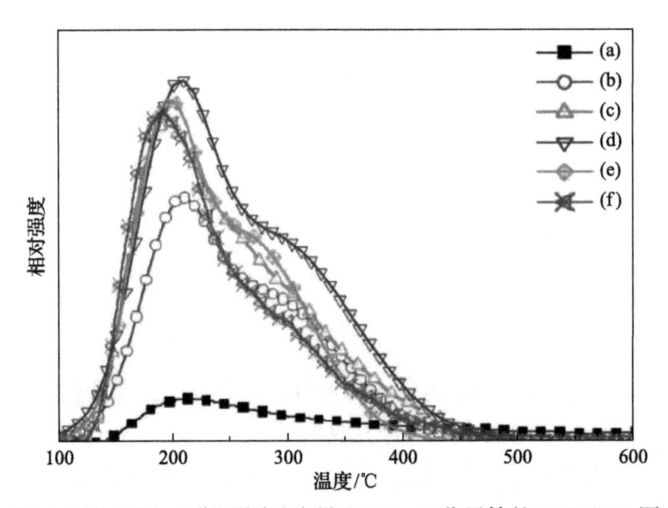

图 3-27 AlPO-11 与不同硅含量 SAPO-11 分子筛的 NH_3-TPD 图

(a) AlPO-11；(b) SAPO-11-0.02；(c) SAPO-11-0.1；(d) SAPO-11-0.2；(e) SAPO-11-0.3；(f) SAPO-11-0.6

根据 SAPO 分子筛的 Si 取代机理，在低 Si 含量时，发生的是 SMⅡ取代方式，在分子筛的骨架上形成隔离的 Si(4Al) 物种，此时对应在骨架上生成的结构称为 SAPO 区。此时每个骨架硅原子产生酸性中心的效率最高，即每个硅原子对应生成一个 Brønsted 酸性位。随着 Si 含量的增加，硅原子开始以 SMⅡ+ SMⅢ的组合取代方式进入骨架，此时分子筛的骨架上有硅岛结构生成。随着硅岛结构的生成，相应的每个骨架硅原子形成酸性位的效率有所降低（<1）。Martens 等[136]指出，在 SAPO-11 分子筛上，硅岛的中心不存在酸性中心，Brønsted 酸性位只存在于硅岛的边缘。当硅含量增加到一定程度时，在小的硅岛通过 Si—O—Si 聚集成大片的硅岛结构。在 SMⅡ+SMⅢ组合方式中，当对酸性没有贡献的 SMⅢ占据主导地位时，将会导致分子筛的酸量明显下降。SAPO 分子筛的酸

量随硅含量变化的试验结果与硅原子取代模型预测的结果相一致。

研究显示[135]，以低活性的三水铝石为铝源，晶化产物中常存在未能消耗的三水铝石。从 SAPO 分子筛晶化的角度考虑，首先是磷酸与铝源反应生成磷酸铝前驱体，然后是硅进入分子筛的骨架。铝源的反应活性与硅源的解聚或水释放活性硅物种的速率，都可能影响硅物种进入分子筛骨架的过程，乃至对分子筛的酸度产生重要影响。为此，考察不同反应活性、聚合度的硅铝源对 SAPO-11 分子筛合成、组成与酸度等性能的影响。

从图 3-28 可以看出，合成样品中，以白炭黑为硅源、拟薄水铝石为铝源的样品 S3 伴有微量 $AlPO_4$(T)的生成。其余的样品均为 SAPO-11 分子筛纯相。样品组成分析显示(表 3-24)，不同类型的硅、铝源(聚合态与单体性)，以白炭黑与拟薄水铝石合成的样品 S3 的硅含量最高，而以硅溶胶、异丙醇铝为硅、铝源合成样品 S4 的硅含量最低。研究显示[135]，单体铝源——异丙醇铝为高活性的铝源，与磷酸的反应活性远高于聚合态的铝源，如拟薄水铝石。异丙醇铝与磷酸混合后，可以很快形成磷酸铝前驱体。而硅溶胶为聚合态的硅源，其解聚释放出活性硅物种的速率可能相对较慢，抑制了硅原子取代骨架 Al 或 P 的过程，从而导致合成分子筛的硅含量相对较低。而以低活性的拟薄水铝石为铝源，其反应活性较异丙醇铝低得多，但其与硅源(硅溶胶或白炭黑)解聚或水解反应的速率匹配得很好，因而以其为铝源合成的样品具有较高的硅含量。在以不同硅源合成的样品中，

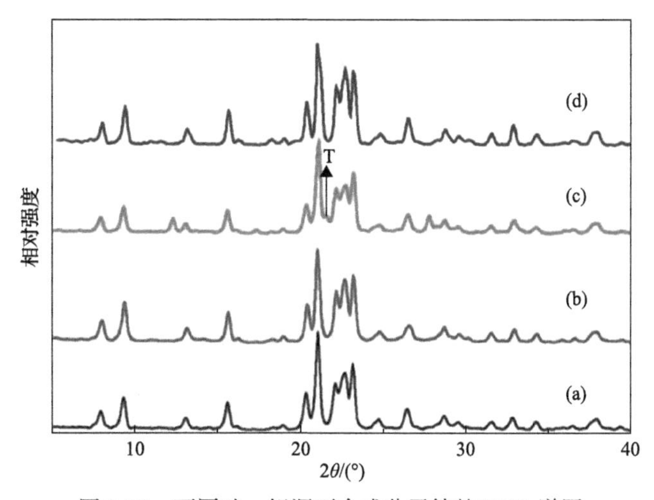

图 3-28 不同硅、铝源下合成分子筛的 XRD 谱图

(a) TEOS(正硅酸乙酯)，PB(拟薄水铝石)；(b) SS(硅溶胶)，PB；(c) FS(白炭黑)，PB；(d) SS，IPA(异丙醇铝)

表 3-24 不同硅、铝源合成 SAPO-11 样品化学组成

样品	起始原料	化学组成(物质的量之比)
S1(a)	TEOS，PB	$Si_{0.040}Al_{0.513}P_{0.447}O_2$
S2(b)	SS，PB	$Si_{0.044}Al_{0.530}P_{0.426}O_2$
S3(c)	FS，PB	$Si_{0.047}Al_{0.528}P_{0.426}O_2$
S4(d)	SS，IPA	$Si_{0.035}Al_{0.527}P_{0.438}O_2$

以白炭黑为硅源合成的样品 S3 具有最高的硅含量，这可能与白炭黑具有很高的表面积及较小的颗粒尺寸有关。高比表面积、较小的粒子尺寸(低聚合度)有利于解聚反应的发生，从而有利于硅进入分子筛骨架。

从图 3-29 可以看出，在所有样品中，以白炭黑、拟薄水铝石为硅、铝源合成的样品 S3 的总酸量最大，而以硅溶胶、异丙醇铝为硅、铝源合成样品 S4 的酸量最低。尽管以 TEOS 与硅溶胶为硅源合成样品 S2 与 S1 的总酸量略低于样品 S3，但是其强酸中心的数目明显高于后者。Sinha 等[134]指出，硅源缓慢地解聚或水解释放出硅物种，有利于形成较小尺寸的硅岛，提高分子筛的酸度，这一点也得到了 ^{29}Si NMR 数据的证实。由此可见，硅源的反应活性(解聚或水解)对分子筛骨架的酸度分布有重要影响。高活性的硅源较快地反应、释放出硅物质而进入分子筛骨架，增加了 Si—O—Si 键连接的概率，提高 SM Ⅲ取代的比例，从而降低分子筛酸度。

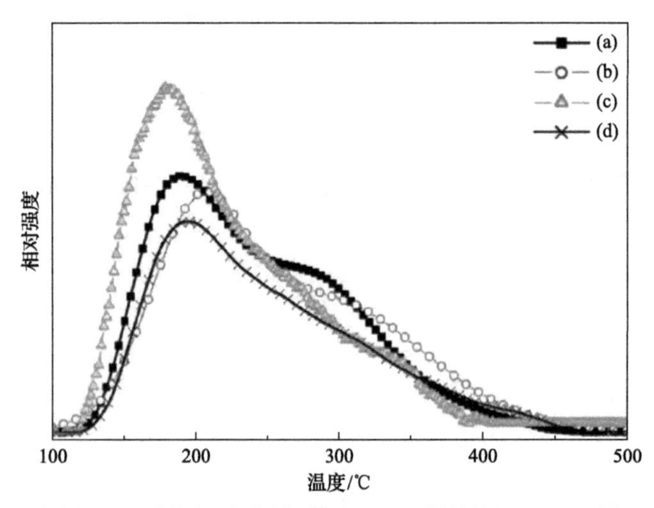

图 3-29　不同硅、铝源合成 SAPO-11 样品的 NH_3-TPD 图

(a)TEOS，PB；(b)SS，PB；(c)FS，PB；(d)SS，IPA

合成催化剂的异构化活性见表 3-25。以硅酯与硅溶胶合成的催化剂 Pt/S1 和 Pt/S2 具有最高的异构化活性，在 290℃下，正十二烷的转化率为 90%，异构体的收率超过 80%。

表 3-25　以不同硅、铝源合成的 SAPO-11 为载体制备催化剂的异构性能

性能	Pt/S1	Pt/S2	Pt/S3	Pt/S4
反应温度/℃	290	290	310	320
转化率/%	90.36	90.91	90.96	87.37
异构体选择性/%	94.32	92.74	81.07	84.30
异构体收率/%	85.23	84.31	73.74	73.65
多支链异构体选择性/%	23.47	36.50	27.06	21.52
单支链异构体选择性/%	61.75	47.81	46.68	52.13

其他反应条件：氢油比= 15, LHSV = 1h^{-1}, P = 1atm (1atm=1.01325×10^{5}Pa)。

而其余两个催化剂不仅活性低，其异构化产物的最高收率也明显低于前两个催化剂。催化剂活性的变化次序与对应分子筛载体酸度的变化规律一致。Pt/S3 和 Pt/S4 较低的最高异构体收率与其较低的酸量有关。酸量的降低，导致催化剂获得最高异构体收率的温度升高。从热力学方面考虑，温度的提升对裂化反应比较有利，从而降低了异构体选择性和最高异构体收率。

在静态条件下，当胶体中的硅铝比大于 0.3 时，合成体系中会有硅溶胶析出。硅溶胶的生成，降低了溶液中低聚度活性硅物种的浓度，从而抑制了硅原子植入分子筛骨架。此外，样品中无定型 SiO_2 的存在（源于硅凝胶），还降低了合成产品的结晶度。由此可见，抑制硅凝胶的形成，是提高 SAPO-11 的结晶度、合成高硅 SAPO-11 分子筛需解决的关键问题。一般认为，老化程序有利于硅、铝源的解聚[117,137]。动态晶化模式下，颗粒间的摩擦力比较大，可能会在一定程度上破坏凝胶的网络结构、抑制其生成[117,132]。本部分内容尝试利用动态晶化模式下合成高硅 SAPO-11 分子筛，并考察老化程序与硅含量对 SAPO-11 合成与物化性能的影响。

不同晶化方式合成 SAPO-11 分子筛样品胶体中硅铝比均为 0.6，样品的 XRD 谱图如图 3-30 所示。静态合成的样品 S0-0.6 中有磷酸铝致密相生成，同时样品的结晶度比较低。Weyda 等[138]与 Sinha 等[134]也发现，在高硅铝比条件下，水热静态法合成分子筛样品的结晶度较低硅铝比的样品低很多。水热静态合成样品中，难以将硅凝胶与 SAPO-11 晶体分离，因而干燥产品中始终混有无定形 SiO_2。虽然无定形 SiO_2 没有衍射峰，但其存在会稀释 SAPO-11 样品的浓度，因而导致样品结晶度的降低。与水热、静态合成的样品 S0-0.6 相比，动态（旋转、搅拌釜）法合成的样品（SR-0.6，SRA-0.6 与 SSA-0.6）XRD 谱图的基线很低，没有检测到杂晶相。动态法有利于提高胶体的均匀性，抑制杂晶相的生成。比较静态与动态合成 SAPO-11 分子筛样品的结晶度可以发现，动态合成样品的结晶度也较静态合成的分子筛有显著提高。在动态合成样品中，未发现 SiO_2 的凝胶。这可归结为动态

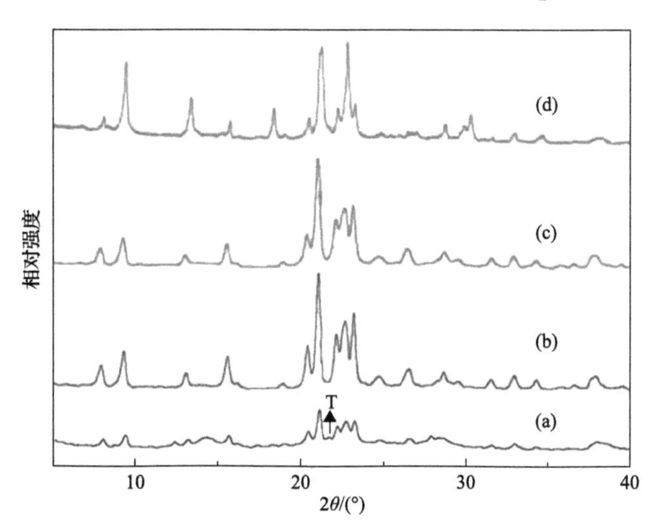

图 3-30　动态与静态合成 SAPO-11 分子筛的 XRD 谱图

(a) S0-0.6：静态模式投料中的硅铝比为 0.6；(b) SR-0.6：动态模式投料中的硅铝比为 0.6；(c) SRA-0.6：动态模式结合陈化步骤投料中的硅铝比为 0.6；(d) SSA-0.6：混合模式结合陈化步骤投料中的硅铝比为 0.6

晶化模式，强化了合成体系的扰动，有利于破坏硅凝胶的网络结构，抑制硅溶胶的凝胶化过程。合成样品中没有无定形 SiO_2 的存在，因此动态合成样品具有较高的结晶度。

不同晶化方式合成的SAPO-11分子筛的胶体与产品组成见表3-26。由于硅胶的析出，静态条件下合成的样品S0-0.6混有无定形 SiO_2，因而分子筛的实际硅含量应比预测值低。比较不同晶化条件下样品的硅含量可以发现，在搅拌状态下合成样品 SSA-0.6 的硅含量最高。老化程序对 SAPO-11 分子筛的硅含量影响较小，晶化模式对合成样品的硅含量影响较大。搅拌晶化模式，颗粒间的摩擦比较剧烈，有利于破坏凝胶的结构，抑制了硅溶胶的凝聚，提高了液相中硅物种的浓度，有利于破坏凝胶的结构，抑制了硅溶胶的凝聚，提高了液相中硅物种的浓度，有利于硅原子植入分子筛骨架。此外，研究显示，动态条件有利于提高合成体系的晶化速率[117]。晶化速率的提高，有利于消耗体系中的 SiO_2，降低 SiO_2 胶体浓度，这也有利于抑制硅溶胶的凝聚，促进硅原子植入分子筛骨架而提高SAPO-11 分子筛的硅含量。

表 3-26　合成样品胶体组成、产品组成和产品的相对结晶度

样品	胶体组成（物质的量之比）	产品组成（物质的量之比）	C/%
S0-0.6	$0.6SiO_2:1.0Al_2O_3:1.0P_2O_5:1.2R:55H_2O$	$Si_{0.089}Al_{0.520}P_{0.390}O_2$	30
SR-0.6	$0.6SiO_2:1.0Al_2O_3:1.0P_2O_5:1.2R:55H_2O$	$Si_{0.083}Al_{0.497}P_{0.419}O_2$	100
SRA-0.6	$0.6SiO_2:1.0Al_2O_3:1.0P_2O_5:1.2R:55H_2O$	$Si_{0.075}Al_{0.498}P_{0.427}O_2$	95
SSA-0.6	$0.6SiO_2:1.0Al_2O_3:1.0P_2O_5:1.2R:55H_2O$	$Si_{0.127}Al_{0.487}P_{0.386}O_2$	97

注：R 表示模板剂；C 表示相对结晶度。

不同样品的表面形貌如图 3-31 所示。静态合成的样品 S0-0.6 为片状微晶组成的圆球

图 3-31　动态与静态合成 SAPO-11 分子筛的表面形貌

(a) S0-0.6；(b) SR-0.6；(c) SRA-0.6；(d) SSA-0.6

状聚集体，尺寸为5～10μm。采用动态模式合成的样品(SR-0.6，SRA-0.6)与静态模式合成的样品 S0-0.6 的尺寸大体相近，为圆球状聚集体，具有层状结构，尺寸为 5～10μm。而采用混合模式合成样品SSA-0.6的分子筛颗粒尺寸较小，为2～3μm。动态晶化模式下，颗粒间的摩擦比较大，有利于形成较小的晶核，合成体系中晶核的数量也较静态晶化模式下合成体系的晶核数量多，因此在动态条件下，分子筛的成核速率较静态条件有了明显提高。成核速率的提高，有利于减小合成分子筛样品的颗粒尺寸。

不同晶化程序下合成催化剂的性能见表3-27。静态合成的催化剂 Pt/S0-0.6 的活性最低，与其较低的酸度测定结果相一致。而通过搅拌釜、经老化程序合成的催化剂 Pt/SSA-0.6 在这四个催化剂中具有最高的异构化活性，在该催化剂上，反应温度较低，抑制了裂化反应，催化剂的异构体选择性和收率均较高。

表3-27 不同方式合成 SAPO-11 为载体制备催化剂的异构性能

性能	Pt/S0-0.6	Pt/SR-0.6	Pt/SRA-0.6	Pt/SSA-0.6
反应温度/℃	325	320	300	290
转化率/%	84.77	90.19	87.58	88.80
异构体选择性/%	82.23	65.19	91.47	94.50
异构体收率/%	69.71	58.79	80.10	83.91
多支链异构体选择性/%	43.25	37.16	52.45	61.08
单支链异构体选择性/%	26.46	21.63	27.65	22.83

其他反应条件：氢油比= 15, LHSV = $1h^{-1}$, P = 1atm。

2. MTT 型硅酸铝分子筛的合成

由于其独特的孔道结构和较强的表面酸性，MTT 分子筛材料(ZSM-23)在烯烃和烷烃异构化反应中表现出很高的催化活性与选择性，如在丁烯异构化及催化裂化反应中具有良好的催化活性和选择性；此外，在长链烷烃异构化反应中也具有其他催化剂体系无法比拟的优越性，从而有良好的工业应用潜力。据专利分析，在 Chevron 公司开发的最新一代润滑油异构脱蜡催化剂中就应用了 MTT 分子筛。吡咯烷是最早合成 ZSM-23 分子筛所用的模板剂，后来比较多的合成研究也都采用吡咯烷作为模板剂，但采用该模板剂 ZSM-23 分子筛的合成区间比较窄，所得样品很容易伴生其他的杂质。而且，从工业应用的角度来讲，此合成方法所采用的气相白炭黑和吡咯烷成本都比较高，在此主要介绍采用易于得到的价格低廉的有机胺模板剂二甲胺和异丙胺进行 ZSM-23 分子筛的合成研究结果。

选用异丙胺作为模板剂在以偏铝酸钠为铝源的合成体系中进行 ZSM-23 分子筛的合成研究试验结果如图 3-32 所示。由图可见，采用异丙胺作为模板剂时，ZSM-23 分子筛在合成体系硅铝比从 85 到 172 的区间内都可以得到高结晶度的样品。在硅铝比为 60 时合成产物为 ZSM-5 分子筛，而在更高的硅铝比 287 的合成体系中所得产物为 ZSM-23 分子筛和方石英(cristobalite)致密相的混合物。

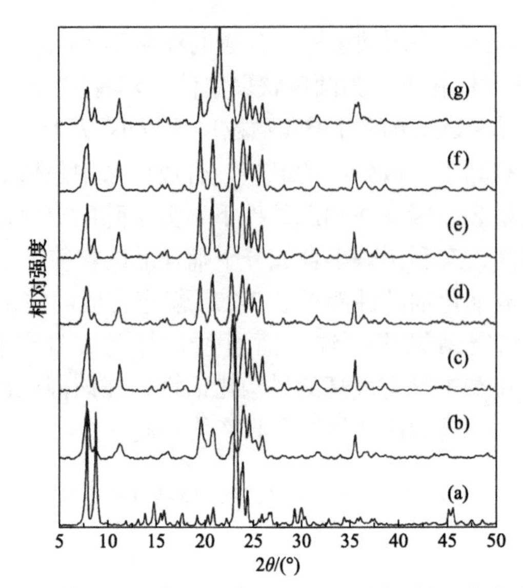

图 3-32 以异丙胺为模板剂、偏铝酸钠为铝源的不同硅铝比的合成样品 XRD 图谱

(a) SiO_2/Al_2O_3=60；(b) SiO_2/Al_2O_3=85；(c) SiO_2/Al_2O_3=102；(d) SiO_2/Al_2O_3=120；(e) SiO_2/Al_2O_3=137；(f) SiO_2/Al_2O_3=172；(g) SiO_2/Al_2O_3=287

样品的扫描电子显微镜(scanning electron microscope, SEM)照片如图 3-33 所示。可以看到，以异丙胺合成的 ZSM-23 分子筛颗粒为针状晶体，这些针状晶体又进一步团聚为不均匀的聚集体。样品的热重分析结果如图 3-34 所示。结果表明，模板剂的脱除区间

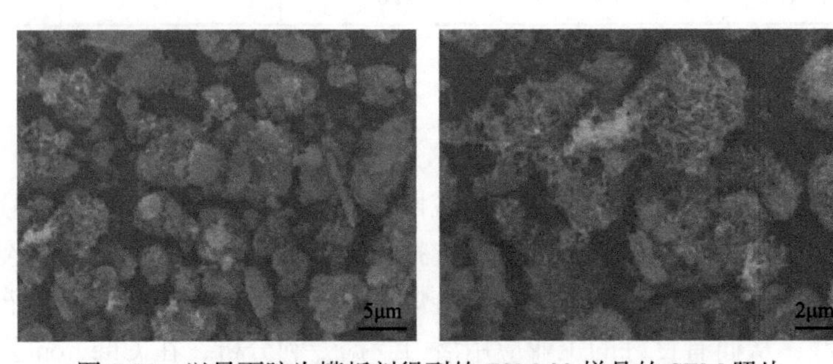

图 3-33 以异丙胺为模板剂得到的 ZSM-23 样品的 SEM 照片

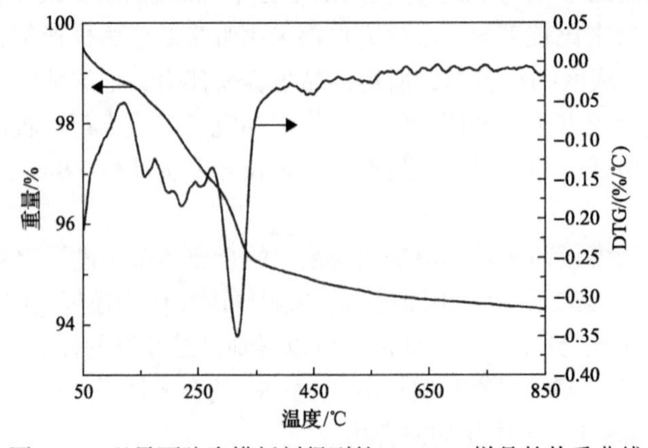

图 3-34 以异丙胺为模板剂得到的 ZSM-23 样品的热重曲线

为 275～375℃。对比吡咯烷为模板剂合成的 ZSM-23 分子筛样品的热分析结果，可以明显看出异丙胺的脱除温度要比吡咯烷(约 450℃)低得多。

通过 N_2 的物理吸附对 ZSM-23 分子筛样品的比表面和微孔结构进行分析测试，结果如图 3-35 所示。试验结果显示，所合成的 ZSM-23 分子筛样品的比表面积为 211m^2/g，微孔孔径为 5.47Å。与以吡咯烷为模板剂合成的样品对比较就会发现，异丙胺合成的 ZSM-23 比表面积略小而孔径稍大。

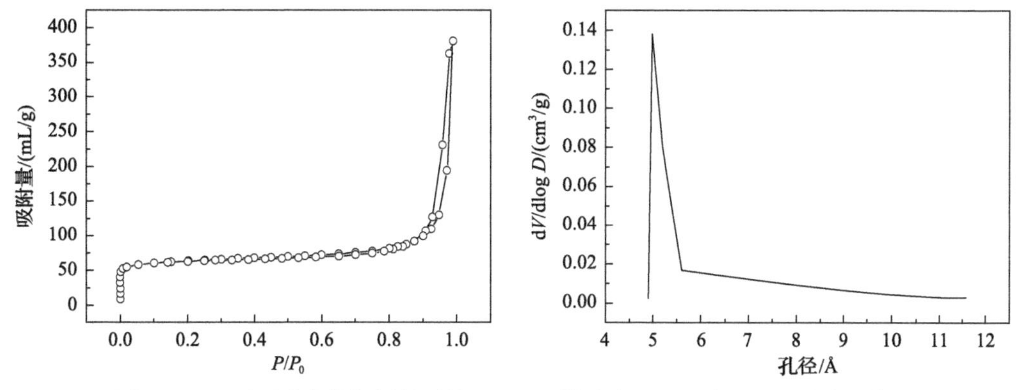

图 3-35 以异丙胺为模板剂得到的 ZSM-23 样品的 BET 比表面积和孔分布结果

而以异丙胺为模板剂在以硫酸铝为铝源的合成体系中进行的 ZSM-23 分子筛的合成试验结果如图 3-36 所示。由图可见，在以硫酸铝为铝源的合成体系中，在硅铝比为 70

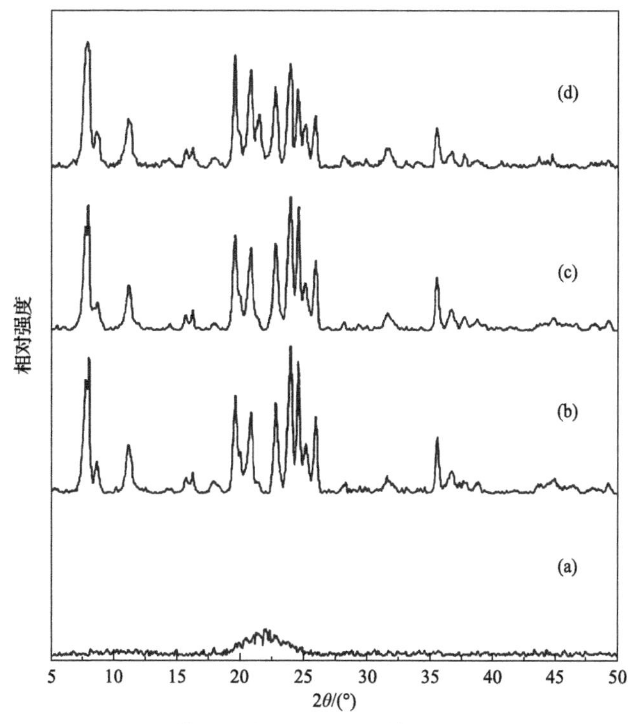

图 3-36 以异丙胺为模板剂从硫酸铝合成体系得到的样品的 XRD 谱图

(a) SiO_2/Al_2O_3=60；(b) SiO_2/Al_2O_3=70；(c) SiO_2/Al_2O_3=80；(d) SiO_2/Al_2O_3=102

和 80 的合成体系中可以得到纯相的 ZSM-23 分子筛，在硅铝比为 102 的合成体系中得到的 ZSM-23 分子筛已经有少量的方石英杂质相伴生出现，而在较低硅铝比 60 的合成体系中 ZSM-23 不能够晶化产生。显示了在以硫酸铝为铝源的合成体系中 ZSM-23 分子筛的合成区间相对以偏铝酸钠为铝源的合成体系要窄得多。

样品的 SEM 照片如图 3-37 所示。可以看到，在以硫酸铝为铝源的合成体系中以异丙胺合成的 ZSM-23 分子筛的形貌特征与在以偏铝酸钠为铝源的合成体系中得到的分子筛样品有所不同。在本合成体系中得到的样品颗粒为针状晶体，但形貌更均匀，团聚也更均一规则。

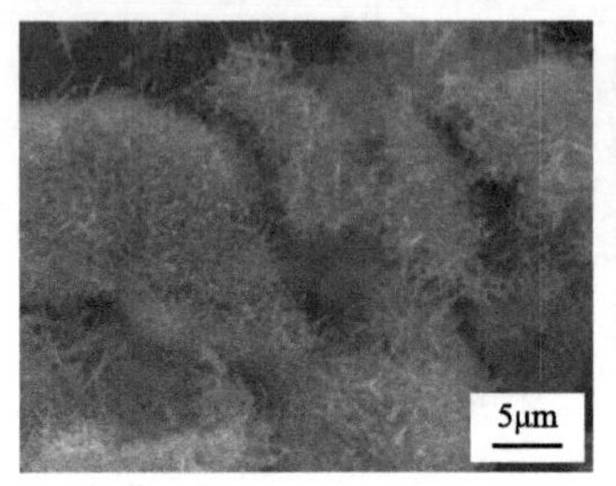

图 3-37 在硫酸铝合成体系中以异丙胺为模板剂得到的 ZSM-23 的 SEM 照片

在以偏铝酸钠为铝源的合成体系中以二甲胺为模板剂进行了 ZSM-23 分子筛的合成研究，试验结果如图 3-38 所示。由图可见，在合成体系硅铝比从 85 到 172 的区间内都

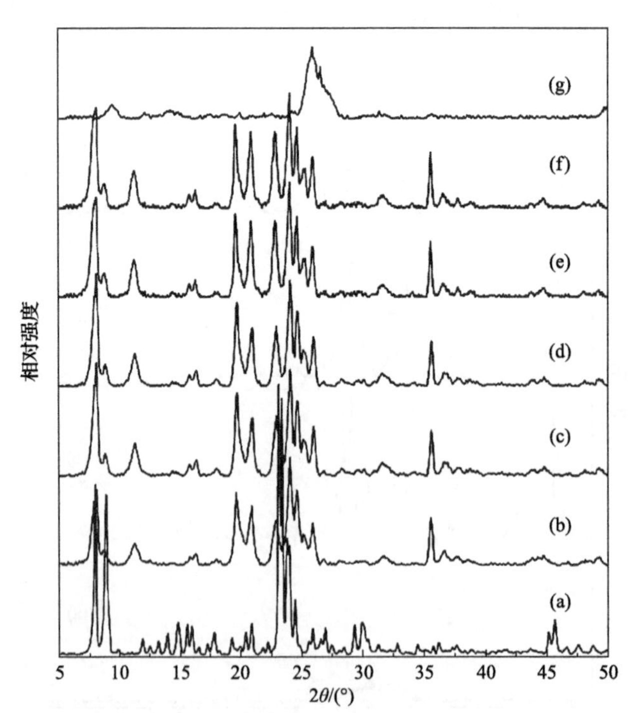

图 3-38 以二甲胺为模板剂、偏铝酸钠为铝源的不同硅铝比合成样品的 XRD 谱图

(a) SiO_2/Al_2O_3=60；(b) SiO_2/Al_2O_3=85；(c) SiO_2/Al_2O_3=102；(d) SiO_2/Al_2O_3=120；(e) SiO_2/Al_2O_3=137；(f) SiO_2/Al_2O_3=172；(g) SiO_2/Al_2O_3=287

可以得到高结晶度的 ZSM-23 分子筛样品。在硅铝比为 60 时合成产物为 ZSM-5 分子筛，而在更高的硅铝比 287 的合成体系中所得产物没有 ZSM-23 分子筛的晶相。

在以硫酸铝为铝源的合成体系中以二甲胺为模板剂合成 ZSM-23 分子筛，首先进行不同硅源的研究。因为尽管在以吡咯烷为模板剂合成 ZSM-23 分子筛时发现气相白炭黑是最好的硅源，但其高成本及其使用上的不便利，促使需要进一步研究硅溶胶的使用，因为从 ZSM-23 分子筛将来进一步工业开发的角度来说，硅溶胶储运和使用方便，且相对气相白炭黑来说价格要便宜得多。

图 3-39 所示分别为以气相白炭黑和硅溶胶为硅源进行合成得到的样品的 XRD 表征结果。可以看出，尽管采用硅溶胶合成得到的样品结晶度相对较弱，但是产物还是为 ZSM-23 分子筛，这说明以二甲胺为模板剂在以硫酸铝为铝源的合成体系中可以以硅溶胶为硅源成功地合成 ZSM-23 分子筛。因此，下面以硅溶胶为硅源进行进一步的研究。

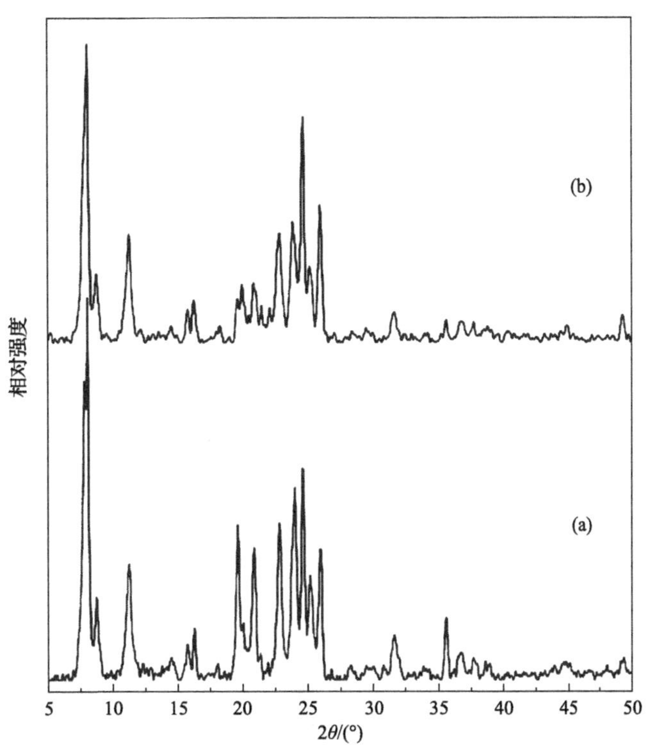

图 3-39　硫酸铝合成体系 ZSM-23 样品的 XRD 谱图

(a)气相白炭黑；(b)硅溶胶

对不同硅铝比的合成体系得到的样品进行 XRD 表征，部分结果如图 3-40 所示。发现采用二甲胺作为模板剂时，在以硅溶胶为硅源、硫酸铝为铝源的合成体系中，可以在比较宽的合成区间内得到高结晶度的 ZSM-23 分子筛。

部分样品的 SEM 照片如图 3-41 所示。可以看到，以二甲胺为模板剂合成得到的 ZSM-23 分子筛具有完美的形貌，分子筛颗粒为针状晶体，进一步团聚形成刺猬状的团聚物。通过 N_2 的物理吸附对 ZSM-23 分子筛样品的比表面积和微孔结构进行分析测试。实验结果

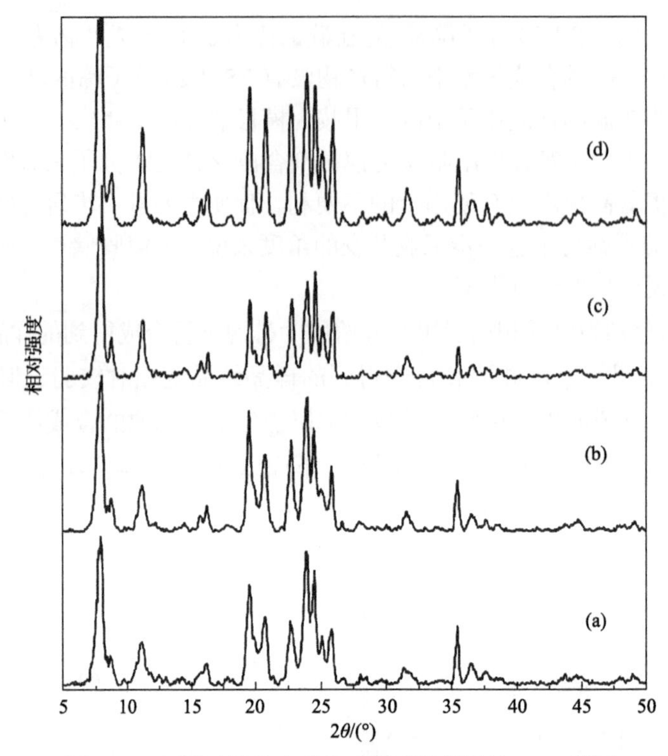

图 3-40　不同硅铝比合成体系得到的样品的 XRD 谱图

(a) SiO_2/Al_2O_3=50；(b) SiO_2/Al_2O_3=80；(c) SiO_2/Al_2O_3=102；(d) SiO_2/Al_2O_3=200

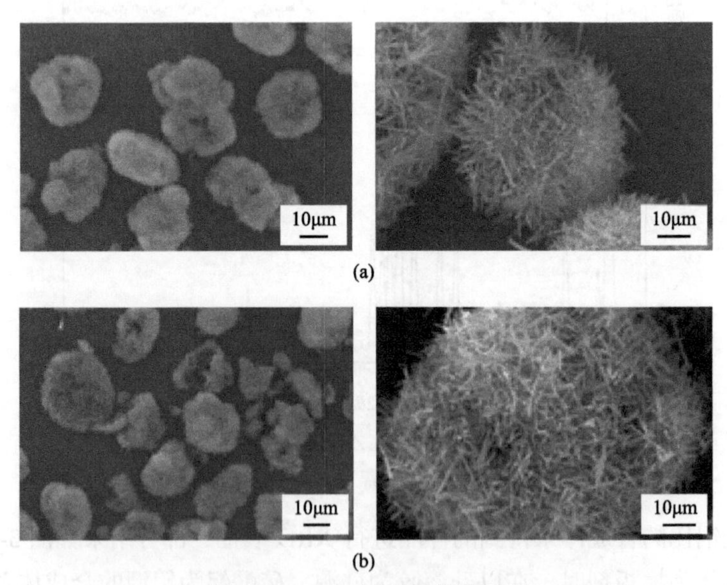

图 3-41　不同硅铝比合成体系得到的样品的 SEM 照片

(a) SiO_2/Al_2O_3=80；(b) SiO_2/Al_2O_3=100

显示，硅铝比为 80 的合成体系得到的 ZSM-23 分子筛样品的比表面积为 212m^2/g，微孔孔径为 5.24Å，硅铝比为 100 的合成体系得到的 ZSM-23 分子筛样品的比表面为 205m^2/g，微孔孔径为5.07Å。硅铝比不同的分子筛样品的比表面积和孔径尺寸略有不同。

对硅铝比为100的合成体系得到的ZSM-23分子筛样品进行热化学分析可知，样品的失重与在偏铝酸钠体系合成的ZSM-23分子筛样品没什么不同，二甲胺的脱除区间为370～495℃。

以氢氧化钠和氢氧化钾为碱源进行了ZSM-23分子筛的考察。结果表明，以二甲胺作为模板剂、在硅铝比为60的合成体系中进行ZSM-23分子筛的合成时，采用氢氧化钠作为碱源时，在180℃的晶化温度下反应65h可以得到高结晶度的ZSM-23分子筛，而采用氢氧化钾作为碱源时，只需在更低的反应温度170℃晶化相同的时间即可得到结晶良好的ZSM-23分子筛。由此可以看出，具有更强碱性的氢氧化钾对于ZSM-23分子筛的合成过程具有更强的矿化作用。

反应时间对硅铝比为60的合成体系中ZSM-23分子筛的合成过程具有显著影响。反应时间过短时产物为无定形物质，在180℃反应65h可以得到结晶良好的ZSM-23分子筛，而过度延长反应时间，所得产物中有相当一部分已为方石英杂质相，表明ZSM-23分子筛是合成过程中得到的一种亚稳相。

在硅铝比为60的合成体系中，反应温度对ZSM-23分子筛合成过程亦具有显著影响，发现以二甲胺作为模板剂的合成体系对于反应温度的变化很敏感。过低（低于175℃）和过高的反应温度（高于185℃）都得不到纯相的ZSM-23分子筛。

综合本部分以异丙胺和二甲胺作为模板剂合成ZSM-23分子筛的研究可以看出，采用异丙胺作为模板剂合成ZSM-23分子筛是一个较好的选择，但是对于较低硅铝比合成体系来说，异丙胺并不能够导致晶化ZSM-23分子筛的生成。而相对于前两者，二甲胺作为模板剂可以在较宽的硅铝比合成区间导向生成高结晶度的ZSM-23分子筛，尤其可以在较低的硅铝比合成体系得到ZSM-23分子筛，而这对于作为烷烃异构化催化剂载体来说至关重要，因为较低硅铝比的分子筛具有更多的活性中心，因而可能具有更好的催化活性，作为催化剂载体来说针对不同的反应也可有更宽的调变空间来进行进一步的改性。

3. TON型硅酸铝分子筛的合成

ZSM-22分子筛具有TON拓扑结构，由十元环组成的一维孔道平行于[001]方向，构成直径为0.46nm×0.57nm的椭圆形通道。诸多研究表明，ZSM-22分子筛的合成过程总是伴随着一些共生杂质的出现。在静态合成和低速搅拌下反应产物多为ZSM-5分子筛或ZSM-5分子筛和ZSM-22分子筛的混合物，多数情况下都会出现方石英相二氧化硅伴生。为了合成具有结晶良好的纯相ZSM-22分子筛，本部分工作主要选取不同种类的有机胺模板剂——二乙胺、1,6-己二胺、二乙基三胺、三乙基四胺进行ZSM-22分子筛的合成研究。

在以偏铝酸钠为铝源的合成体系中，以二乙胺作为模板剂可以在硅铝比大于100的合成体系中得到ZSM-22分子筛。但在硅铝比小于100的合成体系中得到的ZSM-22分子筛总是伴生ZSM-5分子筛杂质一起出现。ZSM-22分子筛样品具有均匀的形貌特征，硅铝比为103的合成体系得到的分子筛样品为针状晶体团聚形成花瓣状形貌，而硅铝比趋于无穷的纯硅体系合成得到的样品则是针状颗粒团聚形成纺锤状形貌，显示纯硅样品与硅铝分子筛的不同。

以硫酸铝为铝源的合成体系中采用二乙胺为模板剂进行了 ZSM-22 分子筛的合成试验。相对于以偏铝酸钠为铝源的合成体系，以二乙胺作为模板剂在以硫酸铝为铝源的合成体系中合成 ZSM-22 分子筛时，ZSM-22 分子筛可以在更低硅铝比的合成体系中合成出来，低硅铝比的分子筛材料意味着更多的活性中心，意味着具有更好的催化性能。元素分析和 BET 比表面积表征结果如表 3-28 所示。通过 X 射线荧光光谱分析（X-ray fluorescence spectrometer, XRF）进行了 ZSM-22 分子筛的化学组分测定，发现在凝胶硅铝比为 102 时合成的分子筛的硅铝比为 102.4，但在硅铝比降低时合成的分子筛的硅铝比与初始凝胶的硅铝比不相符合，分子筛的硅铝比明显要高于初始凝胶的硅铝比。试验还通过 N_2 的物理吸附对 ZSM-22 分子筛的比表面积和微孔结构进行了测试，其比表面为 170～200m^2/g，微孔孔径为 0.51nm，且随着分子筛硅铝比的降低，样品的比表面积有所增加。

表 3-28　ZSM-22 分子筛样品的 XRF 和 BET 比表面积分析结果

编号	体系硅铝比	分子筛硅铝比	BET 比表面积/(m^2/g)
a	40	55.6	197
b	80	86.2	178
c	102	102.4	167

在以二乙胺成功合成出 ZSM-22 分子筛的基础上，还选取多元胺进行了 ZSM-22 分子筛的合成研究。在以硫酸铝为铝源的合成体系中分别选择 1,6-己二胺、二乙基三胺、三乙基四胺三种多元胺来进行 ZSM-22 分子筛的合成，以与采用二乙胺作为模板剂时相同硅铝比的合成体系进行合成，得到的分子筛样品的 XRD 表征结果见图 3-42。由图可见，在晶化温度为 180℃和晶化时间为 65h 的反应条件下，在硅铝比为 40 的合成体系中，采用 1,6-己二胺、二乙基三胺、三乙基四胺等多元胺作为模板剂时都可以成功地合成得到 ZSM-22 分子筛。由于 ZSM-22 分子筛具有一维十元环直孔道结构，一般认为长直链有机胺模板剂适用于一维直孔道分子筛的合成。在分子筛的孔道内部，模板剂分子以首尾相接的方式，线性排列并完全充满十元环孔道，且起到结构导向和骨架电荷平衡的双重作用。从分子结构上来看，1,6-己二胺为长直链二元胺，二乙基三胺为长直链三元胺，三乙基四胺为长直链四元胺，因此采用这几种直链多元胺均成功合成了 ZSM-22 分子筛。

这几种分子筛样品的 SEM 照片如图 3-43 所示，并与以二乙胺合成的 ZSM-22 分子筛进行了比较。可以看出，以不同的模板剂合成得到的 ZSM-22 分子筛的形貌各不相同。以二乙胺和二乙基三胺合成的 ZSM-22 分子筛晶体不易发生团聚，两个样品均为典型的棒状晶体，但以二乙基三胺得到的 ZSM-22 棒状晶体细长，而二乙胺得到的 ZSM-22 晶体略为粗短。以三乙基四胺为模板剂合成得到的 ZSM-22 分子筛样品则为更细小的晶体颗粒聚集而成的比较完美的球状团聚体。而以 1,6-己二胺作为模板剂合成得到的 ZSM-23 分子筛则是纺锤形的晶体颗粒，容易聚集在一起得到不规则的团聚物。

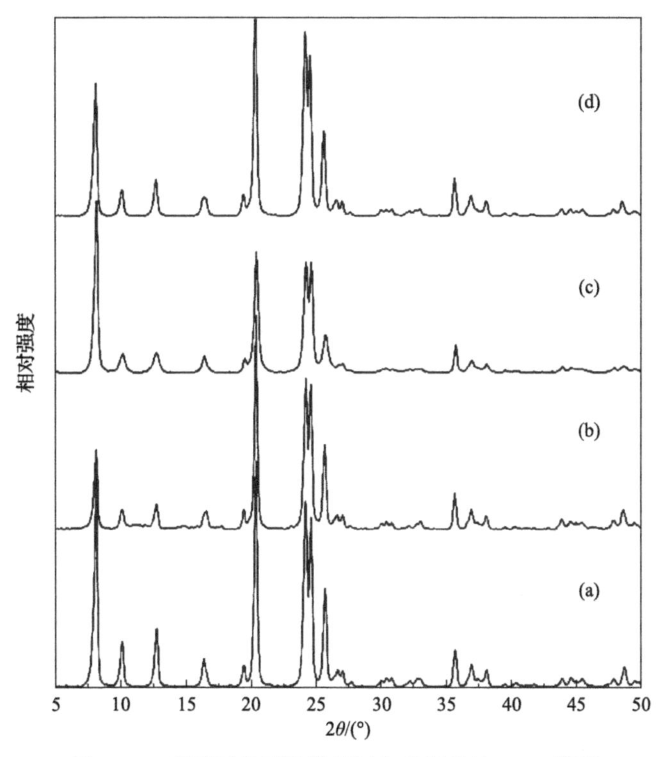

图 3-42 以不同多元胺模板剂合成样品的 XRD 谱图

(a)二乙胺；(b)1,6-己二胺；(c)二乙基三胺；(d)三乙基四胺

图 3-43 以不同多元胺模板剂合成的样品的 SEM 图

(a)ZSM-22-(HDA)；(b)ZSM-22-(DETA)；(c)ZSM-22-(TETA)；(d)ZSM-22-(DEA)

对合成得到的这几种ZSM-22分子筛分别进行元素分析和孔结构分析，结果如表3-29所示。可以看出，以 1,6-己二胺、二乙基三胺、三乙基四胺等多元胺作为模板剂时从相

同硅铝比的合成体系中合成得到的 ZSM-22 分子筛也具有基本相同的硅铝比。而 BET 比表面积结果则显示了得到的 ZSM-22 分子筛的不同之处。以 1,6-己二胺为模板剂得到的 ZSM-22 分子筛比表面积为 205.38m^2/g，与以二乙胺为模板剂合成得到的 ZSM-22 分子筛相比略大一些。而以二乙基三胺和三乙基四胺为模板剂合成得到的两种 ZSM-22 分子筛的比表面积相比之下则要小很多，分别仅为 107.08m^2/g 和 116.39m^2/g。XRD 和 SEM 表征表明这两种分子筛具有良好的结晶度，且晶化完全，形貌完美。

表 3-29 以不同的有机胺合成的 ZSM-22 分子筛样品的 XRF 和 BET 比表面积分析结果

有机胺种类	1,6-己二胺	二乙基三胺	三乙基四胺	二乙胺
SiO_2/Al_2O_3	64.3	62.3	66.4	55.6
BET 比表面积/(m^2/g)	205.38	107.08	116.39	197.46
微孔面积/(m^2/g)	175.45	78.62	84.05	149.61
外表面积/(m^2/g)	29.93	28.45	32.33	47.85
微孔孔容/(mL/g)	0.086	0.039	0.041	0.074
孔径/Å	5.08	5.14	4.96	5.29

二乙基三胺和三乙基四胺作为模板剂合成 ZSM-22 分子筛时，多元胺可能主要在成核阶段诱导 ZSM-22 分子筛晶种的生成，但在晶化过程中进入分子筛孔道的并不多，孔道内部主要是靠大量的碱金属离子起到平衡电荷的作用。因此，导致以这些胺类为模板剂时生成的 ZSM-22 分子筛微孔面积和孔容较小。

在上部分研究基础上，对 1,6-己二胺作为模板剂的合成体系进行了进一步的研究。在以硫酸铝为铝源的合成体系中，以氢氧化钾作为碱源进行 ZSM-22 分子筛合成的试验结果如图 3-44 所示。从图中可以看出，采用氢氧化钾作为碱源时，ZSM-22 分子筛可以在很低的硅铝比的合成体系中高结晶度地合成出来。硅铝比为 20 的合成体系中得到的产物为 ZSM-35 分子筛，从硅铝比为 40 的合成体系中即能够得到高结晶度的 ZSM-22 分子筛产物，尽管它仍含有极少量的 ZSM-5 分子筛。但是当合成体系的硅铝比调高到 50 时即可以得到纯相的高结晶度的 ZSM-22 分子筛。

通过上述不同的模板剂进行 ZSM-22 分子筛的合成，以及结合不同的表征手段，合成得到了可以进行润滑油异构脱蜡应用的分子筛材料。

4. TON/MTT 型硅酸铝共结晶分子筛的合成

在 ZSM-22 分子筛和 ZSM-23 分子筛的研究过程中，人们很早就发现这两种分子筛具有完全相同的基本结构单元[139]。Thomas 等[140]据此预测两种分子筛应能够共生得到共结晶分子筛。但除了 Rollmann 等[141]和 Zones 等[142]曾经报道过 ZSM-22/ZSM-23 共结晶分子筛的合成外未再见有其他相关的研究报道。在合成 ZSM-22 分子筛和 ZSM-23 分子筛的研究过程中，发现以乙胺为模板剂可以得到 ZSM-22/ZSM-23 共结晶分子筛。因此，研究了乙胺合成的过程，考察了乙胺-乙二胺混合模板剂体系的作用。同时在此研究基础上，随着对于共结晶分子筛及其合成的理解，开发了一种双模板剂的策略，成功地采用多种双模板剂体系合成了共结晶分子筛。

在进行 ZSM-22/ZSM-23 共结晶分子筛的研究之前，首先进行了机械混合的 ZSM-22、ZSM-23 混合分子筛样品的 XRD 试验，以期与合成的 ZSM-22/ZSM-23 共结晶分子筛相对比。试验结果如图 3-45 所示。可以看出，不管以何种比例混合，在混合分子筛样品的

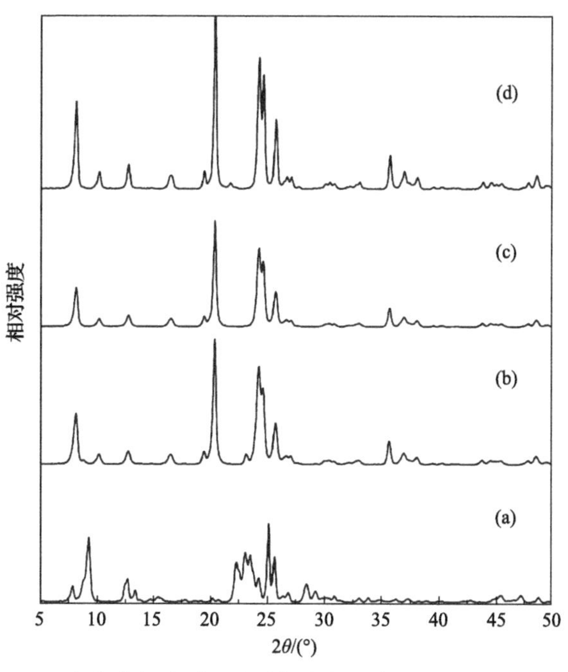

图 3-44　以氢氧化钾为碱源硫酸铝为铝源合成的样品的 XRD 谱图

(a) SiO_2/Al_2O_3=20；(b) SiO_2/Al_2O_3=40；(c) SiO_2/Al_2O_3=50；(d) SiO_2/Al_2O_3=60

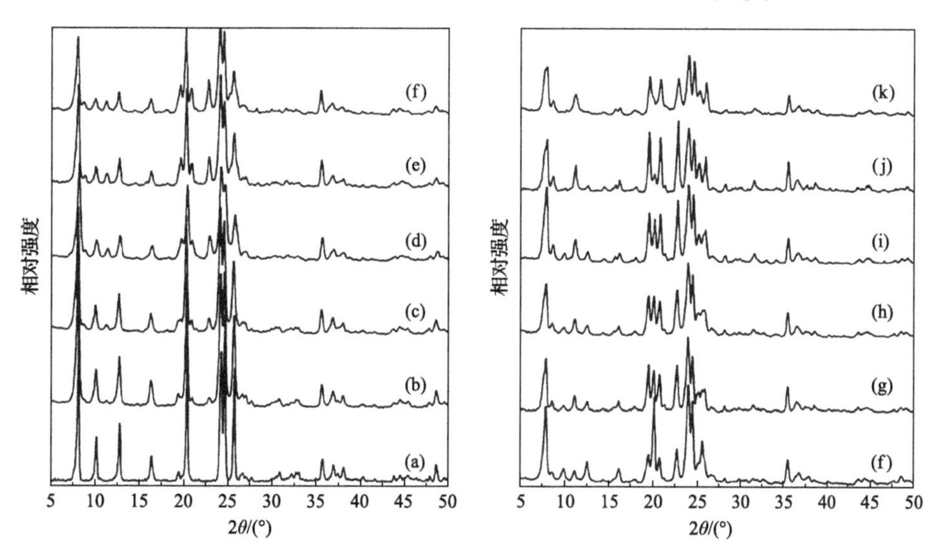

图 3-45　不同比例 ZSM-22 和 ZSM-23 机械混合得到混合分子筛的 XRD 谱图

(a) ZSM-22；(b) 10%ZSM-23+90%ZSM-22；(c) 20%ZSM-23+80%ZSM-22；(d) 30%ZSM-23+70%ZSM-22；(e) 40%ZSM-23+60%ZSM-22；(f) 50%ZSM-23+50%ZSM-22；(g) 60%ZSM-23+40%ZSM-22；(h) 70%ZSM-23+30%ZSM-22；(i) 80%ZSM-23+20%ZSM-22；(j) 90%ZSM-23+10%ZSM-22；(k) ZSM-23

XRD 谱图上反映出的仅是 ZSM-22 和 ZSM-23 两种分子筛特征谱线的机械加和，各个特征峰分立非常明显，没有任何湮灭、消失的变化。

接着进行 ZSM-23@ZSM-22 和 ZSM-22@ZSM-23 复合分子筛的合成，以期与合成的 ZSM-22/ZSM-23 共结晶分子筛进一步对比。其中，ZSM-23@ZSM-22 复合分子筛的合成是按照如下方式进行的：在以二乙胺为模板剂、以偏铝酸钠为铝源的 ZSM-22 分子筛的合成体系中，在配制初始硅铝凝胶的过程中加入 20%的以异丙胺为模板剂合成的 ZSM-23 分子筛，混合均匀后进行晶化过程得到相应的 ZSM-23@ZSM-22 复合分子筛。结果显示，ZSM-23@ZSM-22 复合分子筛的 XRD 谱线各个特征峰同 ZSM-22、ZSM-23 混合分子筛样品的 X 射线衍射结果基本相同，也是两种分子筛特征谱线的机械加和。

而 ZSM-22@ZSM-23 复合分子筛的合成则是按照如下方式进行的：在以异丙胺为模板剂、以偏铝酸钠为铝源的 ZSM-23 分子筛的合成体系中，在配制初始硅铝凝胶的过程中加入 20%的以乙二胺为模板剂合成的 ZSM-22 分子筛，混合均匀后进行晶化过程得到相应的 ZSM-22@ZSM-23 复合分子筛。结果显示，ZSM-22@ZSM-23 复合分子筛的 XRD 谱线各个特征峰同 ZSM-22、ZSM-23 混合分子筛样品的 XRD 结果基本相同，也是两种分子筛特征谱线的机械加合（本样品的合成产物中还含有特征峰 2θ=21.70°的方石英相杂质）。

在合成 ZSM-22 分子筛和 ZSM-23 分子筛的研究过程中，在以偏铝酸钠为铝源的合成体系中以乙胺为模板剂合成分子筛时发现了一种 XRD 谱图完全不同于 ZSM-22 分子筛和 ZSM-23 分子筛的 XRD 特征谱线的新类型分子筛结构（样品的 XRD 谱图见图 3-46）。

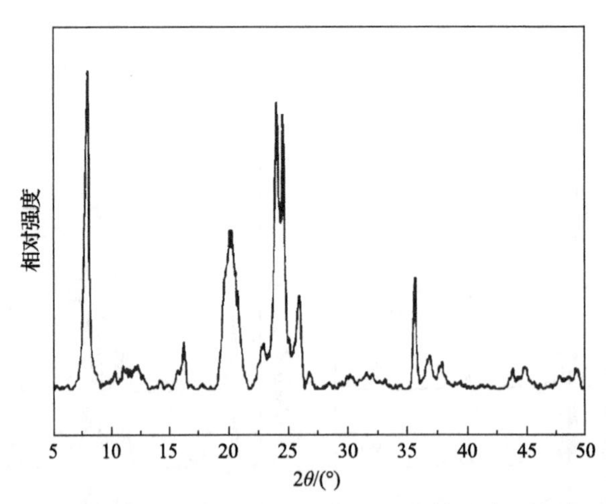

图 3-46　以乙胺为模板剂得到的 ZSM-22/ZSM-23 共结晶分子筛样品的 XRD 谱图

经分析和文献比对[143]，认为这是一种 ZSM-22/ZSM-23 共结晶分子筛，一种不同于前述 ZSM-22 分子筛和 ZSM-23 分子筛混合分子筛和复合分子筛的均匀结构的新类型分子筛，其构成中 ZSM-22 分子筛和 ZSM-23 分子筛的质量分数分别约为 40%和 60%。因此对以乙胺为模板剂的合成体系进行了进一步研究。同时结合 Rollmann 的结果[141]，采用乙胺-乙二胺混合模板剂体系进行研究，得到了比较好的合成结果。

以乙胺为模板剂时合成 ZSM-22/ZSM-23 共结晶分子筛的合成区间比较窄，在选定的试验条件下，只在硅铝比为 170 时得到了纯的 ZSM-22/ZSM-23 共结晶分子筛，在其他不同硅铝比的合成体系中得到的产物均不尽如人意。通过改变不同的模板剂比例进一步进行分子筛的合成试验，结果如表 3-30 所示。同样发现，在以偏铝酸钠为铝源的合成体系中以二乙胺作为模板剂时得到纯的 ZSM-22/ZSM-23 共结晶分子筛的合成条件非常苛刻。

表 3-30 模板剂比例对 ZSM-22/ZSM-23 共结晶分子筛合成的影响

模板剂(SDA)	SiO_2/Al_2O_3	SDA/SiO_2	产物	结晶度/%
乙胺	170	0.6	ZSM-22/ZSM-23	100
	170	0.8	ZSM-22+方石英相杂质	—
	170	1.0	ZSM-22+方石英相杂质	—
	170	0.5	ZSM-22+无定形	—
	170	0.4	无定形	—
	170	0.3	无定形	—

由于在以偏铝酸钠为铝源的合成体系中合成 ZSM-22/ZSM-23 共结晶分子筛难度比较大，尝试在以硫酸铝为铝源的合成体系中进行研究。由于在前期研究工作中发现，碱源的改变可以引起合成体系 pH 的变化，从而改变体系的结晶过程而导致产物的不同。因此，首先用氢氧化钾代替氢氧化钠进行相关试验，合成结果见表 3-31。

表 3-31 不同硅铝比对 ZSM-22/ZSM-23 共结晶分子筛合成的影响(以氢氧化钾为碱源)

SiO_2/Al_2O_3	产物	结晶度/%
103	ZSM-22/ZSM-23	100
150	ZSM-22/ZSM-23+方石英相杂质	—
200	ZSM-22/ZSM-23+方石英相杂质	—
90	ZSM-22/ZSM-23	93
80	ZSM-22/ZSM-23	88
60	无定形	—

可以看出，碱源改用氢氧化钾后 ZSM-22/ZSM-23 共结晶分子筛的合成区间发生了明显的改变，在合成体系硅铝比为 80～100 的范围内可以合成出共结晶分子筛，而在其他硅铝比范围则得不到共结晶分子筛产物，部分合成产物的 XRD 谱图如图 3-47 所示。以氢氧化钠为碱源时在硅铝比为 103 和 80 时产物均出现方石英相杂质，显示了相对于氢氧化钾体系，使用氢氧化钠时合成难度明显变大。得到的共结晶分子筛样品的形貌如图 3-48 的 SEM 照片所示。在硅铝比为 103 时得到的分子筛样品形貌比较均匀，基本颗粒均为很细的针状晶体，容易团聚得到次级球形聚集体，而硅铝比为 90 和硅铝比为 80 的样品则为棒状晶体，尺寸都在 1μm 左右。

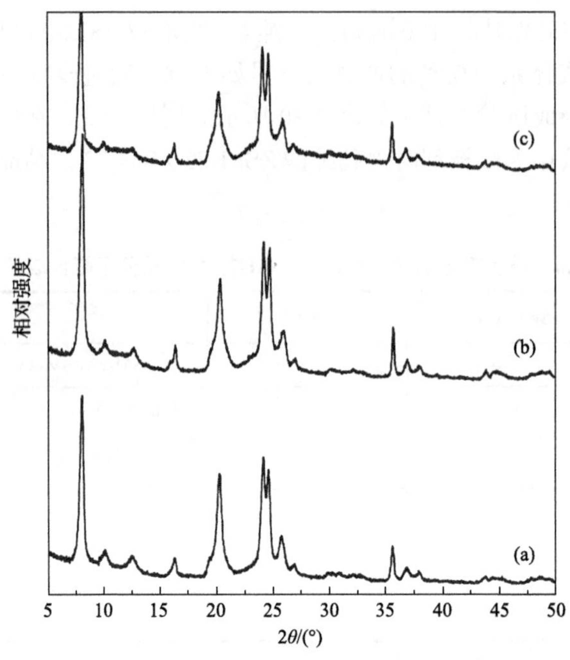

图 3-47　以 KOH 为碱源不同硅铝比得到 ZSM-22/ZSM-23 共结晶分子筛的 XRD 谱图

(a) SiO_2/Al_2O_3=103；(b) SiO_2/Al_2O_3=90；(c) SiO_2/Al_2O_3=80

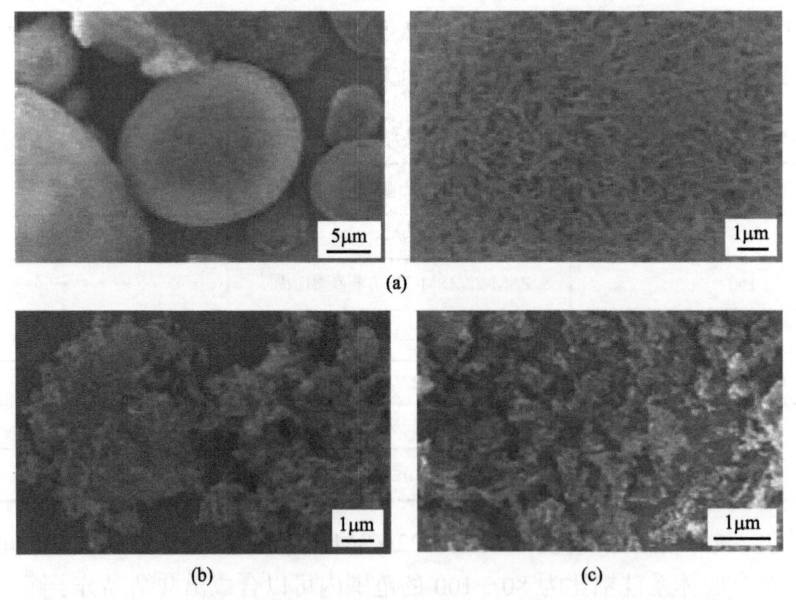

图 3-48　以 KOH 为碱源不同硅铝比得到 ZSM-22/ZSM-23 共结晶分子筛的 SEM 图

(a) SiO_2/Al_2O_3=103；(b) SiO_2/Al_2O_3=90；(c) SiO_2/Al_2O_3=80

通过以乙胺和乙二胺分别作为模板剂进行 ZSM-22/ZSM-23 共结晶分子筛的合成，发现共结晶分子筛的合成难度很大，合成条件的些许变化就会导致致密相杂质的生成，因此尝试采用混合模板剂进行合成试验，得到了比较好的结果。通过乙胺和乙二胺组成混合模板剂体系，大大改善了两者单独作为模板剂时的不良作用，使得混合模板剂体系在不同的物质的量配比的情况下均能够得到结晶良好的 ZSM-22/ZSM-23 共结晶分子筛。部分样品的 XRD 谱图见图 3-49。不同的物质的量配比的乙胺和乙二胺组成的混合模板体系对合成所得的 ZSM-22/ZSM-23 共结晶分子筛形貌影响并不大，样品颗粒基本上都是 1～2μm 的针状晶体，容易发生聚集得到尺寸不一的不规则团聚体。

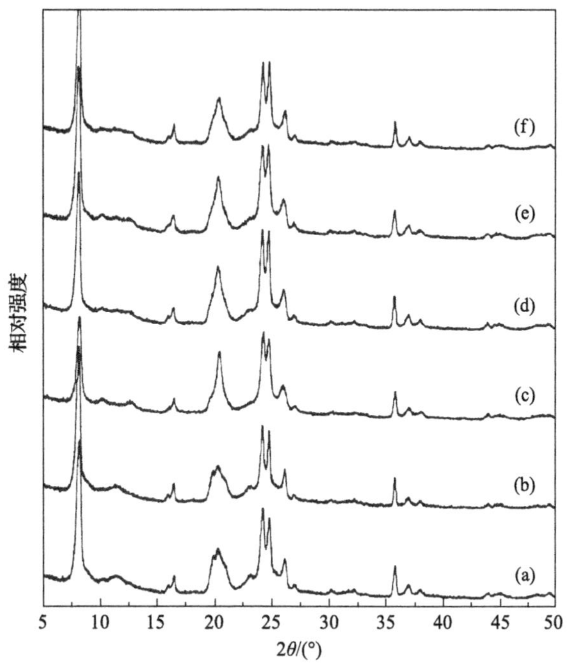

图 3-49　以 KOH 为碱源乙胺和乙二胺混合模板剂得到的 ZSM-22/ZSM-23 共结晶分子筛 XRD 谱图

(a) SiO_2/Al_2O_3 = 103, EA/EDA = 50/50；(b) SiO_2/Al_2O_3 = 103, EA/EDA = 30/70；(c) SiO_2/Al_2O_3 = 103, EA/EDA = 70/30；(d) SiO_2/Al_2O_3 = 120, EA/EDA = 50/50；(e) SiO_2/Al_2O_3 = 80, EA/EDA = 50/50；(f) SiO_2/Al_2O_3 = 60, EA/EDA = 50/50

相应地，采用氢氧化钠为碱源进行了乙胺和乙二胺混合模板剂体系的分子筛合成研究。与采用氢氧化钾作为碱源相比，应用氢氧化钠时在混合模板体系中只有乙胺的含量高于 50%才能得到结晶良好的 ZSM-22/ZSM-23 共结晶分子筛，乙胺含量少的合成体系得到的产物往往杂生方石英相。同时，氢氧化钠的应用也引起了 ZSM-22/ZSM-23 共结晶分子筛的晶化区间变窄，只能在硅铝比 80 到 110 的范围内得到结晶良好的共结晶分子筛，当 SiO_2/Al_2O_3=120 时产物中出现方石英相杂质，而 SiO_2/Al_2O_3=60 时得到的只是无定形产物。

综上所述，在以乙胺和乙二胺为模板剂进行分子筛合成时，发现了一种新型的 ZSM-22/ZSM-23 共结晶分子筛，但是采用单独的乙胺或乙二胺为模板剂时 ZSM-22/ZSM-23 共结晶分子筛的合成条件非常苛刻，只能在很窄的合成区域内得到共结晶分子筛，而采用乙胺/乙二胺混合模板剂体系则可以有效地拓展共结晶分子筛的合成区间，尤其合成体系采用氢氧化钾为碱源时采用不同物质的量配比的混合模板剂体系在硅铝比为 60～120 的合成区域内均能够得到结晶良好的 ZSM-22/ZSM-23 共结晶分子筛。

由于 ZSM-22 分子筛和 ZSM-23 分子筛具有完全相同的基本结构单元，并且在前面的试验过程中也发现在特定的合成体系中能够合成得到 ZSM-22/ZSM-23 共结晶分子筛，因此借鉴上面混合模板体系的合成策略，设想采用合成 ZSM-22 分子筛的模板剂和合成 ZSM-23 分子筛的模板剂组成双模板体系是否能够合成 ZSM-22/ZSM-23 共结晶分子筛。按照此设想，设计了一系列合成试验，以进行二甲胺和二乙胺组成的双模板剂系统合成共结晶分子筛的研究。

表 3-32 列举了相关的试验条件和所得产物的晶相分析结果。由试验结果可见，在硅铝比为 100 的合成体系中，单独的二甲胺作为模板剂可以在 180℃、50h 的合成条件下合成得到 ZSM-23 分子筛，单独的二乙胺作为模板剂在 170℃、50h 的合成条件下合成为 ZSM-22 分子筛。但是当将二甲胺和二乙胺组成双模板剂体系进行晶化试验时，发现当 DMA/SiO_2=0.67、DEA/SiO_2=0.015 时，DEA∶DMA=1.0∶24（物质的量之比），可以在 170℃、50h 的合成条件下成功合成得到一种 XRD 谱图完全不同于 ZSM-22 和 ZSM-23 分子筛特征谱图的分子筛。在前期合成共结晶分子筛的基础上，经过进一步与模拟的不同 ZSM-22 和 ZSM-23 分子筛比例的 MTT/TON 分子筛谱图比对[142]，得出合成的此类型分子筛即为 60%MTT/40%TON 的共结晶分子筛。而 DEA∶DMA=0.5∶24 时，只能得到 ZSM-23 分子筛，而 DEA∶DMA=1.5∶24 时，得到的产物为 ZSM-22 分子筛。在与双模板剂合成体系相同的加入比例下，采用单独的二甲胺或二乙胺在相同的反应条件下均得到无定形产物。这说明双模板剂体系有效改善了分子筛合成过程的成核和晶化过程，体现出双模板剂体系的独特之处。

表 3-32　合成实验条件和所得产物的晶相分析结果

DMA/SiO_2	DEA/SiO_2	DEA:DMA	温度/℃	产物
0.67			180	ZSM-23
0.67			170	无定形物
	0.67		170	ZSM-22
	0.015		170	无定形物
	0.03		170	无定形物
	0.045		170	无定形物
	0.015		170	无定形物
	0.045		170	无定形物
0.67	0.015	0.5:24	170	ZSM-23
0.67	0.045	1.5:24	170	ZSM-22
0.67	0.03	1.0:24	170	ZSM-22/ZSM-23

注：硅铝比为 100，晶化时间 50h，表中比例均为物质的量之比。

图 3-50 为 ZSM-22/ZSM-23 共结晶分子筛与相应的 ZSM-22 分子筛和 ZSM-23 分子筛的 XRD 谱图，图 3-51 为相应的分子筛样品的 SEM 照片。可以看出，合成所得 ZSM-22/ZSM-23 共结晶分子筛与以单独的二甲胺和二乙胺为模板剂分别合成的 ZSM-23

分子筛和 ZSM-22 分子筛相比具有完全不同的形貌。以二甲胺为模板剂合成的 ZSM-23 分子筛晶相不太完美，基本结构为粗短的棒状晶体，而以二乙胺为模板剂合成的 ZSM-22 分子筛则具有完美的花瓣状团簇结构。ZSM-22/ZSM-23 共结晶分子筛颗粒则是均匀的针状晶体，容易聚集形成团状物。

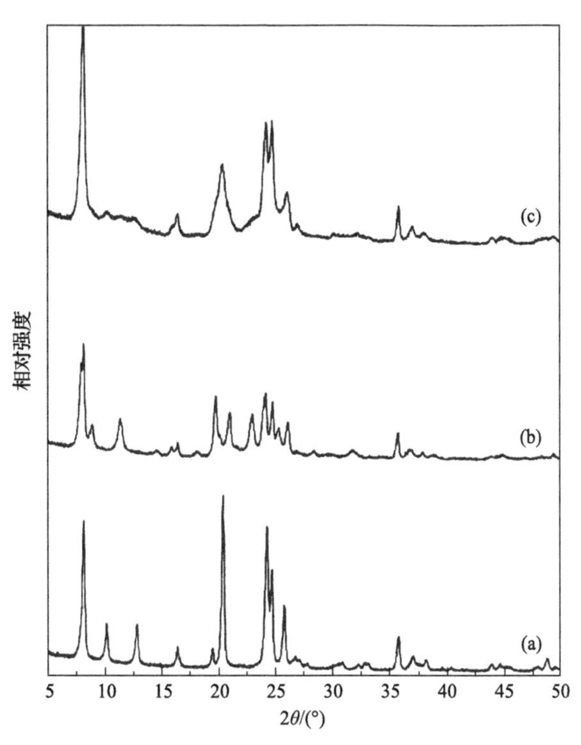

图 3-50 以二甲胺/二乙胺双模板剂体系合成 ZSM-22/ZSM-23 共结晶分子筛的 XRD 谱图
(a) ZSM-22；(b) ZSM-23；(c) ZSM-22/ZSM-23

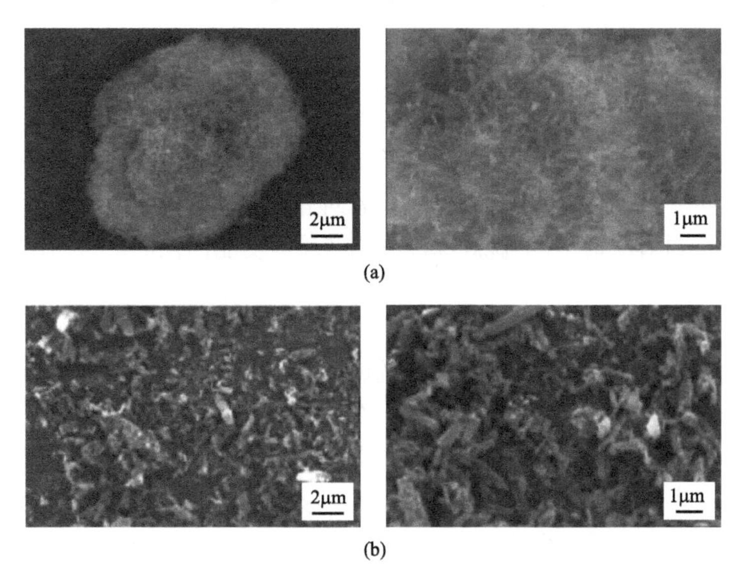

(c)

图 3-51 以二甲胺/二乙胺双模板剂体系合成 ZSM-22/ZSM-23 共结晶分子筛的 SEM 图

(a) ZSM-22；(b) ZSM-23；(c) ZSM-22/ZSM-23

不同硅铝比的分子筛材料，具有不同数量的酸性中心，从而具有不同的催化性能，考察不同硅铝比对合成体系中所得分子筛产物的影响，通过调变不同的反应条件，在硅铝比 40～200 的合成区间内都能够得到结晶良好的 ZSM-22/ZSM-23 共结晶分子筛，硅铝比过高的合成体系得到的是一种致密相的组分。硅铝比为 30 的合成体系所得的产物是无定形物质。试验结果表明，采用 DEA∶DMA=1.0∶24 物质的量配比的双模板剂体系，具有良好结晶度的 ZSM-22/ZSM-23 共结晶分子筛可以在一个相对较宽的合成区间内合成得到。

3.6.4 双功能催化剂研制

应用于费托合成蜡加氢异构的催化剂主要是一维十元环直孔道分子筛负载贵金属的双功能催化剂。近年来，关于双功能催化剂的物化性质与其异构化性能之间的构效关系的研究取得了较大的进展。尤其是对于催化剂的金属性、酸性以及分子筛的择形功能对异构化性能的影响，已有较为清楚和深刻的认识。从文献中也可以获得相关催化剂的性质以及常规的制备方法。然而，对于金属中心与酸性中心的距离和分子筛孔道的限制等因素对异构化性能的影响，认识还不够深刻。与之对应的高性能深度加氢异构催化剂的开发和新的制备手段还有待进一步研究。

本研究团队在前人的研究基础上，考察了一维十元环直孔道分子筛（SAPO-11、ZSM-22、ZSM-23）催化剂上金属性、酸性以及金属性与酸性之间的平衡等因素对催化剂异构化性能的影响，通过控制酸性位的分布、金属中心的分布、部分填充分子筛孔道等方式调变金属中心与酸性中心的距离以及分子筛的孔道性质，重点研究金属中心的落位及其与酸性中心的距离和分子筛孔道的扩散限制等因素对异构化性能的影响。在此基础上，研制出具有高活性和异构体选择性的烷烃深度异构转化双功能催化剂。

1. 高性能 Pt/ZSM-23 双功能催化剂的研制

在分子筛催化剂的制备中常采用较高的温度（高于 500℃）焙烧分子筛原粉，脱除模板剂（脱模），以期获得通畅的孔道结构[117]。然而，高温脱模可能导致分子筛结构的部分破坏，造成分子筛的酸性质和孔道性质的改变[144,145]，从而导致催化剂催化性能的改变。例如，Camblor 等[145]发现在分子筛焙烧脱模的过程中，过高的焙烧温度会导致分子筛出现脱铝现象，导致分子筛 B 酸量的降低。为此，研究者开发了温和脱模的方法，旨在减小脱模过程对分子筛骨架结构的影响。目前，主要的方法有强氧化剂（臭氧[146]、过氧化氢[147]、高锰酸钾[148]等)氧化脱模和低温加氢裂解脱模[149,150]等。其中，强氧化剂氧化脱模主要适用于模板剂与骨架作用力较弱的介孔分子筛，而对于模板剂与骨架作用力较强的微孔分子筛，该方法的脱模效果较差[151]。低温加氢裂解脱模能在氢气气氛中有效脱除微孔分子筛中的模板剂，且对分子筛结构影响较小，是较为理想的温和脱模方法。Liu等[152]研究发现，Pd 能催化 AFI 分子筛中模板剂(三乙胺)的加氢裂解反应，使模板剂在较低的温度下脱除。在双功能催化剂的制备中，催化剂的还原通常在氢气气氛中进行，因此若将分子筛的脱模过程从传统的焙烧阶段部分或全部转移至催化剂的还原阶段，则有可能实现对模板剂脱除方式的控制，进而调控脱模过程对分子筛骨架结构的影响。

本部分工作主要以分子筛合成中所得的 ZSM-23 为载体，通过焙烧程序的控制，改变分子筛脱模方式，调节分子筛酸性位数量及分布，实现基于 ZSM-23 分子筛的高性能加氢异构催化剂的制备。

图 3-52 为 ZSM-23 原粉在空气气氛中的热重曲线。ZSM-23 原粉的失重有三个温度区间：200℃以下、200～550℃和 550℃以上。一般地，分子筛的合成以有机胺为模板剂，有机胺的脱除发生在分子筛的焙烧过程中，低温阶段有机胺主要发生 Hofmann 消除分解反应，高温阶段主要发生有机胺和含碳物质的氧化燃烧[145]。合成 ZSM-23 的模板剂二甲胺为仲胺，在低温焙烧时虽然不能发生 Hofmann 消除反应，但仍有可能分解生成氨和含碳物质[112]。

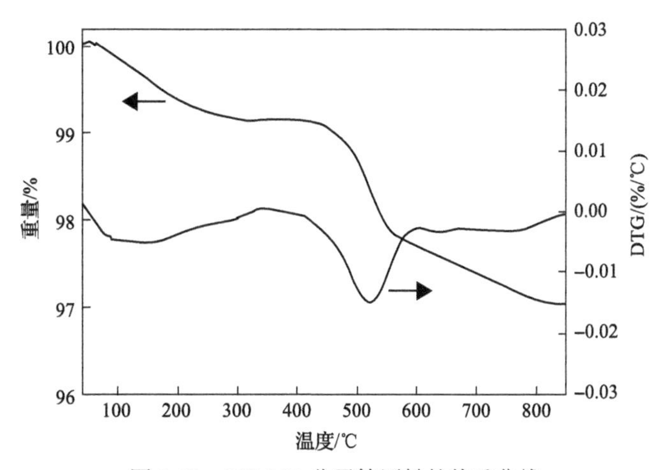

图 3-52 ZSM-23 分子筛原粉的热重曲线

表 3-33 为不同焙烧温度处理后的分子筛载体的孔道性质和有机元素含量。由表可见，随着焙烧温度的升高，有机元素的含量逐渐降低。焙烧温度为 200℃和 350℃得到的 Z23-200 和 Z23-350 中残留未分解脱除的模板剂；焙烧温度为 450℃和 560℃得到的 Z23-450 和 Z23-560 中仍残留有含碳物质，而不再检测到含氮物质。Z23-200、Z23-350、Z23-450 和 Z23-560 的微孔比表面积和微孔孔容先增大后减小，Z23-450 的微孔比表面积和微孔孔容最大，分别为 $84.3cm^2/g$ 和 $0.035cm^3/g$。Z23-200 和 Z23-350 的微孔孔容分别为 $0.002cm^3/g$ 和 $0.003cm^3/g$，远小于 Z23-450 的微孔孔容，这可能是由于 200℃和 350℃处理过程中产生的积碳以及未脱除的模板剂仍堵塞在分子筛的孔道中。450℃和 560℃处理

基本脱除了分子筛中的有机物，分子筛的微孔孔道暴露，使得 Z23-450 和 Z23-560 具有较大的微孔孔容。Z23-560 的微孔孔容比 Z23-450 小($0.025cm^3/g$ 和 $0.035cm^3/g$)，这有可能是由于 560℃高温处理导致部分孔道结构发生破坏。

表 3-33　不同焙烧温度处理后的分子筛载体的孔道性质和有机元素含量

样品	BET 比表面积/(m^2/g)	外表面比表面积/(m^2/g)	微孔比表面积/(m^2/g)	微孔孔容/(cm^3/g)	$C_{Nitrogen}$/%	C_{Carbon}/%
Z23	78.5	75.5	3.0	0.001	0.46	1.64
Z23-200	76.2	70.6	5.6	0.002	0.33	1.87
Z23-350	85.6	77.1	8.4	0.003	0.22	1.05
Z23-450	158.5	74.2	84.3	0.035	—	0.62
Z23-560	144.7	87.2	57.6	0.025	—	0.41

图 3-53 为不同温度焙烧得到的分子筛载体的红外谱图。其中 $3733cm^{-1}$ 附近的吸收峰归属于端硅羟基(Si—OH)的伸缩振动，$3605cm^{-1}$ 附近的吸收峰归属于结构羟基(Si—OH—Al)的伸缩振动，$3200cm^{-1}$ 附近的吸收峰归属于 N—H 的伸缩振动，$3000cm^{-1}$ 和 $1480cm^{-1}$ 附近的吸收峰归属于 C—H 的伸缩振动和剪切振动[153]。当焙烧温度为 200℃和 350℃时，样品的谱图上存在 N—H 和 C—H 的振动峰，这说明分子筛中仍残留部分有机物；而当焙烧温度为 450℃和 560℃，N—H 和 C—H 的振动峰基本消失，这说明分子筛中的有机物已基本脱除，该结果与有机元素分析的结果一致。值得注意的是，Z23-450 和 Z23-560 的谱图上出现了结构羟基振动峰。硅铝分子筛中，模板剂一般以质子化的形式与骨架负电荷(SiO—Al)结合，脱除模板剂后，SiO—Al 得到 H 质子生成结构羟基(Si—OH—Al)，结构羟基的量随模板剂脱除程度的提高而增大[117]。Z23-450 和 Z23-560 中绝大部分有机物被脱除，样品的红外谱图中均出现了较强的结构羟基振动峰。200℃和 350℃不能有效脱除分子筛中的模板剂，得到的 Z23-200 和 Z23-350 载体中含有模板剂和含碳物质，骨架负电荷可能仍与质子化的二甲胺相结合，样品的红外谱图上无明显的结

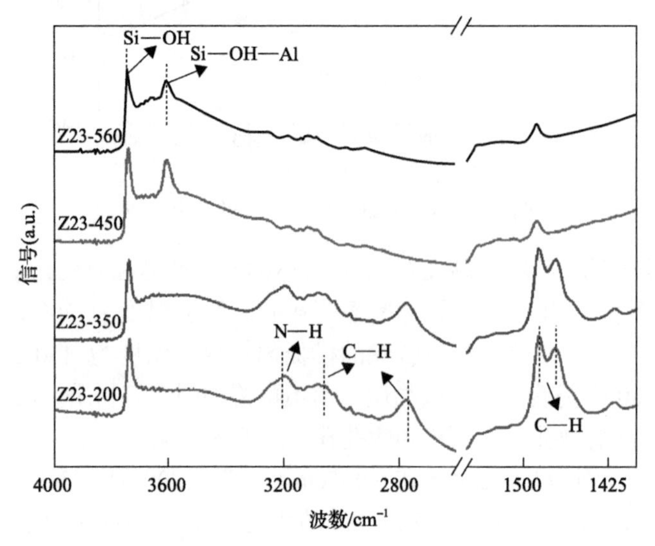

图 3-53　不同温度焙烧得到的 ZSM-23 分子筛载体的红外谱图

构羟基振动峰。Z23-560 的结构羟基的强度较 Z23-450 低，则有可能是因为 560℃焙烧处理破坏了部分结构羟基。

综上可见，200℃焙烧 ZSM-23 分子筛载体主要除去分子筛中的吸附水，模板剂仍存在于 Z23-200 中；350℃焙烧分子筛，部分模板剂发生分解和氧化，Z23-350 的孔道中残留部分模板剂和含碳物质；450℃和 560℃焙烧分子筛，主要发生模板剂和含碳物质的氧化燃烧，有机物基本脱除，Z23-450 和 Z23-560 仅残留少量含碳物质。

以不同温度焙烧的 ZSM-23 分子筛为载体，采用等体积浸渍法、400℃还原制得 Pt/ZSM-23 催化剂。表 3-34 为 Pt/ZSM-23 催化剂的孔道性质和有机元素含量，图 3-54 为 Pt/ZSM-23 催化剂的红外谱图。Pt/Z23-200 和 Pt/Z23-350 中的有机元素含量相较于载体 Z23-200 和 Z23-350 明显下降，且不再检测到含氮物质。Pt/Z23-200 和 Pt/Z23-350 的红外谱图上无明显的 N—H、C—H 的吸收峰，而出现了结构羟基的振动吸收峰。这些结果表明，在催化剂的还原过程中，Z23-200 和 Z23-350 中的有机物被脱除。与之相对应是，Pt/Z23-200 和 Pt/Z23-350 的微孔孔容相较于其载体大幅提升，分别达到 0.053cm^3/g 和 0.042cm^3/g。Pt/Z23-450 和 Pt/Z23-560 的微孔孔容和残炭含量与其载体 Z23-450 和 Z23-560 相比无明显变化，这是因为分子筛中的模板剂在焙烧阶段就已经基本脱除。

表 3-34 Pt/ZSM-23 催化剂的孔道性质和有机元素含量

样品	BET 比表面积/(m^2/g)	外表/(m^2/g)	微孔/(m^2/g)	微孔孔容/(cm^3/g)	$C_{Nitrogen}$/%	C_{Carbon}/%
Pt/Z23-200	205.9	75.3	130.6	0.053	—	0.59
Pt/Z23-350	186.0	85.2	100.8	0.042	—	0.52
Pt/Z23-450	160.7	80.0	89.7	0.037	—	0.45
Pt/Z23-560	139.1	80.2	58.9	0.025	—	0.51

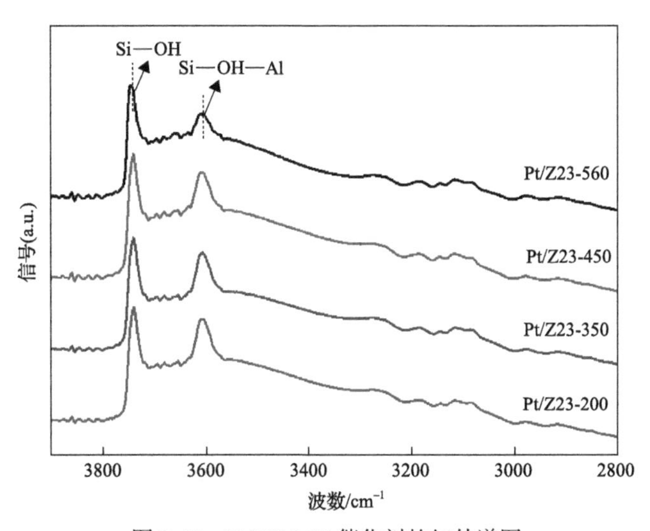

图 3-54 Pt/ZSM-23 催化剂的红外谱图

综上可见，四种催化剂由于制备过程不同，其脱模方式也不同。其中，Pt/Z23-200 模板剂主要在催化剂的还原阶段脱除；Pt/Z23-350 模板剂先在分子筛焙烧阶段部分脱除后，还原阶段再进一步脱除；Pt/Z23-450 和 Pt/Z23-560 模板剂在分子筛焙烧阶段脱除。降低分子筛在空气气氛中的焙烧温度有利于减小脱模过程对分子筛骨架结构的破坏。与高温焙烧直接脱模所得的催化剂相比，降低焙烧温度，利用还原过程脱模制得的催化剂具有更高的结构羟基吸收峰强度和更大的微孔孔容。

在 ZSM-23 的脱模过程中，催化剂的还原过程对分子筛的骨架结构影响较小，分子筛的焙烧过程对骨架结构影响较大。ZSM-23 在空气中的焙烧处理温度从 200℃逐渐升高到 560℃，分子筛骨架结构的破坏程度逐渐加深，所得催化剂 Pt/Z23-200、Pt/Z23-350、Pt/Z23-450 和 Pt/Z23-560 的结构羟基吸收峰强度逐渐下降。因此，Pt/Z23-200、Pt/Z23-350、Pt/Z23-450 和 Pt/Z23-560 的 B 酸量逐渐降低。与此同时，焙烧过程造成部分结构羟基的脱除，通过图 3-55 中的方式产生 L 酸，使得催化剂的 L 酸量逐渐增加。因此，与高温焙烧直接脱模所得的催化剂相比，先低温焙烧，后利用还原过程脱模制得的催化剂的 B 酸量更大，L 酸量更小。

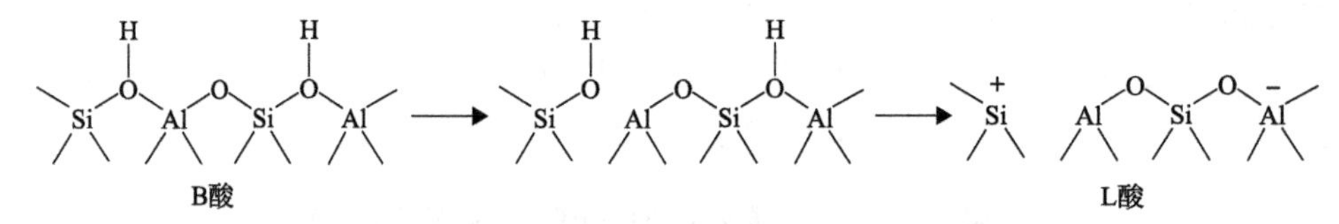

图 3-55　分子筛上 B 酸转变为 L 酸的过程

采用 CO 化学吸附测试催化剂的金属分散度，发现所有催化剂的 Pt 分散度均大于 40%，说明脱模方式不同导致的孔道性质和酸性的变化对 Pt 的分散度无明显影响。Pt/ZSM-23 系列催化剂上较高的金属分散度表明，催化剂具备足够的加/脱氢性能。在异构化反应中，催化剂的异构化性能主要受金属性、酸性以及孔道结构的影响。脱模方式不同对催化剂的金属性无明显影响，而对催化剂的孔道性质和酸性产生了较大影响。与高温焙烧直接脱模所得的催化剂相比，先低温焙烧，后利用还原过程脱模制得的催化剂具有更大的微孔孔容和 B 酸量，可能在异构化反应中表现出更高的活性和异构体选择性。

以正十二烷异构化为模型反应考察了催化剂的异构化性能。由图 3-56(b)可见，异构

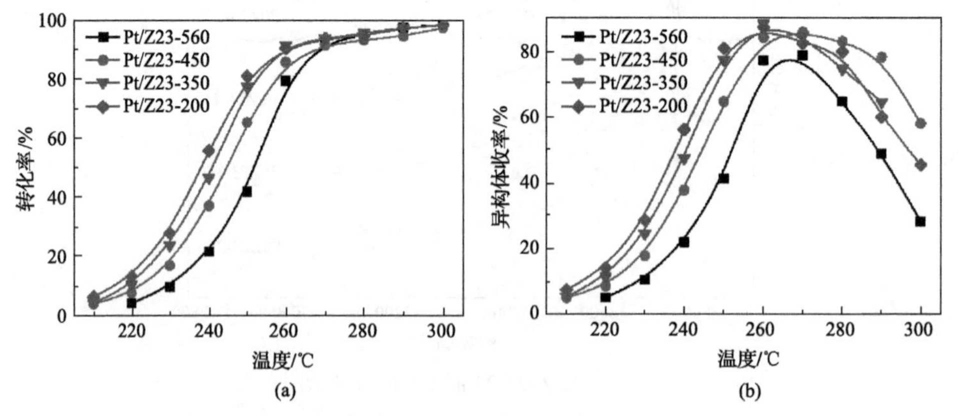

图 3-56　Pt/ZSM-23 在正十二烷异构化反应中的催化性能

正十二烷转化率(a)和异构体收率(b)随反应温度的变化，反应条件：LHSV = $1h^{-1}$，H_2/正十二烷物质的量之比= 15，反应压力= 0.1MPa

体收率随反应温度的升高先增大后减小，所开发的低温脱除模板剂方法制备的催化剂表现出更为优异的异构化性能，最高收率较常规方法制备的催化剂可提高10个百分点。350℃焙烧脱除部分模板剂后利用400℃还原过程进一步脱除模板剂得到的催化剂表现出最高的异构体收率(87.6%)。

2. 高性能Pt/SAPO-11双功能催化剂的研制

金属中心与酸性中心的距离是影响催化剂异构化性能的重要因素。在不同的研究体系中，由于分子筛孔道结构、反应分子尺寸大小等方面的不同，金属中心与酸性中心的距离对异构化性能的影响可能不同。在一维十元环直孔道分子筛催化剂上，由于控制和表征金属中心分布等方面的困难，相关的研究较少。

金属中心的分布取决于金属组分的负载方法。等体积浸渍法是制备异构化催化剂最常用的方法。采用该方法制备催化剂时，由于金属前驱体随溶剂的挥发容易发生迁移、聚集等，催化剂上金属组分的分布往往不受控制。例如，Zečević等[154,155]采用电子断层成像技术对分子筛Y上浸渍法负载的Pt分布进行研究，结果发现Pt颗粒主要分布在分子筛的晶体内，但Pt在同一分子筛晶体内的分布不均匀。Besoukhanova等[156]通过CO-FTIR(一氧化碳-傅里叶变换红外)表征采用等体积浸渍法制备的Pt/L(L分子筛)，发现了四种颗粒大小不同且分布位置不同的Pt颗粒。对于等体积浸渍法制得的催化剂，由于金属组分的不均匀分布，研究金属中心分布与异构化性能之间的关系较为困难。近年来发展起来的可以控制金属组分分布的胶体浸渍法为研究金属中心分布的影响提供了机会。胶体浸渍法首先合成含有金属纳米颗粒的溶液，然后将载体浸渍于其中，通过静电吸附的方式将金属组分负载于载体上[47,157,158]。通过调节金属纳米颗粒的尺寸控制金属组分的负载位置：若金属颗粒的尺寸大于载体孔道的孔口尺寸，则金属组分分布在载体的外表面。

本部分工作主要以前述分子筛合成章节(3.6.3节)中的SAPO-11为载体，通过不同负载方式调控分子筛上金属落位，调节分子筛上金属位与酸性位的距离，开发了基于等电点控制和微孔填充原理的等体积浸渍法，实现了基于SAPO-11分子筛的高性能加氢异构催化剂的制备。

通过胶体浸渍法控制催化剂的颗粒尺寸和落位并与基于等电点控制和微孔填充原理的等体积浸渍法制备的催化剂进行对比。由图3-57可见，载体和催化剂均在8.1°、9.8°、16.1°、22.0°和23.5°等附近出现了SAPO-11的特征衍射峰(JCPDS 00-047-0614)，且其衍射峰强度无明显差别。这说明采用胶体浸渍法和等体积浸渍法制备催化剂对其载体的孔道结构无明显影响。NH_3-TPD图中，所有样品均在175℃和275℃附近出现了NH_3的脱附峰，这些脱附峰应分别归属于弱酸和中强酸上NH_3的脱附；在400℃以上的温度区间内无明显的脱附峰，说明样品上的强酸较少。根据脱附峰面积，使用氨气浓度校正曲线得到的不同酸强度的酸量如表3-35所示。结果显示，载体和催化剂的酸性质无明显差别，总酸量均约为0.70mmol/g，其中弱酸量约为0.25mmol/g，中强酸量约为0.45mmol/g。采用N_2物理吸附对载体和催化剂的孔道性质进行分析，所有样品的比表面积均在180m^2/g左右，微孔孔容约为0.22cm^3/g，表明在Pt的负载过程中，催化剂载体的孔道性质未发生明显的变化。以上结果表明，Pt的负载过程对载体SAPO-11的结构、酸性和孔道性质无明显影响。

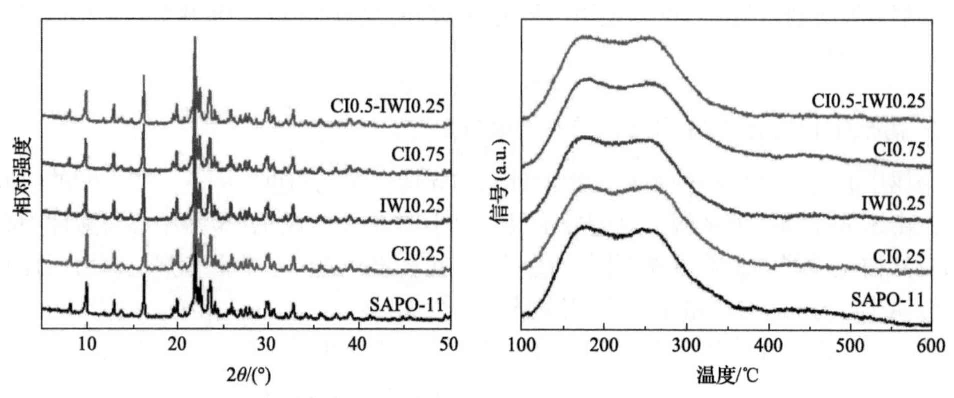

图 3-57 载体和催化剂的XRD谱图和NH_3-TPD曲线

CI0.5-IWI0.25表示依次采用胶体粒子浸渍法负载0.5%Pt(质量分数)和等体积浸渍法负载0.25%Pt的催化剂；CI0.75表示采用胶体粒子浸渍负载0.75%Pt的催化剂，IWI0.25表示采用等体积浸渍法负载0.25%Pt的催化剂

表 3-35 载体和催化剂的酸性质和孔道性质

催化剂	C_A(T)[a]/(mmol/g)	C_A(W)[a]/(mmol/g)	C_A(M)[a]/(mmol/g)	比表面积/(m^2/g)	微孔孔容/(cm^3/g)
SAPO-11	0.72	0.25	0.47	187	0.22
CI0.25	0.68	0.23	0.45	186	0.22
CI0.75	0.64	0.24	0.40	182	0.21
IWI0.25	0.71	0.25	0.46	182	0.22
CI0.5-IWI0.25	0.64	0.24	0.40	173	0.21

注：C_A(T)、C_A(W)和C_A(M)分别为总酸量、弱酸量和中强酸量。

a 由NH_3-TPD检测。

采用电子显微镜技术和H_2化学吸附对催化剂上Pt颗粒的分散度及粒径进行表征，结果如表3-36和图3-58所示。由图3-58(a)可见，制备的Pt胶体纳米颗粒分布均匀，平均粒径为2.9nm。对于采用胶体浸渍法制得的CI催化剂，如CI0.25(图3-58(b))和CI0.75(图3-58(c))，其上的Pt颗粒分布较均匀，平均粒径约为5.0nm。可以发现，催化剂上Pt颗粒的平均粒径大于胶体溶液中Pt颗粒的平均粒径，这可能是制备过程中

表 3-36 催化剂上Pt颗粒的分散度及粒径

催化剂	分散度[a]/%	颗粒直径/nm	
		H_2 化学吸附	TEM/STEM
CI0.25	20.5	5.5	4.9
CI0.75	21.6	5.2	5.8
IWI0.25	54.2	2.1	8.8(1.0[b])
CI0.5-IWI0.25	23.5	4.8	7.6

a 由H_2化学吸附检测。

b 由高分辨率STEM检测。

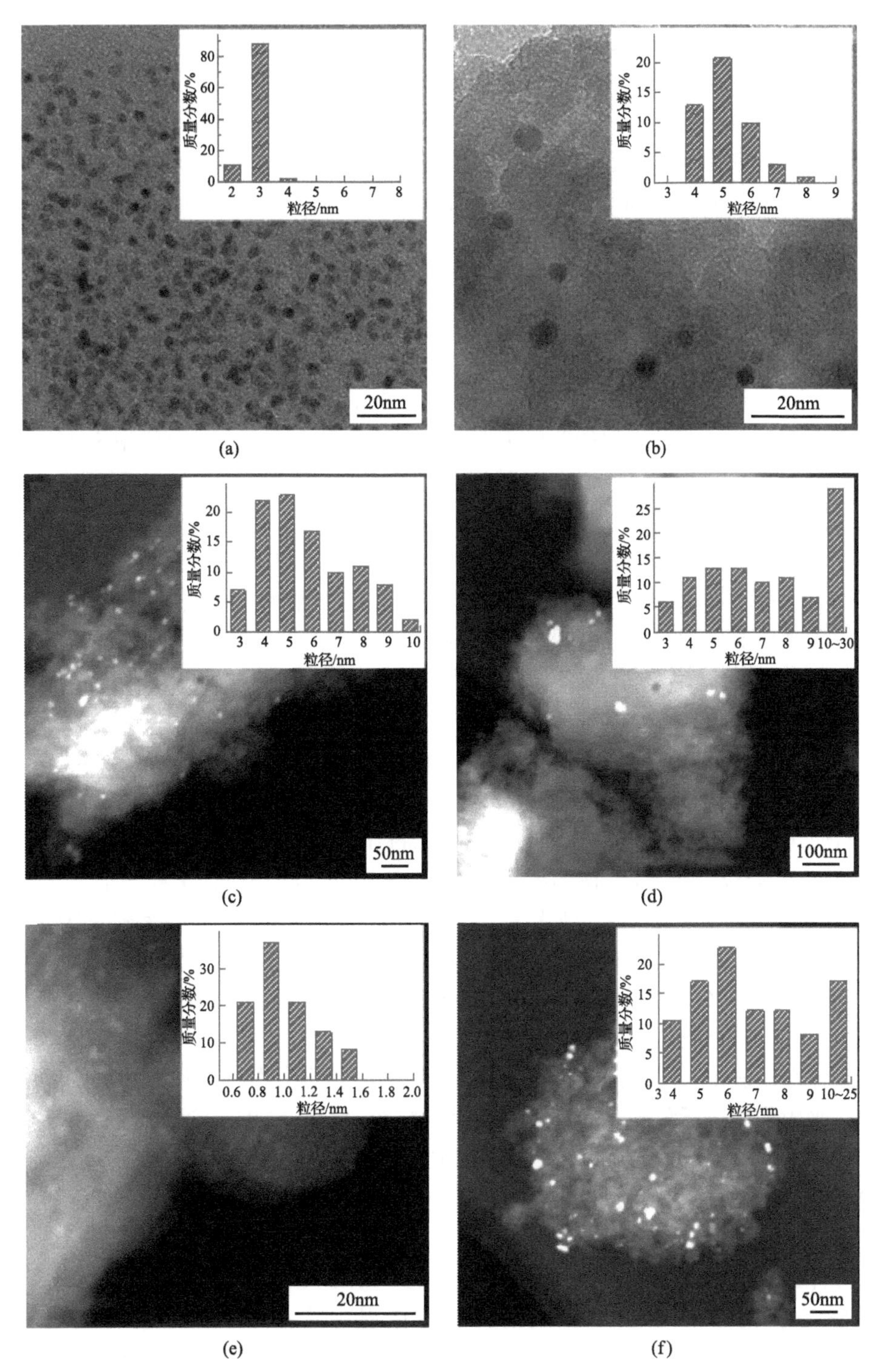

图 3-58 不同催化剂的 TEM/STEM 图

(a) Pt 胶体粒子的 TEM；(b) CI0.25 催化剂的 TEM；(c) CI0.75 的 STEM；(d) IWI0.25 的低分辨率 STEM；(e) IWI0.25 的高分辨率 STEM；(f) CI0.5-IWI0.25 的低分辨率 STEM

550℃高温焙烧造成的。Borodko 等[159]也发现，Pt 纳米颗粒在高于 450℃的条件下焙烧容易发生聚集形成较大的 Pt 颗粒。在 H_2 化学吸附中，采用球体模型、H/Pt = 1（一个氢原子吸附于一个铂原子上）、Pt 原子密度为 1.25×10^{19}atoms/m^2，根据公式 $d=1.13/D$ 求得 Pt 的分散度（D）和平均粒径（d）。采用 H_2 化学吸附测得 CI0.25 和 CI0.75 上 Pt 颗粒的分散度约为 20%，粒径约为 5.0nm，这与电子显微镜技术测得的结果一致。以上结果表明，CI 系列催化剂上的 Pt 颗粒的分布均匀，平均粒径为 5.0nm。

在采用等体积浸渍法制备的 IWI0.25 上，H_2 化学吸附测得的 Pt 颗粒分散度为 54.2%，粒径为 2.1nm（表 3-36）。然而，在其低分辨率扫描透射电子显微镜（scanning transmission electron microscope, STEM）图中（图 3-58（d）），Pt 颗粒的形状不均一，粒径分布范围较宽（3～30nm），统计测得 Pt 颗粒的平均粒径约为 8.8nm。该平均粒径远大于 H_2 化学吸附所测得的值。两种表征结果之间的差异可能是由于 IWI0.25 上存在低分辨率 STEM 难以观察到的粒径非常小的 Pt 颗粒。为此，采用高分辨率的 STEM 对 IWI0.25 进行表征，结果如图 3-58（e）所示。由图可知，样品上存在大量粒径约为 1.0nm 的 Pt 颗粒，且较为均匀地分布在样品上。以上结果表明，IWI0.25 催化剂上 Pt 颗粒的粒径呈现出双峰分布，粒径较小的 Pt 颗粒的平均粒径约为 1.0nm，粒径较大的 Pt 颗粒的平均粒径为约 8.8nm。在先胶体浸渍法后等体积浸渍法制得的 CI0.5-IWI0.25 上，采用 H_2 化学吸附测得的 Pt 颗粒分散度为 23.5%，粒径为 4.8nm，而采用低分辨率 STEM 测得的 Pt 颗粒平均粒径为 7.6nm（图 3-58（f），表 3-36）。与 IWI0.25 类似，CI0.5-IWI0.25 上的 Pt 颗粒的粒径也呈现双峰分布。值得注意的是，低分辨率 STEM 测得的 Pt 颗粒的平均粒径大于 CI 系列催化剂上的 Pt 颗粒的平均粒径（7.6nm 和 5.0nm）。这可能是由于在等体积浸渍法负载 0.25%Pt（质量分数）的过程中，CI0.5 上的 Pt 颗粒作为晶核吸附 Pt 的前驱体（$[PtCl_6]^{2-}$）而形成较大的 Pt 颗粒，或者是高温焙烧和还原过程引起的 Pt 颗粒烧结和聚集。

SAPO-11 的等电点为 4.9，高于 Pt 颗粒胶体浸渍液的 pH（2.0）和氯铂酸（H_2PtCl_6）浸渍液的 pH（1.8）。因此，SAPO-11 的表面带正电荷，会通过静电吸附作用吸附带负电荷的 Pt 纳米颗粒和$[PtCl_6]^{2-}$。一般来说，吸附在 SAPO-11 上的 Pt 物质的位置可位于分子筛的孔道内、孔口附近或外表面。

在胶体浸渍法中，浸渍液的体积远大于 SAPO-11 的孔体积，因此 Pt 纳米颗粒主要通过静电吸附作用进行负载[160]。由于 Pt 纳米颗粒的粒径（2.9nm）远大于 SAPO-11 的孔口尺寸（0.39nm×0.63nm），难以进入微孔孔道内。而且，Guo 等[161]发现，SAPO-11 分子筛外表面的面积远大于微孔孔口附近的面积。因此，Pt 纳米颗粒吸附在 SAPO-11 外表面的概率高，CI 催化剂上 Pt 颗粒的负载位置应主要在分子筛的外表面。

在等体积浸渍法制备 Pt/SAPO-11 的过程中，Pt 物质的负载主要受两种作用的影响：一种是$[PtCl_6]^{2-}$与 SAPO-11 之间的静电吸附作用，另一种是 SAPO-11 的微孔填充（micropore filling）作用[160]。静电吸附作用会使部分$[PtCl_6]^{2-}$吸附在 SAPO-11 的表面上，微孔填充作用会使浸渍液填充到微孔孔道中。在浸渍液填充到微孔孔道的过程中，$[PtCl_6]^{2-}$由于尺寸（大于 0.8nm）大于 SAPO-11 的微孔孔口尺寸而很难进入微孔孔道中，因而 SAPO-11 的微孔孔口类似于“筛子”将$[PtCl_6]^{2-}$截留在微孔孔口附近。Goel 等和 Choi 等的研究也表明，对于中孔分子筛载体，由于孔口尺寸（约 0.5nm）往往小于贵金属前驱体的尺寸，通过等体积浸渍法很难将贵金属负载于分子筛的孔道内[162,163]。对于孔口附近的 Pt 物质，由于微孔孔口的空间限制作用，这些 Pt 物质高温焙烧等处理过程中的团聚会受到抑制，可能具有较高的分散度[164]。相反，外表面的 Pt 物质缺少相应的空间限制作用而容易聚集形成较大的颗粒[34]。因此，结合 IWI0.25 和 CI0.5-IWI0.25 的粒径分布可以推断，在这两个催化剂上，平均粒径为 1.0nm 的 Pt 颗粒应主要分布在微孔孔口附近，而平均粒径约为 8.0nm 的 Pt 颗粒应主要分布在分子筛的外表面。

Pt/SAPO-11 上金属中心的浓度 C_M(Total) 可以通过 H_2 化学吸附测得。Pt/SAPO-11 上，Pt 颗粒分布在分子筛的外表面或孔口附近，因此催化剂上金属组分 Pt 的负载量 A_M(Total) 等于外表面 Pt 的负载量 A_M(Surface) 与孔口附近 Pt 的负载量 A_M(Mouth) 之和；C_{Pt}(Total) 等于落位于分子筛外表面的金属中心浓度 C_M(Surface) 与孔口附近金属中心浓度 C_M(Mouth) 之和。其中，C_M(Surface) 等于 A_M(Surface) 与外表面 Pt 颗粒分散度 D(Surface) 的乘积；D(Surface) 可以通过公式 D=1.13/d 求得，其中 d 为用 TEM/STEM 测得的 Pt 颗粒的平均粒径，其值如表 3-36 所示。C_M(Mouth) 等于 A_M(Mouth) 与孔口附近 Pt 颗粒分散度 D(Mouth) 的乘积；由于微孔口附近的 Pt 颗粒的平均粒径为 1.0nm，几乎所有的 Pt 原子都被暴露出来，因此 D(Mouth) 近似为 100%[165]。计算结果列于表 3-37 中。

表 3-37 Pt/SAPO-11 上金属中心浓度和分布

催化剂	C_M(Total)/(mmol/g)	C_M(Surface)/(mmol/g)	C_M(Mouth)/(mmol/g)
CI0.25	2.6	2.6	—
CI0.75	8.3	8.3	—
IWI0.25	6.9	0.8	6.1
CI0.5-IWI0.25	9.0	5.1	3.9

注：C_M(Total) 表示 Pt/SAPO-11 上所有金属中心的浓度；C_M(Surface) 和 C_M(Mouth) 表示 Pt/SAPO-11 上分别落位于分子筛外表面和孔口附近的金属中心浓度。

CI0.25 和 CI0.75 的金属中心浓度分别为 2.6mmol/g 和 8.3mmol/g，金属中心主要分布在分子筛的外表面，金属中心的浓度与 Pt 的负载量成正比。IWI0.25 的金属中心浓度为 6.9mmol/g，分布在孔口附近和外表面的金属中心浓度分别为 6.1mmol/g 和 0.8mmol/g，孔口附近的金属中心浓度占总浓度的 88%。由此可见，IWI0.25 上金属中心主要分布在分子筛的孔口附近。CI0.5-IWI0.25 的金属中心浓度为 9.0mmol/g，分布在孔口附近和外表面的金属中心浓度分别为 3.9mmol/g 和 5.1mmol/g，其占比分别为 43%和 57%。与 IWI0.25 相比，CI0.5-IWI0.25 上孔口附近的金属中心浓度低，这可能是由于在等体积浸渍负载 0.25%Pt(质量分数)的过程中，CI0.5 上的 Pt 颗粒吸附部分前驱体 $[PtCl_6]^{2-}$，使得孔口附近负载的 $[PtCl_6]^{2-}$ 减少。

综上所述，CI 系列催化剂，IWI0.25 和 CI0.5-IWI0.25 具有相似的酸性和孔道性质，而它们不同的金属中心浓度和分布可能会使其在正构烷烃的加氢异构化反应中表现出不同的催化性能。

采用正十二烷异构化反应为模型反应考察 Pt/SAPO-11 的催化性能(图 3-59)。可以看出，正十二烷的转化率随着反应温度从290℃升高到370℃而逐渐增加。在CI系列催化剂上，当负载量低于0.5%(质量分数，下同)时，正十二烷的转化率随着金属负载量的增加而增加，当负载量高于0.5%时，正十二烷的转化率基本不变。当反应温度为330℃时，CI0.1和CI0.25上正十二烷的转化率分别为19%和23%，CI0.5、CI0.75和CI1.0上均约为28%。在相同的反应温度下，CI催化剂的转化率低于IWI0.25和CI0.5-IWI0.25。当反应温度为330℃时，CI0.75上正十二烷的转化率为28%，CI0.5-IWI0.25和IWI0.25上的转化率分别为41%和60%。催化剂的活性顺序如下：IWI0.25＞CI0.5-IWI0.25＞CI1.0≈CI0.75≈CI0.5＞CI0.25＞CI0.1。在所有的催化剂上，异构体选择性均随着转化率的升高而逐渐降低，这是由于在高的转化率下裂化反应增加。在相同的转化率下，IWI0.25和CI0.5-IWI0.25显示出了比CI催化剂更高的异构体选择性。催化剂异构体选择性的高低顺序与其反应活性的高低顺序一致。

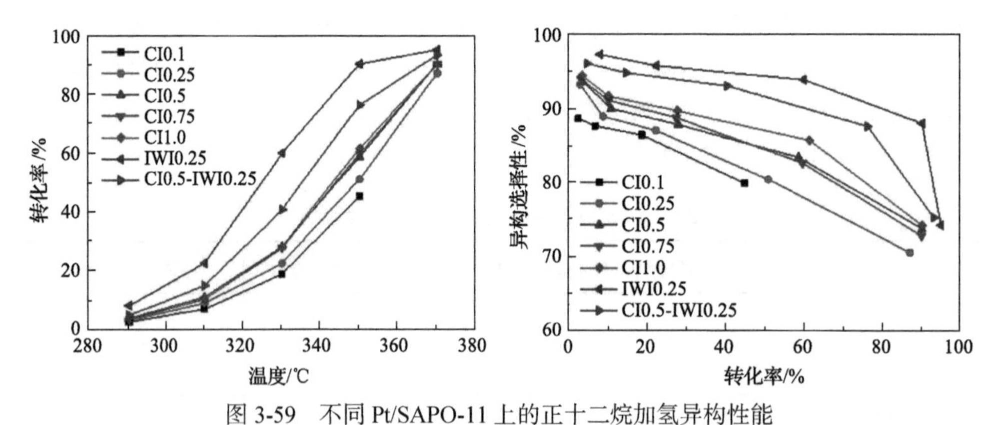

图3-59　不同Pt/SAPO-11上的正十二烷加氢异构性能

CI0.75、IWI0.25和CI0.5-IWI0.25催化剂上，转化率约为15%时的异构体产物的分布如表3-38所示(CI0.75代表CI系列催化剂)。对各催化剂上的单支链异构体进行分析可以发现，2-甲基十一烷和3-甲基十一烷等端甲基异构体为主要成分，其含量明显高于5-甲基十一烷和6-甲基十一烷等中央甲基异构体的含量。如在CI0.75上，端甲基异构体(2-甲基十一烷和3-甲基十一烷)的含量为55.5%，中央甲基异构体(5-甲基十一烷和6-甲基异构体)的含量为20.8%，这两种类型异构体含量的比值为2.7。在IWI0.25和CI0.5-IWI0.25上，该比值分别为2.3和2.5。而根据质子化环丙烷(protonated cyclopropane, PCP)理论，端甲基异构体与中央甲基异构体含量之间的理论比值约为1.3[20]。由此可见，在Pt/SAPO-11上端甲基异构体更容易生成。在多支链异构体中，2,*x*-二甲基壬烷和3,*x*-二甲基壬烷异构体为主要成分，说明多支链异构体的生成是由单支链异构体发生进一步异构化得到。在二甲基异构体中，2,9-二甲基癸烷、2,8-二甲基癸烷、2,7-二甲基癸烷、2,6-二甲基癸烷和3,8-二甲基癸烷为主要成分，这些异构体的两个支链之间相距至少三个亚甲基，其距离与SAPO-11的孔壁厚度相匹配[72]。正十二烷在CI0.75、IWI0.25和CI0.5-IWI0.25上得到的异构体产物的分布与长链烷烃在一维十元环直孔道分子筛催化剂上的产物分布相类似，说明正十二烷在这些催化剂上的异构化过程遵循孔口和锁-钥择形机理[72,166]。这表明，正十二烷在Pt/SAPO-11上发生异构化的过程中，催化异构化反应的酸性中心主要位于分子筛的孔口附近。

表 3-38 Pt/SAPO-11 上的异构体分布

催化剂	CI0.75	IWI0.25	CI0.5-IWI0.25
2-甲基十一烷/%	35.1	33.2	34.9
3-甲基十一烷/%	20.4	21.1	20.7
4-甲基十一烷/%	10.8	11.9	11.0
5-和 6-甲基十一烷/%	20.8	24.0	22.0
2-乙基癸烷/%	0.6	0.3	0.4
2,6-二甲基癸烷/%	1.5	1.2	1.4
2,7-二甲基癸烷/%	2.4	2.1	2.3
2,8-二甲基癸烷/%	2.8	2.2	2.5
2,9-二甲基癸烷/%	3.8	2.9	3.4
3,8-二甲基癸烷/%	0.9	0.6	0.8
其他异构体/%	0.9	0.5	0.6
总计/%	100	100	100

反应条件: LHSV = 2.16h^{-1}, H_2/正十二烷物质的量之比= 22.6, 压力= 8.0MPa, 温度= 310℃; 三种催化剂上正十二烷转化率均低于 15%。

总体而言，采用基于等电点控制和微孔填充原理的等体积浸渍法制备的 Pt/SAPO-11 上，Pt 颗粒的粒径呈现出双峰分布，粒径较小的颗粒的平均粒径约为 1.0nm，粒径较大的颗粒的平均粒径约为 8.8nm;其中,粒径较小的 Pt 颗粒主要负载于分子筛的孔口附近，粒径较大的 Pt 颗粒主要负载于分子筛的外表面。经计算，88%的金属中心分布在分子筛的微孔孔口附近，余下的金属中心分布在分子筛的外表面。在相同的反应条件下，金属中心主要分布在孔口附近的 Pt/SAPO-11 比金属中心主要分布在外表面的 Pt/SAPO-11 具有更高的反应活性和异构体选择性。在载量仅为 0.25%Pt(质量分数)的 Pt/SAPO-11 催化剂上，转化率达到 90%时，选择性可达 90%。

3. 高性能 Pt/ZSM-22 双功能催化剂的研制

在烷烃异构化反应中，分子筛的孔道结构在带来择形功能的同时，也带了扩散问题[167,168]。烃分子在分子筛中的扩散类型属于构型扩散，扩散能力差；而且由于分子筛孔道的长度通常远大于烃分子的长度，烃分子在分子筛中的扩散时间长。此外，分子筛孔道内的酸性中心会催化分子筛孔道内的单甲基中间体发生裂化反应[169,170]。扩散问题和孔道内的裂化反应，将会导致催化剂反应活性和异构体选择性的降低。

目前，解决上述问题的中心思想是缩短分子筛的孔道长度，具体的方法为多级孔分子筛或纳米分子筛的制备[167,171]。例如，Martens 等[172]通过先碱处理后酸处理的方式在 ZSM-22 分子筛中引入介孔。Zhang 等[106]通过在 SAPO-11 的合成过程中加入额外的模板剂聚六亚甲基双胍盐酸盐，制得 10～20nm 的纳米 SAPO-11 分子筛。与常规的分子筛催化剂相比，多级孔分子筛催化剂或纳米分子筛催化剂的烷烃扩散性能好，在烷烃异构化反应中通常具有更高的反应活性和异构体选择性。然而，多级孔或纳米分子筛的制备通常需要额外的处理过程或模板剂，这无疑增加了催化剂的生产成本，不利于其工业化应用。

本部分工作主要以分子筛合成章节(3.6.3 节)中所得 ZSM-22 为载体，通过原位焙烧程序的控制，改变分子筛脱模方式，得到部分脱模的分子筛载体，减少反应物在分子筛孔道中的扩散限制和孔道内的裂化反应，实现基于 ZSM-22 分子筛的高性能加氢异构催化剂的制备。

图 3-60 为自行合成的 ZSM-22 分子筛(Z22-As)的 SEM 图和 TEM 图。Z22-As 的单个晶粒呈长条状，长度为 100～300nm(平均长度约为 150nm)，宽度约为 50nm，部分长条状的颗粒聚集在一起。在合成过程中，凝胶首先转变为沿[001]晶向生长的具有 ZSM-22 骨架结构的纳米棒，然后纳米棒通过侧面融合在一起。ZSM-22 分子筛的一维直孔道平行于[001]晶向。因此，制得的 Z22-As 在一维直孔道方向上的平均长度约为 150nm。

(a)

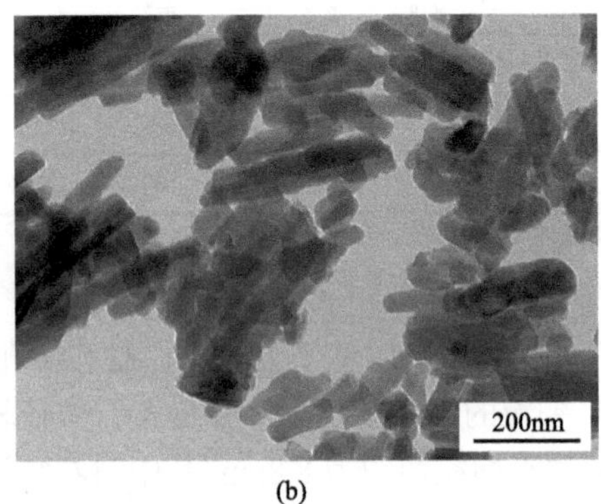

(b)

图 3-60　ZSM-22 分子筛的 SEM 图和 TEM 图

(a) SEM 图；(b) TEM 图

在制备分子筛催化剂的过程中，通常会采用高温焙烧的方式脱除孔道中的有机物而获得通畅的微孔孔道。研究表明，分子筛的脱模过程随着焙烧温度的升高主要包含两个阶段：低温阶段主要发生模板剂的分解反应，高温阶段主要发生模板剂和含碳物质的氧化燃烧[145]。高温阶段会产生大量的热，同时消耗大量的氧气，有可能造成含碳物质的不完全燃烧而生成积碳堵塞于分子筛的孔道中。在常规的高温焙烧中，通常会延长高温焙烧的时间将分子筛孔道中的积碳脱除。本部分工作中，用于部分填充分子筛孔道的方法主要是选择合适的焙烧温度和焙烧时间，将脱模过程中在分子筛孔道内产生的积碳保留下来。由 Z22-As 的热重曲线可知(图 3-61)，Z22-As 的失重量为 9.1%，失重大致分为三个阶段：小于 200℃的区域为吸附水的脱附，200～500℃为模板剂的分解和燃烧，500℃以上为上一阶段产生的积碳的燃烧。因此，选用 350℃焙烧 4h 作为部分脱模的处理条件；560℃焙烧 12h 作为完全脱除分子筛模板剂的处理条件。

由图 3-61 可见，采用部分脱模得到的 Z22-PF 的失重量为 8.2%，较 Z22-As 的失重量少，且失重主要发生在 400℃以上的温度区间，这说明 350℃焙烧 4h 脱除了部分有机物，但大部分含碳物质仍残留在分子筛中。Z22-E 的失重量为 4.2%，失重主要发生在小

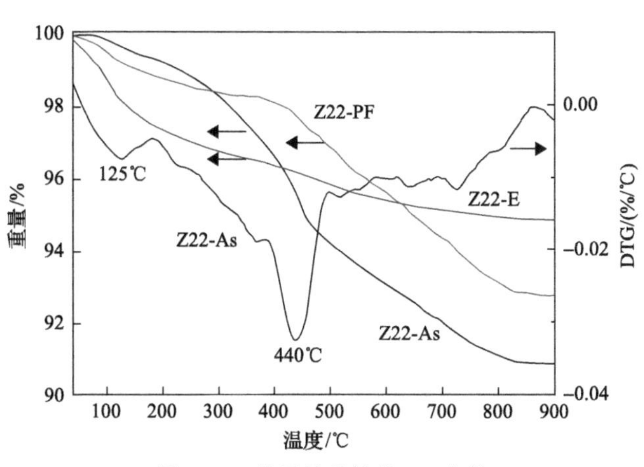

图 3-61 分子筛载体的 TG 曲线

于 200℃的范围内，即 Z22-E 的失重主要是由于吸附水的脱附，这说明 550℃焙烧 12h 脱除了分子筛中的模板剂。

图 3-62 为不同温度处理后的 ZSM-22 分子筛载体的红外谱图。由图可见，Z22-As 主要在 3300cm^{-1} 和 2900cm^{-1} 附近出现了 N—H 键和 C—H 的振动吸收峰。Z22-PF 上无明显的 N—H 键振动吸收峰，C—H 键的振动吸收峰的峰强度较低，说明 Z22-PF 中仍存在部分含碳有机物。在 Z22-E 的谱图上，N—H 键和 C—H 键的振动吸收峰基本消失，说明分子筛中的有机物已基本脱除。Z22-As、Z22-PF 和 Z22-E 的有机元素含量列于表 3-39 中。由表可见，Z22-PF 上的碳含量(质量分数)为 2.72%，为 Z22-As 碳含量的 60%，氮含量为 0；Z22-E 上氮含量和碳含量几乎为 0。这与热重和红外谱图的数据结果相吻合。Z22-As 的微孔比表面积和微孔孔容为 0，这是由于分子筛的微孔孔道被模板剂填充，N_2 分子无法进入分子筛孔道中。Z22-PF 的微孔比表面积(3.3cm^2/g)和微孔孔容(0.011cm^3/g)较 Z22-As 大，但远小于 Z22-E 的微孔比表面积(151.6cm^2/g)和微孔孔容(0.062cm^3/g)。以上结果说明，采用部分脱模制得的 Z22-PF 的微孔孔道被含碳物质部分填充，Z22-E 的微孔孔道通畅。

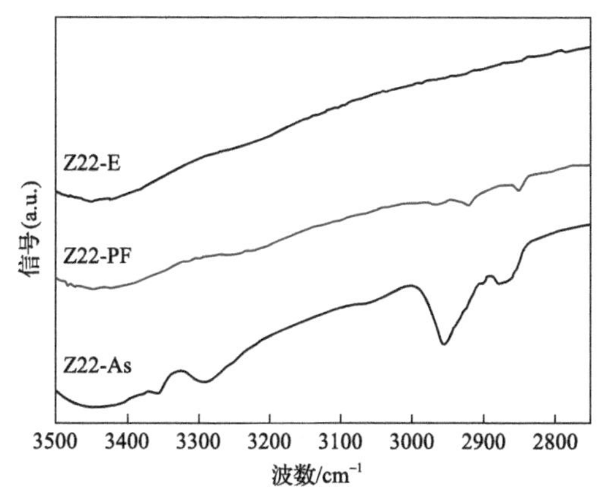

图 3-62 不同温度处理后 ZSM-22 分子筛载体的红外谱图

表 3-39　载体的孔道性质和有机元素含量

样品	BET 比表面积/(m^2/g)	外表比表面积/(m^2/g)	微孔比表面积/(m^2/g)	微孔孔容/(cm^3/g)	N^a/%	C^a/%	H^a/%
Z22-As	42.1	42.1	0	0	1.00	4.56	1.07
Z22-PF	49.3	46.0	3.3	0.011	0	2.72	0.50
Z22-E	200.3	48.7	151.6	0.062	0	0.02	0.27

a N、C、H 三种元素的含量(质量分数)。

采用等体积浸渍法在上述制备的 ZSM-22 载体上负载 Pt(负载量为 0.5%(质量分数))。浸渍后的样品在氢气气氛中 400℃还原 4h，得到 Pt/ZSM-22 催化剂。催化剂的孔道性质、有机元素含量和金属分散度如表 3-40 所示。对比分子筛载体和催化剂的有机元素含量可发现，Pt 的负载过程脱除了分子筛载体中残留的有机物。其中，制备 Pt/Z22-As 的负载过程脱除了 90%的有机物，制备 Pt/Z22-PF 的负载过程脱除了 53%的有机物。这是由于在 Pt 的还原过程中，Pt 在氢气气氛下催化了部分有机物的分解[152,173]。与 Pt/Z22-As 相比，Pt/Z22-PF 的碳含量高(0.31%和 1.18%)，这是由于在制备 Z22-PF 的过程中，部分模板剂转变成了较难脱除的含碳物质。与其载体相比，Pt/Z22-As 和 Pt/Z22-PF 的吸附等温线在相对压力较低区域($P/P_0<0.1$)的吸附量增加，与之相对应的是微孔比表面积和微孔孔容的增大。Pt/Z22-As、Pt/Z22-PF 和 Pt/Z22-E 的微孔孔容分别为 0.035cm^3/g、0.015cm^3/g和 0.055cm^3/g。这说明，尽管在 Pt 的负载过程中，载体中的部分含碳物质发生分解而被脱除，但仍然有部分含碳物质填充在分子筛的孔道中。尤其是 Pt/Z22-PF，其微孔孔容仅为 Pt/Z22-E 的 27%。

表 3-40　催化剂的孔道性质、有机元素含量和金属分散度

样品	BET 比表面积/(m^2/g)	外表比表面积/(m^2/g)	微孔比表面积/(m^2/g)	微孔孔容/(cm^3/g)	分散度/%			
					N^a	C^a	H^a	D^b
Pt/Z22-As	131.3	43.6	87.7	0.035	—	0.31	0.34	3.2
Pt/Z22-PF	77.7	43.2	34.5	0.015	—	1.18	0.32	22.7
Pt/Z22-E	187.2	47.6	139.6	0.055	—	0.01	0.26	30.3

a N、C、H 三种元素的含量(质量分数)。

b Pt 分散度，由 CO 化学吸附检测。

采用 CO 化学吸附对催化剂的 Pt 分散度进行表征的结果显示(表 3-40)，Pt/Z22-As 的金属分散度较低，为 3.2%，而 Pt/Z22-PF 和 Pt/Z22-E 的金属分散度较高，分别为 22.7%和 30.3%。在 Pt 的负载过程中，Pt 的前驱体($[PtCl]_6^{2-}$)会与分子筛表面的羟基发生配体交换而锚定在分子筛的表面上[160]。在一维十元环直孔道分子筛上，采用等体积浸渍得到的金属中心主要分布在分子筛的孔口附近，孔口附近的空间限制作用对较高 Pt 分散度的获得至关重要。在 Z22-As 上，分子筛的孔道被模板剂填充，分子筛的孔口未暴露，对 Pt 颗粒的团聚无明显的空间限制作用。同时，由于模板剂的存在，分子筛外表面上暴露的羟基较少，使得前驱体与分子筛表面的相互作用较弱。因此，在 Pt/Z22-As 的制备中，Pt 颗粒在干燥和还原过程中容易发生聚集，导致分散度较低。金属分散度较高的 Pt/Z22-E 和 Pt/Z22-PF 两个催化剂的结构示意图如图 3-63 所示。

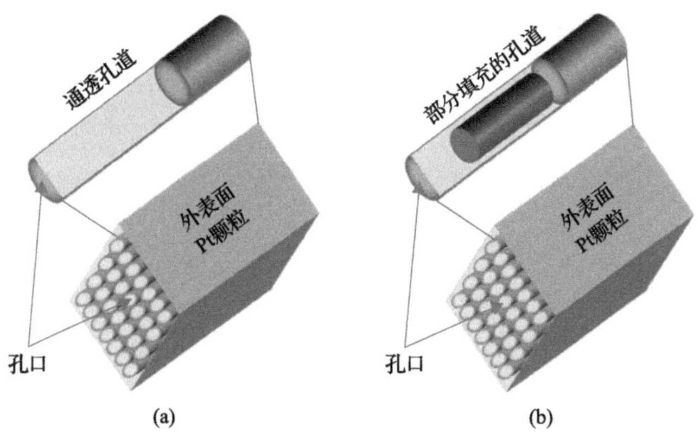

图 3-63 Pt/Z22-E 和 Pt/Z22-PF 催化剂的示意图

(a) Pt/Z22-E；(b) Pt/Z22-PF

分子筛催化剂的酸性质一般采用氨、吡啶和 2,6-二叔丁基吡啶等碱性分子的吸附试验进行测定。吡啶分子尺寸较小，可以吸附在分子筛孔道内外的酸性中心上，因此吡啶吸附红外光谱(pyridine-infrared spectra, Py-IR)可以检测 ZSM-22 上所有的酸性中心。2,6-二叔丁基吡啶的尺寸(动力学直径为 1.05nm)远大于 ZSM-22 的孔口尺寸(0.45nm×0.54nm)，不能进入分子筛孔道，仅吸附在分子筛外表面及孔口附近的酸性中心上[174]。同时，研究表明，ZSM-22 上的酸性中心主要分布在分子筛的孔道内和孔口附近，分子筛外表面的酸性较少[175]。因此，2,6-二叔丁基吡啶吸附红外(2,6-di-tert-butylpyridine-infrared spectra, DTBPy-IR)检测到的酸性中心应主要分布在 ZSM-22 分子筛孔口附近。在 Py-IR 的谱图上，位于 1450cm^{-1} 和 1540cm^{-1} 附近的吸收峰分别对应 L 酸和 B 酸上吸附的吡啶分子的振动吸收峰[176]。在 DTBPy-IR 谱图上，位于 1616cm^{-1} 附近的吸收峰为 B 酸上吸附的 2,6-二叔丁基吡啶分子的振动吸收峰[177]。

用 Py-IR 和 DTBPy-IR 表征两种催化剂的酸性质，结果如图 3-64 和表 3-41 所示。由表可见，两个催化剂上的酸性中心主要为 B 酸，L 酸的含量相对较少。当脱附温度为 300℃时，催化剂的 L 酸量不到 B 酸量的 10%。对比 Py-IR 测得的 B 酸量，可以发现 Pt/Z22-PF 的 B 酸量仅为 Pt/Z22-E 的 40%左右：脱附温度为 150℃时，Pt/Z22-PF 和 Pt/Z22-E 的 B 酸量分别为 147μmol/g 和 375μmol/g。而采用 DTBPy-IR 所测得的两个催化剂的 B 酸量无明显差别：脱附温度为 150℃时，Pt/Z22-PF 和 Pt/Z22-E 的 B 酸量分别为 108μmol/g 和 114μmol/g，说明两者孔口附近的酸性质相似。Pt/Z22-PF 和 Pt/Z22-E 孔道内的 B 酸量分别为 39μmol/g 和 228μmol/g。Pt/Z22-PF 孔道内酸量较低的原因是孔道的部分填充阻碍了吡啶分子进入分子筛孔道。以上结果表明，分子筛孔道的填充对催化剂孔口附近的酸性质无明显影响，但会显著降低分子筛孔道内酸性中心的可接触性。分子筛催化剂上酸性中心的可接触性可采用 Thibault-Starzyk 等[178]提出的可接触指数(accessibility index, χ)进行量化。一般地，可接触指数被定义为探针分子如 2,6-二甲基吡啶等探测到的外表面酸量与分子筛上总酸量的比值。本工作中，Pt/ZSM-22 催化剂上酸性中心的可接触性指数为 2,6-二叔丁基吡啶检测到的 B 酸量与吡啶检测到的 B 酸量的比值。Pt/Z22-PF 和 Pt/Z22-E 上酸性中心的可接触指数分别为 0.73 和 0.30。这表明，Pt/Z22-PF 上大部分的酸性中心分布在分子筛孔口附近，少量酸性中心分布在分子筛的孔道内，而Pt/Z22-E的酸性中心分布恰好相反。

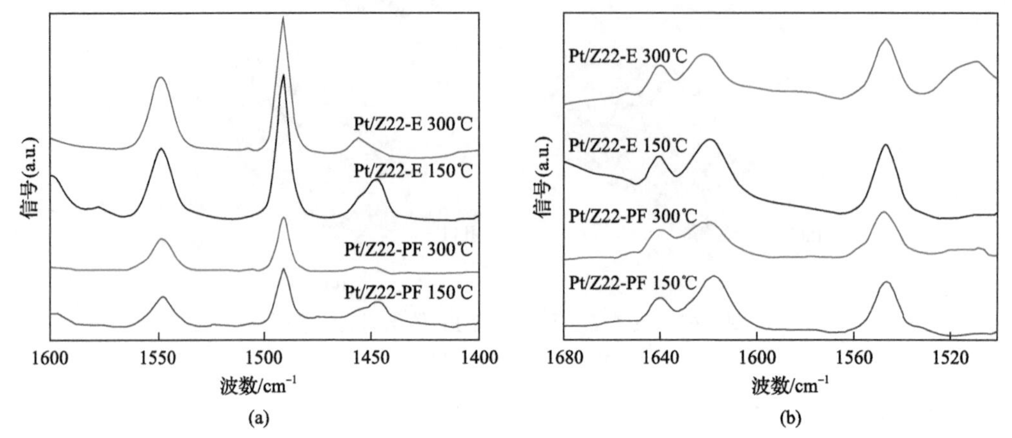

图 3-64　Pt/Z22-E 和 Pt/Z22-PF 的 Py-IR 和 DTBPy-IR 谱图

(a) Py-IR 谱；(b) DTBPy-IR 谱

表 3-41　Pt/Z22-E 和 Pt/Z22-PF 的酸性质

样品	B 酸/($\mu mol_{Py}/g$)		L 酸/($\mu mol_{Py}/g$)		B 酸/($\mu mol_{DTBPy}/g$)		χ^a
	150℃	300℃	150℃	300℃	150℃	300℃	
Pt/Z22-E	375	329	56	21	114	62	0.30
Pt/Z22-PF	147	138	26	8	108	59	0.73

a χ 表示可接触指数，定义为通过DTBPy-IR获得的外表面B酸浓度与通过Py-IR获得的总B酸浓度的比值。

通过巨正则系综蒙特卡罗(grand canonical Monte Carlo, GCMC)模拟方法模拟正十二烷在不同填充程度的ZSM-22分子筛上的吸附行为。将不同碳链长度的烷烃(C_2，C_4，C_6,C_8,C_{10}和C_{12})置于分子筛的孔道中,得到不同填充程度的ZSM-22分子筛。如图3-65(a)所示，当分子筛孔道未用烷烃分子进行填充时，正十二烷完全渗入分子筛的孔道中。随着填充程度的增加，正十二烷的平均密度逐渐向孔口附近移动，外表面上吸附的正十二

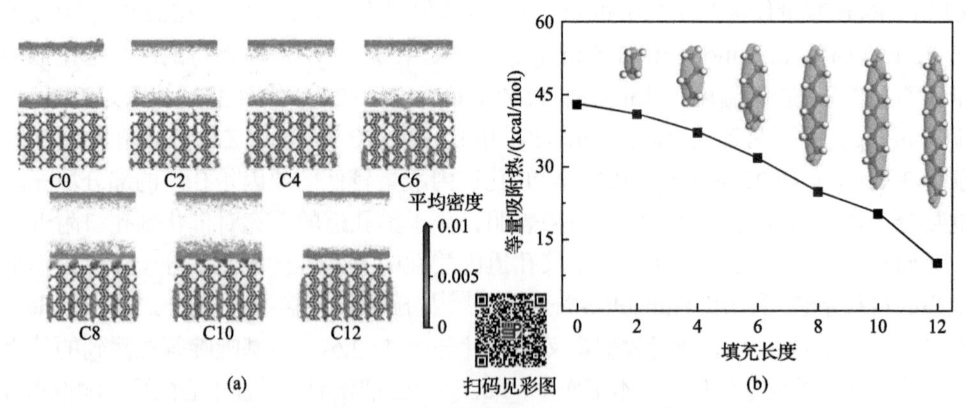

图 3-65　正十二烷在不同填充程度的 ZSM-22 上的吸附行为

(a)不同填充程度ZSM-22中的正十二烷平均密度；(b)不同填充程度ZSM-22中的正十二烷等量吸附热(吸附条件：375℃，100kPa)，图中的填充长度为碳链长度(碳原子数)

烷逐渐增多。当分子筛的孔道被 C_{12} 填充时，正十二烷分子几乎都吸附在分子筛的外表面。正十二烷在 ZSM-22 上吸附时的等量吸附热随填充程度的变化如图 3-65(b)所示。由图可见，随着填充程度的增加，等量吸附热逐渐下降。这种变化可能是由于随着填充程度的增加，正十二烷渗入分子筛孔道中的碳链长度缩短，微孔孔壁与烷烃分子的相互作用减弱，放出的热量降低[179]。以上结果表明，在孔道通畅的分子筛上，烃分子倾向于在分子筛的孔道内吸附；填充分子筛的微孔孔道可缩短烃分子筛孔道内的碳链长度，削弱烃分子与分子筛的相互作用。因此，填充分子筛的孔道可能有利于烃分子从分子筛上脱附，从而提高烃分子在分子筛上的扩散性能。

采用 2-甲基己烷在 Pt/Z22-E 和 Pt/Z22-PF 上的吸附试验研究孔道部分填充对烃分子在 Pt/ZSM-22 上扩散性能的影响，结果如图 3-66 所示。2-甲基己烷被选择作为吸附质的原因，一方面是它可代表在烷烃异构化反应中生成的单支链烯烃中间体，另一方面是其饱和蒸气压较高，易于试验操作。2-甲基己烷的吸附量与相对压力的关系如图 3-66(a)所示。由图可见，在研究的压力范围内，Pt/Z22-E 上 2-甲基己烷的吸附量远大于 Pt/Z22-PF。在相对压力为 0.28 时，Pt/Z22-E 上的吸附量为 2.3%，而 Pt/Z22-PF 上的吸附量为 1.5%。造成 Pt/Z22-PF 吸附量较低的原因可能是 Pt/Z22-PF 的孔道被部分填充，2-甲基己烷难以进入微孔孔道。采用描述分子浓度随时间变化的菲克第二定律(Fick's second law)[180,181]，对 2-甲基己烷的扩散性质进行定量分析，在研究的压力范围内，2-甲基己烷在 Pt/Z22-PF 上的扩散系数较在 Pt/Z22-E 上的大。当相对压力(P/P_0)为 0.16 时，Pt/Z22-PF 上的扩散系数为 $4.3\times10^{-13}cm^2/s$，是 Pt/Z22-E 上扩散系数($1.2\times10^{-14}cm^2/s$)的 36 倍。造成该现象可能有两方面的原因：一方面，在 Pt/Z22-PF 上，由于孔道的部分填充，2-甲基己烷主要在靠近分子筛孔口附近的区域扩散，而在 Pt/Z22-E 上，2-甲基己烷主要在分子筛孔道内扩散，相比之下，2-甲基己烷在 Pt/Z22-PF 上扩散时受到孔道的扩散限制小；另一方面，Pt/Z22-PF 上由于孔道部分填充，2-甲基己烷部分插入分子筛孔道中，而 2-甲基己烷则完全插入 Pt/Z22-E 的通畅孔道中，相比之下，2-甲基己烷在 Pt/Z22-PF 中碳链长度短，与分子筛的相互作用弱，容易从分子筛上脱附。

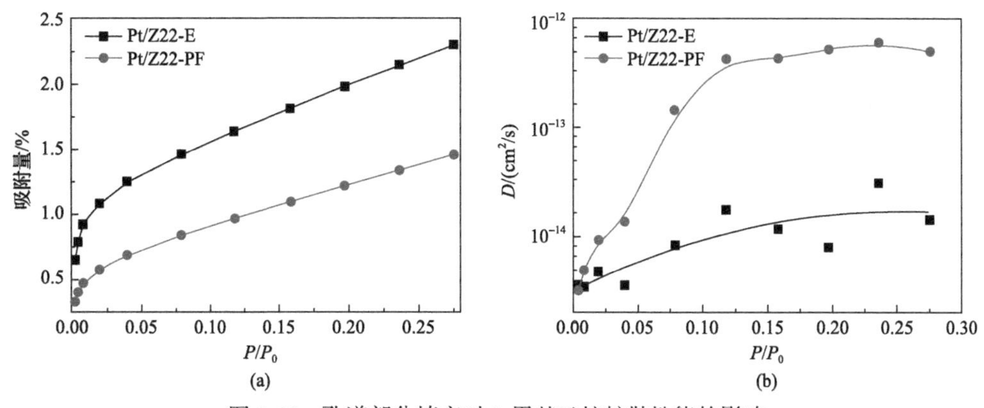

图 3-66　孔道部分填充对 2-甲基己烷扩散性能的影响

(a) 2-甲基己烷的吸附量；(b) 2-甲基己烷的扩散常数

综上所述，通过部分脱模制得的催化剂 Pt/Z22-PF，其微孔孔道被含碳物质部分填充。

Pt/Z22-PF 和孔道通畅的 Pt/Z22-E 的孔口附近的酸性质以及金属分散度均相似。与 Pt/Z22-E 相比，Pt/Z22-PF 的微孔孔道内的酸量少，烃分子在其上的扩散性能较好，可能在异构化反应中表现出高的活性和异构体选择性。

采用正十二烷异构化反应作为模型反应物评价 Pt/Z22-E 和 Pt/Z22-PF 的异构化性能。主要结果如图 3-67 所示。随着空速的增加，Pt/Z22-E 和 Pt/Z22-PF 上正十二烷的转化率逐渐降低，异构体选择性逐渐升高。在相同的空速下，Pt/Z22-PF 较 Pt/Z22-E 表现出高的转化率和异构体选择性。当空速为 $10h^{-1}$ 时，Pt/Z22-PF 上的转化率和异构体选择性分别为 60%和 98%，而 Pt/Z22-E 上的转化率和异构体选择性分别为 34%和 92%。Pt/Z22-PF 的总酸量比 Pt/Z22-E 低，但两者孔口附近的酸量无明显差别。Pt/Z22-PF 在正十二烷异构化中表现出较好的异构化性能，表明正十二烷在 Pt/ZSM-22 催化剂上的异构化反应主要发生在分子筛孔口附近的酸性中心上。以孔口附近的酸性中心上的正十二烷的转化频率(TOF)来表示催化剂的反应活性，Pt/Z22-PF 和 Pt/Z22-E 的 TOF 值分别为 $314h^{-1}$ 和 $144h^{-1}$。在烷烃的异构化中，金属中心上的加/脱氢反应，酸性中心上的异构化/裂化反应以及烯烃中间体在金属中心与酸性中心之间的扩散为三个关键步骤。Pt/Z22-PF 和 Pt/Z22-E 孔口附近的酸性质和金属分散度均相似，Pt/Z22-PF 具有更好的异构化性能应归因于其更好的烃分子扩散性能。这表明，正十二烷异构化反应在 Pt/Z22-E 上的控速步骤应为烯烃中间体在金属中心与酸性中心之间的扩散。因此，部分填充分子筛的孔道提高烃分子在催化剂上的扩散性能，有利于提高催化剂的活性和选择性。在两个催化剂上，异构体收率随反应温度的提升先增大后减小。这是由于在异构化反应中，异构体的生成和裂化产物的生成为串联反应，当异构体收率达到最大值后，裂化反应为主导反应，异构体收率逐渐下降。Pt/Z22-PF 的最大异构体收率为 89%，大于 Pt/Z22-E 的最大异构体收率为 83%。Pt/Z22-E 的异构体收率达到最大值后快速下降，而 Pt/Z22-PF 的异构体收率达到最大值后下降缓慢，在较宽的温度范围内保持较高的异构体收率。反应温度从 260℃提升到 290℃，Pt/Z22-E 的异构体收率从 83%下降到 47%，而 Pt/Z22-PF 的异构体收率仅从 89%下降到 84%。

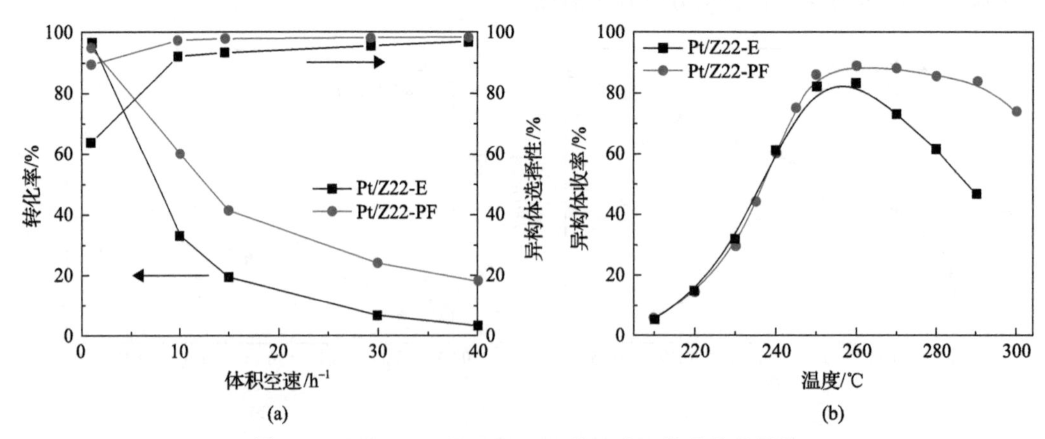

图 3-67　Pt/Z22-E 和 Pt/Z22-PF 的正十二烷异构化性能

(a) Pt/Z22-E 和 Pt/Z22-PF 上的正十二烷转化率和异构体选择性随进料体积空速变化曲线；(b) Pt/Z22-E 和 Pt/Z22-PF 上的异构体收率随反应温度变化曲线。反应条件：H_2/正十二烷物质的量之比=15，压力=0.1MPa

Pt/Z22-E 和 Pt/Z22-PF 上的产物分布随反应温度的变化如图 3-68 所示。由图可见，单支链异构体收率(*M*)随着反应温度的提升先逐渐升高达到最大值，然后降低。当单支链异构体收率下降时，多支链异构体收率(*B*)和裂化产物收率(*C*)逐渐升高。与 Pt/Z22-E 相比，Pt/Z22-PF 上的多支链异构体收率快速增加，裂化产物收率缓慢增加。Pt/Z22-PF 上最大单支链异构体收率略微高于 Pt/Z22-E(77%和 75%)，最大多支链异构体收率几乎为后者的两倍(49%和 29%)。Pt/Z22-PF 上的裂化产物收率远小于 Pt/Z22-E。当反应温度为 280℃时，Pt/Z22-PF 的裂化产物收率为 10%，仅为 Pt/Z22-E 上裂化产物收率(35%)的 29%。

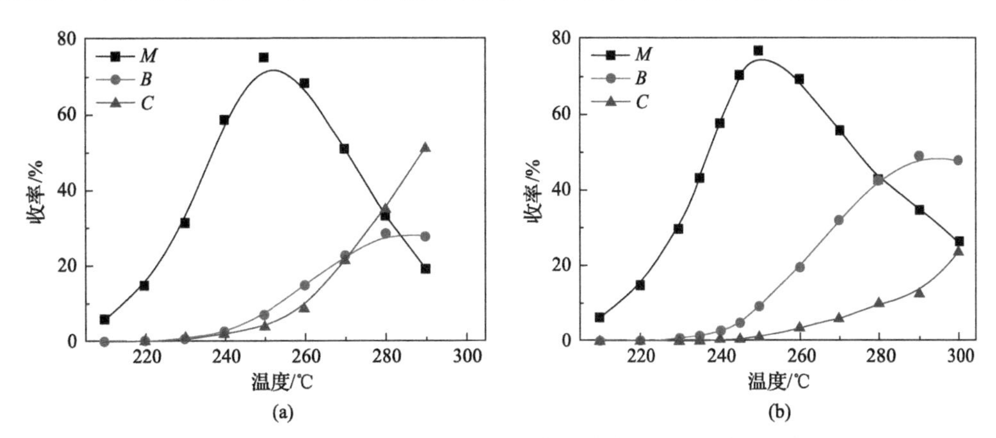

图 3-68 Pt/Z22-E 和 Pt/Z22-PF 的产物分布随反应温度的变化

(a) Pt/Z22-E；(b) Pt/Z22-PF；反应条件：LHSV = 1h^{-1}, H_2/正十二烷物质的量之比= 15, 压力= 0.1MPa

M、*B* 和 *C* 分别表示单支链异构体、多支链异构体和裂化产物的收率

图 3-69 为正十二烷在 Pt/Z22-E 和 Pt/Z22-PF 上可能发生的转化过程。根据孔口催化机理，正构烯烃中间体会尽可能长地深入分子筛的孔道中，然后在孔口附近的酸性中心上发生异构化/裂化反应。Denayer 等[179]的研究表明，烃分子与分子筛之间的相互作用力的强度随碳链长度的增加而增加。由此可见，烃分子与分子筛相互作用的强弱取决于分子筛孔道内烃分子的碳链长度。在 Pt/Z22-E 上，由于孔道是通畅的，正构烯烃中间体几乎全部插入分子筛孔道中(图 3-69(a))，而在 Pt/Z22-PF 上，由于孔道被部分填充，正构烯烃中间体插入的深度取决于孔道暴露的深度(图 3-69(d))。因此，与 Pt/Z22-E 相比，Pt/Z22-PF 上烯烃中间体插入分子筛孔道的长度短，烯烃中间体与分子筛的相互作用较弱，使得烯烃中间体容易从分子筛上脱附。同时，由于孔道的部分填充，烯烃中间体在 Pt/Z22-PF 上仅在靠近分子筛孔口的附近进行扩散，孔道对扩散的限制作用小。因此，在 Pt/Z22-PF 上生成的单支链烯烃中间体很容易脱附(图 3-69(e))。而在 Pt/Z22-E 上，烷烃分子与分子筛的相互作用以及孔道对扩散的限制作用强，生成的单支链烯烃中间体可能发生进一步的异构化生成多支链烯烃中间体，且生成的多支链烯烃中间体容易在酸性中心上发生裂化反应生成裂化产物。因此，在转化率较低时，Pt/Z22-E 上的 *B*/(*M*+*B*)值比 Pt/Z22-PF 更高。随着转化率的逐渐增高，Pt/Z22-PF 上的单支链烯烃中间体根据锁-钥择形机理发生进一步的骨架异构化生成多支链烯烃中间体(图 3-69(f))，生成的多支链烯烃中间体容易扩散至金属中心发生加氢反应生成多支链烷烃。而 Pt/Z22-PF 上单支链烯烃

中间体的脱附较为困难，且分子筛孔道内含有大量的酸性中心，单支链烯烃中间体除了发生骨架异构生成多支链烯烃中间体外，还可能按照以下的反应路径发生裂化反应：①在分子筛的孔口或孔道内发生 C 型裂解；②在分子筛的孔口附近发生进一步异构生成 2,2-二甲基异构体(图 3-69(c))，随后发生 B_1 型裂解。

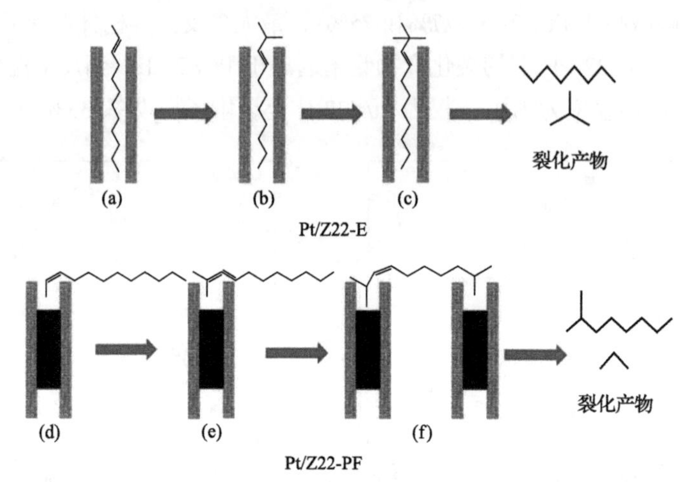

图 3-69　Pt/Z22-E 和 Pt/Z22-PF 的正十二烷的转化过程

以上的研究和讨论结果表明，填充分子筛的孔道对催化剂异构化性能的提高主要基于两方面：一方面，部分填充分子筛孔道可以缩短烯烃中间体进入分子筛孔道的长度，减少烯烃中间体与分子筛的相互作用，同时迫使烯烃中间体在分子筛孔口附近扩散，减少了分子筛孔道对扩散的限制，提高烯烃中间体的扩散性能。另一方面，部分填充分子筛孔道可减少分子筛孔道内酸性中心的可接触性，减少孔道内裂化反应的发生。

基于上述分子筛合成及催化剂制备思路，中国科学院大连化学物理研究所开发出多个系列分子筛新催化材料及合成方法，研制出高性能深度加氢异构催化剂，在相关领域申请并授权了大量专利(表 3-42)，形成完整的知识产权保护体系。

表 3-42　DICP 费托合成蜡加氢异构催化剂主要授权发明专利列表

专利名称	专利公开号	发明人
一种加氢异构化催化剂及其制备和应用	CN108144644B	王从新，田志坚，吕广，等
一种烷烃异构化催化剂及其制备和应用	CN108144645B	王从新，田志坚，吕广，等
一种高含蜡原料加氢异构化催化剂及制备和应用	CN108144646B	王从新，田志坚，马怀军，等
一种临氢异构化催化剂及其制备和应用	CN108144651B	王从新，田志坚，吕广，等
一种费托合成蜡异构化催化剂及制备和应用	CN108144652B	王从新，田志坚，曲炜，等
一种异构化催化剂及制备和应用	CN108126735B	田志坚，吕广，王从新，等
一种烷烃异构化催化剂及制备和应用	CN108126736B	田志坚，吕广，王从新，等
一种烷烃临氢异构化催化剂及制备和应用	CN108126737B	田志坚，吕广，王从新，等

续表

专利名称	专利公开号	发明人
一种费托合成蜡加氢异构化催化剂制备及催化剂和应用	CN108126738B	王从新，田志坚，马怀军，等
一种烷烃异构化催化剂及制备方法	CN106799256B	王从新，田志坚，马怀军，等
一种烷烃异构化催化剂及其制备方法	CN106799257B	王从新，田志坚，曲炜，等
一种磷酸硅铝复合分子筛及其制备方法	CN106800300B	王从新，田志坚，马怀军，等
一种临氢异构化-裂化催化剂的制备方法及催化剂	CN105749963B	王从新，田志坚，曲炜，等
一种临氢异构化-裂化催化剂的制备方法及催化剂	CN105749964B	王从新，田志坚，曲炜，等
一种以 MTW 型结构分子筛为载体的异构化催化剂制备方法	CN109465024B	王从新，田志坚，吕广，等
一种以 AEL 型结构分子筛为载体的异构化催化剂制备方法	CN109465028B	王从新，田志坚，吕广，等
一种以 AFI 型结构分子筛为载体的异构化催化剂制备方法	CN109465029B	王从新，田志坚，吕广，等
一种以 ATO 型结构分子筛为载体的异构化催化剂制备方法	CN109465030B	王从新，田志坚，吕广，等
一种以 AFO 型结构分子筛为载体的异构化催化剂制备方法	CN109465031B	王从新，田志坚，吕广，等
一种以 FAU 型结构分子筛为载体的异构化催化剂制备方法	CN109465020B	田志坚，吕广，王从新，等
一种以 MFI 型结构分子筛为载体的异构化催化剂制备方法	CN109465021B	田志坚，吕广，王从新，等
一种以 MTT 型结构分子筛为载体的异构化催化剂制备方法	CN109465023B	田志坚，吕广，王从新，等
一种以*BEA 型结构分子筛为载体的异构化催化剂制备方法	CN109465025B	田志坚，吕广，王从新，等
一种以 TON 型结构分子筛为载体的异构化催化剂制备方法	CN109465026B	田志坚，吕广，王从新，等

3.6.5 催化剂工业放大

催化剂工业放大具体包括分子筛和双功能催化剂的工业放大。主要介绍采用以上开发的 AEL、TON、MTT/TON 以及 MTW 四种分子筛合成方法以及基于这四个系列分子筛的高性能深度加氢异构催化剂制备方法而开展的工业放大结果。分子筛工业放大在 $5m^3$/釜的合成釜上进行，主要工序包括配料、升温晶化、降温、过滤、洗涤、干燥、焙烧等，配料组分及比例在此不详述。催化剂工业放大在捏合机、液压立式挤条机、辊道窑/回转窑、双锥回转真空干燥机上进行，主要工序包括粉碎、混料、捏合、挤条、干燥、切粒、焙烧、浸渍、干燥、焙烧等，配料组分及比例在此不详述。用到的主要设备如图 3-70 和图 3-71 所示。

图 3-70　5m^3/釜分子筛工业放大合成釜

图 3-71　辊道窑和双锥回转真空干燥机

分子筛和催化剂工业放大简要流程如图 3-72 所示。

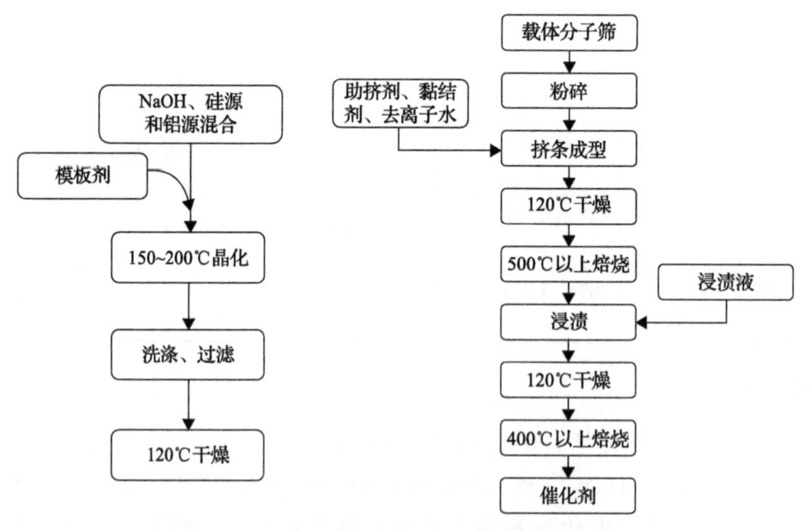

图 3-72　分子筛和催化剂工业放大简要流程

基于前述费托合成蜡加氢异构催化剂研究实践，自主开发了 5 种针对不同费托合成蜡深度异构转化的分子筛及相应催化剂的工业放大技术，以下展示其中四种分子筛及相应催化剂的工业放大结果，四种分子筛分别命名为 DZ-1、DZ-2、DZ-3 和 DZ-4。其中，DZ-1 为具有 AEL 拓扑结构的磷酸铝分子筛，DZ-2 为具有 TON/MTT 共晶拓扑结构的硅铝分子筛，DZ-3

为具有 TON 拓扑结构的硅铝分子筛，DZ-4 为具有 MTW 拓扑结构的硅铝分子筛。

工业放大合成的结果显示，四种分子筛具有良好的结晶度(图 3-73)。相对于小试纯相分子筛样品，分子筛相对结晶度达到 99%以上。

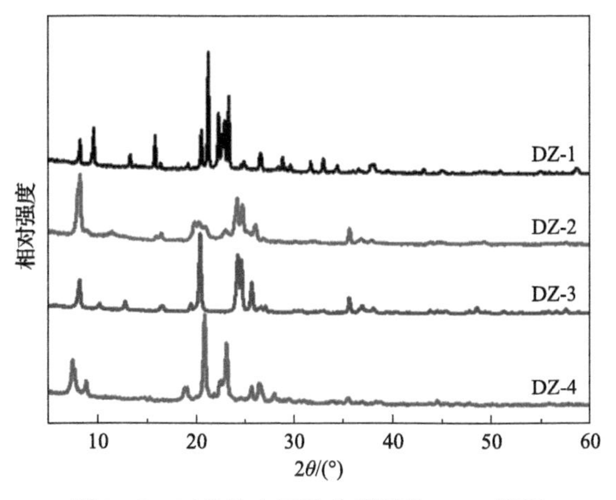

图 3-73 工业放大四种分子筛的 XRD 谱图

四种分子筛具有不同的形貌特征(图 3-74)。其中，DZ-1 为带毛刺的块状形貌；DZ-2 和 DZ-3 为短棒堆砌的长条棒状形貌；DZ-4 为正方体堆砌的球状形貌。在四种工业放大分子筛的 TEM 图(图 3-75)中，可以看到明显的一维孔道分子筛孔口(DZ-1 和 DZ-4)以及一维孔道分子筛的长直孔道(DZ-2 和 DZ-3)，进一步表明分子筛良好的结晶度。

图 3-74 工业放大四种分子筛的 SEM 图

(a) DZ-1；(b) DZ-2；(c) DZ-3；(d) DZ-4

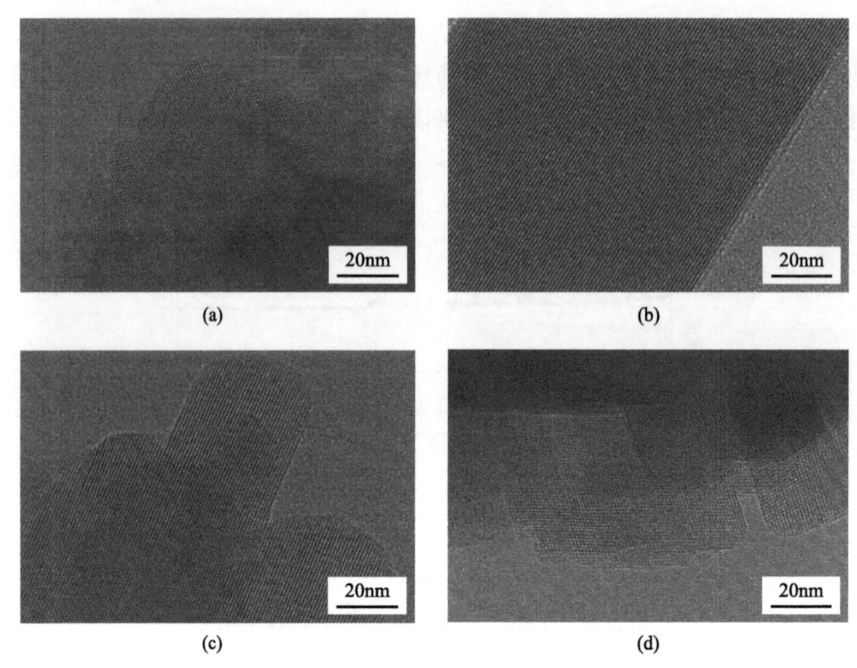

图 3-75　工业放大四种分子筛的 TEM 图

(a) DZ-1；(b) DZ-2；(c) DZ-3；(d) DZ-4

工业放大的四种分子筛具有与小试合成一致的酸性特征。从酸强度上看，DZ-3＞DZ-2＞DZ-4＞DZ-1；从酸量上看，DZ-3＞DZ-1＞DZ-2＞DZ-4。其中，DZ-1 以弱酸和中强酸为主，NH_3 脱附温度有两个峰，分别在 180℃和 280℃；DZ-2 和 DZ-3 酸性位类似，NH_3 脱附温度峰分别在 200℃和 400℃左右，但在酸量上存在较大差别，DZ-3 的酸量约为 DZ-2 的 2 倍；DZ-4 酸量最低，同时，强酸位较 DZ-2 和 DZ-3 弱，NH_3 脱附温度峰分别在 200℃和 350℃左右，如图 3-76 所示。

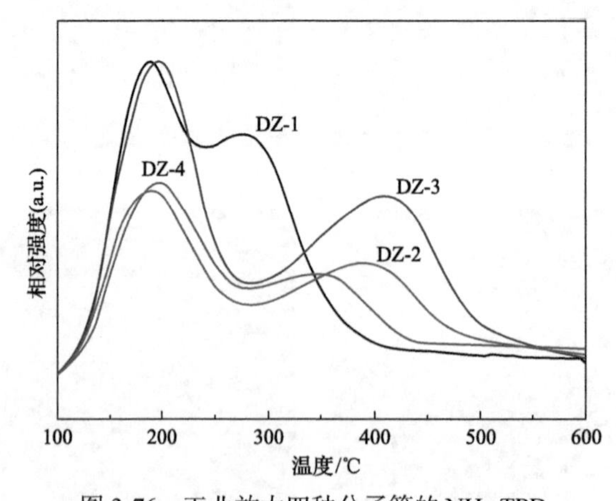

图 3-76　工业放大四种分子筛的 NH_3-TPD

工业放大的四种分子筛具有较大的比表面积和孔容(表 3-43)。DZ-1、DZ-2 和 DZ-3 的比表面积和孔容较为相近，总比表面积为 201.4～209.2m²/g，微孔比表面积为 156.6～

169.4m²/g，总孔容为 0.203～0.249mL/g，微孔孔容为 0.077～0.083mL/g。DZ-4 由于具有更大的微孔尺寸和更小的晶粒，展现出更高的比表面积、微孔比表面积和外表比表面积，相应地也展现出更大的孔容。

表 3-43　工业放大四种分子筛的比表面积和孔容

样品	比表面积/(m²/g)			孔容/(mL/g)		
	总	微孔	外表	总	微孔	介孔
DZ-1	201.4	156.6	44.8	0.218	0.077	0.141
DZ-2	209.2	168.0	41.2	0.203	0.083	0.120
DZ-3	205.1	169.4	35.7	0.249	0.083	0.166
DZ-4	328.8	254.1	74.7	0.280	0.125	0.155

图 3-77 为典型的工业放大催化剂与分子筛载体的外观对照图，载体及催化剂颗粒为三叶草条形，尺寸为 3～8mm。

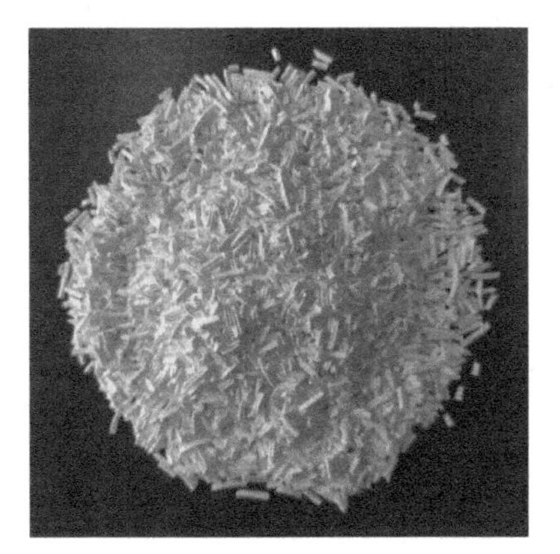
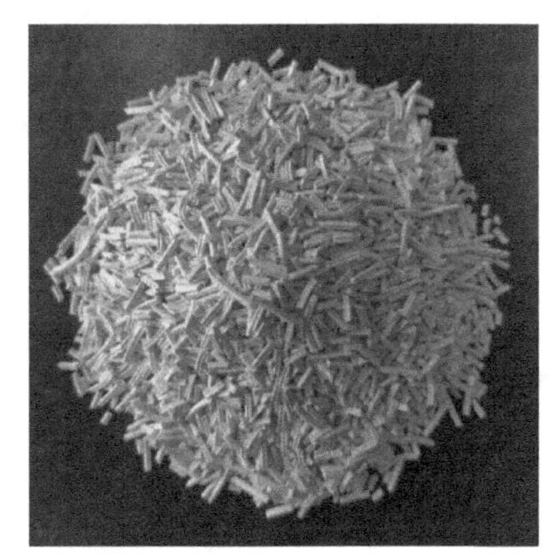

图 3-77　工业放大分子筛载体及催化剂外观图

图 3-78 为典型的工业放大催化剂 TEM 图。可以看出，催化剂上具有高分散且粒径均一的贵金属颗粒，颗粒尺寸在 1nm 左右，分散度达到 70%以上。

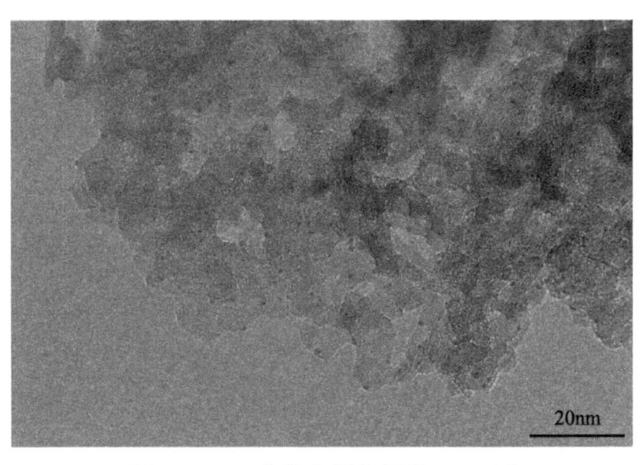

图 3-78　工业放大催化剂的 TEM 图

工业放大催化剂的晶型、形貌、酸性等理化性质不再赘述。表 3-44 汇总了工业放大催化剂的其他宏观理化性质。

表 3-44 工业放大催化剂宏观理化性质

催化剂	活性金属	外形尺寸 ($\phi \times L$) /(mm×mm)	孔容 /(mL/g)	比表面积 /(m^2/g)	堆积密度 /(g/cm^3)	装填密度 /(g/cm^3)	压碎强度 /(N/cm)	形状
DC 系列	Pt/Pd	(1.5～2.0)×(3～8)	≥0.25	≥150	0.65～0.85	0.60～0.80	≥100	三叶草条形

工业放大催化剂在长链烷烃模型化合物的加氢异构转化中表现出优异的性能。在不同的催化剂上，加氢异构体选择性和裂化选择性以及异构产物中的单支链异构体选择性和多支链异构体选择性均呈现出较大的差异。以 n-C_{12} 为模型化合物时，DC-1 催化剂上 n-C_{12} 转化率达到 90%以上，仍能保持 95.12%的异构体选择性，异构体收率超过 86%，多支链异构体选择性高；DC-2 和 DC-3 催化剂上转化率达到 90%左右时，选择性约为 84%，异构体收率超过 76%；DC-4 催化剂活性最高，达到相近转化率时，反应温度较 DC-1 低 50℃，较 DC-2 和 DC-3 低 30℃，且多支链异构体选择性最高，转化率达到 91.92%时，多支链异构体选择性达到近 50%；整体上看，DC-2、DC-3 和 DC-4 催化剂上裂化率相对较高(表 3-45)。

表 3-45 工业放大催化剂正十二烷加氢异构试验

性能	DC-1	DC-2	DC-3	DC-4
反应温度/℃	310	290	290	260
转化率/%	90.76	91.36	90.96	91.92
异构体选择性/%	95.12	83.70	84.22	78.30
异构体收率/%	86.33	76.47	76.60	71.97
裂化选择性/%	4.88	16.30	15.78	21.70
多支链异构体选择性/%	28.06	9.12	8.65	49.78
单支链异构体选择性/%	67.06	74.59	75.57	28.52

注：$P=2\sim6$MPa；H_2/Oil(物质的量之比)=500。

当以 n-C_{16} 为模型化合物时，催化剂依然表现出优异的性能(表 3-46)。当 n-C_{16} 转化率达到约 94%时，异构体选择性依然能保持在 82%以上。异构体收率达到 77%以上。在异构产物中，DC-2 和 DC-3 两个催化剂上表现出不同的多支链异构体选择性。DC-2 上的多支链异构体选择性高出 DC-3 约 10 个百分点。在反应结果中还可看出，在同一催化剂上达到相同转化率时，n-C_{16} 所需的反应温度低于 n-C_{12}，n-C_{16} 加氢异构生成的多支链异构体选择性高于 n-C_{12} 加氢异构。

表 3-46 工业放大催化剂正十六烷加氢异构试验

性能	DC-2	DC-3
反应温度/℃	285	290
转化率/%	93.69	94.18
异构体选择性/%	82.18	82.54
异构体收率/%	77.02	77.74
裂化选择性/%	17.82	17.46
多支链异构体选择性/%	28.76	19.25
单支链异构体选择性/%	53.42	63.29

注：$P=2\sim6\text{MPa}$；H_2/Oil(物质的量之比)＝500。

上述四个系列催化剂在正十二烷和正十六烷加氢异构中表现出的性能各具特点，分别体现在活性、异构体选择性、多支链异构体选择性和裂化率上，可适应不同费托合成蜡的转化要求，针对不同费托合成蜡馏程特点，可选择专有的级配技术，实现费托合成蜡全组分高效转化。

3.6.6 级配技术及工艺流程

在前述章节中，已经介绍了费托合成蜡加氢异构双功能催化剂的开发思路主要基于七个方面(择形分子筛的选择；分子筛酸性的调控；分子筛孔口尺寸微调；分子筛微孔孔道长度的控制；分子筛载体多级孔道的构筑；贵金属在分子筛上的落位控制；贵金属的加氢性能调控)，并逐一展开进行阐述。除催化剂开发方面的认识和创新之外，DICP 费托合成蜡加氢异构制备Ⅲ+类基础油技术另外一个突出的创新之处是开发了基于不同一维孔道分子筛的催化剂级配技术，在该领域申请并授权了大量专利(表 3-47)，形成了完整的知识产权保护体系。

表 3-47 DICP 费托合成蜡加氢异构级配技术主要授权发明专利列表

专利名称	专利公开号	发明人
一种以高含蜡原料制润滑油基础油方法	CN112812824B	王从新，田志坚，马怀军，等
一种以高含蜡原料制备润滑油基础油的方法	CN112812825B	王从新，田志坚，马怀军，等
以高含蜡原料制备润滑油基础油的方法	CN112812826B	王从新，田志坚，潘振栋，等
以高含蜡原料制润滑油基础油方法	CN112812827B	王从新，田志坚，潘振栋，等
以高含蜡原料制润滑油基础油的方法	CN112812828B	王从新，田志坚，潘振栋，等
一种加工高含蜡原料制备润滑油基础油的方法	CN112812829B	王从新，田志坚，潘振栋，等
一种加工高含蜡原料制润滑油基础油的方法	CN112812830B	王从新，田志坚，潘振栋，等
一种加工高含蜡原料制润滑油基础油方法	CN112812831B	王从新，田志坚，潘振栋，等
一种以高含蜡原料制润滑油基础油的方法	CN112812832B	王从新，田志坚，马怀军，等

续表

专利名称	专利公开号	发明人
一种高含蜡原料加氢转化之方法	CN112812833B	王从新，田志坚，潘振栋，等
一种高含蜡原料加氢转化方法	CN112812834B	王从新，田志坚，潘振栋，等
一种高含蜡原料加氢转化的方法	CN112812835B	王从新，田志坚，潘振栋，等
一种高含蜡原料加氢制润滑油基础油方法	CN112812836B	王从新，田志坚，马怀军，等
加工高含蜡原料制备润滑油基础油的方法	CN112812837B	王从新，田志坚，曲炜，等
高含蜡原料加氢转化之方法	CN112812838B	王从新，田志坚，曲炜，等
加工高含蜡原料制润滑油基础油的方法	CN112812840B	王从新，田志坚，曲炜，等
高含蜡原料加氢制备润滑油基础油的方法	CN112812841B	王从新，田志坚，潘振栋，等
高含蜡原料加氢转化的方法	CN112812842B	王从新，田志坚，曲炜，等
高含蜡原料加氢制润滑油基础油的方法	CN112812843B	王从新，田志坚，潘振栋，等
一种高含蜡原料加氢制润滑油基础油的方法	CN112812844B	王从新，田志坚，马怀军，等
一种高含蜡原料加氢制备润滑油基础油的方法	CN112812845B	王从新，田志坚，马怀军，等
高含蜡原料加氢转化方法	CN112812846B	王从新，田志坚，曲炜，等
高含蜡原料加氢制润滑油基础油方法	CN112812847B	王从新，田志坚，潘振栋，等
以费托合成蜡为原料制得的润滑油基础油及其制备方法	CN112126462B	王从新，田志坚，郭世清，等

级配技术的简要思路为：在上述 DC-1～DC-4 几个系列高性能加氢异构催化剂的基础上，通过调配催化剂的装填比例和床层分布，充分发挥级配分子筛孔口对于多支链烃的约束作用，使高碳数支链烃在孔口形成空间限域，实现宽馏程烃在分子筛孔口的逐级转化，最终实现费托合成蜡全组分深度加氢异构，获得异构产物收率和产品性能的共同提升(图 3-79)。

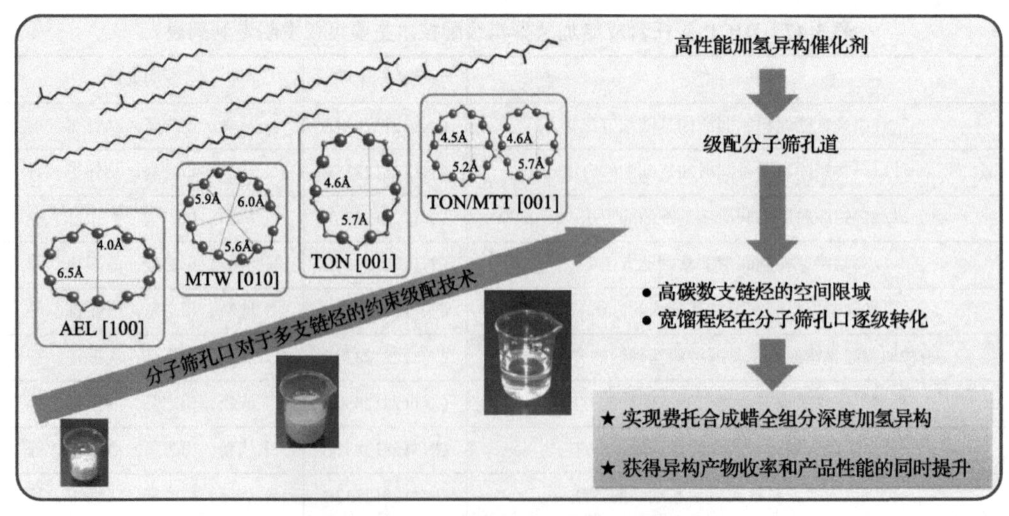

图 3-79　费托合成蜡加氢异构催化剂级配技术

基于上述级配催化剂技术，DICP 费托合成蜡加氢异构制备Ⅲ+类基础油技术的主要工艺流程如图 3-80 所示。反应段包括加氢异构段和补充精制段。加氢异构段采用多催化剂级配装填方式，控制各催化剂装填比例和位置，具体视加工原料和加工规模而定；补充精制段采用单独反应器，补充精制反应温度较加氢异构段低 100℃左右。主要工艺流程描述如下。

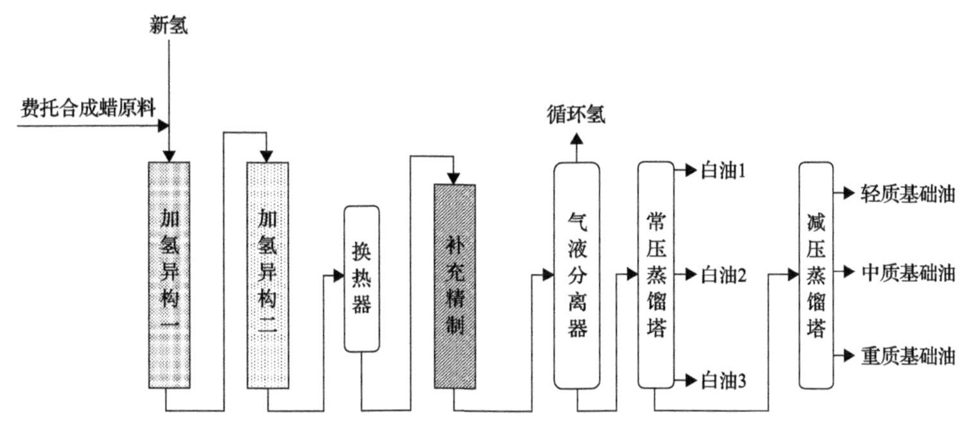

图 3-80 DICP 费托合成蜡加氢异构制备Ⅲ+类基础油技术简要工艺流程

(1)费托合成蜡原料(涵盖费托蜡加氢裂化尾油、费托合成软蜡、费托合成硬蜡)进入加氢异构一反应器，在一个或多个类型 DC 系列催化剂上，各链长蜡发生一级、二级加氢异构。

(2)加氢异构一反应器流出产物继续进入加氢异构二反应器，在一个或多个类型 DC 系列催化剂上，碳链超长(＞C_{60}烷烃)且支链较少的蜡发生二级加氢异构以及适度裂化，碳链适中的蜡继续发生三级加氢异构。

上述两步加氢异构使费托合成蜡全组分深度加氢异构，还使超长碳链烃(＞C_{60}烷烃)同时发生加氢异构和适度裂化，生成倾点大幅改善的基础油馏分。

(3)从加氢异构二反应器流出的产物再进入补充精制反应器，在基于贵金属的深度加氢饱和补充精制催化剂上，使加氢异构产物中的 C═C、C—O 键等发生深度加氢饱和，大幅改善产物的安定性。

(4)补充精制反应器出来的产物经气液分离、常减压蒸馏得到各类基础油以及无芳烃白油等主副产品。

本技术在实际应用中，可根据原料类型和产品性能需要，灵活调整工艺参数，在保持产品性能达标的前提下实现收率最大化。可调整的工艺参数包括加氢异构和补充精制段各自的反应压力、各反应器温度、进料空速、减压釜底油是否循环等。

3.6.7 中试试验

百吨/年中试装置为新疆克拉玛依华澳特种油品技术开发有限公司采用 DICP 费托合成蜡加氢异构制备Ⅲ+类基础油技术建造。该装置为两段通用型固定床加氢装置，每一段包括 3 个反应器，催化剂最大装填量可达到 130L，最大原料处理量可达到 1000t/a。

中试装置还包括完备的常减压、罐区以及公用工程系统(图 3-81)。

图 3-81　百吨/年中试装置

在正式开展中试之前，先进行中试装置调试试验，包括公用工程准备、气密性试验、耐压试验、冷运热运试验等，主要准备工作如下。

(1)原料和公用工程条件的准备。

试验所用的原料油必须进行预先的过滤，除去机械杂质。

试验所需要的气体包括氢气、氮气、压缩空气，准备充分后接入装置供气系统。

检查水源、电源是否正常，动力电源和仪表信号及接地是否正常。

(2)单机设备的调试检查。

①开车前要进行自控系统的调试和检查，调试各个加热测控点仪表显示是否正常，各个热偶插入点位置是否正确，严禁热偶脱落。

②检查各个机泵，开工前应处于良好状态。

③首次开工前应先用柴油或煤油将流程打通，待装置温度、压力、流量等参数运行平稳后，然后再进原料油。

④氢气压缩机的试车：将气源接入压缩机入口，压力控制在 2.0MPa，开启冷却水阀门等相关压缩机的操作请按照压缩机的操作规程执行，使其处于良好的状态待用。

(3)系统的气体置换。

向系统内充 N_2 进行气体置换之前要检查所有阀门开闭是否正常，减压阀、背压阀是否处于关闭状态，流量计前后阀门及其旁路阀均应处于开启状态，放空阀、采样阀等均应关闭。检查完毕后可向装置内缓缓充入 N_2，使系统压力升至 1MPa，然后排空，再升压至1MPa，如此反复三次，经检测合格后可认为气体置换完成。

(4)气密性试验。

装置每次开车之前必须进行气密性试验，以保证试验的顺利安全进行。气密性试验的试验压力按高于试验压力0.5MPa进行，试验压力较高时需要分段进行升压。可以3～5MPa为一段，若经检查无泄漏再继续逐步升压。若发现有漏点，则需将装置内的压力泄掉后再进行处理。系统升压至试验所需压力后关闭所有阀门，并记录此时装置所处的环境温度。系统保压8h，除去环境温度的影响，压力下降值小于2%视为合格，气密试验合格后将系统压力降至试验所需压力。

中试所采用的费托合成蜡原料为国内煤化工企业生产的费托合成蜡产品，为粒料袋装，熔点/滴熔点为60～90℃，硫含量＜2μg/g，氮含量＜2μg/g，水含量未检出。

所采用的费托合成蜡原料主要性质如表3-48所示。

表3-48 费托合成蜡原料性质

项目		1#F-T蜡	2#F-T蜡	3#F-T蜡	测试方法
密度(20℃)/(g/cm^3)		0.8929	0.8916	0.8965	GB/T 13377—2010
凝点/℃		60	80	92	GB/T 510—2018
硫含量/(μg/g)		＜2	＜2	＜2	ASTMD 2622-2016
氮含量/(μg/g)		＜2	＜2	＜2	SH/T 0171—1992
水含量/(μg/g)		未检出	未检出	未检出	GB/T 260—2016
模拟蒸馏/℃	IBP	349	334	356	ASTMD 6352-2019
	10%	380	357	390	
	30%	413	390	440	
	50%	442	433	492	
	70%	470	503	554	
	FBP	548	716	739	

中试试验使用的氢气组成如表3-49所示。

表3-49 新氢组成

组成	指标
H_2含量(体积分数)/%	98
CH_4含量(体积分数)/%	＜2.0
C_2H_6含量(体积分数)/%	0
N_2含量(质量分数)/%	0
H_2O露点/℃	＜-40
CO含量(体积分数)/10^{-4}%	＜10

中试以实验室小试数据为基础，在中试装置操作能力范围之内，参考实验室小试操作条件开展试验。主要原则为：按照初设工艺条件(实验室小试稳定条件)开始试验，适时对产物进行采样分析和物料衡算，微调反应温度及进料量，直至确定最佳工艺参数，获得基础油和其他产品以及各类产品综合性质分析结果。

(1)初始反应阶段：将加氢异构和补充精制反应温度分别升至初步预期温度，控制其他工艺参数。稳定运行 24h，按每 8h 一次的频次采样进行全馏分产品性质分析，视结果决定是否调整加氢异构工艺条件。

(2)工艺微调阶段：全馏分产品性质达到预期指标时，进行常减压蒸馏，若基础油产品(＞320℃馏分)指标过剩，则微调降低反应温度(2℃/次)或者提高空速($0.05h^{-1}$/次)，进一步提高收率；若基础油产品性质不达标，则微调升高反应温度(2℃/次)或者降低空速($0.05h^{-1}$/次)，稳定 8h 后分析基础油产品性能，视达标与否决定继续调整参数或维持稳定。

(3)稳定反应阶段：基础油产品(＞320℃馏分)性质达标时，获得最优的工艺参数，进行稳定运行操作和物料衡算。对稳定运行得到的主副产品(主产品：基础油；副产品：汽油、航煤、柴油)进行综合性质分析。

(4)原料适应性阶段：获得 1#蜡加氢异构稳定运行数据后，切换其他原料，并按照上述方案继续进行试验。

以收率最大化生产基础油产品为目标，产品分离按照表 3-50 所示的方案进行。

表 3-50 产品分离方案

产品		组成(馏程)	备注
气体		C_1～C_4	气液分离
汽油		C_5～150℃	常压蒸馏
航煤		150～280℃	常压蒸馏
柴油		280～320℃	减压蒸馏
基础油	轻	320～380℃	减压蒸馏
	中	380～460℃	减压蒸馏
	重	460～550℃	减压蒸馏
光亮油/尾油		＞550℃	减压蒸馏

注：基础油产品切割方案可根据原料组成和实际产品需求进一步调整。

根据试验不同阶段并针对不同产品进行具体项目检测，原则如下。

(1)原料——反应前原料需进行一次性的综合性质分析。

(2)操作控制——原料经加氢异构/补充精制段反应后，按每 8h 一次的频次取样分析全馏分及基础油产品，进行外观(是否浑浊)、倾点、馏程、色度分析，视结果决定是否调整加氢异构/补充精制工艺条件，待达到合格指标后，收集产品，并进行稳定运行。

(3)产品收集——稳定运行得到的主副产品(主产品：基础油；副产品：汽油、航煤、柴油段馏分)进行综合性质分析(各稳定期产品留样备存，具体分析时间视实际情况而定)。

(4)基础油产品分类利用——根据需要,将稳定运行得到的基础油产品进行进一步馏分切割,得到轻质、中质及重质基础油产品,并进行进一步综合性质分析(各基础油产品留样备存,具体分析时间视实际情况而定)。

具体分析项目如下。

(1)原料分析项目按照表3-51进行。

表3-51 原料分析项目列表

分析项目	分析标准	分析方法
硫含量	SH/T 0689—2000	紫外荧光法
氮含量	NB/SH/T 0704—2010	舟进样化学发光法
倾点	GB/T 3535—2006	石油产品倾点测定法
金属含量	RIPP 124—1990	电感耦合等离子体发射光谱法(inductively couple plasma atomie emission spectrometry, ICP-AES)
馏程	GB/T 6536—2010	石油产品常压蒸馏特性测定法
族组成	SH/T 0753—2005	薄层色谱法
密度	SH/T 0604—2000	原油和石油产品密度测定法(U形振动管法)
黏度指数	GB/T 1995—1998	石油产品黏度指数计算法
100℃运动黏度	GB/T 265—1988	石油产品运动黏度测定法和动力黏度计算法
40℃运动黏度	GB/T 265—1988	石油产品运动黏度测定法和动力黏度计算法
酸值	GB/T 7304—2014	电位滴定法
残炭含量	GB/T 17144—2021	微量法

(2)全馏分产品分析项目按照表3-52进行。

表3-52 全馏分产品分析项目列表

分析项目	分析标准	分析方法	分析频次
倾点	GB/T 3535—2006	油产品倾点测定法	适时
馏程	GB/T 6536—2010	常压蒸馏特性测定法	适时
赛波特颜色	GB/T 3555—2022	赛波特比色计法	适时

(3)主产品基础油分析项目按照表3-53进行。

(4)副产品(汽油段馏分)分析项目按照表3-54进行。

(5)副产品(航煤段馏分)分析项目按照表3-55进行。

(6)副产品(柴油段馏分)分析项目按照表3-56进行。

表 3-53　主产品基础油分析项目列表

分析项目	分析标准	分析方法
硫含量	SH/T 0689—2000	紫外荧光法
倾点	GB/T 3535—2006	石油产品倾点测定法
色度	GB/T 6540—1986	石油产品颜色测定法
赛波特颜色	GB/T 3555—2022	赛波特比色计法
凝点	GB/T 510—2018	石油产品凝点测定法
族组成	SH/T 0753—2005	薄层色谱法
密度	SH/T 0604—2000	原油和石油产品密度测定法(U 形振动管法)
黏度指数	GB/T 1995—1998	石油产品黏度指数计算法
100℃运动黏度	GB/T 265—1988	石油产品运动黏度测定法和动力黏度计算法
40℃运动黏度	GB/T 265—1988	石油产品运动黏度测定法和动力黏度计算法
酸值	GB/T 7304—2014	电位滴定法
闪点	GB/T 3536—2008	克利夫兰开口杯法
浊点	GB/T 6986—2014	石油产品浊点测定法
芳烃含量	SH/T 0409—1992	液体石蜡中芳烃含量测定法(紫外分光光度法)
蒸发损失	NB/SH/T 0059—2010	NOACK 法
氧化安定性	NB/SH/T 0193—2022	旋转氧弹法

表 3-54　副产品(汽油段馏分)分析项目列表

分析项目	分析标准	分析方法
硫含量	SH/T 0689—2000	紫外荧光法
研究法辛烷值	GB/T 5487—2015	汽油辛烷值的测定研究法
密度	GB/T 1884—2000	原油和液体石油产品密度实验室测定法
蒸气压	GB/T 8017—2012	石油产品蒸气压测定法(雷德法)
馏程	GB/T 6536—2010	石油产品常压蒸馏特性测定法
铜片腐蚀	GB/T 5096—2017	石油产品铜片腐蚀试验法
芳烃含量	GB/T 11132—2022	液体石油产品烃类的测定荧光指示剂吸附法
烯烃含量	GB/T 11132—2022	液体石油产品烃类的测定荧光指示剂吸附法
氧含量	NB/SH/T 0663—2014	汽油中醇类和醚类含量的测定气相色谱法

表 3-55 副产品(航煤段馏分)分析项目列表

分析项目	分析标准	分析方法
密度	GB/T 1884—2000	原油和液体石油产品密度实验室测定法
馏程	GB/T 6536—2010	石油产品常压蒸馏特性测定法
赛波特颜色	GB/T 3555—2022	赛波特比色计法
芳烃含量	GB/T 11132—2022	液体石油产品烃类的测定荧光指示剂吸附法
烯烃含量	GB/T 11132—2022	液体石油产品烃类的测定荧光指示剂吸附法
硫含量	SH/T 0689—2000	紫外荧光法
闪点(闭口)	GB/T 21789—2008	石油产品和其他液体闪点的测定阿贝尔闭口杯法
冰点	GB/T 2430—2008	航空燃料冰点测定法
20℃运动黏度	GB/T 265—1988	石油产品运动黏度测定法和动力黏度计算法
-20℃运动黏度	GB/T 265—1988	石油产品运动黏度测定法和动力黏度计算法
净热值	GB/T 384—1981	石油产品热值测定法
烟点	GB/T 382—2017	煤油和喷气燃料烟点测定法
铜片腐蚀	GB/T 5096—2017	石油产品铜片腐蚀试验法
热安定性	GB/T 9169—2023	喷气燃料热氧化安定性的测定法(jet fuel thermal oxidation test, JFTOT)

表 3-56 副产品(柴油段馏分)分析项目列表

分析项目	分析标准	分析方法
硫含量	SH/T 0689—2000	紫外荧光法
密度	SH/T 0604—2000	原油和石油产品密度测定法(U 形振动管法)
馏程	GB/T 6536—2010	石油产品常压蒸馏特性测定法
十六烷值	GB/T 386—2021	柴油十六烷值测定法
十六烷值指数	SH/T 0694—2000	四变量公式法
20℃运动黏度	GB/T 265—1988	石油产品运动黏度测定法和动力黏度计算法
多环芳烃	NB/SH/T 0606—2019	质谱法
凝点	GB/T 510—2018	石油产品凝点测定法
冷滤点	NB/SH/T 0248—2019	柴油和民用取暖冷滤点测定法
闪点(闭口)	GB/T 261—2021	宾斯基-马丁闭口杯法
酸度	GB/T 258—2016	轻质石油产品酸度测定法
10%蒸余物残炭	GB/T 17144—2021	微量法
铜片腐蚀	GB/T 5096—2017	石油产品铜片腐蚀试验法

副产品作为白油时，按照国家及行业标准 NB/SH/T 0914—2019《粗白油》、NB/SH/T 0006—2017《工业白油》、GB/T 1886.215—2016《食品安全国家标准 食品添加剂 白

油（又名液体石蜡）》、GB/T 12494—1990《食品机械专用白油》和NB/SH/T 0007—2015《化妆品级白油》等分析化验产品性能。主要的分析指标如表3-57所示。

表3-57　白油产品分析项目列表

分析项目	分析标准	分析方法
100℃运动黏度	GB/T 265—1988	石油产品运动黏度测定法和动力黏度计算法
40℃运动黏度	GB/T 265—1988	石油产品运动黏度测定法和动力黏度计算法
倾点	GB/T 3535—2006	石油产品倾点测定法
闪点	GB/T 3536—2008	克利夫兰开口杯法
赛波特颜色	GB/T 3555—2022	赛波特比色计法
腐蚀试验	GB/T 5096—2017	铜片腐蚀标准色板对照法
硫含量	GB/T 11140—2008	波长色散X射线荧光光谱法
芳烃含量	NB/SH/T 0966—2017	紫外分光光度法
机械杂质	GB/T 511—2010	定量过滤法
水分	GB/T 260—2016	蒸馏法
水溶性酸碱	GB/T 259—1988	抽提物指示剂/pH计法
稠环芳烃	GB/T 11081—2005	紫外吸光度测定法
易炭化物	GB/T 11079—2015	硫酸比色法
固体石蜡	SH/T 0134—1992	冷冻法
重金属	GB/T 5009.74—2014	硫化氢反应比色法

百吨/年中试试验工艺参数如表3-58所示。

表3-58　主要工艺参数

反应工段	功能	压力/MPa	温度/℃	空速/h^{-1}	氢油比/(Nm^3/Nm^3)
I	加氢异构一	2～12	290～390	0.5～3.0	300～800
	加氢异构二		290～370		
II	补充精制	8～14	200～260	0.5～3.0	300～800

中试开展了各种工艺参数的优化试验以及三种费托合成蜡的原料适应性试验，在以不同费托合成蜡为原料的稳定运行期间，都得到了性能优异的Ⅲ+类基础油产品。图3-82为百吨/年中试产品外观。从加氢异构段得到的全馏分产品为浅黄绿色，经过补充精制后，产品外观得到大幅改善，变得无色澄清。补充精制后的全馏分产品经过补充精制后，高于320℃的基础油产品依然无色澄清，表明产品具有良好的流动性能及安定性能。

在三种费托合成蜡原料的百吨/年中试运行期间，2cSt产品黏度指数达到112（最高达到121），倾点–60℃；4cSt产品黏度指数超过140，倾点低于–40℃；6cSt、8cSt和10cSt产品黏度指数超过152，倾点低于–30℃，如图3-83所示。

图 3-82 百吨/年中试产品外观

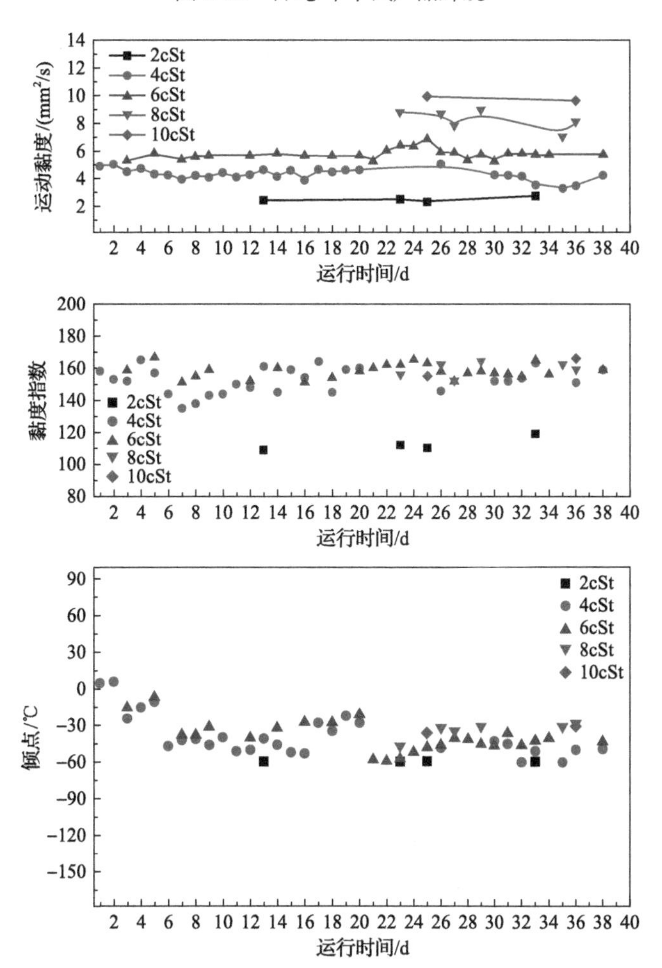

图 3-83 三种费托合成蜡原料的百吨/年中试运行中基础油产品的主要性能

对三种原料典型的基础油产品进行了重点分析，在保证基础油倾点达标(<18℃)的情况下，各基础油产品的运动黏度、黏度指数、倾点、饱和烃含量和氧化安定性等性能见表

3-59。可以看出，基础油产品倾点低、黏度指数高，其中，4cSt～10cSt 基础油产品黏度指数超过 145，为超高黏度指数基础油。除此之外，基础油产品饱和烃含量高，氧化安定性好。充分表明，百吨/年中试生产的产品具有超高的黏度指数、良好的流动性能及安定性能，是性能优异的高档润滑油基础油产品。

表 3-59　不同原料中试产品主要性能

基础油产品	基础油牌号	运动黏度/(mm²/s)		黏度指数	倾点/℃	饱和烃含量(质量分数)/%	氧化安定性(150℃)/min
		40℃	100℃				
1 号蜡转化基础油产品	2cSt	5.504	1.861	121	–34	＞99.5	＞400
	4cSt	16.28	4.002	152	–26	＞99.5	＞450
2 号蜡转化基础油产品	2cSt	8.94	2.53	112	＜–60	＞99.5	＞400
	4cSt	18.05	4.26	148	–50	＞99.5	＞450
	6cSt	27.42	5.65	152	–40	＞99.5	＞450
3 号蜡转化基础油产品	2cSt	7.42	2.25	110	＜–60	＞99.5	＞400
	6cSt	28.58	5.92	158	–46	＞99.5	＞450
	8cSt	43.50	7.84	152	–35	＞99.5	＞450
	10cSt	58.85	9.94	155	–30	＞99.5	＞450

除生成主产品Ⅲ+类高档润滑油基础油之外，其低于 320℃的馏分还可以作为优质燃料或者化工用品使用。其中，化工用品主要为各种类型的白油产品。低于 320℃的馏分经过进一步细切，得到了四种不同馏程段的馏分(图 3-84)。

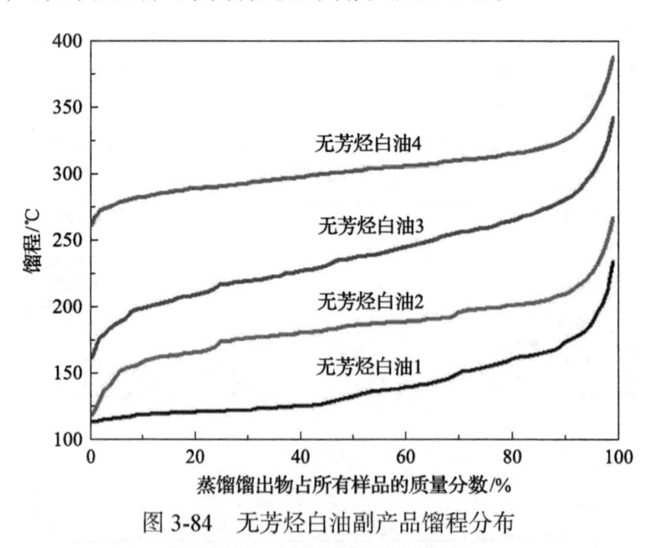

图 3-84　无芳烃白油副产品馏程分布

表 3-60 列出了该四种馏程段白油产品的馏程、密度、色度、总芳烃含量等性能分析结果。可以看出，这四类白油产品均具有良好的色度、极低的总芳烃含量和硫含量，无水溶性酸碱、无机械杂质和水分，可以用作无芳烃抽提溶剂油、油漆溶剂油、洗涤剂溶剂油等普通白油应用领域，甚至还可以用作食品和医药级白油。

表 3-60 无芳烃白油副产品主要性能

主要性能		1cSt	2cSt	3cSt	4cSt
馏程/℃	初馏点	114	119	162	262
	98%馏出点	213	251	324	372
密度(15℃)/(kg/m^3)		710	735	763	781
色度/号		+30	+30	+30	+30
总芳烃含量(质量分数)/%		＜0.02	＜0.02	＜0.02	＜0.02
硫含量/(μg/g)		＜1.0	＜1.0	＜1.0	＜1.0
水溶性酸碱		无	无	无	无
机械杂质及水分		无	无	无	无

除此之外，还对＜320℃馏分进行了拔头切割，得到了馏分集中于柴油段的产品(图 3-85)。

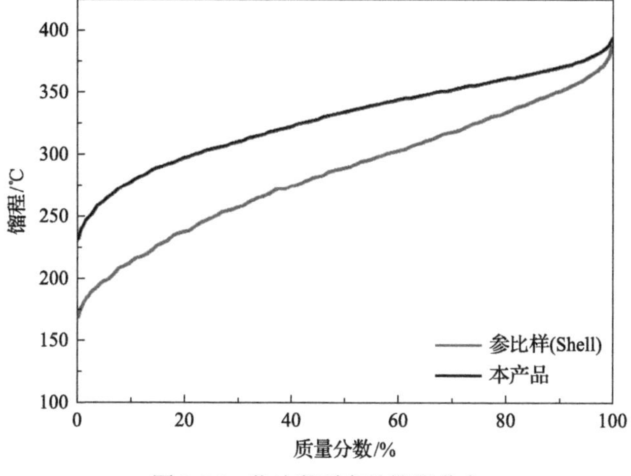

图 3-85 柴油段副产品馏程分布

表 3-61 列出了柴油段产品的密度、闪点、运动黏度、苯胺点、总芳烃含量等性能分析结果。可以看出，所得柴油段产品均具有较高的闪点、较低的倾点、较高的苯胺点、极低的总芳烃含量和硫含量，与 Shell 所产的同类型 FT 钻井液相比，几乎在各个方面均具有优势，可以作为优质钻井液使用。

表 3-61 柴油段副产品主要性能

主要性能	本产品	参比样(Shell)
密度(15℃)/(kg/m^3)	781	779
闪点(开口)/℃	130	85
运动黏度(40℃)/(mm^2/s)	3.7	2.8
倾点/℃	–55	–21

续表

主要性能	本产品	参比样(Shell)
苯胺点/℃	＞100	94
总芳烃含量(质量分数)/%	＜0.02	0.02
硫含量/(μg/g)	＜1.0	＜1.0

中试稳定运行得到的各类基础油产品超过 2t。在整个转化过程中，基于中国科学院大连化学物理研究所开发的高性能深度加氢异构/可控裂化催化剂和创新的催化剂级配技术，所生产的基础油产品不仅性能好，收率也高。收率计算公式如下。

$$Y_{\text{base oil}} = Y_{\text{liquid}} \times C_{>320℃} \times 100\%$$

$$Y_{\text{liquid}} = m_{\text{out}} / m_{\text{in}} \times 100\%$$

式中，$Y_{\text{base oil}}$为基础油收率；Y_{liquid}为液体收率(液收)；$C_{>320℃}$为液体产物中＞320℃的馏分含量；m_{out}为出料液体产物质量；m_{in}为进料费托蜡原料质量。

首先通过进出料质量计算过程的液收(Y_{liquid})，然后通过常减压蒸馏得到基础油(＞320℃馏分)在整个液体产物中的含量($C_{>320℃}$)，最后以液收乘以基础油在液体产物中的含量即得到基础油收率。当以 1#～3#蜡为原料，稳定运行获得优质Ⅲ+类基础油产品(其中，4cSt 基础油倾点–39℃，黏度指数 152，蜡异构化率大于 99%)的情况下，液收达到 98.4%，基础油收率达到 67.6%。该收率是目前公开报道或有文献记录转化硬蜡时的最高基础油收率。

除采用费托合成硬蜡为原料之外，还采用国内某煤化工企业生产的费托合成蜡加氢裂化尾油为原料，使用中试装置的 6 个反应器串联进料，总处理量达到 130kg/h，开展了费托合成油加氢异构生产Ⅲ+类基础油的 1000t/a 的中试试验。相关的原料信息如表 3-62 所示。

表 3-62　费托合成蜡加氢裂化尾油原料性质

项目		费托合成蜡加氢裂化尾油	测试方法
密度(20℃)/(g/cm³)		0.8116	GB/T 13377—2010
凝点/℃		19	GB/T 510—2018
硫含量/(μg/g)		＜2	ASTMD 2622-2016
氮含量/(μg/g)		＜2	SH/T 0171—1992
水含量/(μg/g)		未检出	GB/T 260—2016
模拟蒸馏/℃	IBP	289	ASTMD 6352-2019
	10%	362	
	30%	405	
模拟蒸馏/℃	50%	454	ASTMD 6352-2019
	70%	527	
	FBP	729	

采用创新的 DICP 费托合成蜡加氢异构级配技术，获得了各个牌号的润滑油基础油产品，其中 2～8cSt 基础油产品性能如表 3-63 所示，除 2cSt 产品黏度指数在 120 以下之外，其余基础油产品黏度指数达到 130 以上，倾点低于–24℃，主产品 4cSt 基础油倾点达到–42℃，基础油总收率达到 85%以上。整体而言，高收率获得了Ⅲ+类基础油产品。

表 3-63　费托合成蜡加氢裂化尾油为原料生产的润滑油基础油性质

主要性能		2cSt	4cSt	6cSt	8cSt
密度(20℃)/(kg/m^3)		803	815	821	830
运动黏度/(mm^2/s)	40℃	6.74	17.81	33.13	47.07
	100℃	2.12	4.06	6.23	8.07
黏度指数		117	132	141	145
倾点/℃		–58	–42	–30	–24
赛波特颜色/号		+30	+30	+30	+30
闪点(开口)/℃		166	215	247	272
硫含量/(μg/g)		＜1.0	＜1.0	＜1.0	＜1.0
饱和烃含量(质量分数)/%		＞99.0	＞99.0	＞99.0	＞99.0
氧化安定性/min		＞450	＞450	＞450	＞450

在 2021 年 6 月，技术开发团队携基础油产品参加了第二十一届国际润滑油品及应用技术展览会。作为唯一的基础油生产技术参展代表，在展位上吸引了一百多家润滑油企业、调和厂商及个人前来接洽，基础油产品和 DICP 费托合成蜡加氢异构制备Ⅲ+类基础油技术得到广泛关注。目前，技术开发团队与工程设计公司合作，已经完成了 10 万 t/a 工艺包的编制，并在国内煤化工企业进行积极的技术推广。

3.7　小　　结

随着全球对燃油碳排放控制的日趋严格，车用发动机以及机油的技术标准在不断提升，低黏度乃至超低黏度机油由于可以显著改善发动机低温启动润滑性能和改善燃油经济性，已成为未来机油的主要发展和应用方向。未来全球Ⅲ类/Ⅲ+类基础油产能扩张有限，地区供求不平衡的情况可能加剧，基于排放和燃油经济性的要求，全球对Ⅲ类/Ⅲ+类基础油的需求有望实现强劲增长。费托合成蜡主要成分是长直链烷烃，经过加氢提质可以生产低黏度、高黏度指数、综合性能达到Ⅲ+类标准的高档润滑油基础油。目前，我国费托合成油的产能已经突破 700 万 t/a，有望突破 1000 万 t/a。费托合成蜡作为费托合成油的主要产品之一，加快我国自主费托合成基润滑油基础油关键技术开发和工业应用具有重要的战略意义和前景。

中国科学院大连化学物理研究所在石油基蜡油加氢异构脱蜡制Ⅲ类基础油领域具有良好的研究基础和工业应用实践。与中国石油合作开发出系列异构脱蜡系列催化剂

PIC802、PIC812 和 WICON-802，以及补充精制催化剂 PHF-301。2008 年 10 月在中国石油大庆炼化分公司 20 万 t/a 异构脱蜡装置替代原进口催化剂实现首次工业应用，2012 年，性能改进的新型异构脱蜡催化剂 PIC812 在中国石油大庆炼化分公司实现二次应用，配套开发的补充精制催化剂 PHF-301 也替代原进口催化剂实现了首次应用。自主开发的催化剂性能较原装置使用的引进催化剂大幅提升，创造了显著的经济效益和社会效益。

费托合成蜡因其蜡含量高、馏程宽，转化难度较石油基蜡油更大。中国科学院大连化学物理研究所在先前开发的石油基蜡油加氢异构脱蜡生产Ⅲ类基础油技术的基础上，针对费托合成蜡原料特点，进一步凝练思路，对费托合成蜡转化高性能催化剂和工艺流程开展了深入的研究工作，在催化剂设计理念、关键催化材料合成、加氢异构催化剂研制、催化剂工业放大、费托合成蜡加氢异构催化剂级配技术、加氢异构-补充精制工艺等方面取得突破，开发了五个系列关键分子筛催化材料并完成工业放大，研制出了高性能深度加氢异构/可控裂化催化剂，发明了基于孔口限域长链烷烃逐级转化的催化剂级配技术，以国内煤化工企业各种牌号的费托合成蜡为原料开展了百吨/年中试试验，高收率获得了优质Ⅲ+类基础油产品。其中以熔点为 60～90℃的硬蜡为原料时，主产品 4cSt 基础油黏度指数达到 150，倾点低于–35℃，收率达到 67%以上，为目前公开报道/有文献记录转化硬蜡时的最高基础油收率。

DICP 费托合成蜡加氢异构制备Ⅲ+类基础油技术的成功开发可为我国煤制油产品路线升级提供了技术解决方案。未来有望优化我国费托合成产业链，实现煤化工企业由汽柴油产品为主向高档润滑油基础油产品为主的转变，还可以为我国高档润滑油基础油的自主生产提供技术解决方案，填补目前国内每年约 200 万 t 的高档润滑油基础油市场缺口，为国家能源安全体系的构建提供技术保障。

参 考 文 献

[1] 孙菲菲. 中国润滑油市场发展现状及未来趋势. 化工管理, 2019, 2: 6-7.
[2] 相宏伟, 杨勇, 李永旺. 煤间接液化: 从基础到工业化. 中国科学: 化学, 2014, 44(12): 1876-1892.
[3] 孙启文. 煤炭间接液化. 北京: 化学工业出版社, 2012: 17-394.
[4] Martín M M. Industrial Chemical Process Analysis and Design, Chapter 5-Syngas. Amsterdam: Elsevier, 2016: 199-297.
[5] 姜炳南, 林励吾, 周凤莲, 等. 茂名全馏分页岩油固定床破坏加氢的研究—1.加氢过程中对钼催化剂对于各类反应活性的考察. 科学通报, 1957, 2(16): 503-504.
[6] 姜炳南, 林励吾, 周凤莲, 等. 茂名全馏分页岩油在钼催化剂上固定床高压加氢精制. 石油炼制与化工, 1958, 2: 6-10.
[7] 林励吾, 梁东白, 蔡光宇, 等. 双重性催化剂上正己烷异构化的动力学. 燃料化学学报, 1965,6(1): 55-66.
[8] Lin L W, Liang D B, Wang Q X, et al. Research and development of catalytic processes for petroleum and natural gas conversions in the Dalian Institute of Chemical Physics. Catalysis Today, 1999, 51(1): 59-72.
[9] 林励吾, 张馥良, 蔡光宇, 等. 石蜡基石油馏分临氢异构化的催化剂性能的考察. 燃料化学学报, 1965, 6(3): 193-201.
[10] Stormont D H. New process has big possibilities. Oil & Gas Journal, 1959, 57(44): 48-49.
[11] Weisz P B. Stepwise reaction via intermediates on separate catalytic centers. Science, 1956, 123(3203): 887-888.
[12] Weisz P B. Polyfunctional heterogeneous catalysis. Advances in Catalysis, 1962, 13: 137-190.
[13] Coonradt H L, Garwood W E. Mechanism of hydrocracking reactions of paraffins and olefins. Industrial & Engineering Chemistry Process Design and Development, 1964, 3(1): 38-45.
[14] 韩崇仁. 加氢裂化工艺与工程. 北京: 中国石化出版社, 2001: 1-15.

[15] Chen N Y, Garwood W E, Dwyer F G. Shape Selective Catalysis in Industrial Applications. New York: Marcel Dekker Inc., 1996: 1-200.

[16] Miller S J, Shippey M A, Masada G M. Advanced in lube oil manufacture by catalytic hydroprocessing//The National Petroleum Refiners Association National Meeting, Fuels and Lubricants, Houston, 1992: 92-109.

[17] Mériaudeau P, Tuan V A, Nghiem V T, et al. SAPO-11, SAPO-31, and SAPO-41 molecular sieves: Synthesis, characterization, and catalytic properties in *n*-octane hydroisomerization. Journal of Catalysis, 1997, 169(1): 55-66.

[18] Munoz Anoyo J A M, Martens G G, Froment G F, et al. Hydrocracking and isomerization of *n*-paraffin mixtures and a hydrotreated gasoil on Pt/ZSM-22: Confirmation of pore mouth and key-lock catalysis in liquid phase. Applied Catalysis A: General, 2000, 192(1): 9-22.

[19] Claude M C, Martens J A. Monomethyl-branching of long *n*-alkanes in the range from decane to tetracosane on Pt/H-ZSM-22 bifunctional catalyst. Journal of Catalysis, 2000, 190(1): 39-48.

[20] Steijns M, Froment G, Jacobs P, et al. Hydroisomerization and hydrocracking. 2. Product distributions from *n*-decane and *n*-dodecane. Industrial & Engineering Chemistry Product Research and Development, 1981, 20(4): 654-660.

[21] Lv G, Wang C X, Wang P, et al. Pt/ZSM-22 with partially filled micropore channels as excellent shape-selective hydroisomerization catalyst. ChemCatChem, 2019, 11(5): 1431-1436.

[22] Weitkamp J. Isomerization of long-chain *n*-alkanes on a Pt/CaY zeolite catalyst. Industrial & Engineering Chemistry Product Research and Development, 1982, 21(4): 550-558.

[23] 黄国雄, 李承烈, 刘凡. 烃类异构化. 北京: 中国石化出版社, 1992.

[24] Braun G, Fetting F, Schoeneberger H. Isomerization of *n*-hexane and *n*-pentane over various bifunctional zeolitic catalysts// Molecular Sieves Ⅱ. Washington DC: American Chemical Society. 1977: 504-514.

[25] Höchtl M, Jentys A, Vinek H. Alkane conversion over Pd/SAPO molecular sieves: Influence of acidity, metal concentration and structure. Catalysis Today, 2001, 65(2-4): 171-177.

[26] Francis J, Guillon E, Bats N, et al. Design of improved hydrocracking catalysts by increasing the proximity between acid and metallic sites. Applied Catalysis A: General, 2011, 409-410: 140-147.

[27] Absi-Halabi M, Stanislaus A, Al-Dolama K. Performance comparison of alumina-supported Ni-Mo, Ni-W and Ni-Mo-W catalysis in hydrotreating vacuum residue. Fuel, 1998, 77(7): 787-790.

[28] Benitez A, Ramirez J, Cruz-Reyes J, et al. Effect of alumina fluoridation on hydroconversion of *n*-heptane on sulfided NiW/Al_2O_3 Catalysts. Journal of Catalysis, 1997, 172(1): 137-145.

[29] Ducourty B, Szabo G, Dath J P, et al. Pt/Al_2O_3-Cl catalysts derived from ethylaluminumdichloride: Activity and stability in hydroisomerization of C_6 alkanes. Applied Catalysis A: General, 2004, 269(1-2): 203-214.

[30] Corma A, Martinez A, Pergher S, et al. Hydrocracking-hydroisomerization of *n*-decane on amorphous silica-alumina with uniform pore diameter. Applied Catalysis A: General, 1997, 152(1): 107-125.

[31] Regali F, Boutonnet M, Järås S. Hydrocracking of *n*-hexadecane on noble metal/silica-alumina catalysts. Catalysis Today, 2013, 214: 12-18.

[32] Hino M, Kobayashi S, Arata K. Solid catalyst treated with anion.2. Reactions of butane and isobutane catalyzed by zirconium oxide treated with sulfate ion. Solid superacid catalyst. Journal of the American Chemical Society, 1979, 101(21): 6439-6441.

[33] Kimura T, Shimizu T, Imai T. Platinum-loaded sulfated zirconia catalyst for isomerization of light naphtha. Journal of the Japan Petroleum Institute, 2004, 47(3): 179-189.

[34] Barton D G, Soled S L, Meitzner G D, et al. Structural and catalytic characterization of solid acids based on zirconia modified by tungsten oxide. Journal of Catalysis, 1999, 181(1): 57-72.

[35] 李伟, 迟克彬, 马怀军, 等. 载体对 Pt/WO_3-ZrO_2 催化临氢异构反应性能的影响. 燃料化学学报, 2017, 45(3): 329-336.

[36] Li W, Chi K B, Liu H, et al. Skeletal isomerization of *n*-pentane: A comparative study on catalytic properties of Pt/WO_x-ZrO_2 and Pt/ZSM-22. Applied Catalysis A: General, 2017, 537: 59-65.

[37] Abudawood R H, Alotaibi F M, Garforth A A. Hydroisomerization of *n*-heptane over Pt-loaded USY zeolites. Effect of

steaming, dealumination, and the resulting structure on catalytic properties. Industrial & Engineering Chemistry Research, 2011, 50 (17): 9918-9924.

[38] Kondo J, Yang S, Zhu Q, et al. In situ infrared study of *n*-heptane isomerization over Pt/H-beta zeolites. Journal of Catalysis, 2007, 248 (1): 53-59.

[39] Poursaeidesfahani A, de Lange M F, Khodadadian F, et al. Product shape selectivity of MFI-type, MEL-type, and BEA-type zeolites in the catalytic hydroconversion of heptane. Journal of Catalysis, 2017, 353: 54-62.

[40] Wang S Q, Wang C X, Liu H, et al. Acceleration effect of sodium halide on zeolite crystallization: ZSM-12 as a case study. Microporous and Mesoporous Materials, 2022, 331: 111652.

[41] Niu P Y, Xi H, Ren J J, et al. High selectivity for *n*-dodecane hydroisomerization over highly siliceous ZSM-22 with low Pt loading. Catalysis Science & Technology, 2017, 7 (21): 5055-5068.

[42] Zhang M, Chen Y, Wang L, et al. Shape selectivity in hydroisomerization of hexadecane over pt supported on 10-ring zeolites: ZSM-22, ZSM-23, ZSM-35, and ZSM-48. Industrial & Engineering Chemistry Research, 2016, 55 (21): 6069-6078.

[43] Wang B C, Tian Z J, Li P, et al. A novel approach to synthesize ZSM-23 zeolite involving *N,N*-dimethylformamide. Microporous and Mesoporous Materials, 2010, 134: 203-209.

[44] Jin D L, Liu Z T, Zheng J, et al. Nonclassical from-shell-to-core growth of hierarchically organized SAPO-11 with enhanced catalytic performance in hydroisomerization of *n*-heptane. RSC Advances, 2016, 6 (39): 32523-32533.

[45] Tao S, Li X L, Wang X G, et al. Facile synthesis of hierarchical nanosized single-crystal aluminophosphate molecular sieves from highly homogeneous and concentrated precursors. Angewandte Chemie International Edition, 2020, 59 (9): 3455-3459.

[46] Tao S, Li X L, Lv G, et al. Highly mesoporous SAPO-11 molecular sieves with tunable acidity: Facile synthesis, formation mechanism and catalytic performance in hydroisomerization of *n*-dodecane. Catalysis Science & Technology, 2017, 7 (23): 5775-5784.

[47] Lv G, Wang C X, Chi K B, et al. Effects of Pt site distributions on the catalytic performance of Pt/SAPO-11 for *n*-dodecane hydroisomerization. Catalysis Today, 2018, 316: 43-50.

[48] Wang Z M, Tian Z J, Wen G D, et al. Synthesis and characterization of SAPO-11 molecular sieves from alcoholic systems. Reaction Kinetics and Catalysis Letters, 2006, 88 (1): 81-88.

[49] Wang Z M, Tian Z J, Teng F, et al. Effect of silanization on catalytic performance of Pt/SAPO-11 for hydroisomerization of *n*-dodecane. Chinese Journal of Catalysis, 2005, 26 (9): 819-823.

[50] Wang Z M, Tian Z J, Teng F, et al. A highly active Si-enriched Pt/SAPO-11 catalyst synthesized by the solvothermal method for the *n*-dodecane hydroisomerization. Chinese Journal of Catalysis, 2005, 26 (4): 268-270.

[51] Yang J, Kikhtyanin O V, Wu W, et al. Influence of the template on the properties of SAPO-31 and performance of Pd-loaded catalysts for *n*-paraffin isomerization. Microporous and Mesoporous Materials, 2012, 150: 14-24.

[52] Mériaudeau P, Tuan V A, Sapaly G, et al. Pore size and crystal size effects on the selective hydroisomerisation of C_8 paraffins over Pt-Pd/SAPO-11, Pt-Pd/SAPO-41 bifunctional catalysts. Catalysis Today, 1999, 49 (1-3): 285-292.

[53] Wang P, Liu H, Wang C X, et al. Direct synthesis of shaped MgAPO-11 molecular sieves and the catalytic performance in *n*-dodecane hydroisomerization. RSC Advances, 2021, 11 (41): 25364-25374.

[54] Tao S, Li X L, Gong H M, et al. Confined-space synthesis of hierarchical MgAPO-11 molecular sieves with good hydroisomerization performance. Microporous and Mesoporous Materials, 2018, 262: 182-190.

[55] Yang X M, Ma H J, Xu Z S, et al. Hydroisomerization of *n*-dodecane over Pt/MeAPO-11 (Me = Mg, Mn, Co or Zn) catalysts. Catalysis Communications, 2007, 8 (8): 1232-1238.

[56] Yang X M, Xu Z S, Ma H J, et al. Synthesis of SAPO-11 and MgAPO-11 molecular sieves in water-butanol biphase media. Chinese Journal of Catalysis, 2007, 28 (3): 187-189.

[57] Yang X M, Xu Z S, Ma H J, et al. Synthesis of MgAPO-11 molecular sieves and the catalytic performance of Pt/MgAPO-11 for *n*-dodecane hydroisomerization. Chinese Journal of Catalysis, 2006, 27 (11): 1039-1044.

[58] Yang X M, Xu Z S, Tian Z J, et al. Performance of Pt/MgAPO-11 catalysts in the hydroisomerization of *n*-dodecane. Catalysis

Letters, 2006, 109(3-4): 139-145.

[59] Weitkamp J. Catalytic hydrocracking-mechanisms and versatility of the process. ChemCatChem, 2012, 4(3): 292-306.

[60] Natal-Santiago M A, Alcalá R, Dumesic J A. DFT study of the isomerization of hexyl species involved in the acid-catalyzed conversion of 2-methyl-pentene-2. Journal of Catalysis, 1999, 181(1): 124-144.

[61] Burnens G, Bouchy C, Guillon E, et al. Hydrocracking reaction pathways of 2,6,10,14-tetramethylpentadecane model molecule on bifunctional silica-alumina and ultrastable Y zeolite catalysts. Journal of Catalysis, 2011, 282(1): 145-154.

[62] Thybaut J W, Marin G B. Multiscale aspects in hydrocracking. Advances in Catalysis, 2016, 59: 109-238.

[63] 柳云骐, 田志坚, 徐竹生, 等. 正构烷烃在双功能催化剂上异构化反应研究进展. 石油大学学报(自然科学版), 2002, 26(1): 123-129.

[64] Martens J A, Jacobs P A, Weitkamp J. Attempts to rationalize the distribution of hydrocracked products. I qualitative description of the primary hydrocracking modes of long chain paraffins in open zeolites. Applied Catalysis, 1986, 20(1-2): 239-281.

[65] Alvarez F, Ribeiro F, Perot G, et al. Hydroisomerization and hydrocracking of alkanes: Influence of the balance between acid and hydrogenating functions on the transformation of *n*-decane on PtHY catalysts. Journal of Catalysis, 1996, 162(2): 179-189.

[66] Smit B, Maesen T L M. Towards a molecular understanding of shape selectivity. Nature, 2008, 451(7179): 671-678.

[67] Csicsery S M. Shape-selective catalysis in zeolites. Zeolites, 1984, 4(3): 202-213.

[68] Weisz P B, Frilette V J. Intracrystalline and molecular-shape-selective catalysis by zeolite salts. The Journal of Physical Chemistry, 1960, 64(3): 382.

[69] Schenk M, Smit B, Vlugt T J H, et al. Shape selectivity in hydrocarbon conversion. Angewandte Chemie International Edition, 2001, 40(4): 736-739.

[70] Zhang W M, Smirniotis P G. Effect of zeolite structure and acidity on the product selectivity and reaction mechanism for *n*-octane hydroisomerization and hydrocracking. Journal of Catalysis, 1999, 182(2): 400-416.

[71] Maesen T L M, Schenk M, Vlugt T J H, et al. The shape selectivity of paraffin hydroconversion on TON-, MTT-, and AEL-type sieves. Journal of Catalysis, 1999, 188(2): 403-412.

[72] Martens J A, Souverijns W, Verrelst W, et al. Selective isomerization of hydrocarbon chains on external surfaces of zeolite crystals. Angewandte Chemie International Edition, 1995, 34(22): 2528-2530.

[73] Laxmi Narasimhan C S, Thybaut J W, Marin G B, et al. Kinetic modeling of pore mouth catalysis in the hydroconversion of *n*-octane on Pt-H-ZSM-22. Journal of Catalysis, 2003, 220(2): 399-413.

[74] Laxmi Narasimhan C S. Pore mouth physisorption of alkanes on ZSM-22: Estimation of physisorption enthalpies and entropies by additivity method. Journal of Catalysis, 2003, 218(1): 135-147.

[75] Denayer J F, Ocakoglu A R, Huybrechts W, et al. Pore mouth versus intracrystalline adsorption of isoalkanes on ZSM-22 and ZSM-23 zeolites under vapour and liquid phase conditions. Chemical Communications, 2003, (15): 1880-1881.

[76] Ocakoglu R A, Denayer J F M, Marin G B, et al. Tracer chromatographic study of pore and pore mouth adsorption of linear and monobranched alkanes on ZSM-22 zeolite. The Journal of Physical Chemistry B, 2003, 107(1): 398-406.

[77] Martens J A, Vanbutsele G, Jacobs P A, et al. Evidences for pore mouth and key-lock catalysis in hydroisomerization of long *n*-alkanes over 10-ring tubular pore bifunctional zeolites. Catalysis Today, 2001, 65(2-4): 111-116.

[78] Souverijns W, Martens J A, Froment G F, et al. Hydrocracking of isoheptadecanes on Pt/H-ZSM-22: An example of pore mouth catalysis. Journal of Catalysis, 1998, 174(2): 177-184.

[79] Laxmi Narasimhan C S, Thybaut J W, Marin G B, et al. Relumped single-event microkinetic model for alkane hydrocracking on shape-selective catalysts: catalysis on ZSM-22 pore mouths, bridge acid sites and micropores. Chemical Engineering Science, 2004, 59(22-23): 4765-4772.

[80] Wiedemann S C C, Ristanović Z, Whiting G T, et al. Large ferrierite crystals as models for catalyst deactivation during skeletal isomerisation of oleic acid: Evidence for pore mouth catalysis. Chemistry- A European Journal, 2016, 22(1): 199-210.

[81] Wei Y, Parmentier T E, de Jong K P, et al. Tailoring and visualizing the pore architecture of hierarchical zeolites. Chemical Society Reviews, 2015, 44 (20): 7234-7261.

[82] de Jong K P, Zečević J, Friedrich H, et al. Zeolite Y crystals with trimodal porosity as ideal hydrocracking catalysts. Angewandte Chemie International Edition, 2010, 49 (52): 10074-10078.

[83] Zečević J, Vanbutsele G, de Jong K P, et al. Nanoscale intimacy in bifunctional catalysts for selective conversion of hydrocarbons. Nature, 2015, 528 (7581): 245-248.

[84] Batalha N, Pinard L, Bouchy C, et al. *n*-Hexadecane hydroisomerization over Pt-HBEA catalysts. Quantification and effect of the intimacy between metal and protonic sites. Journal of Catalysis, 2013, 307: 122-131.

[85] Batalha N, Pinard L, Pouilloux Y, et al. Bifunctional hydrogenating/acid catalysis: Quantification of the intimacy criterion. Catalysis Letters, 2013, 143 (6): 587-591.

[86] Samad J E, Blanchard J, Sayag C, et al. The controlled synthesis of metal-acid bifunctional catalysts: The effect of metal:Acid ratio and metal-acid proximity in Pt silica-alumina catalysts for *n*-heptane isomerization. Journal of Catalysis, 2016, 342: 203-212.

[87] Soualah A, Lemberton J L, Chater M, et al. Hydroisomerization of *n*-decane over bifunctional Pt-HBEA zeolite. Effect of the proximity between the acidic and hydrogenating sites. Reaction Kinetics and Catalysis Letters, 2007, 91 (2): 307-313.

[88] Höchtl M, Jentys A, Vinek H. Hydroisomerization of heptane isomers over Pd/SAPO molecular sieves: Influence of the acid and metal site concentration and the transport properties on the activity and selectivity. Journal of Catalysis, 2000, 190 (2): 419-432.

[89] Fang K G, Wei W, Ren J, et al. *n*-dodecane hydroconversion over Ni/AlMCM-41 catalysts. Catalysis Letters, 2004, 93 (3): 235-242.

[90] Wang Y O, Tao Z C, Wu B S, et al. Effect of metal precursors on the performance of Pt/ZSM-22 catalysts for *n*-hexadecane hydroisomerization. Journal of Catalysis, 2015, 322: 1-13.

[91] Elangovan S P, Bischof C, Hartmann M. Isomerization and hydrocracking of *n*-decane over bimetallic Pt-Pd clusters supported on mesoporous MCM-41 catalysts. Catalysis Letters, 2002, 80 (1): 35-40.

[92] Ward J W. Hydrocracking processes and catalysts. Fuel Processing Technology, 1993, 35 (1): 55-85.

[93] 杨晓梅. 长链正构烷烃在多功能催化剂上的择形异构化. 大连: 中国科学院大连化学物理研究所, 2006.

[94] 汪哲明. SAPO 基、长链烷烃择形异构化催化剂的结构设计. 大连: 中国科学院大连化学物理研究所, 2006.

[95] Moreau F, Bernard S, Gnep N S, et al. Ethylbenzene isomerization on bifunctional platinum alumina-mordenite catalysts: 1. Influence of the mordenite Si/Al ratio. Journal of Catalysis, 2001, 202 (2): 402-412.

[96] 高滋, 何鸣元, 戴逸云. 沸石催化与分离技术. 北京: 中国石化出版社, 1999.

[97] Taylor R J, Petty R H. Selective hydroisomerization of long chain normal paraffins. Applied Catalysis A: General, 1994, 119 (1): 121-138.

[98] Liu S Y, Ren J, Zhu S J, et al. Synthesis and characterization of the Fe-substituted ZSM-22 zeolite catalyst with high *n*-dodecane isomerization performance. Journal of Catalysis, 2015, 330: 485-496.

[99] Roldán R, Romero F J, Jiménez-Sanchidrián C, et al. Influence of acidity and pore geometry on the product distribution in the hydroisomerization of light paraffins on zeolites. Applied Catalysis A: General, 2005, 288 (1-2): 104-115.

[100] Galperin L B, Bradley S A, Mezza T M. Hydroisomerization of *n*-decane in the presence of sulfur—Effect of metal-acid balance and metal location. Applied Catalysis A: General, 2001, 219 (1-2): 79-88.

[101] Girgis M J, Tsao Y P. Impact of catalyst metal-acid balance in *n*-hexadecane hydroisomerization and hydrocracking. Industrial & Engineering Chemistry Research, 1996, 35 (2): 386-396.

[102] Guisnet M. "Ideal" bifunctional catalysis over Pt-acid zeolites. Catalysis Today, 2013, 218-219: 123-134.

[103] Galperin L B. Hydroisomerization of *n*-decane in the presence of sulfur and nitrogen compounds. Applied Catalysis A: General, 2001, 209 (1): 257-268.

[104] Martens J A, Parton R, Uytterhoeven L, et al. Selective conversion of decane into branched isomers: A comparison of

platinum/ZSM-22, platinum/ZSM-5 and platinum/USY zeolite catalysts. Applied Catalysis, 1991, 76(1): 95-116.

[105] Chica A, Corma A. Hydroisomerization of pentane, hexane, and heptane for improving the octane number of gasoline. Journal of Catalysis, 1999, 187(1): 167-176.

[106] Zhang F, Liu Y, Sun Q, et al. Design and preparation of efficient hydroisomerization catalysts by the formation of stable SAPO-11 molecular sieve nanosheets with 10-20nm thickness and partially blocked acidic sites. Chemical Communications, 2017, 53(36): 4942-4945.

[107] Na K, Choi M, Ryoo R. Recent advances in the synthesis of hierarchically nanoporous zeolites. Microporous and Mesoporous Materials, 2013, 166: 3-19.

[108] Hartmann M. Hierarchical zeolites: A proven strategy to combine shape selectivity with efficient mass transport. Angewandte Chemie International Edition, 2004, 43(44): 5880-5882.

[109] Moliner M, Martinez C, Corma A. Multipore zeolites: Synthesis and catalytic applications. Angewandte Chemie International Edition, 2015, 54(12): 3560-3579.

[110] Groen J C, Zhu W D, Brouwer S, et al. Direct demonstration of enhanced diffusion in mesoporous ZSM-5 zeolite obtained via controlled desilication. Journal of the American Chemical Society, 2007, 129(2): 355-360.

[111] Tosheva L, Valtchev V P. Nanozeolites: Synthesis, crystallization mechanism, and applications. Chemistry of Materials, 2005, 17(10): 2494-2513.

[112] Valtchev V, Tosheva L. Porous nanosized particles: Preparation, properties, and applications. Chemical Reviews, 2013, 113(8): 6734-6760.

[113] Kim J, Kim W, Seo Y, et al. *n*-heptane hydroisomerization over Pt/MFI zeolite nanosheets: Effects of zeolite crystal thickness and platinum location. Journal of Catalysis, 2013, 301: 187-197.

[114] Mendes P S F, Gregório A F C, Daudin A, et al. Elucidation of the zeolite role on the hydrogenating activity of Pt-catalysts. Catalysis Communications, 2017, 89: 152-155.

[115] Samad J E, Blanchard J, Sayag C, et al. The controlled synthesis of metal-acid bifunctional catalysts: Selective Pt deposition and nanoparticle synthesis on amorphous aluminosilicates. Journal of Catalysis, 2016, 342: 213-225.

[116] Landau M V, Vradman L, Valtchev V, et al. Hydrocracking of heavy vacuum gas oil with a Pt/H-beta-Al_2O_3 catalyst: Effect of zeolite crystal size in the nanoscale range. Industrial & Engineering Chemistry Research, 2003, 42(12): 2773-2782.

[117] 徐如人, 庞文琴. 分子筛与多孔材料化学. 北京: 科学出版社, 2004: 4-5.

[118] Cooper E R, Andrews C D, Wheatley P S, et al. Ionic liquids and eutectic mixtures as solvent and template in synthesis of zeolite analogues. Nature, 2004, 430(7003): 1012-1016.

[119] Ma H J, Tian Z J, Xu R S, et al. Effect of water on the ionothermal synthesis of molecular sieves. Journal of the American Chemical Society, 2008, 130(26): 8120-8121.

[120] Wang L, Xu Y P, Wei Y, et al. Structure-directing role of amines in the ionothermal synthesis. Journal of the American Chemical Society, 2006, 128(23): 7432-7433.

[121] Xu R S, Zhang W P, Guan J, et al. New insights into the role of amines in the synthesis of molecular sieves in ionic liquids. Chemistry - A European Journal, 2009, 15(21): 5348-5354.

[122] Xu R S, Shi X C, Zhang W P, et al. Cooperative structure-directing effect in the synthesis of aluminophosphate molecular sieves in ionic liquids. Physical Chemistry Chemical Physics, 2010, 12(10): 2443-2449.

[123] Xu Y P, Tian Z J, Wang S J, et al. Microwave-enhanced ionothermal synthesis of aluminophosphate molecular sieves. Angewandte Chemie International Edition, 2006, 45(24): 3965-3970.

[124] Ma H J, Xu R S, You W S, et al. Ionothermal synthesis of gallophosphate molecular sieves in 1-alkyl-3-methyl imidazolium bromide ionic liquids. Microporous and Mesoporous Materials, 2009, 120(3): 278-284.

[125] 王亚松, 徐云鹏, 田志坚, 等. 离子热法合成分子筛的研究进展. 催化学报, 2012, 33(1): 39-50.

[126] Pei R Y, Tian Z J, Wei Y, et al. Ionothermal synthesis of $AlPO_4$-34 molecular sieves using heterocyclic aromatic amine as the structure directing agent. Materials Letters, 2010, 64(21): 2384-2387.

[127] 裴仁彦, 徐云鹏, 魏莹, 等. 有机胺在离子热合成 LTA 型磷酸铝分子筛中的助模板作用. 催化学报, 2010, 31(8): 1083-1089.

[128] Wang L, Xu Y P, Wang B C, et al. Ionothermal synthesis of magnesium-containing aluminophosphate molecular sieves and their catalytic performance. Chemistry - A European Journal, 2008, 14(34): 10551-10555.

[129] Li K D, Tian Z J, Li X L, et al. Ionothermal synthesis of aluminophosphate molecular sieve membranes through substrate surface conversion. Angewandte Chemie International Edition, 2012, 51(18): 4397-4400.

[130] 李科达, 厉晓蕾, 王亚松, 等. 离子热法合成 AEL 磷酸铝分子筛膜及其机理研究. 化学学报, 2013, 71(4): 573-578.

[131] Wei Y, Tian Z J, Gies H, et al. Ionothermal synthesis of an aluminophosphate molecular sieve with 20-ring pore openings. Angewandte Chemie International Edition, 2010, 49(31): 5367-5370.

[132] Iler R K. Colloid Chemistry of Silica and Silicates. New York: Cornel University Press, 1998: 128-136.

[133] 戴安邦. 硅酸聚合作用的一个理论. 南京大学学报(化学版), 1963, 1: 1-7.

[134] Sinha A K, Seelan S. Characterization of SAPO-11 and SAPO-31 synthesized from aqueous and non-aqueous media. Applied Catalysis A: General, 2004, 270(1-2): 245-252.

[135] Alfonzo M, Goldwasser J, Lopez C M, et al. Effect of the synthesis conditions on the crystallinity and surface acidity of SAPO-11. Journal of Molecular Catalysis A: Chemical, 1995, 98: 35-48.

[136] Martens J A, Grobet P J, Jacobs P A, Catalytic activity and Si, Al, P ordering in microporous silicoaluminophosphates of the SAPO-5, SAPO-11, and SAPO-37 type. Journal of Catalysis, 1990, 126(1): 299-305.

[137] Vomscheid R, Briend M, Peltre M J, et al. The role of the template in directing the Si distribution in SAPO zeolites. Journal of Physical Chemistry, 1994, 98(38): 9614-9618.

[138] Weyda H, Lechert H. Kinetics studies of the crystallization of aluminophosphate- and silicoaluminophosphate molecular sieves. Studies in Surface Science and Catalysis, 1989, 49: 169-178.

[139] Baerlocher C, McCusker L B, Olson D H. Atlas of Zeolite Framework Types. Sixth Ed. Amsterdam: Elsevier Science, 2007: 230-231, 334-335.

[140] Thomas J M, Millward G R, White D, et al. Direct evidence to support the proposal that ZSM-23 is a recurrently twinned variant of zeolite theta-1. Journal of the Chemical Society-Chemical Communications, 1988, 6: 434-436.

[141] Rollmann L D, Schlenker J L, Lawton S L, et al. On the role of small amines in zeolite synthesis. The Journal of Physical Chemistry B, 1999, 103: 7175-7183.

[142] Zones S I, Burton A M J. Zeolite SSZ-54 composition of matter and synthesis thereof: The United States, US6676923. 2002-06-28.

[143] Tuel A, Ben Taârit Y. ^{13}C solid-state NMR investigation of TS-1/TS-2 intergrowth structures. Zeolites, 1994, 14(3): 169-176.

[144] Corma A, Fornes V, Navarro M T, et al. Acidity and stability of MCM-41 crystalline aluminosilicates. Journal of Catalysis, 1994, 148(2): 569-574.

[145] Camblor M A, Corma A, Valencia S. Characterization of nanocrystalline zeolite beta. Microporous and Mesoporous Materials, 1998, 25(1-3): 59-74.

[146] Kuhn J, Motegh M, Gross J, et al. Detemplation of [B]MFI zeolite crystals by ozonication. Microporous and Mesoporous Materials, 2009, 120(1-2): 35-38.

[147] Rolison D R. Catalytic nanoarchitectures—The importance of nothing and the unimportance of periodicity. Science, 2003, 299(5613): 1698-1701.

[148] Lu A H, Li W C, Schmidt W, et al. Low temperature oxidative template removal from SBA-15 using MnO_4^- solution and carbon replication of the mesoporous silica product. Journal of Materials Chemistry, 2006, 16(33): 3396-3401.

[149] Lang L, Zhao S, Jiang J, et al. Importance of hydrogen for low-temperature detemplation of high-silica MFI zeolite crystals. Microporous and Mesoporous Materials, 2016, 235: 143-150.

[150] Goworek J, Kierys A, Kusak R. Isothermal template removal from MCM-41 in hydrogen flow. Microporous and Mesoporous Materials, 2007, 98(1-3): 242-248.

[151] Miller S J. Process for dewaxing heavy and light fractions of lube base oil with zeolite and SAPO containing catalysts: The United States, US5833837. 1998-11-10.

[152] Liu X, Xu L, Zhang B, et al. Template removal from AFI aluminophosphate molecular sieve by Pd/SiO_2 catalytic hydrocracking at mild temperature. Microporous and Mesoporous Materials, 2014, 193: 127-133.

[153] Hughes T H, White H M. A study of the surface structure of decationized Y zeolite by quantitative infrared spectroscopy. The Journal of Physical Chemistry, 1967, 71 (7): 2192-2201.

[154] Zečević J, van der Eerden A M J, Friedrich H, et al. Heterogeneities of the nanostructure of platinum/zeolite Y catalysts revealed by electron tomography. ACS Nano, 2013, 7 (4): 3698-3705.

[155] Zečević J, van der Eerden A M J, Friedrich H, et al. H_2PtCl_6-derived Pt nanoparticles on USY zeolite: A qualitative and quantitative electron tomography study. Microporous and Mesoporous Materials, 2012, 164: 99-103.

[156] Besoukhanova C, Guidot J, Barthomeuf D, et al. Platinum-zeolite interactions in alkaline L zeolites. Correlations between catalytic activity and platinum state. Journal of the Chemical Society, Faraday Transactions, 1981, 77 (7): 1595-1604.

[157] Zhu J, Wang T, Xu X, et al. Pt nanoparticles supported on SBA-15: Synthesis, characterization and applications in heterogeneous catalysis. Applied Catalysis B: Environmental, 2013, 130-131: 197-217.

[158] Rioux R, Song H, Hoefelmeyer J, et al. High-surface-area catalyst design: Synthesis, characterization, and reaction studies of platinum nanoparticles in mesoporous SBA-15 silica.The Journal of Physical Chemistry B, 2005, 109 (6): 2192-2202.

[159] Borodko Y, Lee H S, Joo S H, et al. Spectroscopic study of the thermal degradation of PVP-capped Rh and Pt nanoparticles in H_2 and O_2 environments. Journal of Physical Chemistry C, 2010, 114 (2): 1117-1126.

[160] de Jong K P. Synthesis of Solid Catalysts. Weinheim: Wiley-VCH, 2009.

[161] Guo L, Bao X J, Fan Y, et al. Impact of cationic surfactant chain length during SAPO-11 molecular sieve synthesis on structure, acidity, and *n*-octane isomerization to di-methyl hexanes. Journal of Catalysis, 2012, 294: 161-170.

[162] Goel S, Wu Z J, Zones S I, et al. Synthesis and catalytic properties of metal clusters encapsulated within small-pore (SOD, GIS, ANA) zeolites. Journal of the American Chemical Society, 2012, 134 (42): 17688-17695.

[163] Choi M, Wu Z J, Iglesia E. Mercaptosilane-assisted synthesis of metal clusters within zeolites and catalytic consequences of encapsulation. Journal of the American Chemical Society, 2010, 132 (26): 9129-9137.

[164] Liu L C, Díaz U, Arenal R, et al. Generation of subnanometric platinum with high stability during transformation of a 2D zeolite into 3D. Nature Materials, 2017, 16 (1): 132-138.

[165] de Graaf J, van Dillen A J, de Jong K P, et al. Preparation of highly dispersed Pt particles in zeolite Y with a narrow particle size distribution: Characterization by hydrogen chemisorption, TEM, EXAFS spectroscopy, and particle modeling. Journal of Catalysis, 2001, 203 (2): 307-321.

[166] Liu S Y, Ren J, Zhang H K, et al. Synthesis, characterization and isomerization performance of micro/mesoporous materials based on H-ZSM-22 zeolite. Journal of Catalysis, 2016, 335: 11-23.

[167] Jin D L, Ye G H, Zheng J W, et al. Hierarchical silicoaluminophosphate catalysts with enhanced hydroisomerization selectivity by directing the orientated assembly of premanufactured building blocks. ACS Catalysis, 2017: 5887-5902.

[168] Kim M Y, Lee K, Choi M. Cooperative effects of secondary mesoporosity and acid site location in Pt/SAPO-11 on *n*-dodecane hydroisomerization selectivity. Journal of Catalysis, 2014, 319: 232-238.

[169] Choudhury I R, Hayasaka K, Thybaut J W, et al. Pt/H-ZSM-22 hydroisomerization catalysts optimization guided by single-event microkinetic modeling. Journal of Catalysis, 2012, 290: 165-176.

[170] Brosius R, Kooyman P J, Fletcher J C Q. Selective formation of linear alkanes from *n*-hexadecane primary hydrocracking in shape-selective MFI zeolites by competitive adsorption of water. ACS Catalysis, 2016, 6 (11): 7710-7715.

[171] Martens J A, Verboekend D, Thomas K, et al. Hydroisomerization of emerging renewable hydrocarbons using hierarchical Pt/H-ZSM-22 catalyst. ChemSusChem, 2013, 6 (3): 421-425.

[172] Martens J A, Verboekend D, Thomas K, et al. Hydroisomerization and hydrocracking of linear and multibranched long model alkanes on hierarchical Pt/ZSM-22 zeolite. Catalysis Today, 2013, 218-219: 135-142.

[173] Krawiec P, Kockrick E, Simon P, et al. Platinum-catalyzed template removal for the in situ synthesis of MCM-41 supported catalysts. Chemistry of Materials, 2006, 18(11): 2663-2669.

[174] Corma A, Fornés V, Forni L, et al. 2,6-di-tert-butyl-pyridine as a probe molecule to measure external acidity of zeolites. Journal of Catalysis, 1998, 179(2): 451-458.

[175] Hayasaka K, Liang D D, Huybrechts W, et al. Formation of ZSM-22 zeolite catalytic particles by fusion of elementary nanorods. Chemistry, 2007, 13(36): 10070-10077.

[176] 辛勤, 罗孟飞. 现代催化研究方法. 北京: 科学出版社, 2009.

[177] Ungureanu A, Hoang T V, Trong On D, et al. An investigation of the acid properties of UL-ZSM-5 by FTIR of adsorbed 2,6-ditertbutylpyridine and aromatic transalkylation test reaction. Applied Catalysis A: General, 2005, 294(1): 92-105.

[178] Thibault-Starzyk F, Stan I, Abelló S, et al. Quantification of enhanced acid site accessibility in hierarchical zeolites—The accessibility index. Journal of Catalysis, 2009, 264(1): 11-14.

[179] Denayer J F, Baron G V, Souverijns W, et al. Hydrocracking of *n*-alkane mixtures on Pt/H-Y Zeolite: Chain length dependence of the adsorption and the kinetic constants. Industrial & Engineering Chemistry Research, 1997, 36(8): 3242-3247.

[180] Serin B, Ellickson R T. Determination of diffusion coefficients. The Journal of Chemical Physics, 1941, 9(10): 742-747.

[181] Zhao L, Shen B J, Gao J S, et al. Investigation on the mechanism of diffusion in mesopore structured ZSM-5 and improved heavy oil conversion. Journal of Catalysis, 2008, 258(1): 228-234.

第 4 章

煤制 α-烯烃制备Ⅳ类基础油聚 α-烯烃

4.1 引　　言

聚 α-烯烃(PAO)是一种性能优异的合成润滑油基础油，具有优异的黏温性能、热氧化安定性、润滑及抗磨损性能，可以大幅度延长润滑油使用寿命，减缓设备的腐蚀和磨损，提高设备利用率和使用寿命，是目前高端发动机油、齿轮油和其他工业润滑油、脂中应用最为广泛的基础油料之一。

我国在 PAO 基础油的生产工艺方面，与国外先进水平存在较大差距。已有的生产装置均采用传统三氯化铝合成工艺，所生产的 PAO 基础油在质量上远低于国外同类产品水平，同时存在产能小、工艺落后、产品性能低的问题。另外，国内只能生产中高黏度的 PAO 基础油，无法生产占市场需求 90%的低黏度 PAO 基础油产品。目前，国内润滑油市场对 PAO 基础油的年需求量约为 10 万 t，其中超过 90%依赖进口。由于缺乏稳定的高性能合成润滑油基础油，我国高档润滑油产品基本依赖于价格高昂的进口产品，使得国内润滑油行业的发展受到严重压制。因此，我国应抓住新形势下面临的机遇，大力支持技术创新，为行业的科学发展和可持续发展提供驱动力。

以茂金属催化合成工艺生产的高性能 PAO(mPAO)基础油，是目前 PAO 合成领域备受关注的热点，受到了世界各大合成润滑油厂商的极大关注。mPAO 采用茂金属催化剂合成工艺，拥有梳状结构，不存在直立的侧链。与常规 PAO 相比，这种结构的 mPAO 拥有改进的流变特性和流动特征，可更好地提供剪切安定性、较低的倾点和较高的黏度指数。在润滑油开发过程中，mPAO 作为基础油，特别适用于调配需要在极端运行条件下具有高稳定性的工业润滑油。

4.2 PAO 基础油的结构特点及其应用

PAO 是由一定碳数的 α-烯烃在催化剂作用下先进行聚合反应，然后加氢饱和的烯烃低聚体[1]。20 世纪上半叶，美国海湾石油公司首先提出了以 PAO 命名由 6 个以上碳原子的线性 α-烯烃聚合而成的低聚产品，并逐步为世人接受认可。直到 70 年代之后，基于多家公司在线性烯烃中间体原料和催化剂两个方面持续不断的研究改进，PAO 才逐渐显示出明显的优越性，从而走上市场商品化。

4.2.1 PAO 基础油的结构特点

以茂金属催化长链 α-烯烃生产高品质的基础油，是目前 PAO 基础油合成领域内备受关注的热点，受到世界各大合成润滑油厂商的极大关注，并申请了大量相关专利。为区别于常规 PAO，这种基础油称为茂金属聚 α-烯烃(mPAO)，两种 PAO 基础油的结构比较如图 4-1 所示。

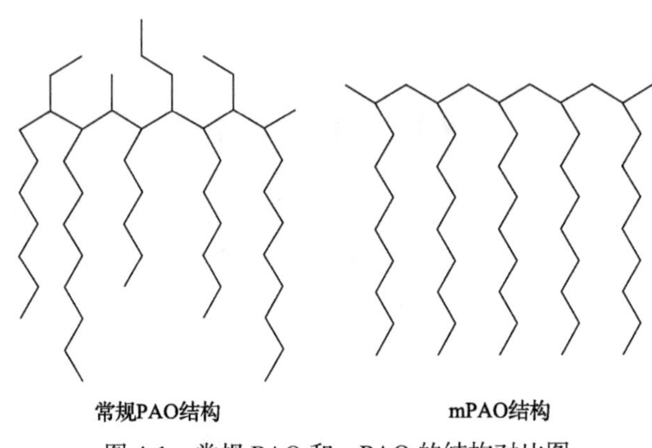

图 4-1 常规 PAO 和 mPAO 的结构对比图

国外最先对 PAO 的分子结构与其性能的关系进行研究。Zolper 等[2]发现运动黏度、齐聚物平均分子量、温度之间存在关系。认为影响 PAO 性质的主要因素是分子量和分子结构，并从经验上找到描述基础油结构的参数——支化率(branch ratio)。直链烷烃的支化率低，具有较高的黏度指数，但同时倾点也高，因此具有一定支化率的 PAO 能获得更优异的综合性能。Kioupis 等[3]建立了三种 PAO 分子结构模型，采用分子动力学模拟方法，建立了温度与黏度的关系式，分析发现具有支化结构的 PAO 黏度指数低，而具有直链结构的 PAO 黏度指数高。刘婕等[4]应用核磁技术对比了不同润滑油基础油的性能，揭示了 PAO 的分子结构与其倾点之间的关系，即当基础油中长链烷烃($(CH_2)_nCH_2CH_2CH_3$, $n>1$)的甲基含量越高时，基础油倾点将越低。张丙伍等[5]研究了 PAO 的沸程、支化率和不饱和度对其氧化安定性、机油成焦性能的影响。结果发现，PAO 的黏度越小，成焦的量越大；沸程较窄、支化度较小的 PAO10 的氧化安定性好，其调和的汽油机油的成焦量小。ExxonMobil 公司也对中黏度 PAO 的结构与性能的关系进行了研究，认为分子量影响黏度，异构化影响黏度指数，分子量分布影响剪切黏度，分子形状影响低温性能。Sarpal 等[6]用核磁与红外分布表征了季戊四醇酯和 PAO 的分散系数和摩擦副表面接触角，认为分散系数与分子结构、烷基链长、形状、尺寸、流体力学体积等有关，黏度指数、倾点、流体动力学油膜厚度、黏压系数、流体动力学体积、半径则与分散系数有关，并且这种关系会受到温度、摩擦表面接触角的影响。Roy 等[7]通过试验模拟静态和动态情况下，润滑油流变性能、流体弹性动力性能对摩擦和磨损的影响。

4.2.2 PAO 基础油的应用

PAO 基础油主要用于合成型发动机油、汽车自动传动液、车用齿轮油及高性能工业齿轮油、液压油等油品，尤其适合调制高温工况下及严寒地方使用的润滑油[1]。

目前市场上使用 PAO 调制的主要产品品牌有 Mobil 1、Mobil Deivac 1、Shell Helix Ultra、ESSO ULTRON、BP Visco5000、Castrol Formula SLX 和 Castrol GTX Magnatec 等，均来自国外大的石油公司，如 ExxonMobil、BP、Esso、Shell 等。ExxonMobil 公司是世界唯一既可生产低黏度 PAO、又可生产高黏度 PAO 的生产商，产品有 SpectraSyn™、SpectraSyn Plus™ 和 SpectraSyn Ultra™ 三个系列，黏度从 $2mm^2/s$ 到 $100mm^2/s$，高黏度指数(VI)产品的黏度可高达 $1000mm^2/s$。该公司在法国格拉雄翁(Gravenchon)和美国得克萨斯州的博蒙特(Beaumont)拥有两个 PAO 生产厂，总生产能力约为 13 万 t。Beaumont 工厂的年生产能力为 7.3 万 t，包括约 4 万 t 低黏度 PAO(黏度 2～$10mm^2/s$)，约 3.2 万 t 高黏度 PAO(黏度 40～$100mm^2/s$)，另外还有约 0.1 万 t SupeSyn™ 牌号的 PAO(黏度 150～$300mm^2/s$)；Gravenchon 工厂只生产低黏度 PAO(黏度 2～$10mm^2/s$)，其生产能力为 6 万 t。除供应以上三个系列常规产品外，ExxonMobil 公司也在不断推出新的 PAO 产品，如 2010 年开始推出的 mPAO65 和 mPAO150，以及 2016 年推出 mPAO300，为润滑油产品的开发提供更大的灵活性。

我国在 PAO 的工业化生产方面与国外存在较大差距，目前只有三家生产商：兰州中石油添加剂有限公司、中国石化集团茂名石油化工有限公司和山西潞安碳一化工有限公司，均采用传统三氯化铝催化聚合工艺，所生产的 PAO 在质量上远低于国际水平，同时存在产能小、工艺落后、污染严重等问题。

4.3 国内外 PAO 制备工艺及生产现状

PAO 的合成目前主要采用路易斯酸作为聚合催化剂，其中，低黏度 PAO 的合成主要采用三氟化硼(BF_3)作为主催化剂，水、醇、酸等作为助催化剂；高黏度 PAO(100℃黏度大于 $40mm^2/s$)的合成则主要采用三氯化铝($AlCl_3$)作为催化剂。ExxonMobil 公司在专利 US7652186 中采用 BF_3 为主催化剂，正丁醇为助催化剂，以 C_{10} 和 C_{12} 的混合烯烃为原料制备了一种低黏度、低蒸发损失的 PAO 基础油；在专利 US7550640 中采用 $AlCl_3$ 作为催化剂，以 C_{10} 和 C_{12} 混合烯烃为原料制备了一种高黏度的 PAO，黏度等级为 40～$100mm^2/s$，具有较低的倾点及较好的黏温指数。INEOS 公司在专利 US8455416 中公开了一种采用 BF_3 作为催化剂，以 C_{14} 和 C_{16} 聚合制备出具有低蒸发损失、高黏度指数的 PAO 基础油。

路易斯酸催化剂虽然具有价格便宜、原料易得的优点，但在使用过程中存在用量大、设备腐蚀严重、后处理过程中会产生大量三废的问题。其中，BF_3 催化剂的使用对装置的密封和防腐蚀性、人员的操作及后处理都有很高的要求，处理不当会对人体及环境产生很大危害。另外，路易斯酸催化体系在反应过程中同时发生聚合、异构化和裂解反应，使得产品的异构化程度加深，影响了基础油的热安定性和黏温性能。

茂金属为单活性中心催化剂，其独特的几何结构可使烯烃聚合得到结构均一的化学产品，所以 mPAO 拥有梳状结构，不存在直立的侧链。与常规 PAO 相比，mPAO 拥有改进的流变特性和流动特征，从而可以提供更好的剪切安定性、较低的倾点和较高的黏度指数，特别是由于有较少的侧链而具有比常规 PAO 更突出的剪切安定性。这些特性决定了 mPAO 可满足更苛刻的使用工况，包括动力传动系统和齿轮油、压缩机润滑油、传动液和工业润滑油等。

制备 mPAO 基础油的催化剂分为桥联型茂金属催化剂和一代茂金属催化剂两大类。桥联型茂金属催化剂主要用来催化制备高黏度 PAO 基础油，而一代茂金属催化剂主要用来合成中低黏度 PAO 基础油产品。专利 US6706828、US7795194、US7880047 中报道了一系列桥联茂金属催化剂，主要包括 meso-$Me_2Si(2\text{-}MeInd)_2ZrCl_2$、$Me_2Si(Cp)_2ZrCl_2$、rac-$Et(Ind)_2ZrCl_2$ 及 $Me_2C(Flu)_2ZrCl_2$，所合成的 PAO 基础油与商业产品相比，具有更高的黏度指数和较低的倾点。专利 US7989670、US6548724 采用了一系列一代茂金属催化剂 $(R\text{-}Cp)_2ZrCl_2$（其中 R=Me，*n*-Bu，*i*-Pr，*t*-Bu，1,3-Me_2 等），合成了 100℃黏度在 6mm^2/s 左右的低黏度 PAO 基础油，同样表现出优异的黏温性能。

虽然国内对 PAO 的合成催化剂及工艺有较多研究报道，但多集中在催化体系的改性或某单一黏度等级产物的合成，与市场和产业化之间缺少关联，缺乏催化剂和合成工艺与基础油的化学安定性、热安定性、黏温性能、摩擦学特性及流变学特性之间关系的研究，导致研究结论大多对企业生产的指导意义不足。

对于催化剂及工艺的研发，多集中在路易斯酸催化剂的改性方面，华东理工大学的沈本贤研究组采用 $AlCl_3/TiCl_4$、$AlCl_3/Al_2O_3$ 等催化体系，分别以 1-癸烯、蜡裂解烯烃为原料进行了聚合工艺的考察。蜡裂解烯烃中含有内烯烃和异构烯烃，导致聚合产物的闪点和蒸发损失存在较大缺陷。江洪波课题组采用 rac-$Et(1\text{-}Ind)_2ZrCl_2$、$Ph_2C(Cp\text{-}9\text{-}Flu)ZrCl_2$/MAO 和 1-癸烯合成了高黏度的 PAO，考察了合成的工艺条件对产物的黏度及黏度指数的影响，该体系下产物的黏度可以达到 2000mm^2/s 以上。

国外有关 mPAO 的合成与开发起步较早，世界各大 PAO 生产商如 ExxonMobil 公司、雪佛龙（Chevron）公司、科聚亚（Chemtura）公司和 BP 石油公司都投入了大量资金，开发茂金属催化工艺，尤其是 ExxonMobil 公司，率先于 2010 年 5 月推出了以 SpectraSyn Elite 来命名的 mPAO，随后雪佛龙公司和日本出光兴产株式会社也相继实现了 mPAO 的工业化生产并向市场推出了自己的产品。目前，市场上推出的 mPAO 主要有 ExxonMobil 公司的 SpectraSyn Elite mPAO150 和 mPAO65、Chevron Phillips Chemical Company 的 Synfluid mPAO40 和 mPAO100，以及日本出光兴产株式会社的 mPAO50 和 mPAO120。

我国在高档 PAO 基础油研发和生产方面，与国外相比长期处于落后的状态。目前，国内 PAO 生产商只有兰州中石油添加剂有限公司、上海纳克润滑技术有限公司，总的产能不足 1 万 t/a。两家公司均采用传统三氯化铝催化合成工艺，只能生产黏度等级为 40mm^2/s 和 150mm^2/s 两个产品，无法生产市场需求量最大的低黏度产品（黏度等级为 4mm^2/s、6mm^2/s 和 8mm^2/s），且所生产的 PAO 基础油在质量上远低于国际水平。

4.3.1 PAO 的制备工艺概述

PAO 生产工艺基本分为两大步骤：第一步，制备线性 α-烯烃中间体原料，主要工艺有乙烯齐聚和石蜡裂解；第二步，用线性 α-烯烃合成 PAO 产品。典型的生产工艺一般包括原料处理、聚合、催化剂分离、加氢及蒸馏等五个过程，如图 4-2 所示。

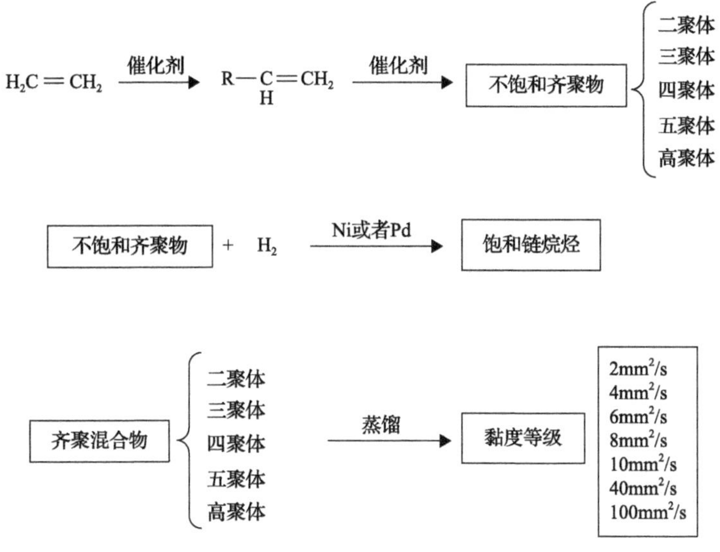

图 4-2 PAO 的生产工艺流程图

影响 PAO 质量和性能的因素主要包括 α-烯烃原料、催化剂及反应条件。从碳数为 4 的 α-烯烃开始，随着 α-烯烃原料碳数的增加，所合成的 PAO 的黏度指数逐渐升高，倾点逐渐下降；当 α-烯烃的碳数为 8 时，倾点降到最低点；之后随着碳数的继续增加，PAO 的倾点又开始上升，而蒸发损失则随链长而降低。此外，PAO 中二聚体的含量对其性能亦有较大影响。二聚体含量降低，蒸发损失明显降低，但倾点升高，低温黏度变大。烯烃原料中双键的位置对 PAO 黏度指数有明显的影响，同样碳数的烯烃原料，双键位于 α 位，其聚合物的黏度指数最高。

α-烯烃原料对 PAO 的黏度、黏度指数、倾点、闪点、蒸发损失都有影响。表 4-1 列出了用不同碳数 α-烯烃原料得到的聚合产品理化性能。可以看到，随着碳数的增加，PAO 的黏度、闪点增加，诺亚克蒸发损失降低。

表 4-1 烯烃链长对物理性质的影响

性质	试验方法	原料烯烃碳数			
		8	10	12	14
100℃运动黏度/(mm²/s)	ASTM D445	2.77	4.10	5.7	7.59
40℃运动黏度/(mm²/s)	ASTM D445	11.2	18.7	27.8	41.3
–18℃运动黏度/(mm²/s)	ASTM D445	195	409	703	1150
黏度指数	—	82	121	152	154
倾点/℃	ASTM D97	<–65	<–65	–45	–18
闪点/℃	ASTM D92	190	228	256	278
蒸发损失/%	DIN 51581	55.7	11.5	3.5	2.3

4.3.2 PAO 制备原料 α-烯烃的商业化生产方法

1. 乙烯齐聚

乙烯齐聚法所得产品全部含偶数碳，质量较好，产品线性化程度高，是目前国外生产 α-烯烃最主要的方法。利用该法生产的 α-烯烃占世界范围内 α-烯烃的生产总量的 90%以上。表 4-2 对比了 α-烯烃的主要生产工艺。Chevron 一步法工艺较简单，但操作的条件是高温、高压。BP Amoco 二步法乙烯低聚工艺、低聚工艺优点是产物的碳数分布相对较窄。Phillips 乙烯三聚制 1-己烯的工艺采用铬系催化剂，产品分布得很窄，1-己烯选择性可达 90%以上，但该工艺单程转化率较低[8]。镍络合物催化乙烯齐聚生产 α-烯烃的工艺(SHOP 法工艺)，由乙烯齐聚、异构化和交互置换等三个反应组成。该工艺生产的高碳烯烃具有很高的直链度，单烯烃含量高达 99%，其中 α-烯烃含量为 94%～97%，支链烯烃含量为 2%～4%，烷烃、芳烃及共轭二烯烃的含量低于 0.1%。缺点是内烯烃多，工艺路线长，能耗较高。该工艺的代表生产商是 Shell 公司。

表 4-2　α-烯烃的主要生产工艺对比

项目	一步法	二步法	SHOP
拥有该技术的代表公司	Chevron	BP Amoco	Shell
反应类型	链增长/链置换	链增长/链置换	齐聚/异构化/歧化
催化剂	三乙基铝	三乙基铝	三氧化钼等
反应温度/℃	175～290	130～293	80～140 等
反应类型	管式	搅拌槽	搅拌槽
催化剂是否回收	不	是	是
装置复杂程度	简单	复杂	复杂
C_4～C_{10} 收率/%	70	87	61
产物直链 α-烯烃含量(质量分数)/%	91～97	63～97.5	96～97.5

国外长期垄断原料 α-烯烃。表 4-3 列出了全球 α-烯烃主要生产商及生产能力，其中北美地区产量最大，大约每年 100 万 t。

表 4-3　全球 α-烯烃主要生产商及生产能力[9]　　(单位：kt/a)

公司	地点	生产能力
Chevron Phillips 公司	美国得克萨斯州	703
Shell 化学公司	美国路易斯安那州	250
陶氏化学公司	西班牙塔拉戈纳	100
INEOS 公司	比利时	300
Shell 化学公司	英国	330

续表

公司	地点	生产能力
Nizhnekamskneftekhim 公司	俄罗斯	90
卡塔尔化学公司	卡塔尔	47
沙特基础工业公司	沙特阿拉伯	150
伊朗国家石油公司	伊朗	200
出光石油化学公司	日本千叶	58
三菱化学公司	日本水岛	55
南非沙索化学公司	南非	284

2. 费托工艺合成烯烃、烷烃

费托合成总体上是用于合成气到合成原油的转化工艺。1922 年 7 月 22 日，德国科学家弗朗茨·费舍尔(Franz Fishcher)和汉斯·托普斯科(Hans Trosch)因将氢气和一氧化碳催化转化成较重的烃和含氧化合物[10]并获得了专利，费托(Fischer-Tropsch)的名称是给予这两名发明者的奖励。简单来说，费托合成的主要反应可用如下反应式表示：

$$(\text{烯烃})n\text{CO} + 2n\text{H}_2 \longrightarrow (\text{CH}_2)_n + n\text{H}_2\text{O}$$

$$(\text{烷烃})n\text{CO} + (2n+1)\text{H}_2 \longrightarrow \text{H}(\text{CH}_2)_n\text{H} + n\text{H}_2\text{O}$$

$$(\text{醇})n\text{CO} + 2n\text{H}_2 \longrightarrow \text{H}(\text{CH}_2)_n\text{OH} + (n-1)\text{H}_2\text{O}$$

$$(\text{羰基化合物})n\text{CO} + (2n-1)\text{H}_2 \longrightarrow (\text{CH}_2)_n\text{O} + (n-1)\text{H}_2\text{O}$$

$$(\text{羧基})n\text{CO} + (2n-2)\text{H}_2 \longrightarrow (\text{CH}_2)_n\text{O}_2 + (n-2)\text{H}_2\text{O}, \quad n>1$$

$$(\text{水-气变换})\text{CO} + \text{H}_2\text{O} \longrightarrow \text{CO}_2 + \text{H}_2$$

通过费托合成生产的合成原油像传统原油一样，不是单一的产品。合成原油的组成取决于费托催化剂和合成反应是如何进行的，最后合成步骤直接影响合成原油的质量。

工业化生产合成油主要有三种类型，可采用相应费托合成技术来区分合成原油类型。这三种费托合成的技术分别为铁基高温费托合成技术(Fe-HTFT)、铁基低温费托合成技术(Fe-LTFT)和钴基低温费托合成技术(Co-LTFT)。表 4-4 列出了各种类型合成原油的典型组成。从表 4-4 可以看出，Fe-HTFT 产物以低碳烯烃为主，Fe-LTFT 和 Co-LTFT 以高碳数烷烃为主。对合成原油而言，其组成会因反应器类型、操作模式、催化剂种类及催化剂失活方式的不同而有所差异。在这方面，合成原油与石油基原油类似，后者的组成可能不仅会因产地的不同而变化，还会因地点和年代的不同而有差异[11]。

尽管迄今仅有为数不多的费托合成工业应用案例，但已经开发出了大量的工业化费托合成技术(表 4-5)。为了生产特定组成的产品，原料(如煤)制合成气及合成气制合成原油技术的选择，应以后续生产目标产品的要求作为标准。这与石油基原油炼制相似，在炼厂设计和投运前，就已经考虑好了如何选择原油种类，以实现最大效率地将原油转化为目标产品[12]。

表 4-4　3 种合成原油的典型组成

产品馏分	碳数	化合物分类	合成原油总量（质量分数）[a]/%		
			Fe-HTFT	Fe-LTFT	Co-LTFT
干气	C_1	烷烃	12.7	4.3	5.6
	C_2	烯烃	5.6	1.0	0.1
		烷烃	4.5	1.0	1.0
液化气	C_3～C_4	烯烃	21.2	6.0	3.4
		烷烃	3.0	1.8	1.8
石脑油（粗汽油）	C_5～C_{10}	烯烃	25.8	7.7	7.8
		烷烃	4.3	3.3	12.0
		芳烃	1.7	0	0
		含氧化合物	1.6	1.3	0.2
柴油	C_{11}～C_{22}	烯烃	4.8	5.7	1.1
		烷烃	0.9	13.5	20.8
		芳烃	0.8	0	0
		含氧化合物	0.5	0.3	0
渣油/蜡	C_{22+}	烯烃	1.6	0.7	0
		烷烃	0.4	49.2	44.6
		芳烃	0.7	0	0
		含氧化合物	0.2	0	0
热解液	C_1～C_5	醇	4.5	3.9	1.4
		羟基化合物	3.9	0	0
		羧酸	1.3	0.3	0.2

a 合成原油总量为费托合成产物的总质量，不包括惰性气体（N_2 和 Ar）和水-气变换的产物（H_2O、O_2、CO_2 和 H_2）；“0”代表低含量或不存在该种物质。

表 4-5　有工业应用案例的费托合成技术

Fe-HTFT	Fe-LTFT	Co-LTFT
固定流化床（1951，Hydrocol）	固定床（1955，鲁奇加压气化炉技术）	固定床（1936，德国常规压力工艺）
循环流化床（1955，Kellogg Synthol）	浆态床（1933，沙索浆态床工艺）	固定床（1937，德国常规压力工艺）
循环流化床（1980，Sosol Synthol）	—	固定床（1993，德国中间馏分合成工艺）
浆态床（2008，潞安集团，16 万 t/a）	—	浆态床（2007，Sasol slurry bed process）
浆态床（在建，潞安集团，100 万 t/a）	—	固定床（在建，潞安集团，80 万 t/a）

4.3.3　工业化制备 PAO 的催化体系

PAO 的性能取决于其分子结构、相对分子质量及相对分子质量分布，而聚合催化体系能决定聚合机理，进而决定 PAO 结构，目前工业化生产 PAO 的催化体系主要包括氯化铝催化体系、三氟化硼催化体系和茂金属催化体系。

1. 三氯化铝催化体系

三氯化铝与另外一种物质结合，如水和不同类型的醇类(表 4-6)，可以用作 α-烯烃聚合反应的催化剂。第二种物质在开始阶段作为共引发剂，随着氯化氢的释放产生，和氯化铝一起产生活性中间体。Mandai 等[13]用铝粉、聚酯和氯化铝混合来催化内烯烃低聚，获得了分子链上不接卤素的 PAO。Kumar 等[14]将三氯化铝与不同醇质子供体结合催化 1-癸烯聚合，这些醇质子供体包括甲醇、乙醇、丙醇、丁醇、甲氧乙醇等。结果表明，随着醇类分子量的增加，产品的黏度减小。Hope 等[15]报道了用三氯化铝和三甲胺盐(质子供体)以 2∶1 混合催化 1-癸烯聚合，认为在稀释剂(正庚烷)的存在下，聚合获得的黏度和黏度指数都较低。2006 年，Surana 等[16]报道了用三氯化铝和去离子水混合，催化连续碳数的 α-烯烃聚合。在 2007 年，Kramer 等[17]用三氯化铝和水按照 1∶0.5 物质的量之比催化混合烯烃(1-己烯、1-辛烯、1-壬烯、1-癸烯)聚合，获得了相对分子质量在 4000～10000 区间、黏度指数为 145～173 的产物。

表 4-6　三氯化铝体系催化制备 PAO

数目	参考文献	催化剂类型	反应条件	产物性能
1	US 4031159	$AlCl_3$； 共引发剂： 丙二酸二乙酯等	$AlCl_3$、聚酯、铝粉混合物；100℃下反应 1h；混合烯烃(C_6、C_8、C_{10}等)反应 5h	40℃下，黏度 47.23～90.42mm²/s；VI=124～132；加氢后溴值 0.2～0.3
2	US 5196635	$AlCl_3$； 共催化剂：不同种类醇，甲醇、乙醇、丙醇等	1-癸烯；催化剂 $AlCl_3$(1%～6%(质量分数))和不同醇类(0.15%～0.83%(质量分数))在25～30℃；己烷作为溶剂	4%(质量分数)$AlCl_3$ 和 1.25%(摩尔分数)的不同醇类获得产品性能：KV@40℃ 2140～4610mm²/s；KV@100℃，165～359mm²/s；VI=158～235
3	US 2006/0161034	$AlCl_3$， 共催化剂：去离子水	C_8～C_{14} 单一烯烃和混合烯烃	用 2.45%的 $AlCl_3$，C_{12}/C_{14} 的比例 60/40，40℃运动黏度 1234mm²/s；黏度指数 181；倾点−12℃
4	US 2007/0225533	$AlCl_3$； 共催化剂：去离子水	C_6～C_{12} 连续碳数 $AlCl_3$ 0.8%～4.0%(质量分数)，水/$AlCl_3$(物质的量之比)=0.5	高黏度产品
5	$AlCl_3$ 与环己酮络合催化 1-癸烯齐聚工艺[18]	$AlCl_3$-环己酮络合物	1-癸烯为原料；$AlCl_3$ 5%(质量分数)、环己酮/$AlCl_3$(物质的量之比)=0.5、反应时间为 4h、反应温度为 25℃	PAO 收率达到 92%，100℃时的运动黏度为 8.08mm²/s
6	高黏度 PAO 的聚合工艺研究[19]	助剂 X 与无水 $AlCl_3$	1-癸烯；$AlCl_3$ 2%(质量分数)；温度 100℃；助剂 X/无水 $AlCl_3$(物质的量之比)=0.1；时间 5h。1-癸烯；$AlCl_3$ 33%；温度 100℃，助剂 X/无水 $AlCl_3$(物质的量之比)=0.1，1-癸烯滴加速度为 0.67g/min	PAO40/PAO100

国内学者对三氯化铝的催化体系也开展了一些研究。杨晓明等[18]考察了三氯化铝-环己酮络合物为催化剂催化 1-癸烯齐聚反应，得到 100℃运动黏度为 8.08mm^2/s 的低黏度 PAO。张文晓[19]报道了 PAO40 和 PAO100 的最佳工艺条件。刘岳松等[20]研究了以 C_{12}～C_{14} 内烯烃为原料，季戊四醇改性三氯化铝催化制备聚烯烃合成油的工艺，其中三氯化铝用量为 2%(质量分数)，改性剂季戊四醇用量为 0.25%，反应温度为 85℃，反应时间为 4h，可以合成 100℃运动黏度为 7.15mm^2/s、黏度指数为 133、凝点为−39℃的产品。

2. 三氟化硼催化体系

三氟化硼广泛应用于 α-烯烃齐聚反应的催化，特别是已用于工业化制备低黏度 PAO(表 4-7)。Cupples 等[21,22]报道了用三氟化硼/丁醇催化体系两步连续工艺催化 1-癸烯齐聚反应：第一步是在釜式搅拌器中进行，第二步是在油浴管式搅拌器中进行，通过控制两步反应的转化率和总的转化率来控制产品黏度。1980 年，Shubkin 等[23]报道了用 BF_3/H_2O 体系催化不同链长的 C_{12}～C_{16} 的 α-烯烃、内烯烃共聚，获得了低黏度、黏度指数为 130～145 的产物。另外，有的研究是以三氟化硼为催化剂、内烯烃为原料的。Darden 等[24]报道了用三氟化硼和全氟磺酸体系催化 C_{13}～C_{14} 的内烯烃齐聚反应，加氢后得到的产物黏度指数中等。在另外的专利中[25]，还证实了用三氟化硼/丁醇体系可以催化内烯烃和 α-烯烃齐聚。

表 4-7　三氟化硼催化体系催化制备 PAO

数目	参考文献	催化剂类型	反应条件	产品性能
1	US 4045508	三氟化硼+丁醇	第一步：釜式的搅拌； 第二步：油浴管式	转化率达到 97.8%
2	US 4218330	三氟化硼+水	混合烯烃(C_{12}～C_{16}、内烯烃、亚乙烯)，循环产品进一步和 1-十四烯聚合	黏度指数 130～140；倾点低到−30℃
3	US 4400565	三氟化硼+全氟磺酸	1-癸烯	低黏度产品
4	US 7592497	三氟化硼+丁醇/水+不同酸酐	C_{10}，C_{12}，C_8～C_{12} 混合烯烃	低黏度、高黏度指数和高倾点
5	WO 2009/073135	三氟化硼+丁醇+乙酸丁酯	原料：十四烯烃和 C16 亚乙烯基； 反应时间 30min，温度 43℃	100℃运动黏度 3.94mm^2/s；40℃运动黏度 17.3mm^2/s，黏度指数 124；倾点−66℃
6	US 5191141	三氟化硼+正丁醇+乙酸乙胺	1-癸烯；$BF_3/CH_3(CH_2)_3OH$ 物质的量之比为 1∶1 配成络合物，在三氟化硼气体下	100℃的运动黏度 3.84mm^2/s，黏度指数 131

1991 年，Theriot[26]报道了醇烷基化组分结合三氟化硼催化 1-癸烯齐聚反应。Akatsu 等[27]报道了不同酰胺存在下，用三氟化硼/乙醇/水催化 1-辛烯、1-癸烯、1-十二烯齐聚，短时间内获得高产率、低黏度的 PAO。Clarembeau[28]报道了用三氟化硼/醇催化 1-癸烯、1-十二烯共聚。2009 年，Bagheri 等[29]报道了在三氟化硼/丁基乙酸酯催化 C_{16} 亚乙烯基和 1-十四烯聚合，除去未反应的单体和低沸点组分，再加氢饱和，获得 100℃运动黏度 3.93mm^2/s、40℃运动黏度 17.3mm^2/s、黏度指数 124、倾点−63℃的产品。

Barge 等[30]考察了以三氯化硼为主催化剂，正丁醇和乙酸作为助催化剂的催化体系催化 1-癸烯齐聚合。所得聚合产物 100℃的运动黏度为 $3.84mm^2/s$，黏度指数为 131。

3. 茂金属催化剂体系

茂金属作为催化剂已广泛应用于生产 PAO 基础油(表 4-8 和图 4-3)。许多报道都对茂金属 PAO 产品良好的规整度进行过描述，这是因为桥联的茂金属催化剂会使单体嵌入金属中心，从而使合成的 PAO 结构更加规整。

表 4-8 茂金属催化体系催化制备 PAO

编号	参考文献	催化剂类型	反应条件	聚合物微观结构	产物性质
1	WO 02/014384	Ph_2C(Cp-9-Flu) $ZrCl_2$/MAO	原料：C_6～C_{10}；温度：70～150℃，压力：13.8MPa	^{13}C-NMR 分析产物	100℃运动黏度 $2400mm^2/s$；黏度指数 344
2	WO 03/051943	Ph_2C(3-*n*-BuCp-9-Flu) $ZrCl_2$/MAO 不同茂金属/MAO	原料：1-癸烯、2-降冰片烯 温度：120℃，压力 13.8MPa	分子量和分子量分布	不同浓度的 2-降冰片烯得到不同运动黏度和黏度指数的产物
3	US 2007/0000807	1. $(Me_2Cp)_2ZrCl_2$/MAO 2. $Me_2SiCp_2ZrCl_2$	原料：1-癸烯 T=20～25℃ t = 16h	未报道	100℃运动黏度 $312mm^2/s$，黏度指数 250
4	US 2010/0062954	Cp_2ZrCl_2/MAO	1-癸烯；Al/Zr=10(物质的量之比)；T= 40℃；t=20h；Co 催化加氢	选择性地获得三聚体、四聚体	—
5	US 2014/0087986	茂金属催化	端基有双键的 PAO，与烷基硫醇、芳基硫醇或者二苯胺等反应	差热分析法表征玻璃化转变温度	100℃运动黏度为 135～$900mm^2/s$，黏度指数高于 150，倾点低于−25℃，分子量分布低于 2.0，不饱和度(溴值)低于 2.0，玻璃化转变温度低于 −30℃

Sinn 等[31]首先证实：茂金属与甲基铝氧烷(methylaluminoxane MAO)一起使用作为高活性催化剂，可用于乙烯聚合。2002 年，Dimaio 等[32]用 Ph_2C(Cp-9-Flu)$ZrCl_2$ 或 Ph_2C(3-*n*-BuCp-9-Flu)$ZrCl_2$ 作为主催化剂、MAO 作为助催化剂，研究了 1-癸烯齐聚反应，考察了温度、氢气浓度、催化剂/MAO 比例对 PAO 产品性能的影响。结果显示，上述催化剂体系可以合成黏度指数超过 300 的 PAO。另外，还介绍了其他结构的茂金属催化剂：Cp_2ZrCl_2、$(n\text{-}BuCp)_2ZrCl_2$、$Me_2SiCp_2ZrCl_2$、rac-Et(Ind)$_2ZrCl_2$ 和 rac-Me_2Si(2Me-Ind)$_2ZrCl_2$，发现其中一些催化剂制备的 PAO 为无规立体结构。Dimaio 等[33]采用 1-癸烯和降冰片烯共聚，发现加入降冰片烯可以控制 PAO 的分子量和黏度。2007 年，Mihan[34]考察了用 Cp_2TiCl_2/MAO 催化 1-丁烯、1-己烯、1-癸烯聚合。Wu 等[35]用 $(Me_2Cp)_2ZrCl_2$ 和 $Me_2SiCp_2ZrCl_2$ 催化 1-癸烯制备了高黏度指数的 PAO，表明茂金属结构中环戊二烯上有取代基时，可以制备更高黏度和黏度指数的 PAO。2007 年，Wu 等[35]将茂金属催化制备的高黏度(100℃下 $600mm^2/s$)的 PAO 和低黏度(100℃下 $4mm^2/s$)的 PAO 混合，获得中等

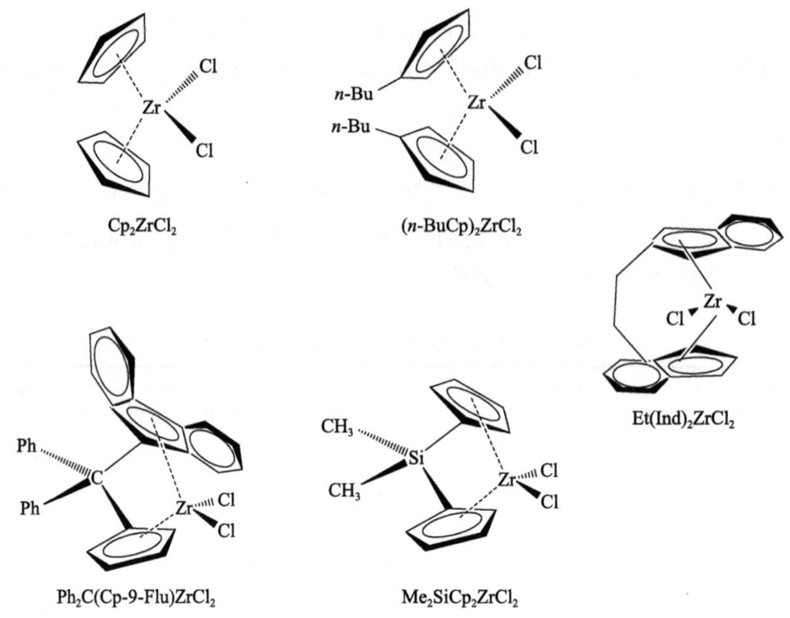

图 4-3　不同茂金属结构

黏度的 PAO。2009 年，Knowles 等[36]使用 $Ph_2C(Cp\text{-}9\text{-}Flu)ZrCl_2/MAO$ 催化系统催化 1-癸烯制备 PAO，证明该单体和催化剂可以回收利用，所得 PAO100℃运动黏度为 280mm^2/s。

Wu 等[37]以不同的茂金属催化体系催化 1-癸烯聚合，对比了产物的性能。吕春胜等[38]用 $2\text{-}Me_4Cp\text{-}4,6\text{-}(t\text{-}Bu)_2\text{-}PhOTiCl_2/Al(i\text{-}Bu)_3/Ph_3C^+B(C_6F_5)^{4-}$催化 1-癸烯聚合反应，研究了聚合机理和产物组成。2010 年，Fujita[39]使用 Cp_2ZrCl_2/MAO 催化体系催化 1-癸烯聚合，选择性地获得了二聚体、三聚体和四聚体。2009 年，Kissin 等[40]用 $(n\text{-}BuCp)_2ZrCl_2/MAO$ 体系分步催化 1-己烯和 1-癸烯共聚，通过将温度从 70℃提高 90℃，二聚体的质量分数可从 60%增加到 71%。以上两例中的二聚体均可采用三氯化铝催化再进行聚合。专利 US9365663B2[41]报道了以 $Me_2Si(Ind)_2Zr(CH_3)_2/C_6H_5NH(CH_3)_2B(C_6H_5)_4$ 为催化体系，可以实现连续聚合反应制备 PAO 基础油。

4. 三种催化剂对比

不同体系催化 α-烯烃制备 PAO 基础油有不同的优缺点，表 4-9 对比了 α-烯烃齐聚反应常用催化剂的优缺点及工业化产品类型。

可以看出，目前工业化生产低黏度 PAO 采用的催化剂有三氯化硼和茂金属两种体系。由于三氟化硼毒性很强，容易对人体和环境造成严重伤害，很难满足日益苛刻的环保要求，所以目前 PAO 生产工艺优选的催化剂是茂金属体系。

5. 三种催化体系制备的商业 PAO 产品典型性能对比

根据 100℃的运动黏度，PAO 基础油可以分成多个牌号，而不同牌号的 PAO 性能不同。表 4-10～表 4-12 分别列出了三氯化铝、三氟化硼和茂金属催化体系制备的 PAO 商业产品典型性能。

表 4-9 α-烯烃齐聚反应常用催化剂

种类	组成	优点	缺点	工业化产品类型
三氯化铝	三氯化铝和共引发剂（水、单元醇类、多元醇、酯、三甲基铵盐等）	原料适应性强、操作简单、成本低	工艺流程复杂；聚合物分子发生异构化；聚合物分子质量分布较宽；腐蚀设备；铝渣处理困难	中黏度、PAO40/PAO100/PAO150 等
三氟化硼	三氟化硼和共引发剂（醇、水、混合醇）	反应容易控制、聚合物分布窄、反应收率高、制备低黏度产品	三氟化硼对肺部有强烈的刺激，遇水放出有毒气体，必须在密闭环境中使用	低黏度：PAO2/PAO4/PAO6/PAO8/PAO10
茂金属催化剂	茂金属化合物与助催化剂组成	对烯烃聚合具有超高催化的活性，产品的性能优异	制备条件苛刻，聚合实验操作困难，使用甲基铝氧烷等作助催化	低黏度、中黏度、高黏度

表 4-10 三氯化铝催化体系制备的商业 PAO 产品性能

测试项目	PAO40	PAO100	PAO150
100℃运动黏度/(mm^2/s)	39.6	100.8	155
40℃运动黏度/(mm^2/s)	388	1258	1780
黏度指数	152	170	200
闪点(开口)/℃	295	300	300
倾点/℃	−40	−33	−23

表 4-11 三氟化硼催化体系制备商业的 PAO 产品性能

测试项目	PAO2	PAO4	PAO6	PAO8	PAO10
100℃运动黏度/(mm^2/s)	1.8	3.9	5.9	7.8	9.6
40℃运动黏度/(mm^2/s)	5.3	17.2	31	47.5	62.9
黏度指数	122	124	135	136	137
倾点/℃	−72	−68	−65	−55	−54
闪点(开口)/℃	163	224	240	258	264
低温冷启动温度(−30℃)下的运动黏度/(mm^2/s)	ND	940	2370	5110	8254
高温高剪切(150℃)下的运动黏度/(mm^2/s)	ND	1.35	1.9	2.47	2.82
250℃挥发度/%(质量分数)	99	13.2	7.0	3.5	2

表 4-12 茂金属催化体系制备商业的 PAO 产品性能

测试项目	mPAO 65	mPAO 150	mPAO 300	mPAO 1000
100℃运动黏度/(mm^2/s)	65	156	300	1000
40℃运动黏度/(mm^2/s)	614	1705	3100	10000
黏度指数	179	206	241	307
倾点/℃	−43	−33	−27	−18
闪点(开口)/℃	277	282	—	—

从表 4-10～表 4-12 可以看出，三氯化铝催化体系制备的主要是 PAO40、PAO150 等中黏度 PAO 基础油；三氟化硼催化体系制备的主要产品是 PAO2、PAO6、PAO10 等低黏度 PAO 基础油；而茂金属催化体系所制备的主要产品是 PAO65、PAO150、PAO1000 等中、高黏度 PAO 基础油。

4.4 煤制 α-烯烃制备 PAO 基础油关键技术

目前国外所报道的研究工作中，都是以乙烯齐聚法制备的长链 α-烯烃为原料来生产 mPAO 基础油。从 2012 年开始，我国的煤基合成润滑油行业正式进入了商业化开发阶段。中国神华能源股份有限公司、潞安集团、内蒙古伊泰等企业已经建成了一系列煤制油项目。近年来，随着煤制油商业化装置的陆续建成投产，中国煤制油产能得到了迅速提升。其中，铁基高温费托合成工艺中会大量产出适合生产 PAO 的长链 α-烯烃原料，其含量约为 70%(质量分数)，为我国 PAO 基础油生产的原料提供了一个重要的来源途径，有助于摆脱对进口 α-烯烃的依赖[7]。采用煤制 α-烯烃作为聚合原料生产 PAO 基础油的技术在国内外的研究中还处于起始阶段，目前尚未见到工业化的报道。

中国科学院上海高等研究院的李久盛课题组经过多年技术攻关，利用潞安集团的煤制 α-烯烃资源，在茂金属催化体系下完成了不同黏度 PAO 基础油的制备工艺研究[8]，采用热重分析法、核磁共振、加压差示扫描量热法、凝胶色谱法、四球摩擦磨损试验等方法对 mPAO 基础油的化学安定性、热安定性、黏温性能、摩擦学特性及流变学特性进行综合评价，并根据评价数据对催化合成工艺优化进行指导[9]。

在实验室工作的基础上，李久盛课题组与潞安集团合作，共同完成了低黏度 mPAO 基础油的中试生产，初步实现了 mPAO 基础油年产 3000t 的生产能力，可为国内高档润滑油的调和生产提供优质的基础油资源，不但可以满足润滑油行业的迫切需求，还可以大幅度改善煤基合成润滑油产业的经济性，具有非常高的现实意义和经济价值。

4.4.1 煤制 α-烯烃原料选择

PAO 基础油的生产原料通常是乙烯齐聚产物中碳数为 8～12 的直链 α-烯烃。由于国内没有 C_8～C_{12} α-烯烃的乙烯齐聚工业生产装置，PAO 生产原料全部依赖进口，大大增加了国内 PAO 的生产成本。

我国的煤基合成润滑油装置以合成气为原料，采用固相催化剂，通过高温费托合成工艺可以生产出 α-烯烃混合物，主要成分是直链 α-烯烃和直链烷烃的混合物。通过蒸馏切割出合适的馏分段(C_9～C_{11}，α-烯烃的含量约为 70%)，并脱除含氧化合物，所获得的煤制 α-烯烃可作为生产 PAO 的优质原料。这一方面摆脱了 PAO 生产对国外原料的依赖，另一方面也增加了煤化工产品的综合效益。

煤制烯烃通常都含有一些含氧化合物，其含量一般为 5%～15%，主要成分为不同链长的醇、醛和烷基酸类物质。由于这些含氧化合物的官能团中含有活性氢原子，在后续加工利用过程中，这些活性官能团会与加工中所使用的路易斯酸类催化剂（如 $AlCl_3$、BF_3）发生络合或取代反应，或与茂金属催化体系中的烷基铝类助催化剂发生剧烈反应，造成部分催化剂中毒失活，从而使得催化剂的用量增大，增加生产成本。另外，含氧化合物若被带入基础油中会极大地影响润滑油品的氧化安定性。

基于以上原因，煤制 α-烯烃若要用作 PAO 聚合原料，必须预先脱除其中的含氧化合物，以消除其对催化剂和最终产品的影响。脱除工艺可以是物理吸附、溶剂萃取、精馏和化学脱除等多种方法。本书介绍一种将固体吸附材料和极性再生溶剂相结合的含氧化合物吸附脱除工艺。

4.4.2　煤制 α-烯烃中含氧化合物脱除工艺

煤制 α-烯烃中含氧化合物以有机醇、醛和烷基酸类物质为主，普遍极性较大，其极性顺序为有机酸＞醇＞醛＞醚。相对而言，煤制 α-烯烃的主成分烯烃和烷烃混合物的极性较小，因此可以利用主成分和含氧化合物之间的极性差异，通过选取特殊的脱除工艺将其进行有效分离。本书介绍的吸附脱除工艺使用的是工业级固体吸附材料，相比目前常用的二甲基亚砜（dmethylsulfoxide，DMSO）溶剂萃取法，具有操作简单、绿色、无污染排放的特点。

吸附脱除工艺的简易流程如图 4-4 所示，所选择的固体吸附剂的吸附能力为 2.5（处理的原料量/固体吸附剂重量），可多次循环使用。工艺的吸附效果通过检测循环中持续收集的烯烃原料中醇类氧化物和其他含氧化合物的含量和酸值来进行评价，具体见表 4-13。表中数据显示，经过吸附处理后，氧化合物总含量可以降至 10μg/g 左右，酸值从 2.01mgKOH/g 降至方法检出下限之外，且烯烃原料的外观得到了极大改善（图 4-5）。

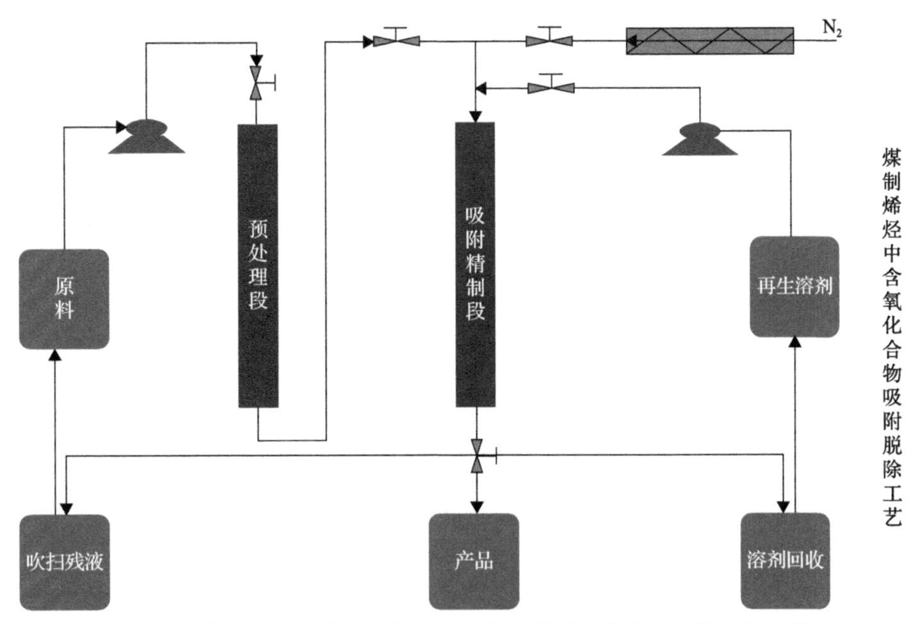

图 4-4　煤制 α-烯烃中含氧化合物固体吸附剂吸附脱除工艺简易流程

表 4-13　脱除工艺前后煤制 α-烯烃的酸值和杂质含量对比

循环次数	正构醇类含量/(μg/g)	其他含氧化合物含量/(μg/g)	酸值/(mgKOH/g)
0(原料)	65100	44400	2.01
1	5	3	未检出
2	7	6	未检出
3	3	8	未检出
4	6	5	未检出

(a)

(b)

图 4-5　煤制 α-烯烃原料经过固体吸附剂吸附工艺前后对比

(a)吸附精制前；(b)吸附精制后

吸附剂在多次循环使用后，一些大分子或极性较强的物质会在吸附剂的孔道内形成强吸附，造成固体吸附剂活性位流失从而导致吸附活性降低，在实际工艺中以预处理出料口检测出含氧化合物为判定。此时，吸附剂需要采用特定的溶剂和处理工艺进行深度再生，再生后的吸附剂可重新投入原料脱除段，再生溶剂在处理后可回收循环使用。因此，固体吸附剂寿命是该工艺成本的关键因素之一。经模拟试验考察，所用吸附剂至少经过 20 次循环后吸附性能未明显下降。

4.4.3　煤制 α-烯烃聚合工艺

PAO 基础油的性能除了与 α-烯烃原料有关外，还在很大程度上取决于其合成时使用的催化剂和制备工艺。低黏度 PAO 的主要组成为 α-烯烃的三聚体至六聚体及少量的七聚体，一些特定结构的茂金属催化剂可以控制 α-烯烃发生低聚反应来合成低黏度 mPAO。

本节将介绍以煤制 α-烯烃为原料，以一代茂金属为主催化剂，三异丁基铝和阴离子供体为助催化剂，制备低黏度 PAO 基础油的聚合工艺以及各参数对反应的影响。

1. 催化剂添加量对煤制 α-烯烃聚合行为的影响

在反应温度 115℃、反应时间 2.5h 的条件下，随着催化剂添加量的增多，煤制 α-烯烃转化率先增大后趋于稳定。当催化剂与煤制 α-烯烃质量比达到 1×10^{-4} 后，α-烯烃转化率达到 97%并趋于稳定(图 4-6)。究其原因，应是催化剂浓度逐渐增加带来了催化反应活性中心数目的增加，转化率也随之得到快速提高。当转化率达到一定程度后，催化体系中单体浓度也降至很低，其转化率不再随催化剂量的增加继续增加。

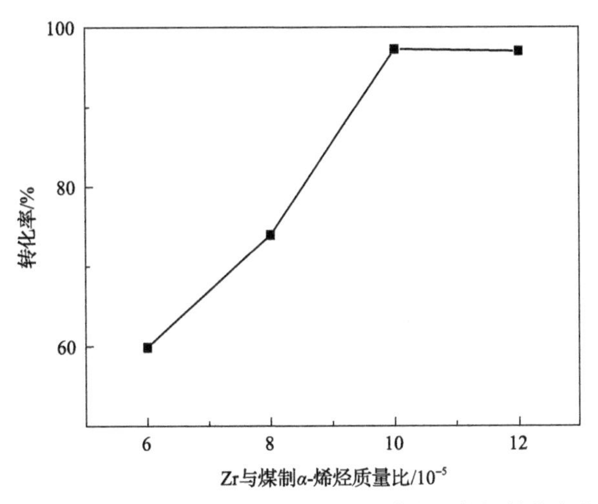

图 4-6 催化剂 Zr 与煤制 α-烯烃质量比对煤制 α-烯烃转化率的影响

在反应温度 115℃、反应时间 2.5h 的条件下，催化剂使用量对煤制 α-烯烃聚合产物中各组分分布的影响见图 4-7。随着催化剂量的增多，α-烯烃二聚体在聚合反应产物中占比呈现上升趋势，四聚体及以上组分的占比则在下降，在 Zr/煤制 α-烯烃质量比例为 12×10^{-5}:1 时，聚合产物中二聚体含量达到 56.1%。这可能是因为随着添加量增加，催化活性中心增多，聚合反应过程中的链转移反应也随之增加，导致聚合度降低。然而，二聚体因相对分子质量低且异构化程度不足，造成闪点较低而倾点偏高，对润滑油基础油来说是非理想组分。因此，如何将聚合产生的二聚体分离并进行再利用是该催化体系需要解决的一个重要问题。

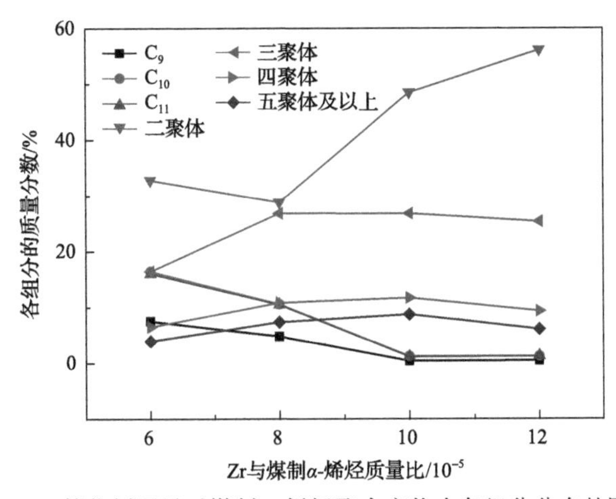

图 4-7 催化剂用量对煤制 α-烯烃聚合产物中各组分分布的影响

2. 催化体系中 Al/Zr(物质的量之比)对煤制 α-烯烃聚合行为的影响

在反应温度 115℃、反应时间 2.5h 的条件下，随着 Al/Zr 的增加，煤制 α-烯烃的转化率呈现先增加后下降的趋势。当 Al/Zr 为 25 时，催化体系展现出最优的活性(图 4-8)。

同时，Al/Zr 对合成产物中各组分分布影响不大(图 4-9)。

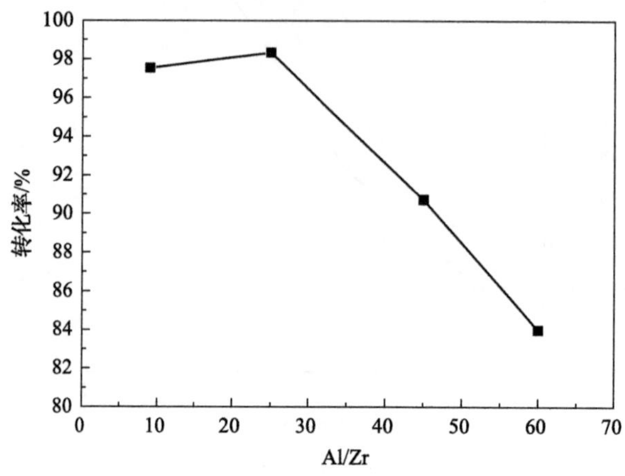

图 4-8 Al/Zr 对煤制 α-烯烃转化率的影响

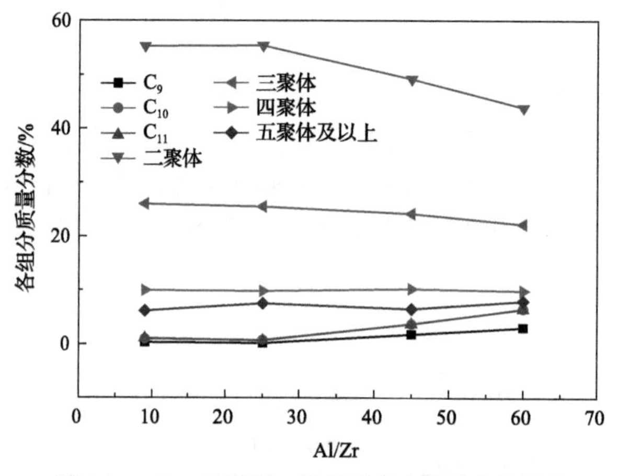

图 4-9 Al/Zr 对煤制 α-烯烃反应产物分布的影响

催化体系中 Al/Zr 对反应的影响应源于催化剂结构的不同。当 Al/Zr 小于 25 时，催化剂结构为双异丁基取代的烷基化茂金属结构，如图 4-10(a)所示；而当 Al/Zr 大于 25 时，催化剂结构转化为 Zr—H—Zr 键、Zr—H—Al 键桥联的二聚茂金属络合物，如图 4-10(b)所示。转化后的桥连二聚茂金属络合物本身的活性中心位较少，且需要更多额外能量激发 Zr—H—Zr 键、Zr—H—Al 键，使其断裂后才能提供催化活性，这就造成烯烃的转化率降低。

3. 反应时间对煤制 α-烯烃聚合行为的影响

在反应温度为 115℃、催化剂/煤制 α-烯烃的质量比为 1×10^{-4}，Al/Zr 为 9 的条件下，初始时随着反应时间的延长，转化率逐渐增加。反应时间延长到 2.5h 时，转化率达到 96%并在之后一直保持稳定，不再随时间延长而增加(图 4-11)。这是因为随着反应时间的延长，聚合单体的浓度降低，聚合产物的黏度变大，从而使得单体和催化剂分子的扩散速率降低，在一定程度上限制了反应的发生，因此转化率随时间延长变缓甚至不再增加。

图 4-12 则显示，随着反应时间延长和转化率的增加，二聚体含量增加较多，三聚体、四聚体、五聚体的含量先逐渐增加后稳定。

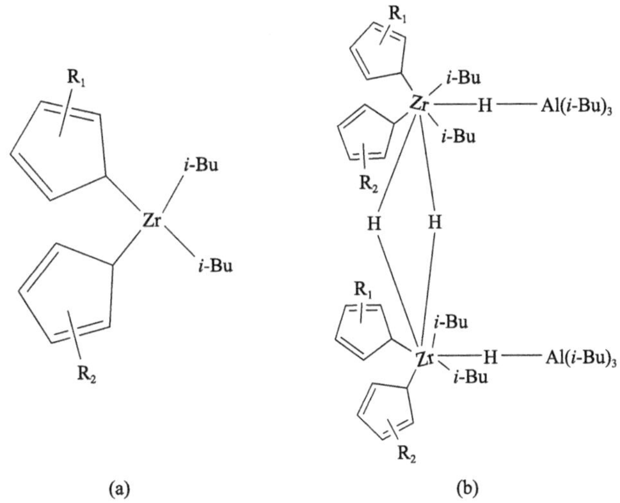

(a)　(b)

图 4-10　不同 Al/Zr 下催化剂与助催化剂所形成的结构示意图

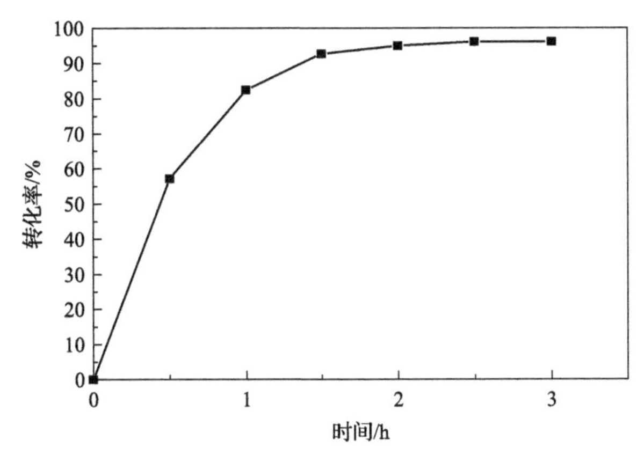

图 4-11　反应时间对煤制 α-烯烃转化率的影响

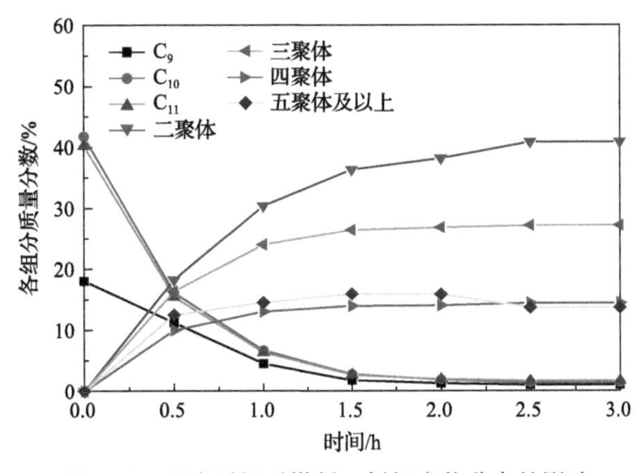

图 4-12　反应时间对煤制 α-烯烃产物分布的影响

4. 反应温度对煤制 α-烯烃聚合行为的影响

在反应时间 2.5h，催化剂/煤制 α-烯烃的质量比为 1×10^{-4}、Al/Zr 为 25 的条件下，适当地降低反应温度有利于抑制二聚体的生成(图 4-13)。反应温度在 115℃时，二聚体质量分数为 55.52%；而反应温度降到 95℃时，二聚体的含量降到 35%，同时四聚体及以上组分占比增加。

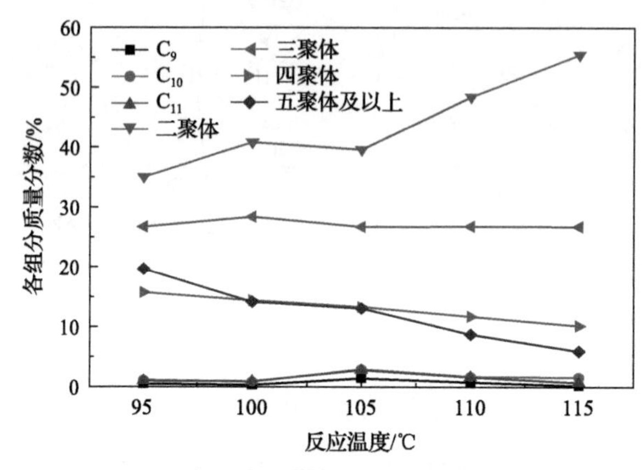

图 4-13　反应温度对煤制 α-烯烃产物分布的影响

分析其原因，可能是聚合反应的温度降低有助于增加体系的平均聚合度(ρN)。平均聚合度(ρN)由链增长反应速率(Rp)和链终止反应速率(Rt)的比例决定，即 ρN=Rp/Rt。链终止反应速率则受 β-H 链转移速率决定，β-H 链转移的反应式如图 4-14 所示。因链转移反应的活化能高于链增长反应的活化能，温度升高后，活化能高的反应速率受影响大，链转移反应速率增加的程度比链增长反应速率增加的程度更高，从而使得低聚合度产物变多。

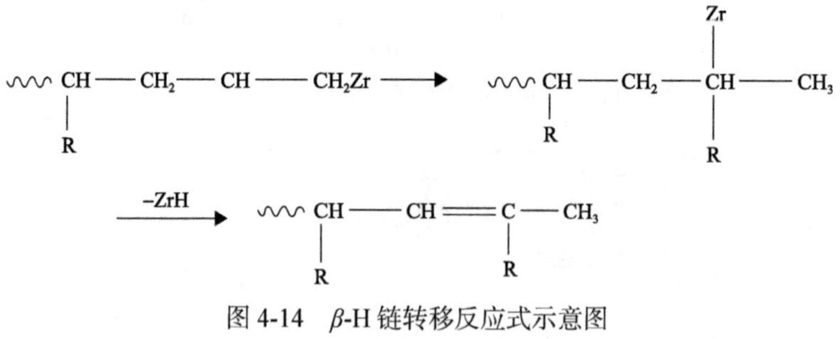

~CH(R)—CH₂—CH—CH₂Zr ⟶ ~CH(R)—CH₂—C(Zr)(R)H—CH₃ $\xrightarrow{-ZrH}$ ~CH(R)—CH=C(R)—CH₃

图 4-14　β-H 链转移反应式示意图

4.4.4　煤制 α-烯烃聚合产物分离

煤制 α-烯烃聚合后，得到的粗产物需要经过后处理，可以采用减压蒸馏方式，一是除去烷烃和少量未反应的原料，二是分离出产物中的二聚体。

茂金属催化聚合的反应在终止时多为 β 氢消除反应，因此二聚体主要为端位有双键的 α-烯烃、三取代的烯烃及少量的二取代烯烃。其中，前两者可以在路易斯酸催化剂的作用下进一步聚合为合适黏度等级的 PAO 基础油。

煤制 α-烯烃聚合产物的典型气相色谱如图 4-15 所示，不同聚合度的聚合体的峰之间相对独立。后处理蒸馏时，二聚体首先被蒸出收集，随后再分出剩余组分中的大部分三聚体。三聚体是 PAO 基础油调和的重要组分之一，所调和 PAO 中三聚体含量的多少对基础油的热安定性会产生影响。经研究，三聚体含量过高会降低基础油的闪点，同时增加蒸发损失，因此可以通过控制三聚体的含量来控制基础油的热安定性质量指标。

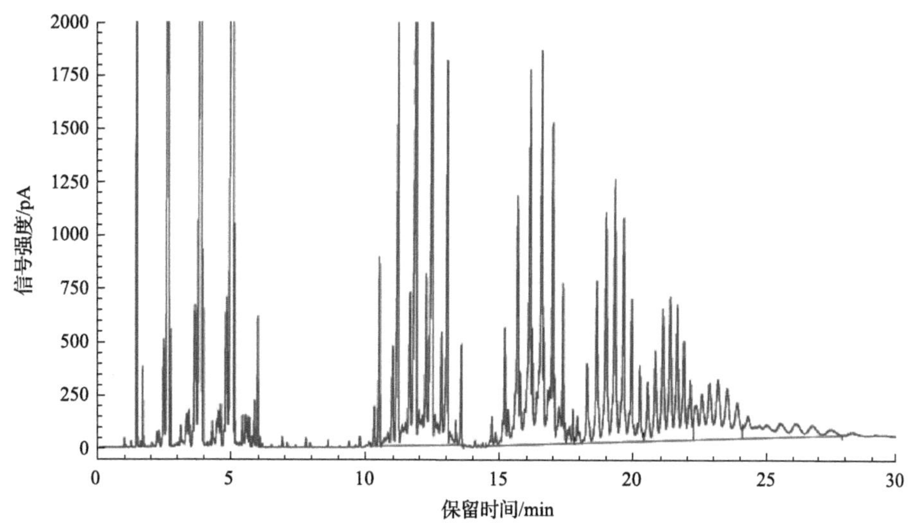

图 4-15　煤制 α-烯烃聚合得到的 PAO 的典型气相色谱图

4.4.5　二聚体再聚合工艺

前述提出，煤制 α-烯烃的二聚体对基础油来说是非理想组分，因此需要解决分离出的二聚体如何进行再利用的问题。李久盛课题组在研究过程中合成了一种新型的液体配合物催化剂(liquid complex catalyst，LMC)。该催化剂具有良好的流动性，生产过程中可方便地通过催化剂加入量来进行聚合反应的工艺控制。以煤制 α-烯烃的二聚体为原料，在反应温度 35℃、反应时间 2h 的条件下，LMC 的添加量为 1.5%时转化率即可达到 96%，展现了优秀的催化活性(图 4-16)。

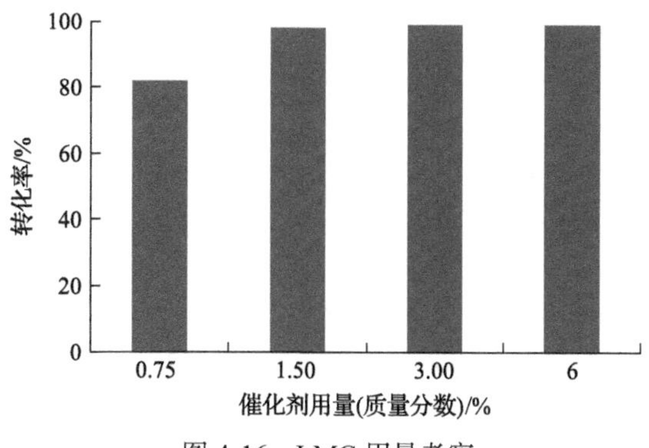

图 4-16　LMC 用量考察

李久盛课题组还研究了不同结构组成的LMC（LMC-A、LMC-U、LMC-D、LMC-C）对反应产物中各聚合体分布的影响，结果如表4-14所示。四种不同结构LMC的聚合产物均以四聚体、五聚体和六聚体为主。其中，LMC-A和LMC-C两种催化剂的聚合产物分布相似，LMC-U和LMC-D的聚合产物中四聚体含量稍低。综合考虑催化剂的合成原料来源、成本及后处理的难易程度，选择了原料简单易得、价格低廉的LMC-U为继续研究的目标。

表4-14　不同LMC上聚合产物的分布（质量分数）　　（单位：%）

催化剂	四聚体	五聚体	六聚体及以上
LMC-A	55.7	14.0	22.1
LMC-U	49.4	12.3	28.4
LMC-D	51.8	13.1	25.2
LMC-C	54.0	13.9	22.8

二聚体再聚合的反应产物经过减压蒸馏和加氢饱和后，可以用于调和低黏度PAO基础油。为了和常规PAO基础油进行对比，以d-PAO来表示二聚体再聚合后调和得到的基础油，c-PAO则代表常规PAO，两个黏度等级的d-PAO的黏温性能如表4-15所示。

表4-15　两种不同黏度等级的d-PAO的黏温性能

黏度等级	40℃运动黏度/(mm^2/s)	100℃运动黏度/(mm^2/s)	黏度指数	倾点/℃	闪点/℃	蒸发损失/%
d-PAO4	—	3.8	128	−63	216	13.1
d-PAO10	63.9	10.2	147	−51	268	3.45

二聚体再聚合后调和得到的d-PAO4和d-PAO10黏温性能与市售产品基本一致，这可能是因为d-PAO和c-PAO的分子结构略有不同，如图4-17所示。c-PAO的分子结构中侧链多以叔碳的形式存在，而d-PAO的分子结构中的侧链多以季碳为主形成十字状结构。这种结构在一定程度上有利于其氧化安定性的提高，但会大大降低其热安定性，导致闪点降低，蒸发损失升高。

d-PAO的结构在理论上减少了易被氧化的叔氢数目，其氧化安定性应该得到改善。李久盛课题组以d-PAO10为基础油调制了合成型蜗轮蜗杆油，并与两种国内产品和一种进口产品进行72h氧化试验的比对。试验结果证实了d-PAO10确实具有较好的氧化安定性。

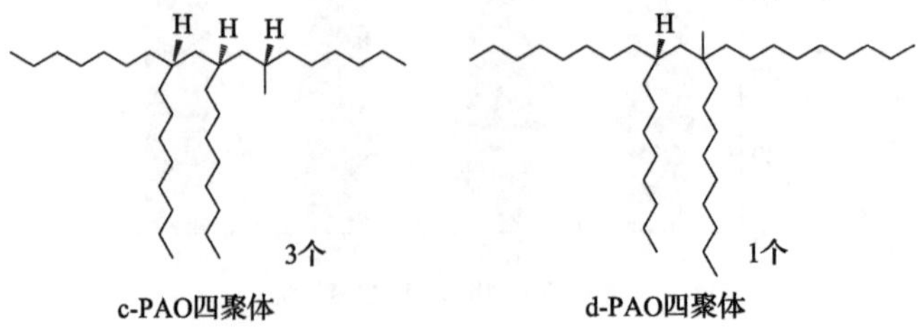

H H H　3个

c-PAO四聚体

H　1个

d-PAO四聚体

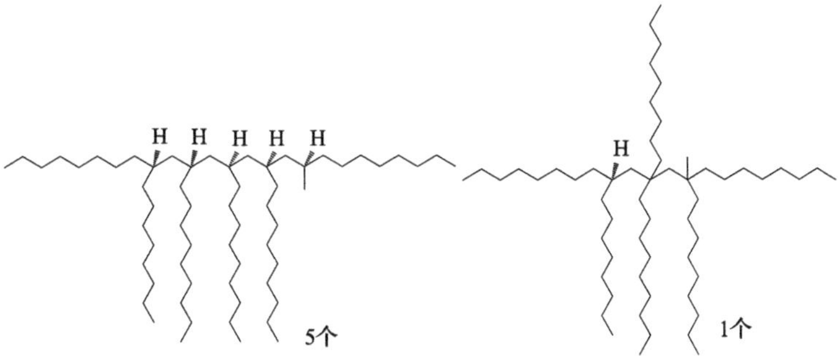

图 4-17　d-PAO 和 c-PAO 中四聚体和六聚体的分子结构对比

4.5　低黏度茂金属 PAO 基础油的制备研究进展

4.5.1　茂金属催化剂结构及合成

一代茂金属催化体系制备低黏度 PAO 的催化活性只有 6.8kg 产品/g 催化剂，基础油收率只有 43%。低催化活性意味着需要消耗大量的催化剂和助催化剂，这大大增加了生产成本。基础油收率低源于合成过程中产生了大量的二聚体，这些二聚体需要进一步处理才能成为合格的润滑油基础油，额外的处理工序降低了生产效率，也增加了生产成本。因此有必要开发新的高活性催化剂，以提高催化活性和合格基础油组分的收率。

4.5.2　催化剂配体结构及合成

催化剂配体的结构，决定了茂金属催化体系的活性和聚合特性，因此选取合适的配体及其合成路线至关重要。李久盛课题组在前期研究工作中，对配体类型进行了大量筛选及活性评价，得到了一种具有很高活性且可以大幅提高基础油收率的催化剂配体。

在此基础上，该团队对配体的合成和纯化工艺进行不断优化，最终开发出了室温一锅法合成工艺，避免了常规合成中采用的超低温合成条件，可以高收率地产出配体。在后处理步骤中，开发了特殊溶剂洗涤过滤的纯化工艺，可以免去传统重结晶、蒸馏、洗涤干燥的烦琐步骤，高效率地实现配体纯化。这些都大大简化了催化剂合成工艺，有利于实现催化剂的放大生产。

4.5.3　煤制 α-烯烃聚合度的调控

催化剂的用量不仅对降低生产成本有重要意义，还对聚合工艺过程中的控制至关重要。选取合适的催化剂添加量对烯烃的转化率及聚合过程的温升有重要影响。低添加量会降低烯烃转化率，影响生产效率，较高的添加量则会导致 α-烯烃聚合时短时间内大量放热，产生飞温使反应失控，造成安全隐患。因此，高活性的催化剂需要准确控制聚合时的加剂量。

李久盛课题组在一定的聚合反应条件下研究了催化剂添加量对反应活性、原料转化率和聚合产物分布的影响(图 4-18 和图 4-19)。随着催化剂添加量增加，α-烯烃的转化率得到提升，催化剂添加到一定量后，继续添加对转化率的影响不大，同时，随着催化剂量的增加，催化剂活性先维持不变后降低。因此，催化剂存在一个最佳添加量，此时转化率约为 96%，催化活性为 80kg 产物/g 催化剂，相较于一代催化剂活性提高了 10 倍以上。

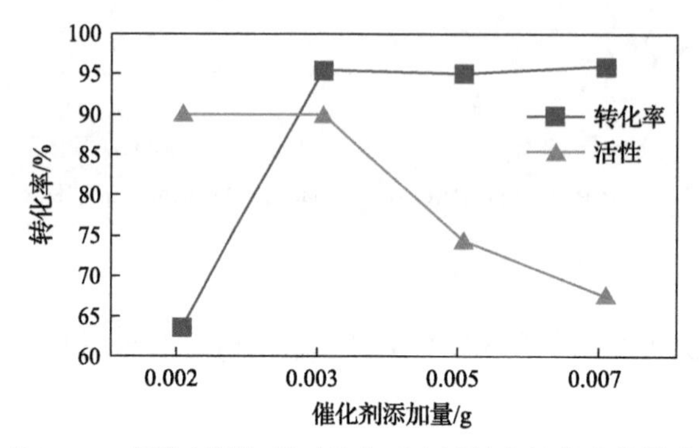

图 4-18 催化剂添加量对聚合反应活性和转化率的影响

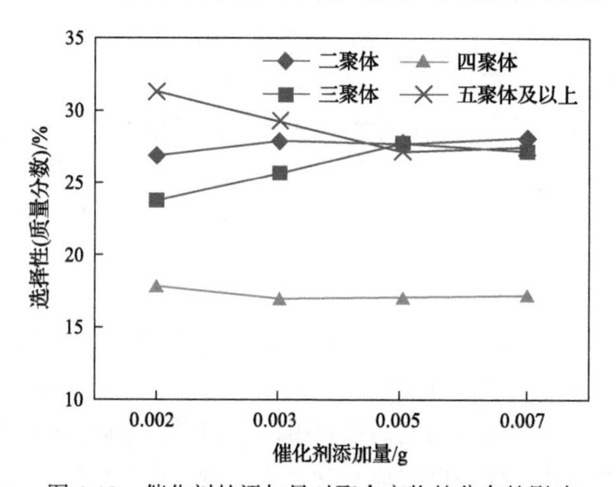

图 4-19 催化剂的添加量对聚合产物的分布的影响

研究表明，随着催化剂添加量的增加，产物中五聚体以上的重组分含量有所减少，三聚体的含量稍有增加，四聚体的选择性基本不受影响。

4.5.4 聚合后处理工艺

聚合产物经减压蒸馏后的各馏分段，需要经过带压、临氢环境下的加氢处理以对聚合体中残余的双键进行加氢饱和，以保证后续所调和基础油的氧化安定性。

通过馏分间调和，可以得到 mPAO4、mPAO6 和 mPAO8 三种低黏度基础油。三个黏度等级的 PAO 基础油均含有三聚体，其中 mPAO4 和 mPAO6 中三聚体是主要成分，mPAO8 中则以四聚体以上的混合物为主要成分。目前，商业化的低黏度 PAO 都是采用 BF_3 催化剂生产的，相比商业化 PAO，在 PAO4 等级中，mPAO 的三聚体含量更低，重组分更多；在 PAO6 和 PAO8 等级中，mPAO 中三聚体和五聚体的含量都大大高于商业化 PAO，中间组分四聚体的含量较低。

4.5.5 原料对基础油性能的影响

通过优化确定最佳的聚合工艺：以 PAO8 为例，催化剂/原料的质量比为 1×10^{-4}，助催化剂中 Al/Zr=9，阴离子供体/茂金属的物质的量之比为 2.1，反应温度为 115℃，反应时间为 2.5h。选择不同的烯烃原料（C_9～C_{11} 煤制烯烃、C_8～C_{12} 煤制烯烃、C_{10} 进口烯烃）进行平行的聚合试验，通过后处理后得到的 PAO8 的部分理化指标见表 4-16，市售的雪佛龙 PAO8 产品作为对标的参考样品。

表 4-16　不同原料制备的 PAO8 基础油性能测试对比

原料来源	100℃运动黏度/(mm^2/s)	黏度指数	倾点/℃	闪点/℃	蒸发损失（质量分数）/%
C_9～C_{11}	8.1	158	−54	286	3.47
C_8～C_{12}	7.9	157	−54	284	3.03
进口 C_{10}	8.0	159	−53	288	3.69
Chevron PAO	7.8	138	−56	262	3.89

煤制 α-烯烃合成的 PAO8 具有较高的黏度指数、较高的闪点以及较低的蒸发损失，说明其热安定性优异。值得注意的是，煤制 α-烯烃产物的倾点相对高于市售产品的倾点。其原因可能是茂金属催化剂只有单一活性中心，在聚合过程中无其他副反应发生，所得到的 PAO 结构规整，异构化程度相对低，因此热安定性更为出色。

四种 PAO8 的气相色谱图呈现出较为明显的差别（图 4-20）。Chevron 产品组成为三聚体 7.2%、四聚体 34.4%，五聚体 42.6%，高聚物 15.8%；C_9～C_{11} 烯烃合成的 PAO8 中三聚体 8.87%、四聚体 46.19%、五聚体 29.45%、高聚物 15.48%；C_8～C_{12} 烯烃合成的 PAO8 由于原料碳数更宽，得到的聚合物异构体也较多，含有几乎连续碳数的三聚体以上的同分异构体，其黏温性能与以 C_9～C_{11} 原料合成的 PAO8 性能相似；进口 C_{10} 烯烃因为原料碳数单一，所合成的 PAO8 中的同分异构体最少，组成与 Chevron 产品相似，不同之处在于高聚物含量较高，达到了 29.7%。

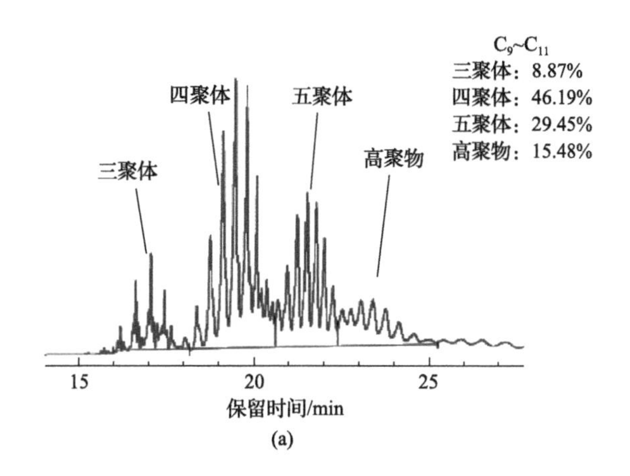

(a)

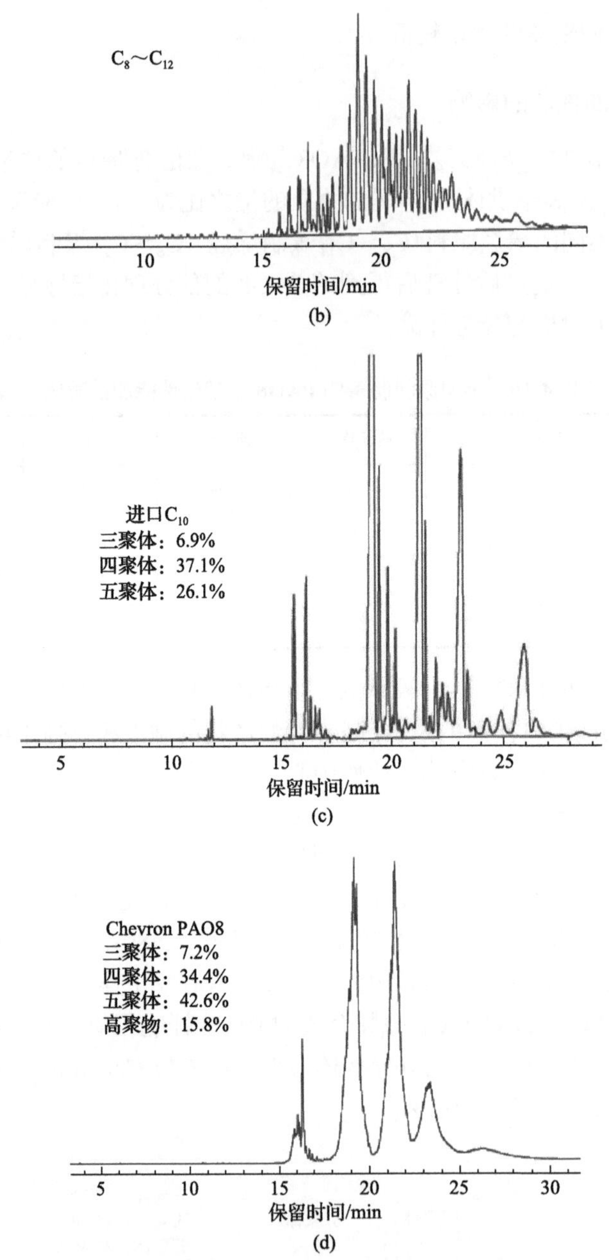

图 4-20　不同原料合成的 PAO8 的组成色谱分析图

(a) C_9～C_{11} 为原料合成；(b) C_8～C_{12} 为原料合成；(c) 进口 C_{10} 为原料合成；(d) Chevron 产品

李久盛课题组在对上述四种 PAO8 的评价中发现，采用茂金属催化体系合成的 PAO 与 Chevron 样品相比具有较低的热解速度和更高的完全分解温度，说明其热安定性要优于市售产品，这与 PAO 的分子结构特征相关联。BF_3 催化体系合成的产物中含有大量的侧链，导致其分子的碳原子中热安定性较差的叔碳比例较高；而采用茂金属催化体系合成的 PAO 得到的聚合产物结构规整，侧链整齐，分子结构中的叔碳含量相对较低，所以在热安定性方面的表现更为优秀。从另一方面来说，烃类基础油分子结构的异构化程度越高，则其化学安定性越好，因此含有侧链结构最多的 Chevron 产品在评价中表现出最好的氧化安定性。

4.5.6 工艺中试进展

在催化体系和聚合工艺完成实验室研发工作的基础上，潞安集团与中国科学院上海高等研究院合作完成了煤制 α-烯烃制备低黏度 PAO 3000t/a 的中试装置建设(图 4-21)，并于 2022 年完成了黏度等级为 $4mm^2/s$、$6mm^2/s$、$8mm^2/s$ 和 $10mm^2/s$ 的 mPAO 基础油多批次工业化试生产，所得到的产品性能优异。

图 4-21 mPAO 中试装置照片

4.6 中高黏度茂金属 PAO 基础油的制备研究进展

在低黏度茂金属 PAO 基础油工艺开发工作基础上，为了满足工业润滑油对优质高黏度合成基础油的迫切需求，完善 PAO 基础油的黏度级别，李久盛团队以煤制 α-烯烃为原料，以桥联茂金属作为聚合催化剂，持续开展了高黏度及超高黏度 mPAO 基础油聚合工艺、后处理工艺的研发工作，主要的研究内容如下。

合成包括非桥联、桥联型多种茂金属催化剂及有机硼类多相型助催化剂，筛选出催化活性高、适用于合成高黏度及超高黏度 mPAO 产品的催化体系。

考察反应温度、催化剂用量、助催化剂用量、反应时间等工艺条件对催化剂活性和产品黏温性能的影响，确定制备高黏度及超高黏度 PAO 基础油较优的聚合工艺条件。

根据所确定的聚合工艺条件，完成多批次产品的实验室合成，并对其结构与理化性质进行分析评价。

对高黏度及超高黏度mPAO基础油产品进行性能评价，并与进口PAO产品进行对比，在此基础上结合轨道交通、风能发电等行业的齿轮油配方进行应用研究。

另外，结合润滑油产品的开发需求，对超高黏度 PAO 的增稠能力及抗剪切能力进行评价，为今后高黏度 PAO 基础油的应用提供指导。

4.6.1 茂金属催化体系筛选及优化

在本节中，根据不同黏度级别 PAO 基础油聚合反应工艺的需求，分别合成五种不同的桥联茂金属催化剂，对这些催化剂的聚合活性进行考察，并在此基础上优选高活性的茂金属作为合成 mPAO1000 和 mPAO2000 的催化剂，继续开展聚合工艺条件的优化试验。

所合成的五种茂金属化合物结构为 $(CH_3)_2Si(Ind)_2ZrCl_2$、$Ph_2C(Cp\text{-}9\text{-}Flu)ZrCl_2$、$(CH_3)_2C(Cp\text{-}2,7\text{-}t\text{-}Bu\text{-}Flu)ZrCl_2$、$(CH_3)_2C(Cp\text{-}9\text{-}Flu)ZrCl_2$ 和 $(CH_3)_2C(Ind)_2ZrCl_2$。分别以这五种茂金属为主催化剂，*N,N*-二甲基苯铵四（五氟苯基）硼酸盐（$[PhN(Me)_2H]B(C_6F_5)_4$）为助催化剂对其进行活性评价，评价条件为：催化剂 1.78×10^{-4}mol，Al/Zr=65，B/Zr=1.5，烯烃原料 400g，反应温度 75℃，反应时间 2.5h。

聚合反应中，催化剂的活性评价结果如图 4-22 所示。可以看出，所合成的五种桥联茂金属的催化活性大小顺序为：$(CH_3)_2C(Cp\text{-}2,7\text{-}t\text{-}Bu\text{-}Flu)ZrCl_2 > (CH_3)_2C(Cp\text{-}9\text{-}Flu)ZrCl_2 > (CH_3)_2C(Ind)_2ZrCl_2 > (CH_3)_2Si(Ind)_2ZrCl_2 > Ph_2C(Cp\text{-}9\text{-}Flu)ZrCl_2$。其中，活性最高的 $(CH_3)_2C(Cp\text{-}2,7\text{-}t\text{-}Bu\text{-}Flu)ZrCl_2$ 达到了 1840kgPAO/mol 催化剂。因此在后续的研究中，选取 $(CH_3)_2C(Cp\text{-}2,7\text{-}t\text{-}Bu\text{-}Flu)ZrCl_2$ 作为制备超高黏度 PAO 基础油的主催化剂，详细考察了这种类型的桥联催化剂与有机硼化物复配，在煤制 α-烯烃聚合反应中的催化特性。

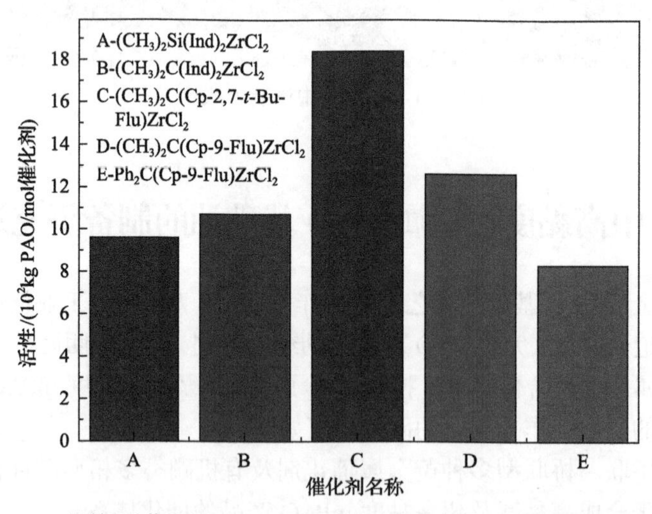

图 4-22 不同桥联茂金属/*N,N*-二甲基苯铵四（五氟苯基）硼酸盐的催化活性

1. $Al(i\text{-}Bu)_3$ 添加量对催化剂聚合行为的影响

一般说来，对于阳离子茂金属催化剂体系，活性物种是茂金属烷基阳离子。对于 $Al(i\text{-}Bu)_3/[PhN(Me)_2H]^+B(C_6F_5)_4$ 助剂体系，其中真正起到催化辅助作用的助剂是阴离

子试剂$[PhN(Me)_2H]^+B(C_6F_5)_4$，而 Al(*i*-Bu)$_3$ 在体系中的主要作用有两个：一是烷基化作用，与茂金属催化剂相作用置换掉金属原子上的两个卤素原子，将催化剂烷基化后形成金属阳离子活性中心，此活性中心再与有机硼化物阴离子作用形成稳定的阳离子催化活性中心；第二个作用是与原料中的微量水分和其他影响催化剂活性的杂质相作用，除去这些有害杂质，以保证催化剂活性中心不被破坏。其添加量对催化剂的聚合特性有明显影响。

为了进一步验证和优化催化体系中主催化剂与助催化剂的配比，研究者考察了 Al(*i*-Bu)$_3$的添加量，即 Al/Zr，对 α-烯烃转化率和 PAO 基础油产品收率的影响，结果如图 4-23 所示。由图可见，随着 Al/Zr 的增加，α-烯烃转化率和 PAO 产品收率都随之增加，当 Al/Zr=65 时转化率和收率均达到最大，进一步增加 Al/Zr，催化剂活性则降低。

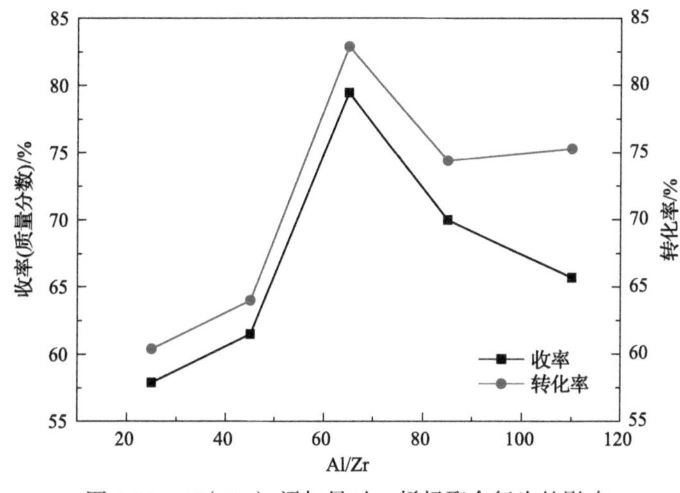

图 4-23 Al(*i*-Bu)$_3$添加量对 α-烯烃聚合行为的影响

分析其原因，Al/Zr 较低时，不能充分地清除反应系统中的杂质和毒物；随着 Al(*i*-Bu)$_3$用量增加，烷基化和除杂反应都会进行得更为彻底，因而催化活性提高。此外，当采用$AlR_3/[PhN(Me)_2H]^+B(C_6F_5)_4$作为助剂时，催化剂体系可以形成具有不同催化活性的多种阳离子活性物种(cationic species)。

图 4-24 显示了本反应系统下可能存在的阳离子活性物种(A、B 和 C)的生成和转换关系。这些不同的阳离子之间存在多个平衡反应，活性物种 A 是主要的催化活性中心，活性物种 B 和 C 具有低的催化活性。烷基铝的用量影响催化剂活性的本质在于，不同的 Al/Zr 可能生成不同类型的催化活性物种，并且还能通过影响聚合物向烷基铝中的铝链转移反应而影响催化剂活性。随着 Al/Zr 的增加，过量的 Al(*i*-Bu)$_3$ 将消耗$[PhN(Me)_2H]^+B(C_6F_5)_4$而导致催化剂不能够被充分地活化。因此，烷基铝在反应中的用量并不是越多越好，而是存在一个最佳量值，如本试验中反应体系 Al/Zr 的最佳值为 65。

在考察 Al/Zr 对催化剂活性影响的过程中，同时对所得到的 PAO 基础油产品黏温性能进行考察，结果如表 4-17 所示。

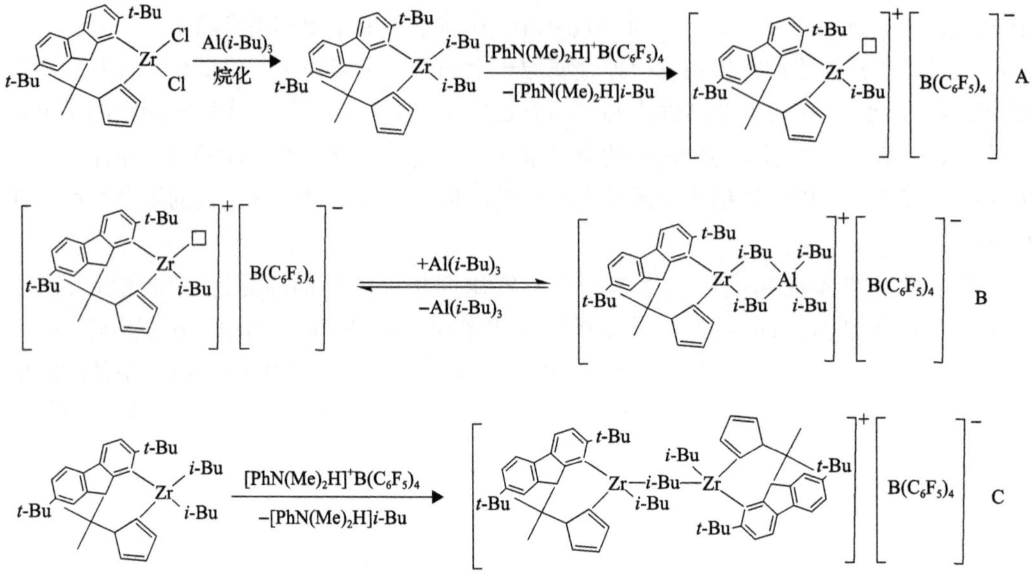

图 4-24 催化活性中心的形成

表 4-17 Al(*i*-Bu)$_3$的添加量对 PAO 黏温性能的影响

Al/Zr	100℃运动黏度/(mm²/s)	倾点/℃	M_w	分子量分布指数(M_w/M_n)
20	759.9	−21	26600	1.75
45	761.8	−21	24960	1.73
65	859.8	−21	25470	1.79
85	620.8	−27	23450	1.73
110	620.9	−30	25680	1.74

注：M_w表示重均分子量，M_n表示数均分子量。

从表中数据可以看出，所设计的催化体系得到的产品均为高黏度的 PAO，且分子量分布指数都在 1.75 左右，分子量分布较窄；PAO 基础油黏度随 Al/Zr 增加先增大后减小。推测其原因，可能是随着 Al(*i*-Bu)$_3$用量的增加，催化剂活性中心被充分活化，活性中心的链增长速率常数较大，有利于得到更高黏度的 PAO；随 Al/Zr 的继续增加，过量的 Al(*i*-Bu)$_3$将消耗[PhN(Me)$_2$H]$^+$B(C$_6$F$_5$)$_4$而导致催化剂不能够被充分地活化，链转移速率常数增加，导致 PAO 基础油黏度变小。

2. 反应温度对催化剂聚合行为的影响

反应温度是影响催化性能的重要因素。通常来说温度升高有利于烯烃的齐聚，随着反应温度的升高，催化剂的聚合活性提高，原因主要有以下三个方面：一是随着聚合反应温度的升高，活性中心的链增长速率常数增大，从而导致催化剂活性提高；二是由于聚合单体是液体，并且是均相聚合反应，聚合反应温度的升高，有利于单体的扩散；三是随着聚合反应温度的升高，更多潜在的活性中心被活化，导致总的活性中心数目增加，使得催化剂的活性提高。

在反应条件为催化剂 1.78×10^{-4}mol，Al/Zr=65，B/Zr=1.5，煤基合成 α-烯烃 400g，反应时间 2.5h 时，考察了反应温度对 1-癸烯齐聚的影响，结果如图 4-25 所示。可以看出，催化剂活性并没有随温度升高而增加，反而急剧减小，在 115℃时 PAO 收率只有约 44%。由此可知，$(CH_3)_2C(Cp\text{-}2,7\text{-}t\text{-}Bu\text{-}Flu)ZrCl_2$ 具有较高的催化活性，但在一定温度下所形成的活性中心并不稳定，随温度升高而迅速分解，使得 α-烯烃转化率大幅下降，因此在不影响产物性能的前提下，如何使催化剂活性中心在更高反应温度下具有较好的稳定性尤为重要。

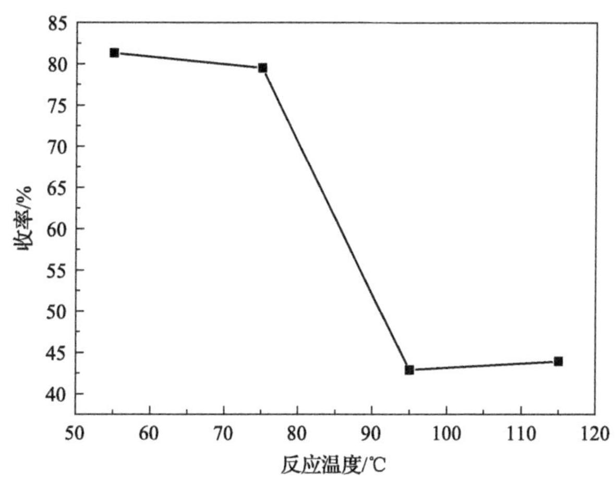

图 4-25　反应温度对 1-癸烯齐聚的影响

对所得的 PAO 基础油黏温性能进行分析，结果如表 4-18 所示。可以看出，随着反应温度的升高，基础油的运动黏度急剧下降，从 55℃的 2234mm^2/s 降低到了 115℃的 359mm^2/s，分子量分布指数变化不大，分布在 1.8 左右。这是由于温度的升高，链转移速率增大，导致聚合物的聚合度降低，分子量和运动黏度随之减小。

表 4-18　起始反应温度对 PAO 黏温性能的影响

起始反应温度/℃	100℃运动黏度/(mm^2/s)	倾点/℃	M_w/M_n
55	2234	−20	1.98
75	1564	−24	1.79
95	924	−30	1.89
115	359	−36	1.90

注：催化剂 1.78×10^{-4}mol，Al/Zr=65，B/Zr=1.5，C_9～C_{11} 烯烃 400g，反应时间 2.5h。

3. 催化剂用量对聚合反应催化特性的影响

由于 $(CH_3)_2C(Cp\text{-}2,7\text{-}t\text{-}Bu\text{-}Flu)ZrCl_2/Al(i\text{-}Bu)_3/[PhN(Me)_2H]^+B(C_6F_5)_4^-$ 催化体系具有很高的催化活性，短时间内放出大量的热量使得反应温度失控，造成催化剂失活，在接下来的工作中降低了催化剂的用量，评价结果见表 4-19。

从表中可以看出，当催化剂的量从 1.78×10^{-4}mol 降低到 2.22×10^{-5}mol（即原来用量的 1/8）后，将反应温度控制在 90℃以下，催化剂活性由原来的 3.5kgPAO/g 催化剂增加

表 4-19 催化剂用量对催化聚合特性的影响

催化剂用量/(10^{-5}mol)	100℃运动黏度/(mm^2/s)	倾点/℃	M_w/M_n	催化活性/(kgPAO/g 催化剂)
17.8	859.8	−24	1.79	3.5
5.93	1167	−24	2.10	10
3.56	1430	−16	2.03	16
2.22	1566	−12	2.00	25.7

注：Al/Zr=65，B/Zr=1.5，C_9～C_{11}：400g，反应时间 2.5h。

到了 25.7kgPAO/g 催化剂，证明体系仍然具有非常高的催化活性。产品的运动黏度随着催化剂用量的减少而增加，这是由于随着催化剂浓度的减小，链转移的速率减小，聚合物的分子量和运动黏度也就随之增加，在 1100～1560mm^2/s，分子量分布指数在 2.0 左右。

4. 反应时间对聚合反应催化特性的影响

通过上述评价结果，可以看出该催化体系具有很高的催化活性，因此进一步考察反应时间对催化聚合特性的影响，结果如图 4-26 所示。可以看出，该催化体系具有非常高的转化速率，在约 5min 的时间内超过一半单体参与了聚合反应，转化率达到了 56.3%，这也是该体系放热剧烈的原因。在经过 30min 的反应后转化率达到了 83.1%，继续延长反应时间转化率变化不大。

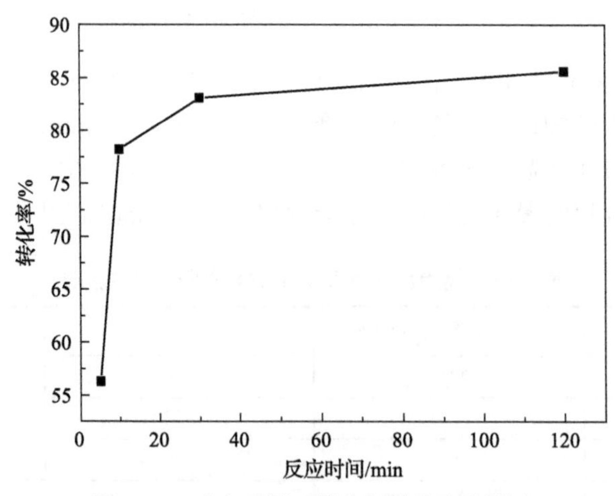

图 4-26 反应时间对催化剂转化率的影响

4.6.2 中高黏度 PAO 基础油聚合工艺

1. 高黏度 mPAO1000 的合成

由前期的催化剂评价结果可知，在相对低的起始反应温度下，采用$(CH_3)_2C$(Cp-2,7-*t*-Bu-Flu)$ZrCl_2$/Al(*i*-Bu)$_3$/[PhN(Me)$_2$H]+B(C_6F_5)$_4^-$催化体系可合成运动黏度大于 1000mm^2/s 的聚合物。利用该催化剂体系的这一特点，开展了 mPAO1000 的制备工艺研究。

在试验过程中发现，当聚合反应的起始温度在 90℃左右时，所得到的聚合物黏度在 1000mm²/s 左右，而此温度点也是在该茂金属催化剂的温度耐受点附近，这就造成了合成该黏度级别的 PAO 时，催化剂的活性大大下降。为了解决上述问题，在反应体系中引入了分子量调节剂。在临氢气氛下，茂金属催化剂在聚合反应过程中的链转移速率加快，使得产物黏度明显下降，起到了调节聚合物分子量的作用，同时改善了催化剂的聚合活性。

考察了不同氢气压力和反应温度对聚合反应的影响，数据如表 4-20 和表 4-21 所示。氢气的引入使得聚合物黏度大幅度下降，且黏度随着氢气压力的增大而快速减小，从 865mm²/s 减小至 387mm²/s；同时，使得催化剂活性得到提高，催化剂活性增加到了 46.7kg/g。根据试验结果和实际应用考虑，选取氢气压力为 3.5bar 的条件，通过调节反应温度来合成 mPAO1000，这样既降低了反应温度，又提高了催化剂的活性。

表 4-20　氢气压力对 mPAO1000 制备的影响

氢气压力/bar[a]	100℃运动黏度/(mm²/s)	活性/(kg/g)	M_w/M_n
1.5	865	30.2	1.98
3.5	715	45.5	2.0
5.5	542	46.6	1.89
7.0	387	46.7	1.90

a 1bar=0.1MPa。

注：反应条件：Al/Zr=65，B/Zr=1.5，C_9～C_{11}：400g，反应温度 90℃，反应时间 2.5h。

表 4-21　反应温度对 mPAO1000 制备的影响

反应温度/℃	100℃运动黏度/(mm²/s)	活性/(kg/g)	M_w/M_n
95	485	43.8	1.9
85	621	45.8	1.9
75	1050	46.4	2.0
65	1287	46.3	2.1

注：反应条件：Al/Zr=65，B/Zr=1.5，C_9～C_{11}：400g，氢气压力 3.5bar，反应时间 2.5h。

从表 4-21 可以看出，在 3.5bar 的氢气压力下，随着反应温度的降低，黏度增大，在反应温度为 75℃时，聚合产物的运动黏度为 1050mm²/s，分子量分布指数为 2.0，达到了试验所需的黏度等级，且产物的分子量分布较为集中。

2. 高黏度 mPAO2000 的合成

以 C_9～C_{11} 混合烯烃为原料，以 100℃下运动黏度 2000mm²/s 为合成目标进行了条件考察试验，通过调节反应温度对聚合物的运动黏度进行调控，同时对其分子量分布进行评价。结果如表 4-22 所示。从表中数据可以看出，所合成聚合物运动黏度随温度升高迅速下降，活性约为 30kg/g，聚合物都有着较窄的分子量分布，当反应温度为 10℃时聚合物的运动黏度为 1981mm²/s。

表 4-22　不同聚合温度对 mPAO2000 制备的影响

反应温度/℃	100℃运动黏度/(mm²/s)	活性/(kg/g)	M_w/M_n
0	2567	25	2.2
10	1981	30	2.1
20	1444	32	2.0
30	874	31	1.9

3. 中黏度 mPAO300 的合成

根据前期工作的结果，选取催化活性高、聚合速率平稳的催化剂 CAT-B 进行聚合反应，分别考察了不同起始反应温度和不同原料(C_9～C_{11} 与 C_5～C_8)配比的条件下，对所制备 mPAO300 产品性能的影响。

通过优化试验，确定聚合原料的组成比例是(C_9～C_{11})∶(C_5～C_8)=2∶15(质量比)，考察了不同起始反应温度对 mPAO 运动黏度的影响，结果如表 4-23 所示。可以看出，随着温度的升高，聚合产物的黏度急剧下降，在起始反应温度为 50～55℃时，所得到的聚合产物运动黏度为 317mm²/s，达到了目标产物的要求，且分子量分布较为集中(M_w/M_n=1.9)。

表 4-23　不同聚合温度对聚合产物黏度等级的影响

反应温度/℃	100℃运动黏度/(mm²/s)	活性/(kg/g)	M_w/M_n
35～40	834	18	2.1
45～50	572	22	2.0
50～55	317	32	1.9
55～60	147	41	1.9
70～75	52	45	1.9

4.6.3　中高黏度 mPAO 基础油产品特点

1. 高黏度 mPAO1000 的剪切安定性及其改善

mPAO1000 作为一种超高黏度的聚合产物，在工业润滑油如齿轮油中有较为广泛的应用，其应用目标为提高润滑油产品的黏度，改善其黏温性能，同时不显著影响产品的抗剪切能力，所以其抗剪切能力是这类产品的重要指标。

采用圆锥辊子试验机(kugel rollen lager，KRL)对所合成 mPAO1000 样品的增黏能力和抗剪切能力进行测试，同时和市售牌号为 PB2400 的黏指剂做了对比，试验结果如表 4-24 所示。可以看出，两者相比，mPAO1000 虽然黏度较低，但仍表现出较好的增黏能力，但其黏度损失达到了 19.6%，而 PB2400 虽然增黏能力弱，但其黏度损失只有 1.4%，有着优秀的抗剪切能力。由于 mPAO1000 的抗剪切能力较弱，限制了其实际应用，因此考虑从聚合物结构和反应条件控制方面入手，提高这类高分子量聚合物的抗剪切性能。

1) 黏度对 mPAO 性能的影响

以 C_9～C_{11} 的混合烯烃为原料，合成了一系列不同黏度的 mPAO 产物，并对其增黏性能和抗剪切性能进行了考察,结果如图 4-27 所示。可以看出,随着 mPAO 的黏度增加,其增黏能力和黏度损失都增大;当黏度小于 600mm²/s 时,增黏能力增加的速度大于黏度损失;当 mPAO 的黏度大于 600mm²/s 时,产品的增黏能力和黏度损失增加的速度相当。值得注意的是,mPAO 黏度最低时(298mm²/s),其黏度损失也达到了 2.3%,仍然高于 PB2400 的 1.4%,但其增黏能力已下降至 3.2mm²/s,明显低于 PB2400 的 4.05mm²/s。为了进一步优化茂金属聚合产物的综合性能,就需要考虑从产物的结构入手进行调整。

表 4-24　两种超高黏度聚合物的 KRL 剪切安定性测试

样品	100℃运动黏度/(mm²/s)	增黏能力/(mm²/s)	黏度损失/%
mPAO1000	1050	6.4	19.6
PB2400	4700	4.05	1.4

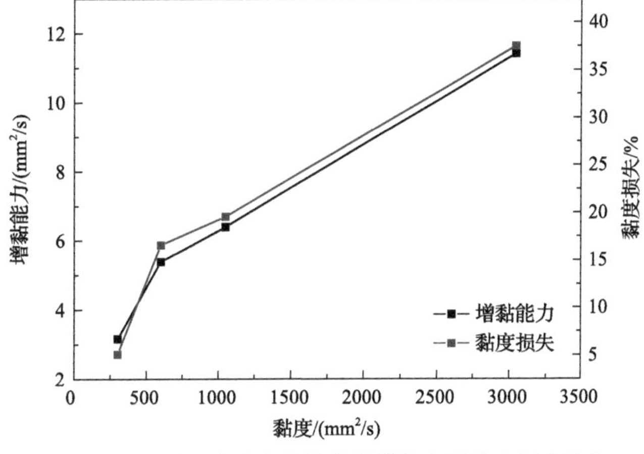

图 4-27　不同黏度聚合产物的增黏能力及黏度损失趋势

2)原料组成对 mPAO 性能的影响

考察了不同原料对 mPAO 抗剪切性能及增黏性能的影响。选取 C_9～C_{11} 和 C_5～C_{20} 及 C_5～C_8 三种不同组成的原料,制备了不同黏度级别的 mPAO 产品,并对其增黏和抗剪切性能进行测试,结果如表 4-25 所示。

表 4-25　不同原料所合成的聚合物性能测试结果

样品	100℃运动黏度/(mm²/s)	增黏能力/(mm²/s)	黏度损失/%
C_5～C_{20}原料	3050	11.4	38.5
C_9～C_{11}原料	2565	9.1	27.6
C_5～C_8原料	3979	8.3	25.8
PB2400	4700	4.05	1.4

从表中可以看出,虽然各个聚合物的运动黏度不同,但原料的组成对聚合物的抗剪切能力有很大的影响。随着原料中长碳链烯烃的增加,聚合物的增黏能力增强,但黏度损失也明显增大;PB2400 由于是由异丁烯聚合所得,具有最短的侧链碳数,所以其抗剪

切性能最强；用 C_5～C_{20} 原料所聚合得到的产物，由于具有许多高碳数的侧链而导致其黏度损失大幅增加。

基于以上结果，可以得出结论：对聚合物原料来说，高碳数对聚合物增黏能力有益，但会降低抗剪切性能；低碳数对提高抗剪切性能有益，而降低了聚合物的增黏能力。要想使聚合物具有合适的增黏能力和出色的抗剪切性能，必须从聚合物的黏度等级和原料烯烃的组成入手进行调控。

2. 高黏度 mPAO2000 的性能

对 mPAO2000 的增黏性能及抗剪切性能进行评价，结果如表 4-26 所示。从表中数据可以看出，所合成的 mPAO2000 虽然有较高的增黏能力，但其抗剪切性能低下，黏度损失高达 24.3%，无法应用于对抗剪切性能有较高要求的油品，极大限制了其使用范围。

表 4-26　两种超高黏度聚合物的 KRL 测试结果

样品	100℃运动黏度/(mm^2/s)	增黏能力/(mm^2/s)	黏度损失/%
mPAO2000	1981	8.2	24.3
PB2400	4700	4.05	1.4

3. 中黏度 mPAO300 的性能

对 mPAO300 的增黏能力和抗剪切性能进行测试，并与市售 ExxonMobil 公司 mPAO300 进行了对比。结果如表 4-27 所示。可以看出，本研究所合成的 mPAO300 运动黏度比 ExxonMobil 公司样品高 $19mm^2/s$，其增黏能力和抗剪切损失方面均与 ExxonMobil 公司产品相差无几，从而印证了上述推测，即超高黏度 mPAO 的抗剪切性能与聚合原料的组成有直接关系。

表 4-27　两种 mPAO300 的增黏能力和抗剪切性能对比

样品	100℃运动黏度/(mm^2/s)	增黏能力/(mm^2/s)	黏度损失/%
mPAO300	317	2.6	0.8
ExxonMobil 公司 mPAO300	298	2.5	0.6

4.7　茂金属 PAO 基础油的应用研究进展

4.7.1　mPAO 基础油在内燃机油中的应用研究

基础油的一些关键理化指标决定了该基础油应被应用于哪些产品中。低黏度 PAO 基础油多应用于汽油机油、液压油等产品中，中高黏度的 PAO 基础油则应用于柴油机油、齿轮油等产品中。mPAO4、mPAO6 和 mPAO8 三种基础油的部分理化指标列于表 4-28 中。

这三种 mPAO 的黏度指数均比市售同类产品高 12～20，说明其具有优异的黏温性能。这是由于茂金属催化剂的单一活性中心催化所得到的产物具有规整的侧链结构，而 BF_3

表 4-28　低黏度 mPAO 的黏温性能与市售产品对比

黏度等级	40℃运动黏度/(mm²/s)	100℃运动黏度/(mm²/s)	黏度指数		闪点/℃		倾点/℃		低温表观黏度(–35℃)/(mPa·s)		蒸发损失/%(质量分数)	
			mPAO	市售	mPAO	市售	mPAO	市售	mPAO	市售	mPAO	市售
mPAO4	17.6	4	136	124	229	213	–57	–72	1095	1358	12.1	<14
mPAO6	28.7	5.9	156	138	249	235	–57	–64	2615	3613	6.9	6.4
mPAO8	43.3	8	159	139	263	258	<–60	–56	5336	—	3.9	4.1

催化剂在反应过程中除了聚合反应外，还伴随有双键异构和骨架异构化反应，造成其聚合产物的侧链增多，异构化程度增加，进而给黏度指数带来负面影响。

mPAO 闪点也明显高于市售产品，虽然其组成中的三聚体较市售产品多，但相对低的异构化程度提高了产品的闪点，弥补了轻组分多对闪点所造成的不利影响。诺亚克蒸发损失是衡量润滑油基础油热安定性的重要指标之一，mPAO 的诺亚克蒸发损失与市售产品基本相当，这是因为低的异构化程度有利于降低基础油的蒸发损失。

在低温性能方面，由于异构化程度高，有利于降低基础油的倾点，在 PAO4 和 PAO6 两个黏度等级上，市售产品的倾点要明显优于 mPAO。但倾点并不能完全体现出一种基础油的低温性能，低温表观黏度是体现基础油在实际应用中低温性能的一个重要指标，而 mPAO 的低温冷启动黏度要远低于市售产品，尤其在–35℃的低温，mPAO6 表观黏度表现极为优异，这将非常有利于其在发动机油中的应用。

除了理化指标之外，热安定性、氧化安定性以及对抗氧剂的感受性都对基础油能否成功进入应用阶段至关重要。在热重分析、高压差热分析和旋转氧弹试验中，mPAO8 具有比市售产品更好的热安定性，而 mPAO6 和 mPAO8 基础油本身的氧化安定性和对 T501 类抗氧剂的感受性则与市售进口产品不相上下。

评价一种基础油性能，其在最终配方中的应用表现更具说服力。低黏度 PAO，尤其是 PAO4 和 PAO6，在汽车发动机油中有着广泛的应用。李久盛课题组分别以 mPAO4、mPAO6 和 INOES 公司的 PAO4（参比样）为基础油，搭配 Afton 公司的 Hitec@11100 复合剂，调和 0W-30 牌号汽油机油并进行了评价，结果如表 4-29 所示。

表 4-29　不同基础油调和的 0W-30 润滑油分析测试结果

项目	mPAO4 配方	mPAO6 配方	INEOS PAO4 配方
40℃运动黏度/(mm²/s)	53.28	59.16	55.44
100℃运动黏度/(mm²/s)	10.23	10.78	10.8
黏度指数	184	176	180
诺亚克蒸发损失（质量分数）/%	7.75	7.24	8.37
低温表观黏度(–35℃)/(mPa·s)	3617	5094	4031

注：mPAO6 配方中黏指剂添加量比其他样品少 1%。

mPAO4 所调和的油品表现出更好的黏温性能和更低的蒸发损失，显示出良好的热安定性。在体现油品低温流动性的重要指标低温表观黏度方面，mPAO 基础油具有优异的表现，配方的评价结果与基础油评价结果相一致。另外，由 mPAO6 所调和的油品因为黏指剂添加量减少了 1%，所以黏度指数低于其他油品，但全部指标都达到了 0W-30 油品的指标要求。

4.7.2 mPAO 基础油在齿轮传动系统润滑油中的应用研究

无人直升机在环境适应性、机动性能、续航时间、运营成本等方面具有明显优势，在军民领域具有广泛应用前景。长期以来，我国在无人直升机传动系统开发和应用过程中采用的润滑油均为进口油品。进口油品不但价格昂贵，而且在实际应用过程中会出现润滑失效和低温性能不足等问题。为满足我国无人直升机传动系统的润滑需求，实现进口油品的替代，中国科学院上海高等研究院联合郑州机械研究所有限公司利用为我国多家无人直升机生产单位配套传动系统的契机，对无人直升机传动系统用油进行了专项研发，并最终完成了拥有自主知识产权的系列产品开发。

基于矿物基础油和煤制中高黏度 PAO 开发的 80W-140 型油品通过了台架试验，并在四川某无人机公司的多型无人直升机上进行了多架次的实机试飞(图 4-28)，成为合格供应商实现了批量供应。油品润滑部位包括主旋翼减速箱、尾旋翼减速箱和超越离合器等多个传动系统的关键部件。已在多架不同型号机型上累计使用超 300h，且伴随飞机参与了 3 次以上高原试飞，2 次低温试飞(–15℃左右)，最高飞行海拔达 7000m(135km/h)，最大起飞重量达 520kg，单次飞行时间最长达 6h，油液监测发现油品经 40h 使用后铁元素含量仍小于 50mg/kg，预期换油周期可达到 100h 以上(进口油换油时长小于 50h)。

图 4-28　无人直升机油品试飞

对前期工作基础进行总结，发现 80W-140 型油品无法满足严寒条件下传动系统的用油需求。因此，研究使用不同基础油调制无人直升机传动系统润滑油，其典型性能指标见表 4-30。其中，80W-140 型油品采用的基础油主要是矿物型Ⅲ类加氢基础油和煤制中高黏度 PAO，其倾点仅为–33℃左右，最低使用温度仅为–25℃左右。可见矿物型基础油调制的油品难以满足我国北方寒冷冬季低温下的使用需求。而采用自主研发的 mPAO 调制的油品低温性能得到了大幅提升，为油品低温性能的升级提供了方向。

为了进一步提升油品的低温性能，在 80W-140 型油品基础上进行添加剂配方精细优化，并基于自主生产的 mPAO 基础油开发了 75W-80（ISO VG 68）、75W-90（ISO VG 100）和 75W-110（ISO VG 150）三款低温型油品，具体性能见表 4-31。可以发现随着油品黏度的降低，油品低温性能显著改善，基本可满足严寒条件下设备的用油需求。为了进一步评估优化后的低温型油品抗磨性能，在郑州机械研究所有限公司图 4-29 所示的无人直升机传动系统台架上进行了台架试验测试，发现虽然低温型油品黏度相较于 80W-140 油品呈现不同程度降低，但其承载能力却优于 80W-140 型油品。低温型油品的抗胶合扭矩（输出）已达到 1480N·m 以上，加载功率超过 90kW，超过试验台架的上限。这初步证明了 mPAO 基础油对增强设备可靠性和低温环境适应性具有显著作用。

表 4-30 不同基础油调制的无人直升机传动系统润滑油性能对比

项目		SWEPCO 201 进口在用油	80W-140 常规型	75W-140 低温型	70W-80 超低温型	试验方法
基础油类型		矿物型	矿物型	mPAO	mPAO	—
100℃运动黏度/(mm²/s)		27.39	24.75	25.97	9.12	GB/T 265—1988
40℃运动黏度/(mm²/s)		237.8	201.7	181.4	45.18	GB/T 265—1988
黏度指数		150	153	178.1	189	GB/T 1995—1998
倾点/℃		–18	–33	–48	–60	GB/T 3535—2006
表观黏度/(mPa·s)		142000 (–12℃)	45200 (–26℃)	107880 (–40℃)	100747 (–55℃)	GB/T 11145—2014
铜片腐蚀(121℃，3h)/级		1b	1b	1b	1b	GB/T 5096—2017
酸值/(mgKOH/g)		1.25	2.76	2.85	2.78	GB/T 4945—2002
起泡性(泡沫倾向)/(mL/mL)	24℃	—	0/0	0/0	0/0	GB/T 12579—2002
	93.5℃	—	0/0	0/0	0/0	
	后 24℃	—	0/0	0/0	0/0	
四球机试验	最大无卡咬负荷/kg	128	152	143	143	GB/T 3142—2019
	烧结负荷/kg	500	620	620	620	GB/T 3142—2019
	磨痕直径(75℃)/mm	0.471	0.404	0.386	0.408	NB/SH/T 0189—2017

表 4-31 低温型油品理化性能

试验项目	VG 68	VG 100	VG 150	试验方法
外观	淡黄色透亮液体			目测
–20℃运动黏度/(mm²/s)	3127	5351	10316	GB/T 265—1988
40℃运动黏度/(mm²/s)	67.24	97.81	152.57	
100℃运动黏度/(mm²/s)	12.23	16.44	23.08	
黏度指数	182	182	181	GB/T 1995—1998
20℃密度/(g/cm³)	0.85283	0.85614	0.85941	GB/T1884—2000
倾点/℃	–54	–51	–48	GB/T 3535—2006
闪点/℃	213	215	220	GB/T 3536—2008

续表

试验项目		VG 68	VG 100	VG 150	试验方法
酸值/(mgKOH/g)		3.35	3.31	3.38	GB/T 4945—2002
铜片腐蚀(121℃, 3h)/级		1b	1b	1b	GB/T 5096—2017
液相锈蚀(合成海水)		无锈	无锈	无锈	GB/T 11143—2008
低温动力黏度 CCS/(mPa·s)	−40℃	19345	36623	79186	GB/T6538—2022
低温泵送黏度 MRV/(mPa·s)	−35℃	10523	18729	40892	GB/T 9171—1988
布氏黏度 BF/(mPa·s)	−40℃	18343	33927	78205	GB/T 11145—2014
	−55℃	171363	371248	417251	
高温高剪切黏度 HTHS/(mPa·s)		3.708	4.982	超限	NB/SH/T0703—2020
KRL 剪切安定性(100℃黏度变化率)/%		4.95	6.71	10.41	NB/SH/T 0845—2010
RBOT 氧化安定性/min		152	131	106	SH/T 0193—2008
抗泡沫性能/(mL/mL)	24℃	0/0	0/0	0/0	GB/T 12579—2002
	93℃	0/0	0/0	0/0	
	后 24℃	0/0	0/0	0/0	
四球机试验	最大无卡咬负荷 PB/kg	135	135	152	GB/T 3142—2019
	烧结负荷 PD/kg	500	500	500	
	综合磨损值 ZMZ/kg	78.38	78.50	96.74	NB/SH/T 0189—2017
	磨痕直径(75℃)/mm	0.354	0.341	0.329	

图 4-29　无人直升机传动系统试验台架效果与实物图

基于煤基 mPAO 基础油的传动齿轮油后续研究开发和推广应用应结合我国在风电、新能源汽车、工业机器人、船舶等新兴领域的新润滑需求，开发适用于国产装备的专用齿轮油产品。同时，基于 mPAO 基础油的性能特点，开发长寿命、节能型齿轮油也是发展趋势之一。

4.7.3　mPAO 基础油在航空液压油中的应用研究

在液压油领域，传统矿物基础油和 API Ⅲ+类基础油可基本满足大部分设备和场景的需求。煤基 mPAO 基础油的主要应用领域在于 API Ⅲ+类基础油性能无法达到的高性能液压油产品，如高性能航空液压油等。

航空液压油是飞机液压系统和其他部件实现能量传递、转换和控制的工作介质，主要用于飞机起落架、襟翼、升降舵和导流板等部件，可为部件提供传动、润滑、冷却、密封、减震和防腐，是飞机、发动机和机载设备上各系统不可缺少的关键功能材料。据统计，飞机液压系统故障占飞机机械总故障的 30%以上，其中约 50%是液压油引起的故障。

低温性能不足的航空液压油可能会导致机上液压部件的故障或动作不到位，严重威胁飞机飞行安全。在油品配方开发过程中为了提高航空液压的低温性能，通常油品中会添加大量轻质组分。但轻质组分具有较低的闪点和燃点(小于 100℃)，油品渗漏后接触高温物体表面或液压系统中弹后极易导致的火灾发生，油品存储时也有火灾风险。因此，开发低温性能突出的耐燃型油品需要打破传统配方中对轻质组分的依赖，要求基础油兼顾低温流动性和耐燃性能，对基础油的制备工艺提出较大挑战。受限于原料匮乏和工艺落后，我国长期缺乏调制高品质航空液压油所需的低黏度 PAO 基础油，使得我国航空液压油产品远落后于美国，航空液压油基础油和高端航空液压油严重依赖国外进口产品。

中国科学院上海高等研究院基于煤基 mPAO 基础油成功开发了 15 号合成烃耐燃液压油(图 4-30)，初步验证了煤基 mPAO 基础油在航空液压油领域的应用潜力。开发油品的第三方测试数据见表 4-32。可以看出，油品性能完全满足 GJB 5311A—2015 和 MIL-PRF-83282D 的规范要求，且产品具有较好抗燃特性，闪点可达到 214℃，燃点为 252℃，自燃点为 368℃。低温性能明显优于规范，同时油品配方对金属几乎无腐蚀，抗磨性能优于现用产品。该油品可应用于飞机、导弹等装备上的自动导航装置、减震器，空气压缩机齿轮箱、制动器、襟翼控制装置、导弹液压伺服控制系统和其他使用合成密封材料的液压系统。其使用温度为–40～205℃，目前已获得中航工业某所认可，通过台架试验和实际应用综合验证了 mPAO 基础油在航空液压油领域应用的可能性。

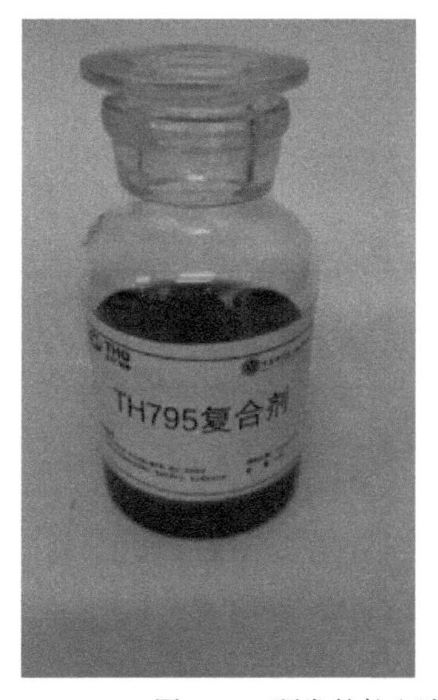

图 4-30　研发的航空液压油复合剂产品

表 4-32　15 号合成烃耐燃航空液压油性能

检测项目	检测结果	GJB 5311A—2015 和 MIL-PRF-83282D 规范要求		检测方法标准
		最大值	最小值	
205℃运动黏度/(mm^2/s)	1.094	—	1.0	GB/T 265—1988(2004)
100℃运动黏度/(mm^2/s)	3.724	—	3.45	GB/T 265—1988(2004)
40℃运动黏度/(mm^2/s)	15.93	—	14.0	GB/T 265—1988(2004)
40℃运动黏度/(mm^2/s)	2197	2200	—	GB/T 265—1988(2004)
闪点(开口)/℃	214	—	205	GB/T 3536—2008
燃点/℃	250	—	245	GB/T 3536—2008
自燃点/℃	360	—	345	SH/T 0642—1997(2004)
倾点/℃	<–57	–55	—	GB/T 3535—2006
蒸发损失(205℃，6.5h)(质量分数)/%	17	20	—	GB/T 7325—1987
酸值/(mgKOH/g)	0.1	0.1	—	GB/T 7304—2014
体积模数(40℃，等温正割线 0～6.9×10^4kPa)	1.426	—	1.379	GJB 5311 A—2015 附录 A
固体颗粒杂质				GJB 380.5—1987
5～15μm/(个/100mL)	2035	2500	—	
15～25μm/(个/100mL)	215	1000	—	
25～50μm/(个/100mL)	163	250	—	
50～100μm/(个/100mL)	15	25	—	
>100μm/(个/100mL)	0	10	—	
过滤时间/min	12	—	—	GJB 5311 A—2015 附录 B
杂质含量/(mg/100mL)	0.5	—	—	GJB 5311 A—2015 附录 B
泡沫特性				GB/T 12579—2002(2004)
泡沫倾向性(25℃)/mL	0	65	—	
泡沫稳定性(25℃)/mL	0	0	—	
抗磨损性能(四球法)				NB/SH/T 0189—2017
主轴转速/(r/min)	1200	—	—	
试验油温度/℃	75	—	—	
试验负荷/N	98	—	—	
测试时间/min	60	—	—	
磨斑直径/mm	0.23	0.3	—	
密度(20℃)/(kg/m^3)	824.3	—	—	SH/T 0604—2000
低温稳定性(–40℃，72h)	通过	—	通过	GJB 5311 A—2015 附录 C

续表

检测项目	检测结果	GJB 5311A—2015 和 MIL-PRF-83282D 规范要求		检测方法标准
		最大值	最小值	
水分/(mg/kg)	62	100	—	SH/T 0246—1992(2004)
橡胶膨胀率(NBR-L, 70℃, 168h)/%	20	30	18	SH/T 0691—2000
腐蚀和氧化安定性				GJB 563—1988
40℃运动黏度变化率/%	6.3	10	—	
酸值变化/(mgKOH/g)	0.1	0.2	—	
金属重量变化/(mg/cm^2)				
钢(15 号)	0.1	0.2	—	
镁合金(MB2)/(mg/cm^2)	0.1	0.2	—	
铝合金(LY12)/(mg/cm^2)	0.1	0.2	—	
镀镉钢/(mg/cm^2)	0.1	0.2	—	
电解铜(T2)/(mg/cm^2)	0.2	0.6	—	
铜片颜色/级	2b	2e	—	
火焰传播速度/(cm/s)	0.22	0.3	—	GJB 5311 A—2015 附录 D
高温稳定性(205℃, 100h)	—	—	—	GJB 5311 A—2015 附录 E
40℃运动黏度变化率/%	2.8	5	—	
酸值变化/(mgKOH/g)	0.03	0.1	—	
相容性	通过	—	通过	GJB 5311 A—2015 附录 F
颜色	通过	—	通过	GB/T 6540—1986(2004)

后续工作中，可以面向我国航空装备的发展需求，充分发挥 mPAO 基础油优异的高低温性能，开发更多适用于我国航空装备的高性能润滑油，同时借鉴国外航空液压先进技术水平，逐步建立完整的国产航空液压油产品评价和认证体系。

4.8 小　结

以煤制 α-烯烃为原料、茂金属为主催化剂聚合生产 mPAO 基础油是一种非常有发展潜力的合成型基础油制备技术。根据李久盛课题组多年的研究工作，通过调控茂金属催化体系中各组分的结构，结合聚合工艺的调整，可以实现烯烃的可控聚合，不同聚合度的 mPAO 可用于调和不同黏度等级的基础油。

针对低黏度 mPAO 基础油，茂金属的催化活性最高可达 90kg 产物/g 催化剂，α-烯烃转化率约 95%，聚合产物组成以二聚体、三聚体、四聚体为主，含有少量五聚体及以上的产物。使用茂金属催化体系生产出的低黏度 mPAO 基础油具有出色的热安定性及黏温性能，具有优异的低温流动性及良好的氧化安定性，其闪点和热安定性都明显高于市售产品，同时表征冷启动性能的低温表观黏度表现优异，因此非常适合用于汽车内燃发动机油及高端工业用油的调制。

参考文献

[1] 刘维民, 许俊, 冯大鹏, 等. 合成润滑油的研究现状及发展趋势. 摩擦学学报, 2013, 33(1): 91-104.

[2] Zolper T J, Zhong L, Chen C, et al. Lubrication properties of polyalphaolefin and polysiloxane lubricants: Molecular structure-tribology relationships. Tribology Letters, 2012, 48: 355-365.

[3] Kioupis L I, Maginn E J. Molecular simulation of poly-α-olefin synthetic lubricants: Impact of molecular architecture on performance properties. The Journal of Physical Chemistry B, 1999, 103:10781-10790.

[4] 刘婕, 沈虹滨. 应用现代核磁技术对润滑油基础油性能研究. 光谱仪器与分析, 2006, (Z1): 245-250.

[5] 张丙伍, 唐友云, 汪利平, 等. 不同来源 PAO10 的成焦性能. 石油学报(石油加工), 2015, 31(4): 1017-1021.

[6] Sarpal A S, Sastry M I S, Kumar R, et al. Molecular dynamics of synthetic-based lubricant system by spectroscopic techniques—Part 1. Tribololy Transactions, 2013, 56(3): 442-452.

[7] Roy R C. Practical applications of lubrication models in engines. Tribology International, 1998, 31(10): 563-571.

[8] 张耀, 段庆华, 刘依农, 等. α-烯烃齐聚制备聚 α-烯烃合成油催化剂的研究进展. 精细石油化工, 2011, 28(1): 82-86.

[9] 曹胜先, 陈谦, 祖春兴. 线性 α-烯烃的技术现状及应用前景. 中外能源, 2012, 17(2): 80-85.

[10] Steynberg A, Dry M. Introduction to fischer-tropsch technology. Studies in Surface Science & Catalysis, 2004, 152(2): 1-63.

[11] Wauquiter J P. Petroleum Refining, Crude Oil. Petroleum Products. Process Flowsheets. Paris: Editions Technip, 1995.

[12] Favennec J P. Petroleum Refining, Refinery Operation and Management. Paris:Editions Technip, 2001.

[13] Mandai H, Ukigai T, Tominaka A, et al. Method for preparation of polyolefin oils: The United States, US4031159. 1977-06-21.

[14] Kumar G, Davis M A. Oligomerization of alpha-olefins: The United States, US5196635-A. 1993-03-23.

[15] Hope K D, Driver M S, Harris T V. High viscosity polyalphaolefins prepared with ionic liquid catalyst: The United Sates, US6395948. 2002-05-28.

[16] Surana P, Yang N, Nandapurkar P J, et al. High viscosity PAOs based on 1-decene/1-dodecene: The United States, US20060161034. 2006-07-20.

[17] Kramer A I, Surana P, Nandapurkar P J, et al. High viscosity polyalphaolefins based on 1-hexene, 1-dodecene and 1-tetradecene: The United States, US2007022533. 2007-09-27.

[18] 杨晓明, 丁洪生, 卢富强, 等. $AlCl_3$-环己酮络合催化剂催化 1-癸烯齐聚工艺. 石油炼制与化工, 2012, (3): 56-59.

[19] 张文晓. 高粘度 PAO 的聚合工艺研究. 上海: 华东理工大学, 2013.

[20] 刘岳松, 丁洪生, 贺小平. 季戊四醇改性三氯化铝催化 C_{12}～C_{14} 烯烃齐聚反应的研究. 当代化工, 2014, (5): 694-696.

[21] Cupples B L, Heilman W J, Kresge N A, et al. Method of making alpha-olefin oligomers: The United States, US4045508. 1977-08-30.

[22] Cupples B L, Heilman W J. Alpha-olefin oligomer synthetic lubricants: The United States, US4282392. 1981-08-04.

[23] Shubkin R L, Ronald L. Lubricant: The United States, US4218330. 1980-08-19.

[24] Darden J W, Marquis E T, Watts L W Jr. Co-catalyst for use with boron trifluoride in olefin oligomerization: The United States, US4400565. 1983-08-23.

[25] Darden J W, Watts L W Jr, Marquis E T, et al. Feedstocks for the production of synthetic lubricants: The United States, US4420646. 1983-12-13.

[26] Theriot K J. Olefin oligomerization with BF_3 alcohol alkoxylate co-catalysts: The United States, US5068487. 1991-11-26.

[27] Akatsu M, Miyaji S, Kawamura T, et al. Process for production of olefin oligomers: The United States, US5191140. 1993-03-02.

[28] Clarembeau M. Co-oligomerization of 1-decene and 1-dodecene: The United States, US0166986. 2003-09-04.

[29] Bagheri V, Moore L D, Digiacianto P M, et al. Low viscosity oligomer oil product, process and composition: PCT International, WO2009073135. 2009-06-11.

[30] Barge P T, Wilson S T, Holmgren J S, et al. Process for producing olefin oligomer: The United States, US5191141. 2013-03-02.

[31] Sinn H, Kaminsky W, Vollmer H J, et al. 'Living polymers' with Ziegler catalysts of high productivity. Angewandte Chemie, 1980, 92: 396-402.

[32] Dimaio A J, Baranski J R, Bludworth J G, et al. Process for producing liquid polyalphaolefins polymer, metallocene catalyst there-for, the resulting polymer and lubricant containing same: PCT International, WO02014384. 2002-02-21.

[33] Dimaio A J, Matan T P. Process for the oligomerization of a-olefins having low unsaturation, the resulting polymers, and lubricants containing same: PCT International, WO03051943. 2003-06-26.

[34] Mihan S. Method for a-olefin trimerization: The United States, US7279609. 2007-10-09.

[35] Wu M M, Jackson A, Vann W D, et al. HVIPAO in industrial lubricant and grease compositions: The United States, US0000807. 2007-01-04.

[36] Knowles D C, Fabian J R, Kosover V, et al. Polyalphaolefins and processes for forming polyalphaolefins: The United States, US0281360. 2009-11-12.

[37] Wu M M, Hagemeister M P, Yang N. Process to produce polyalphaolefins: The United States, US0036725A1. 2009-02-03.

[38] 吕春胜, 赵俊峰. 限制几何构型茂金属/硼化物催化 1-癸烯齐聚及其产物表征. 化工进展, 2009, 28(8): 1371-1375, 1399.

[39] Fujita H. Transmission fluid composition: The United States, US20100062954. 2010-03-11.

[40] Kissin Y V, Schwab F C. Post-oligomerization of α-olefin oligomers: A route to single-component and multicomponent synthetic lubricating oils. Journal of Applied Polymer Science, 2009, 111: 273-280.

[41] Hagemeister M P, Jiang P J, Wu M M, et al. Production of shear-stable high viscos-Ity PAO: The United States, US9365663B2. 2009-10-01.

第 5 章

总结与展望

5.1 技术研究现状

煤经合成气费托合成制得的油品主要成分包括长直链烷烃和 α-烯烃，经过加氢提质可以生产低黏度、高黏度指数、综合性能达到Ⅲ+类和Ⅳ类标准的高档润滑油基础油。目前，我国费托合成油的产能即将突破 1000 万 t/a，费托合成蜡和煤制 α-烯烃作为费托合成油的主要产品，其现有加氢提质主流技术是加氢裂化，主要生产汽油、柴油产品，但副产品气体烃类、石脑油产率高，浪费了宝贵的蜡资源，经济性亟待改善。上述现状产生了一对矛盾：我国高档润滑油市场不能自给自足；我国拥有大量可用于生产高档润滑油的原料，却无法顺利转化。

在此背景下，以中国科学院大连化学物理研究所和上海高等研究院等为代表的单位正在深入开展费托蜡加氢异构制备Ⅲ+类基础油、煤制 α-烯烃聚合制备 mPAO 基础油等相关研究工作目前取得的成果主要如下。

5.1.1 费托合成蜡加氢异构制高档润滑油基础油

随着全球对燃油碳排放控制的日趋严格，车用发动机以及机油的技术标准在不断提升，低黏度乃至超低黏度机油由于可以显著改善发动机低温启动润滑性能和改善燃油经济性，已成为未来机油的主要发展和应用方向。未来全球对Ⅲ类/Ⅲ+类基础油的需求有望实现强劲增长。费托合成蜡中的长直链烷烃经过加氢提质可以生产Ⅲ+类标准的高档润滑油基础油。

中国科学院大连化学物理研究所长期从事烷烃加氢异构化研究工作，在石油基蜡油加氢异构脱蜡制Ⅲ类基础油领域具有良好的研究基础和工业应用实践。20 世纪 90 年代末，与中国石油合作开发出多个系列异构脱蜡系列催化剂 PIC802、PIC812、WICON-802，以及补充精制催化剂 PHF-301 和加氢异构-补充精制成套工艺，在中国石油大庆炼化分公司实现两次 20 万 t/a 工业应用。工业运行数据显示，催化剂性能较原引进技术大幅提升，加工主要原料 650SN 蜡油时，生产黏度指数Ⅲ+类的高档润滑油基础油收率提高 21 个百分点。累计创造产值逾 50 亿元、利税逾 20 亿元，获得中国石油十大科技进展、辽宁省技术发明一等奖、中国科学院科技促进发展奖等科技奖励，创造了显著的经济效益和社会效益。

与石油基蜡油相比，费托合成蜡的正构烷烃含量更高、馏程更宽，转化难度更大。

中国科学院大连化学物理研究所在先前开发的石油基蜡油加氢异构脱蜡生产Ⅲ类基础油技术的基础上，针对费托合成蜡原料特点，进一步凝练思路，对费托合成蜡转化高性能催化剂和工艺流程开展了深入的研究工作，在催化剂设计理念、关键催化材料合成、加氢异构催化剂研制、催化剂工业放大、费托合成蜡加氢异构催化剂级配技术、加氢异构-补充精制工艺等方面取得突破，开发了五个系列关键分子筛催化材料并完成工业放大，研制出了高性能深度加氢异构/可控裂化催化剂，发明了基于孔口限域长链烷烃逐级转化的催化剂级配技术，相关应用基础研究成果发表学术论文 20 余篇，申请中国发明专利 80 余件，获得授权 40 余件。以国内煤化工企业各种牌号的费托合成蜡为原料完成了百吨/年、千吨/年中试试验，高收率获得了优质的 4cSt～10cSt 等各类Ⅲ+类基础油产品。其中，以熔点为 60～90℃的硬蜡为原料时，加工规模达到 100t/a，主产品 4cSt 基础油黏度指数达到 150，倾点低于–35℃，总基础油收率达到 67%以上；以费托合成蜡加氢裂化尾油为原料时，加工规模达到 1000t/a，主产品 4cSt 基础油黏度指数达到 130，倾点低于–40℃，总基础油收率达到 85%以上。在相似产品性能的情况下，上述以硬蜡和尾油为原料的基础油总收率均为目前公开报道/有文献记录的最高基础油收率。

DICP 费托合成蜡加氢异构制备Ⅲ+类基础油技术的成功开发可为我国煤制油产品路线升级提供技术解决方案。未来有望优化我国费托合成产业链，实现煤化工企业由汽油、柴油产品为主向高档润滑油基础油产品为主的转变，还可以为我国高档润滑油基础油的自主生产提供技术解决方案，填补目前国内每年约 200 万 t 的高档润滑油基础油市场缺口，为国家能源安全体系的构建提供技术保障。

5.1.2 茂金属催化煤制 *α*-烯烃制备低黏度 mPAO 基础油

自 2014 年起，中国科学院上海高等研究院与潞安集团在潞安煤制油产业的资源优势基础上，联合开展茂金属催化煤制 *α*-烯烃合成制备 mPAO 基础油的研发工作，取得了一系列关键制备技术的突破，申请并获得了多项专利授权，填补了国内低黏度 PAO 基础油的技术与产品空白。

在研究工作中，先进润滑材料实验室首先立足于国内煤制油产业的发展，为 PAO 基础油的生产解决了 *α*-烯烃原料来源难题。对 *α*-烯烃中含氧化合物的脱除工艺进行了开发设计，创新性地采用两段吸附工艺对煤制 *α*-烯烃原料进行纯化处理。该工艺由于采用可再生的固体吸附剂，而且不产生废气、废液等废弃物，大大减少了环境污染。该技术已申请专利并获得了授权（专利号 201410341583.4），并得到了工业化应用。

其次，研究团队对茂金属催化聚合工艺制备 PAO 基础油的核心技术——茂金属催化剂和助催化剂体系进行了重点研发，采用原位洗涤过滤工艺完成催化剂的提纯，克服了传统催化剂合成、提纯工艺中所存在的步骤繁多、不能大批量生产的缺点，且催化剂的活性高达 50kg 产品/g 催化剂，该技术已申请发明专利（专利号 201611048132.7），并实现了催化剂的规模化制备。

在催化体系研发的基础上，先进润滑材料实验室与潞安集团紧密合作，完成了煤制 *α*-烯烃制备低黏度 PAO 的研发工作，目前已在实验室完成了黏度等级 2～2000mm^2/s 的 mPAO 基础油的合成。其中，100℃运动黏度为 4mm^2/s、6mm^2/s、8mm^2/s 和 10mm^2/s 的产品性能优异，填补了国内空白。在上述研究工作的基础上，双方开展合作在长治潞安集团煤基合成油示范装置园区内建设 3000t 级煤基低黏度 mPAO 的工业中试放大装置（图 4-21），已于 2019 年 10 月建成开车，并于 2020 年 8 月完成了中试装置的全工艺段运行和优化，按计划产出了 $4mm^2/s$、$6mm^2/s$、$8mm^2/s$、$10mm^2/s$ 四个黏度等级的 mPAO 产品。

在中试的基础上，基于试验情况和优化后的工艺参数，研究团队完成了中试研究报告的编制，基于军事装备润滑油品的特殊要求额外完成了 mPAO2 基础油制备工艺的实验室和中试工作，得到了满足指标要求的中试产品。同时基于 mPAO 中试产品，开展了润滑油脂产品的配方应用研究，目前已有 2 个润滑油品配方定型进入应用阶段，另有 4 种或 5 种润滑油品配方工作正在开展。

5.2 未来展望

5.2.1 煤基Ⅲ+类基础油的工业化生产及推广应用

费托合成蜡加氢异构生产的Ⅲ+类基础油可以作为优质基础油在白油、内燃机油、液压油、金属加工液等润滑油产品中得到重要应用。具体而言，包括以下应用领域。

费托合成基Ⅲ+类基础油饱和烃含量高、硫含量和芳烃含量极低，不同黏度的基础油可以满足工业白油、轻质白油、食品级白油、化妆品级白油以及医药级白油等各类白油产品的要求。

费托合成基Ⅲ+类基础油倾点低、黏度指数高（大于 130），可以满足多级内燃机油对黏温性能、低温启动、安定性等多方面性能要求，应用于高档汽油及柴油机油。

高级别的液压油，如 L-HV 和 L-HS 液压油，其对其黏度指数的要求为不低于 130，倾点要求为–39～–21℃（按黏度等级，黏度等级越低，倾点越低），对于这些类别的液压油，费托合成基Ⅲ+类基础油可以满足其对黏温性能、安定性、抗磨性和热安定性等多方面的性能要求。

费托合成基Ⅲ+类基础油因其无杂质、倾点低、黏度指数高的特点，还可以满足汽轮机油对抗乳化性、抗泡性、抗锈蚀性和氧化安定性等多方面性能要求。

费托合成基Ⅲ+类基础油属于链烷基基础油，与通常所说的石蜡基基础油在化学结构上类似，可以用作 EPR、EPM、EPDM 以及 IIR 加工橡胶油的基础油。

费托合成基Ⅲ+类基础油中的低黏度品类能很好地满足金属成形对加工液流动性、黏温性能、清洁性的要求，可以用作金属成形加工油的基础油。

除此之外，费托合成基Ⅲ+类基础油可以在加入少量烷基苯等富含芳烃组分和少量抗氧剂的情况下，改善溶解性能和抗析气性能，作为变压器油使用，还可以在添加抗氧剂等添加剂的条件下用作导热油的基础油。

中国科学院大连化学物理研究所开发的费托合成蜡加氢异构制备Ⅲ+类基础油技术已完成百吨/千吨级中试，高收率获得了优质的 4cSt～10cSt 等各类Ⅲ+类基础油产品。在

2021年6月，技术开发团队携基础油产品参加了第二十一届国际润滑油品及应用技术展览会。作为唯一的基础油生产技术参展代表，在展位上吸引了一百多家润滑油企业、调和厂商及个人前来接洽，基础油产品和费托合成蜡加氢异构制备Ⅲ+类基础油技术得到广泛关注。目前，技术开发团队与工程设计公司合作，已经完成了10万t/a工艺包的编制，并在国内煤化工企业进行积极的技术推广。近期还进一步与国内某化工企业达成了20万t/a费托合成油加氢异构制备Ⅲ+类基础油工业示范正式合作意向，正在开展可研编制和项目具体规划事宜。

5.2.2 煤基mPAO基础油的工业化生产及推广应用

我国“多煤、少油、缺气”的资源禀赋与核心关键技术的缺失，使得高端润滑材料国产化所需的高品质基础油和添加剂无法全部从石油产品中获得，经过实践证明，以煤为原料制备高端润滑材料原材料是现实可行的路径，也是我国从润滑材料消费大国向润滑材料开发强国转变的必由之路。

PAO是目前应用最广泛的合成基础油之一，因其黏温性能、低温流动性、氧化安定性、蒸发损失等方面的突出优点，可作为高性能的润滑油基础油，减少了机械的换油周期，延长了使用寿命，但其价格相较于矿物油高。煤基mPAO基础油的推广应用应基于其性能优势，充分发挥其性能特点，实现物尽其用。尤其是应聚焦于传统矿物油难以解决的高端应用场景，寻找其不可替代性。

特定应用场景的油品通常会用到基础油的多个性能，表5-1列举了煤基mPAO基础油的主要性能特点并基于该性能特点可开发的典型油品。

表5-1 煤基mPAO基础油性能特点及典型油品

性能特点	典型油品
黏温性能突出	高性能齿轮油、宽温液压油
低温流动性突出	宽温域发动机油、低温润滑脂、航空液压油
低蒸发损失	低黏度发动机油、真空泵油、航空活塞发动机油
高洁净度	化妆品白油、食用级白油、轻质白油
耐燃，较高闪点、燃点	耐燃航空液压油、压缩机油
耐热抗氧	导热油、冷却液（电子冷却液、航空雷达冷却剂、动力电池冷却剂等）
绝缘性能	电器绝缘油、新能源汽车润滑油脂
无毒，环境友好	环保型油品，如农机、水利、船舶等用油

煤基mPAO基础油低蒸发损失、优异的低温流动性、卓越的耐热抗氧化性能可很好地满足发动机油低黏化的发展要求，同时也有利于提升矿物基础油调制的发动机油的低温性能。因此，煤基mPAO基础油在民用和军用领域均有广阔的应用前景。中国科学院上海高等研究院基于煤基CTL基础油调制的0W-40重负荷柴油发动机油在台架试验中已展示出降低发动机低温冷启动扭矩的作用，如果换用低温流动性更佳的mPAO基础油则该油品的低温性能将进一步降低，这将更加有效地保障我国装甲车辆在高原、严寒条件

下的迅速点火启动。目前，已将采用mPAO基础油的0W-40型重负荷动力传动通用润滑油在发动机台架上开展了低温条件下(–15℃)的拖动性能、无预热高原低压启动性能测试。初步试验结果表明，相较于矿物基础油，采用mPAO基础油后发动机低温拖动性扭矩下降、机油压力升高、机油温度降低。

在绝缘、导热油和冷却液方面，mPAO基础油具备绝缘性能突出、耐热抗氧、低温流动性突出等特点，可应用于包括非环烷基变压器油在内的电器绝缘油、雷达冷却液、新能源汽车动力电池冷却液、电子冷却液等领域，有效满足我国在超高压输电、高性能雷达、新能源汽车等新兴领域的使用需求，同时采用mPAO基础油对部分具有温室效应或价格昂贵的冷却液产品进行替代，可有效减少温室气体排放和降低冷却成本。这些领域部分属于新需求、新应用场景，如新能源汽车动力电池冷却液等产品在国外的研究也是刚刚起步，国内外差距较小，在这些新兴领域应加强应用研究和基础研究，避免日后受限于国外产品、技术、专利和标准，影响相关产业的发展。目前，基于mPAO基础油在低温流动性、耐热抗氧化性能、绝缘性能等方面的优势，中国科学院上海高等研究院已与相关企业就新能源汽车传动液和电池冷却液开展攻关和研制工作。

基于mPAO基础油纯净度好，无毒，环境友好等特点，开发环境友好型和食用级润滑油脂，在农业机械、水利设备、船舶、食品加工等领域均拥有广泛应用前景。此外，mPAO基础油也可广泛应用于医药、化妆品等。同时，采用精馏等工艺条件对mPAO基础油组分进一步精确切割调控不仅可得到调制航空液压油、真空泵油等专用基础油，其中轻质组分还有可能作为轻质白油，以满足不同使用场景的需求。

5.2.3 煤基基础油应用推广面临的挑战

虽然Ⅲ+类基础油、mPAO基础油推广应用场景和领域十分广泛，但在实际过程中面临以下几方面的挑战。

挑战一：油品标准体系不够健全。GB/T 7631.9—2014《润滑剂、工业用油和有关产品(L类)的分类　第9部分：D组(压缩机)》中共涉及16类油品，目前我国对大部分油品如发动机油、齿轮油、液压油、压缩机油等建立了标准规范，但对于一些细类油品至今尚未建立相应的标准，如环境友好型油品的规范和相应检测方法。部分标准较为陈旧，与目前设备和油品技术水平的发展脱节，如真空泵油技术标准为30多年前的SH/T 0528—1992《矿物油型真空泵油》，而合成型真空泵油无相应标准。这些标准的缺失和落后，造成相关油品市场混乱，对煤基Ⅲ+类、mPAO基础油为代表的煤基合成基础油应用推广增加了难度。

挑战二：油品认证体系的缺失。随着机械设备制造技术的发展，部分龙头企业对油品的企业标准逐渐发展为润滑行业共识，从而形成了油品认证体系，成为鉴定油品性能的一把尺子。由于美国、欧洲国家等工业强国在机械设计制造方面具备先发优势，目前油品认证方法基本被欧美垄断。我国部分企业对油品性能虽有企业内部标准，但未获得工业部门或行业协会的技术支持和推广普及，导致在行业内认可度低，制约了我国油品认证体系的形成和建立。因此，我国新开发的油品和添加剂，为了获得相关认证不得不付出高昂代价到国外企业和实验室进行认证。目前，工业齿轮油全套弗兰德Flender台架试验费用约 50 万元；车辆齿轮油 SAE J2360 全套认证费用 150 万元；最新的汽机油 API SP 级认证台架费用约 210 万元；最新的柴机油 API CK-4 级台架费用约 1200 万元；食品级白油认证主要为美国食品和药物管理局(Food and Drug Adiministration, FDA)认证和美国国家卫生基金会(National Stanitation Foundation, NSF)注册。我国上述认证体系的缺乏导致新开发油品和添加剂不得不付出高昂代价，从而抑制了我国在新型油品和添加剂领域的技术创新。我国应基于相关产品技术标准规定，整合国内优势力量，突破产品性能验证技术难点，逐步制定我国各种油品的认证体系。

挑战三：关键原材料和核心技术匮乏。近年来，得益于煤化工技术的发展，我国高品质烃类基础油取得一定突破，API Ⅲ+类基础油和 PAO 基础油基本实现国产化。但上述合成基础油的溶解性较差，在实际应用过程中需配合 API Ⅴ类基础油(如合成酯、烷基萘、聚醚等)增加其溶解性。而我国合成润滑油脂所需的优质Ⅴ类基础油国产化率低，对煤基Ⅲ+类、mPAO 基础油的推广应用会产生一定影响。同时，我国在高性能添加剂设计、生产和应用方面与国际先进水平存在差距，目前针对矿物基础油设计开发的油品添加剂在合成基础油中的溶解性普遍较差，且性能表现与在矿物基础油中存在差别。在适用于 mPAO 基础油的添加剂开发设计和配方关键技术应加强研究积累，从而能更好地促进 mPAO 基础油的推广应用。

挑战四：煤基基础油性能优势尚待明确。目前，以 CTL 为代表的煤基基础油处于市场尚未完全普及、油品开发人员对其性能了解不够充分的阶段。煤基基础油在实际应用过程中的性能优势缺乏有效的数据支撑。在后续工作中，一方面要加强基础研究和应用研究的结合，进一步明确煤制基础油的性能特点；另一方面也要加强系统性应用示范跟踪工作，明确其在实际服役过程中的性能优势和不足。

5.2.4 煤制 α-烯烃制备Ⅴ类基础油的技术展望

1. 烷基萘基础油

随着环保法规日益严苛，以矿物油为基础油的润滑材料已不能满足要求，合成基础油的研究及应用正逐步增加。烷基萘作为第Ⅴ类合成基础油具有优异的氧化安定性、水解安定性、良好的添加剂溶解性和抗乳化性能，广泛应用于燃气发动机油、齿轮油、高温链条油、高温皮带油、液压油、压缩机油和液晶等领域，且随着制造业的升级，市场规模不断扩大。传统烷基化催化剂为液体酸，存在操作复杂、腐蚀性强、毒性强、污染大和不易回收等缺点，因此发展以固体酸为主的绿色催化工艺成为烷基萘制备需要突破的关键技术。

费托合成是实现煤炭资源清洁高效利用的重要途径，费托合成产物中的长链混合 α-烯烃的附加值仍有待提高。中国科学院上海高等研究院李久盛研究团队首次采用煤制混合 α-烯烃为原料，在 Y 沸石固体酸催化剂作用下，成功制备两种不同黏度等级的烷基萘产品，产品性能与市售产品相当。该反应转化率以及选择性分别达到 95.8%和 99.9%，并且固体酸催化剂容易再生，再生三次后催化性能并未下降，转化率和选择性分别为 96.6%和 99.9%。催化剂再生后活性并未下降，可能是由于高温焙烧过程中有机物分解造成催化剂孔结构增加。

制备的两种烷基萘的性能如下。①第一种烷基萘：40℃运动黏度 30.46mm^2/s，100℃运动黏度 4.982mm^2/s，黏度指数 82，总酸值 0.01mgKOH/g；倾点–33℃；闪点 230℃；水含量 114.3mg/kg，色度＜0.5。②第二种烷基萘：40℃运动黏度 98.32mm^2/s，100℃运动黏度 12.30mm^2/s，黏度指数 118，总酸值 0mgKOH/g；倾点–33℃；闪点 232℃；水含量 44.8mg/kg，色度＜1.0。该反应采用煤制混合 *α*-烯烃取代单一碳数的烯烃作为反应原料，因此该工艺的经济效益显著提高。

目前关于采用煤制混合 *α*-烯烃绿色制备烷基萘润滑油基础油的报道很少，未来可以在以下方面深入开展工作。首先，明确不同混合烯烃的组成对烷基萘性能的影响规律，针对不同组成的混合 *α*-烯烃制备系列等级的烷基萘产品提供技术指导；其次，以固体酸催化体系为主，探索不同催化体系下产物选择性变化趋势，系统阐述烷基链在萘环的分布规律；最后，开展固体酸催化剂绿色再生的工艺研究，如微波、超声以及光照等手段。通过上述系统研究，最终实现采用煤制混合 *α*-烯烃绿色高效制备烷基萘润滑油基础油的工业化生产，满足国内高端润滑油脂对关键原材料的迫切需求。

2. 合成酯类基础油

合成酯是一类应用广泛的合成型润滑油基础油，其分子结构具有一定的极性，且具有矿物油所不能比拟的性能，如良好的热氧化安定性、极佳的润滑性能、对极性化合物良好的溶解性、可生物降解性以及低挥发性等。由于合成酯类基础油具有上述显著的性能特点，因此与 PAO 调和广泛应用于对油品要求较高的现代汽车用油和工业用油，如内燃机油、车辆齿轮油、工业齿轮油、空气压缩机油、液压油、高温链条油、汽轮机油等。

随着石油资源日益紧缺以及环保法规的不断严格，节能、环保、高效已成为润滑油研发的主要趋势。可生物降解且使用寿命长的合成酯类基础油的应用逐渐广泛，同时酯类基础油的合成技术也得到了一定的发展。合成酯通常由长链醇和酸经缩合反应或者酯交换反应获得，煤制 *α*-烯烃可经加成反应转化为醇，进一步氧化成长链羧酸，再与不同类型的醇进行缩合反应得到合成酯。酯化反应需要在催化剂作用下，醇酸经过脱水获得，催化剂的选择以及产物的精制工艺是影响合成酯产品质量和性能的关键技术。目前的酯化反应催化剂存在用量大、分离困难等问题，因此在酯类油的未来开发工作中，可从催化剂的选择、配伍以及粗酯的提纯工艺方面着手：提高酯化反应的速率；获得颜色较浅的产物；缩短反应时间；减少催化剂用量并降低催化剂的分离难度；优化提纯工艺，除去酯化反应产物中的游离酸及其他反应副产物。

3. 聚醚类基础油

聚醚的研究工作始于 19 世纪，但用作润滑基础油是在 20 世纪 40 年代。聚醚类基础油的种类较多，目前有环氧乙烷、环氧丙烷、环氧丁烷或四氢呋喃等开环均聚或共聚制取的线性聚合物。聚醚与矿物油相比有诸多优点：优良的黏温性质和清净分散性；优良的低温性及对氢气、乙烯、天然气的低溶解性；较低的摩擦系数与较强的抗剪切能力；

良好的增稠效果，不易生成沉渣和漆膜。可通过调控聚合度以及在分子设计中引入不同的功能性元素和官能团实现特定的功能。基于诸多优点，目前聚醚已成功用于齿轮油、压缩机油、抗燃液压液、制动液、金属加工液以及特种润滑脂基础油，是一类应用广泛的合成型润滑油基础油。

聚醚通常是由醇引发的环氧乙烷、环氧丙烷或环氧丁烷等环氧烷烃开环聚合所得的齐聚物，因此煤制 α-烯烃可经加成反应转化为醇，进一步引发环氧烷烃进行开环聚合获得可用于润滑油基础油的聚醚产物。聚合反应需要在适宜的操作条件下，以环氧烷烃为原料，在引发剂、催化剂的作用下，发生聚合反应。目前，聚醚的研究仍以结构改进为主，且国内聚醚润滑剂研究同国外相比还有一定差距，特别是聚醚型冷冻机油、油溶性聚醚、半合成润滑油等，类似的产品主要还依赖进口解决，须加大科技开发力度，降低产品成本，以适应技术进步的发展需要。

5.2.5 煤基化学品制备润滑油添加剂的技术展望

添加剂是润滑油的核心关键原材料，但目前国内高性能添加剂 85%以上依赖进口，是我国润滑领域的“卡脖子”问题，且相关系统深入的基础研究及应用研究均较少。而煤基化学品的研究为我国高性能润滑油添加剂的国产化打开了新局面。煤液化产品种类繁多，其中 α-烯烃、烷基苯、脂肪醇等均可进一步用于生产烷基苯磺酸盐、长链酸、长链醇等高档润滑油添加剂产品。

1. 煤基化学品制备烷基苯磺酸盐的应用展望

α-烯烃是煤液化产品的主要组分之一，其经苯烷基化可制得煤基烷基苯，然后经过磺化、中和，可获得煤基烷基苯磺酸盐。有机磺酸盐类化合物是用途最为广泛的阴离子表面活性剂，其产量约占表面活性剂总量的 40%。其中，烷基苯磺酸盐，尤其是重烷基苯磺酸的钠盐、钡盐、锂盐和钙盐则是关键的润滑油清净分散剂、防锈剂、表面活性剂、减摩剂等。在发动机油中，烷基苯磺酸盐，尤其是高碱值磺酸钙是重要的清净分散剂；在金属防护和机加工中，有机磺酸盐，尤其是石油磺酸钡/钙/钠/镁等，是防锈油中最基本的缓蚀剂，是切削液中用量最大、使用面最广的防锈剂；在油田化学品中，十二烷基苯磺酸盐与非离子表面活性剂或植物油、矿物油、油酸等的复合物是能降低钻具与井壁摩擦阻力的润滑剂。

基于煤制油中烯烃制备的烷基苯磺酸盐作为使用新原料生产的表面活性剂，与传统用石油烷烃制备的烷基苯磺酸盐相比，大幅降低了产品成本。烷基苯的性能指标在很大程度上决定了相应磺酸的性能指标，而数据分析表明，煤制烷基苯的饱和度高、色泽浅、磺化后活性物含量高，达到了 GB/T 5177—2017《工业直链烷基苯》优等品的要求，且煤制烷基苯支链率低，生物降解性好。试验结果也表明，由煤制油制备的烷基苯磺酸的活性物含量、游离油含量、硫酸含量、色泽等均与传统石油制磺酸相当，符合国标合格品的性能指标要求。在表面活性方面，煤制烷基苯烷烃链分布偏低，所以制备的煤制磺酸盐平均分子量偏低，疏水基碳链比石油制磺酸略短，因而其分子迁移速率较高，润湿力较好；同时，较短的碳链所形成的胶束聚集数较低，乳化性能略弱；但煤制磺酸钠的分子碳链分布偏低，更有利于发泡，因而起泡能力更高。这些结构及界面性能的差异会进一步影响烷基苯磺酸盐的应用性能。因此，针对煤基烷基苯磺酸盐与传统石油基烷基苯磺酸盐性能上的不同，需全面开展煤基烷基苯磺酸盐作为润滑油添加剂的应用研究，尤其是与其他添加剂的配伍性研究，最大限度发挥煤基烷基苯磺酸盐的性能优势，形成煤基烷基苯磺酸盐在润滑油中的应用关键技术。中国科学院上海高等研究院已建立包括 10 项关键方法的防锈剂开发及性能检测技术平台，开发了基于同步辐射显微红外光谱(micro-IR)、石英晶体微天平(quartz crystal microbalance，QCM)、界面流变与分子动力学模拟相结合的防锈机理分析技术，深入系统地揭示了磺酸盐类防锈添加剂的胶束结构、Ca(Ba)/S 质量比与其防锈性能之间的关系规律，构建了新型磺酸盐液晶润滑防护体系，为煤基烷基苯磺酸盐作为润滑油防锈添加剂的应用奠定了良好的基础。

2. 煤基烷基苯磺酸盐的制备工艺技术展望

煤基烷基苯磺酸盐由煤制烷基苯通过磺化反应制备而得。其中，三氧化硫是磺化能力强、最有效、最经济、较为环保的磺化剂，其磺化技术和产品开发受到广泛关注。据估测，采用三氧化硫为磺化剂其成本比用硫酸节省 65%，比用发烟硫酸节省 39%，比用氯磺酸节省 56.3%。而且相较于传统的硫酸、发烟硫酸等磺化反应，三氧化硫磺化工艺具有缩短磺化工艺过程、降低能耗、避免大量废酸生成、减少三废、改善磺化产品生产工艺过程和环境的特点，且所制备的产品具有质量好、收率高的特点，因此能够使磺化反应朝绿色化工方向发展。

我国三氧化硫磺化技术经过三十多年的发展，技术水平和产品质量不断提高，磺化反应器也不断创新，建设了传统釜式磺化反应器、全混釜式鼓泡磺化反应器、降膜式磺化反应器、文丘里喷射管式磺化反应器、喷射环流磺化反应器、超重机磺化反应器等系列大型装置。尽管如此，由于三氧化硫活性高，其磺化反应通常反应剧烈、热效应大、副反应多，工程放大困难，因此如何高效移走体系内热量，有效控制反应温度，仍是其工业应用的难题。

为了进一步提高三氧化硫磺化技术水平，开发出一种本质安全、过程绿色、高效率的磺化技术是关键。而近年来发展起来的微化工技术作为一种新型化学过程强化技术，具有体积小、传质传热能力强、温度分布易控制、安全性能高等优点，与传统釜式反应器、降膜反应器等相比，其传质传热能力大 1～2 个数量级，特别适用于像三氧化硫磺化这样的强放热反应。但目前基于微通道技术的三氧化硫磺化反应仅限于实验室研究，还未有成熟的工业规模生产装置及技术。因此，以微通道反应器为核心，开展煤制烷基苯等的三氧化硫磺化工艺研究，实现高端润滑油添加剂有机磺酸/盐绿色低碳生产，获得高品质的有机磺酸/盐产品，也是煤基化学品制备烷基苯磺酸盐亟须解决的关键技术。中国科学院上海高等研究院采用三氧化硫溶剂法，开展了高硼硅板式玻璃微通道反应器制备烷基苯磺化工艺的探索研究，在此基础上，拟将试验研究、微通道反应装置设计、理论计算等相结合，形成基于微通道技术的煤制烷基苯三氧化硫磺化反应绿色新工艺开发、装置及产品应用示范。